科学出版社"十四五"普通高等教育研究生规划教材
科学出版社普通高等教育案例版医学规划教材

案例版

仪 器 分 析

主　编　彭金咏

副主编　高晓霞　严诗楷　常军民　汪电雷

编　者（以姓氏汉语拼音为序）

常军民	新疆医科大学	陈建平	内蒙古医科大学
程忠哲	潍坊医学院	高晓霞	广东药科大学
黄丽英	福建医科大学	李　玲	海军军医大学
李云兰	山西医科大学	李震宇	山西大学
马学琴	宁夏医科大学	彭金咏	大连医科大学
齐　艳	大连医科大学	汪电雷	安徽中医药大学
肖小华	中山大学	徐　勤	桂林医学院
严诗楷	上海交通大学	杨　红	首都医科大学
曾爱国	西安交通大学	张梦军	陆军军医大学
赵娟娟	滨州医学院		

科 学 出 版 社
北 京

郑 重 声 明

为顺应教学改革潮流和改进现有的教学模式，适应目前高等医学院校的教育现状，提高医学教育质量，培养具有创新精神和创新能力的医学人才，科学出版社在充分调研的基础上，首创案例与教学内容相结合的编写形式，组织编写了案例版系列教材。案例教学在医学教育中，是培养高素质、创新型和实用型医学人才的有效途径。

案例版教材版权所有，其内容和引用案例的编写模式受法律保护，一切抄袭、模仿和盗版等侵权行为及不正当竞争行为，将被追究法律责任。

图书在版编目（CIP）数据

仪器分析 / 彭金咏主编. -- 北京：科学出版社，2024.6. -- (科学出版社"十四五"普通高等教育研究生规划教材) (科学出版社普通高等教育案例版医学规划教材). -- ISBN 978-7-03-078777-4

I. O657

中国国家版本馆 CIP 数据核字第 2024B6F395 号

责任编辑：王　颖 / 责任校对：严　娜
责任印制：张　伟 / 封面设计：陈　敬

科 学 出 版 社 出版
北京东黄城根北街 16 号
邮政编码：100717
http://www.sciencep.com
三河市骏杰印刷有限公司印刷
科学出版社发行　各地新华书店经销
*
2024 年 6 月第 一 版　开本：787×1092　1/16
2024 年 6 月第一次印刷　印张：17 3/4
字数：500 000
定价：**98.00 元**
（如有印装质量问题，我社负责调换）

前　言

《仪器分析》是科学出版社"十四五"普通高等教育研究生规划教材，科学出版社普通高等教育案例版医学规划教材之一。本教材的编写突出系统性、科学性和实用性的特点，对编写体系和内容进行了科学整合，内容切合专业及教学大纲要求，编写简明扼要。各章均按基本原理、仪器、定性与定量分析方法、分析条件的选择、应用或谱图解析阐述及技术进展进行编写，规范了教材结构体系，编写中注意引进学科的前沿知识和技术应用，体现教材的先进性和实用性。教材中专业术语、计量单位表述更为规范。本教材还将思政内容有机融合在各章内容中，这是本版教材的创新点也是亮点之一。

为了便于教学和学生学习，本版教材在编写体例上做出了较大的创新，增加了本章要求、思政案例、应用案例、思考题等相对统一的模块，利用图表解析编写内容，增加了教材的可读性和生动性。

本教材共十六章，内容全面，涉及面广。第一章介绍了仪器分析的特点与任务、方法的分类、分析仪器、应用及学科的发展趋势。第二至第十四章包括电化学分析法、光谱分析法、色谱分析法及其联用技术的基础知识和应用。第十五章简单介绍其他分析技术。第十六章则介绍常用的样品制备技术，包括样品制备的目的、原则、采集方法和技术等。本教材可供药学、药物制剂、药物分析、药物化学、临床药学、中药学、制药工程、医药营销等专业使用，也可供食品科学、生物科学、生物技术等相关专业使用，此外，也可用作药学类专业的自学考试用书。

本教材由十多所高校的教师合作编写，参编教师均具有丰富的仪器分析教学实践经验和科研成果。参加教材编写的有彭金咏、齐艳（第一章），陈建平（第二章），马学琴（第三章），曾爱国（第四章），杨红（第五章），严诗楷（第六章），黄丽英（第七章），李震宇（第八章），常军民（第九章），徐勤（第十章），高晓霞（第十一章），李云兰（第十二章），张梦军（第十三章），汪电雷、赵娟娟（第十四章），程忠哲、李玲（第十五章）、肖小华（第十六章），由齐艳担任本版教材的编写秘书。

由衷地感谢本教材的编者及支持他们工作的单位领导，使得本教材顺利出版。

限于编者的学识水平和经验，教材编写中可能存在某些不足之处，恳请广大师生提出宝贵意见，以便不断修订完善。

彭金咏

2024 年 3 月 21 日

目　录

第一章 绪 论

本章要求

1. **掌握** 仪器分析的特点与任务；仪器分析方法的分类。
2. **熟悉** 分析仪器的组成；仪器分析的应用。
3. **了解** 仪器分析学科的发展趋势。

第一节 仪器分析的特点与任务

一、仪器分析

分析化学（analytical chemistry）是研究物质的组成、状态和结构的科学，是人们认识物质世界的重要手段之一。分析化学是表征与测量的科学，化学分析（chemical analysis）与仪器分析（instrumental analysis）是其重要的两个组成部分。仪器分析是指根据物质的物理和化学性质，采用比较精密或特殊的仪器设备，通过测量物质的某些物理或物理化学性质参数及其变化规律来获取物质的组成、含量、结构及相关信息的一类方法。根据分析原理与物质采集的特征信息和分析信号（电、光、吸附、热等）的不同，主要可分为电化学分析法、光学分析法、色谱分析法和其他分析技术等几大类，大类下面又可细分为不同方法，每种方法的测定对象和特点各不相同。相关领域如物理学、光学、电子学、计算机科学的飞速发展，为仪器分析学科的发生与发展提供了雄厚的、日益丰富完善的理论和技术基础，仪器分析不再以定性定量作为主要特征，而是在分析的基础上进一步综合和深化，成为一门多学科交叉与融合的综合性学科。

二、特点与任务

仪器分析法与经典化学分析法比较，有如下特点。

1. 灵敏度高 与化学分析法相比，仪器分析法的灵敏度明显提高，如原子发射光谱法的最低检出限常为 1.0×10^{-10} g/ml，而化学发光分析法对某些元素的检出限可达 10^{-14} g/ml，因此，仪器分析法特别适用于微量、半微量甚至痕量组分的分析。

2. 选择性好 仪器分析法的选择性好于经典化学分析法，对复杂组分可以不经分离而直接完成定性、定量分析，也可进行多组分的同时测定，因此，常用于中药等复杂体系中成分的分析。

3. 相对误差较大 仪器分析法相对误差一般为 1%~5%，一般不适于常量分析，但其绝对误差小，因此常用于微量成分的分析。

4. 信息量大 与化学分析法相比，仪器分析法能提供更多、更复杂的时空多维信息，如有机物分子乃至活体生物样本的精细结构、空间排列构成及瞬态变化等信息。

5. 自动化程度高 仪器分析方法简便、快速、易于实现自动化和智能化，可自动处理实验数据得出相应结果，适用于批量样品的分析。

21 世纪是生命科学和信息科学的世纪，仪器分析学科的发展促使分析化学对物质世界的"认知"产生了飞跃，从而使经典化学分析所不能解决的问题如状态分析、结构分析乃至动态分析等不再难解，同时，也为其他学科如生命科学、环境科学、材料科学、电子科学等的发展提供了强有力的工具。仪器分析的迅猛发展和广泛应用为医药、化工、生命科学、环境科学等学科的发展提供了重要条件。

第二节　仪器分析方法的分类

仪器分析方法不仅种类繁多，且各自独立，可自成体系，根据方法原理与物质特征信息和分析信号的不同，仪器分析方法主要可分为电化学分析法（electrochemical analysis）、光学分析法（optical analysis）、色谱分析法（chromatography）和其他分析方法（other analysis）等几大类。

一、电化学分析法

应用电化学原理，以电信号为分析信号来进行物质成分分析的方法称为电化学分析法。常用的电信号有电位、电导、电流、电量等，根据电信号的不同，可分为电位分析法、电导分析法、库仑分析法及电解分析法等。

二、光学分析法

根据待测物质与电磁辐射相互作用后所产生的辐射信号与物质组成及结构的关系而建立起来的分析方法，称为光学分析法。根据电磁辐射与物质间有无能量交换，光学分析法可分为光谱法和非光谱法。

光谱法是电磁辐射与待测物质相互作用，引起物质内部发生能级跃迁而产生吸收、发射或散射，通过测定特征光谱的波长和强度可对物质进行定性、定量和结构分析，通常包括吸收光谱法、发射光谱法和散射光谱法。

非光谱法不涉及物质内部能级的跃迁，通过测量电磁辐射的折射、衍射、干涉和偏振等性质的变化从而对物质进行分析，如折射法、旋光法、X射线衍射法等。

三、色谱分析法

利用物质在固定相和流动相间分配系数的差异，先分离后分析测定的方法称为色谱分析法，主要包括气相色谱法（gas chromatography，GC）、高效液相色谱法（high performance liquid chromatography，HPLC）、高效毛细管电泳法（high performance capillary electrophoresis，HPCE），以及各种色谱-光谱、色谱-质谱联用技术等。

开创中国色谱学科，坚持"小兵精神"，为国防事业做贡献
——中国色谱理论奠基人卢佩章院士的光辉事迹

色谱这种现代分离分析手段在工农业生产、国防、科研、医学等方面有着十分重要的应用，然而，在新中国成立初期，我国的气相色谱还是一项空白。卢佩章带领的研究小组经过了无数次的艰难探索，研制出我国第一台"体积谱仪"。用这台仪器分离一个样品的时间由原来的30多个小时缩短为不到1个小时，而且所用样品量不到原来的千分之一。这一成果立即引起了全国分析化学界的注意。1956年，卢佩章在中国科学院学部委员会成立大会上作了"气相色谱研究"的学术报告，它标志着中国色谱学科已跃居世界领先地位。到了20世纪70年代，卢佩章及其团队成功研究K-1型细内径高效液相色谱柱，达到世界领先水平。20世纪80年代以来，卢院士领导开展了有国际水平的色谱专家系统理论、技术及软件开发等方面的研究，他将重点转向新的研究领域，提出发展环境污染、中药复方、疾病诊断用体液等复杂混合物的智能分析方向。卢院士在工作中始终坚持"小兵精神"，出色地完成国家多项重大任务，为我国国防事业作出了突出的贡献，体现了老一辈科学家脚踏实地、埋头苦干、开拓进取、无私奉献的精神。

四、其他分析方法

除了上述方法外，还有利用热学、动力学、声学、力学等性质进行测定的仪器分析方法，如质谱法、热分析技术、微流控芯片分析法、生物传感器分析技术、流动注射分析、表面等离子体共振技术等。其中最主要的是质谱法（mass spectrometry，MS），它利用带电粒子质荷比的不同进行分离、测定，既能用于定性、定量，又能测定分子量、提供分子结构信息，各种联用技术如气相色谱-质谱联用（GC-MS）、液相色谱-质谱联用（LC-MS）、高效毛细管电泳-质谱（HPCE-MS）、电感耦合等离子体质谱（ICP-MS）等已广泛应用于医药、化工、生命科学等诸多研究领域。

现代仪器分析方法种类繁多，各种方法都有一定的适用范围、测定对象与局限性，在使用时应根据具体情况，选择合适分析方法，以满足分析目的与要求。

第三节 分 析 仪 器

仪器分析是在物质的物理和物理化学性质的基础上建立发展起来的，通常会采用比较精密或特殊的仪器设备探测物质的物理和物理化学性质参数，通过计算机处理后，获得物质的组成、含量、结构及相关信息。分析仪器是仪器分析的基础，是化学、光学、电子学、磁学、机械及计算机科学等现代科学综合发展的产物，具有灵敏、简便、快速且易于实现自动化的特点。

分析仪器根据其测量原理和分析方法不同，主要分为光学分析仪器、电化学分析仪器、色谱分析仪器、质谱分析仪器、磁分析仪器、热分析仪器、物性分析仪器、核分析仪器等。不同类型的分析仪器有着不同的仪器结构、性能、特点及应用领域。

常用的分析仪器通常由信号发生器、检测器、信号处理器和信号读出装置四个部分组成。

信号发生器使样品产生分析信号，信号源可以是样品本身，如对于气相色谱仪和液相色谱仪，测试样品就是信号源；也可以是样品和辅助装置，如紫外-可见分光光度计的信号发生器除了样品外，还有钨灯等入射光源和单色器。

检测器是将某种类型的信号转变为可测定的电信号的装置，是分析仪器的核心部分，根据试样中待测组分的浓度变化或物理性质变化，检测器发出相应的信号，这种信号多数是以电参数（如电流、电阻、电位、电容等）输出的，如紫外-可见分光光度计中的光电倍增管可将光信号变换成便于测定的电流信号。

信号处理器是一个放大器，将微弱的电信号用电子元件组成的电路加以放大、微分、积分或指数增加，使之便于读出装置指示或记录。

信号读出装置将信号处理器放大的信号显示出来，通常有表针、数字显示器、记录仪、打印机、荧光屏或用计算机处理等多种形式。配备了工作站的分析仪器可对整个分析过程实现智能化、功能化控制，大大提高了分析准确度、灵敏度和分析速度，自动化程度较高。

第四节 仪器分析的应用

仪器分析作为现代分析测试手段，广泛应用于药学、医学、生物技术与工程、食品、环境等领域。

在药物生产、质量控制、新药研发过程中，利用现代仪器分析方法建立有效、合理、可靠的分析方法，有利于对药品质量进行全面控制，确保用药安全有效。色谱及其联用技术、紫外光谱法、红外光谱法、原子吸收光谱法、电化学分析法、免疫分析法及其他新型仪器分析技术在药物的分离、鉴别、含量测定、作用机制、药代动力学等研究中发挥着重要的作用。

在《中华人民共和国药典》（以下简称《中国药典》）2020 年版中，成熟的分析检测技术在药品质量控制中的应用进一步扩大，如采用 LC-MS 技术用于中药中多种真菌毒素的检测，采用 GC-MS 技术对农药多残留进行定性鉴别，高效液相色谱法逐步替代薄层色谱法测定化学药有关物质，高效液相色谱法用于抗毒素分子大小分布检测等。新增 X 射线荧光光谱法用于元素杂质控制，转基因检测技术应用于重组产品活性检测，新增免疫化学法通则等。现代仪器分析方法提高了检测方法的灵敏度、专属性、适用性和可靠性，有利于加强药品质量控制，保障药品质量，提升药品监管能力。

此外，医学检验也离不开仪器分析的技术支持，基于荧光分析、质谱分析、色谱分析、流式细胞术、激光技术、聚合酶链反应（polymerase chain reaction，PCR）、DNA 测序技术等的医学自动化检验仪器，由于分析速度快，准确率高，能够在短时间内为临床诊断提供大量信息，已经成为医学检验的重要部分。例如，PCR 仪用于以 PCR 为特征、以检测 DNA/RNA 为目的的各种病原体检测及基因分析。

生命科学的发展总是与分析技术的进步相关联。X 射线晶体衍射对 DNA 双螺旋结构的阐述奠定了现代分子生物学的基础；色谱、质谱、核磁共振技术、化学发光和免疫分析及化学传感器、生物传感器、化学修饰电极和生物电分析化学等现代仪器分析方法为基因组学、代谢组学等研究提供了技术手段，使在分子和细胞水平上来认识与研究生物大分子及生物活性物质的化学和生物本质成为了可能。质谱联用技术广泛应用于测定多肽和蛋白质类化合物的分子量、氨基酸序列、肽谱及蛋白质翻译后的修饰。大规模、自动化基因测序技术的问世，使人类基因组计划的实施比预期一再提前。

第五节　仪器分析学科的发展趋势

随着现代科学技术的发展，各学科相互渗透、相互促进、相互结合，不断开拓新领域，使仪器分析得到了迅速的发展。现代科技的发展不断地向仪器分析学科提供新理论、新方法和新技术，相互促进不断前进，仪器分析学科呈现出以下发展趋势。

一、方　法　创　新

科学研究和各行各业产业发展对仪器分析方法的性能要求越来越高，要求进一步提高仪器分析方法的灵敏度、选择性和准确度；具有更低的检出限、更小的绝对样品量；同时，方法要具有更快的分析速度，能在更短的时间内对几十甚至几百种试样进行分析。例如，在食品中超痕量有害残留物质的检测工作中，限量值由 mg/kg 降低至 μg/kg，甚至要求不得检出，这就要求采用的分析仪器应具有更高的灵敏度与准确度，可采用高灵敏度的气相色谱、高分辨质谱、液相色谱串联质谱等分析仪器进行检测与分析。

离线的分析检测不能瞬时、直接、准确地反映生产实际和生命环境的情景实况，研究并建立有效而实用的原位、活体、实时分析的动态分析检测和非破坏性检测方法，将是 21 世纪仪器分析发展的主流。

二、仪器的微型化、轻量化

近年来，环境监测、生物医学、科技农业、军事分析及工业流程监控等领域的现代化发展，对分析仪器提出了在线化、轻巧、牢固、可遥控监测等新要求和新挑战。随着微制造技术、纳米技术和新功能材料等高新技术的不断发展，分析仪器正沿着大型落地式→台式→移动式→便捷式→手持式→芯片实验室的方向发展，最大限度地将实验室中的仪器功能转移到便携式、微型化的设备中。例如，便携式 GC-MS 仪重量只有几公斤，在应急监测领域、远距离现场分布式实时监测中能够实现对物质的在线分析和远程遥控。将微机电加工技术与分析技术相结合构建的微流控芯片，把整个实验室的功能，包括采样、稀释、加试剂、反应、分离、检测等集成在几平方厘米的芯片上，具有样品消耗量小、速度快、效率高及所用溶液体系较接近生物体液组成等特点，在化学、生物学和医学等众多领域获得了快速发展和应用，已经成为一种非常具有潜力的药物及先导化合物的高效筛选工具。

三、向智能化、数字化、网络化方向发展

微电子工业、大规模集成电路、微处理器和计算机的发展,使仪器分析进入了智能化和数字化的阶段。计算机技术对仪器分析的发展影响极大,计算机在分析中不仅可以运算分析结果,而且可以储存分析方法和标准数据,控制仪器的全部操作。通过计算机控制器和数字模型进行数据采集、运算、统计、分析、处理,提高分析仪器数据处理能力,数字图像处理系统实现了分析仪器数字图像处理功能的发展。智能化与数字化为我国现代仪器分析技术提供了新的发展方向,而这也必然会是现代仪器分析技术未来发展的趋势。随着计算机硬件和软件的平行发展,分析仪器将更为智能化、微型化、高效和多用途。

在当今信息时代,作为信息源头的分析仪器可将分析测试信息通过网络快速、多方位传递、交换,以适应科技和产业发展的需要。例如,某些光谱仪、色谱仪等,不仅具有自校正、自诊断及联网功能,还能进行复杂的数学变换(如傅里叶变换、哈德曼变换),并配有专家分析系统、数据库及三维图谱分析等功能。建立在网络化思想设计的仪器也易于实现虚拟化,依靠功能强大的软件可以完成更强功能、更高效率的分析测试任务。网络化仪器是有机、有序分布在网络各端、平行分布工作的完整系统,既可在小范围内也可远距离联网工作。

四、联用分析技术

由于现代科学技术的发展,试样的复杂性、测量难度、要求信息量及响应速度在不断提高,采用一种分析技术,常不能满足要求。多种方法相互融合使测定趋向灵敏、快速、准确、简便和自动化,联用分析技术已成为当前仪器分析的重要发展方向。将分离技术(气相色谱法、高效液相色谱法)和检测方法(红外光谱法、质谱法、核磁共振波谱法、原子吸收光谱法等)结合组成的联用分析技术汇集了各自的优点,弥补了各自的不足,从而提高方法的灵敏度、准确度及对复杂混合物的分辨能力,成为解决复杂体系分析及推动蛋白质组学、基因组学、代谢组学等新兴学科发展的重要技术手段。因而,联用分析技术已成为当前仪器分析方法发展的主要方向之一。近年来,分析仪器联用技术日趋成熟,通过采样接口和计算机把功能相互补充的不同仪器联为一体。常用的联用分析技术主要有 GC-MS、LC-MS、HPCE-MS、ICP-MS、傅里叶变换-红外光谱(FT-IR)、气相色谱-傅里叶变换红外光谱-质谱(GC-FTIR-MS)等。

五、能提供更多、更复杂的时空多维信息

进入 21 世纪,生产的发展和科学的进步对分析化学提出了新的要求和挑战,一个重要的方面是要求分析化学能提供更多、更复杂的信息。随着环境科学、能源科学、生命科学、临床化学、生物医学等学科的兴起,现代仪器分析的发展已不局限于将待测组分分离出来进行表征和测量,而是成为一门为物质提供尽可能多的化学信息的学科。随着人们对客观物质认知的深入,某些过去所不甚熟悉的领域(如多维、不稳定和边界条件等)也逐渐提到研究日程上来。采用等离子体质谱、傅里叶变换红外光谱、傅里叶变换核磁共振波谱、激光拉曼光谱等分析方法,可提供有机物分子的精细结构、空间排列构成及瞬态变化等信息,为人们对化学反应历程及生命的认知提供了重要基础。

此外,超微型光学、电化学、生物选择性传感器和探针能够在生物体保持正常生命活动的状态下,准确测定某些元素的价态、迁移规律及定量某些物质量的变化,了解它们在活体组织不同部位、不同层次中的分布,从宏观深入到微观区域,从分子水平、超分子水平探讨物质的组成状态和结构,适应了生物分析和生命科学快速发展的需要。如活体成像技术可以提供活体生物样本的结构和动态信息,质谱成像技术可以同时获得多种生物活性分子的可视化空间分布。

思 考 题

1. 仪器分析主要有哪些分析方法?
2. 简述仪器分析的特点。
3. 举例说明仪器分析在药品质量控制中的应用。
4. 简述分析仪器的组成。
5. 联用分析技术有什么优点? 常用的联用分析技术有哪些?

（大连医科大学　彭金咏；大连医科大学　齐　艳）

第二章 电化学分析法

本章要求

1. **掌握** 化学电池的基本原理；电极电位的测定方法。
2. **熟悉** 电极的分类及其基本特点；直接电位法等常用分析方法的基本原理。
3. **了解** 极谱法和库仑分析法在医药领域应用。

电化学分析法（electrochemical analysis）是一种应用领域十分广泛的分析方法，在化学环境检测、药品研究及生产、化工、能源、材料、航天航空等领域应用得较为广泛。在我国，电化学领域设有"中国电化学贡献奖"，每两年举行一次，用于鼓励和奖励在电化学科学与技术研究中作出了重要贡献的研究学者。除了单独应用外，电化学分析法与药剂学、生物学等领域的联合应用也较为广泛。利用电化学分析法及电化学分光法并结合多种信号放大技术可以实现对 miRNA 的高灵敏度测定，为后续研究奠定基础。而对于如今一些引起国内外研究学者重点关注的疾病，如阿尔茨海默病、帕金森病等这一类神经退行性疾病，除了常用研究方法外，有研究者将其发病机制中氧化应激作用与电化学传感器结合，利用氧化还原信号，实现对相关信号分子的检测。

中药是我国的瑰宝，其质量可直接影响到中医的临床治疗效果。自 20 世纪起，已有研究者将电化学分析法应用在中药研究领域，利用电化学指纹图谱、经典极谱法、伏安法等电化学技术联合高效液相色谱法、毛细管电泳等技术可以实现在中药鉴别、有效成分含量等方面进行测定，更有效地控制中药质量。

随着社会的不断发展，经济水平的日益提高，人们也面临着日益严峻的环境污染问题，因此对环境质量进行监测及分析受到了广泛的关注。利用电化学分析技术进行环境监测具有仪器设备操作相对简单、监测成本低及对环境友好等特点，故此技术应用于环境监测具有广阔的发展前景。

由于电化学分析具有线性范围宽、选择性好、灵敏度高、简单便捷及可在线分析等诸多优点，随着新技术的不断创新，新仪器的不断出现，电化学分析法的发展将会进一步扩展，与其他分析技术的联合应用也将更加紧密，电化学分析法与其他分析技术的联合应用将会是今后电化学分析法发展的必然趋势。

第一节 电化学与电化学分析概述

一、电化学分析概述

电化学分析是仪器分析的一个重要组成部分，是基于物质在电化学池的电化学性质及其变化规律对生物、医药领域进行分析的一种方法。通常以电位、电量和电导等参数与其被测物质之间的关系作为研究基础，大致可分为以下几类。

（一）电导分析法

电导分析法是根据溶液的电导性质来进行分析，以测量溶液电导为基础的分析方法，其基本原理是溶液的电导与溶液中各种离子浓度、运动速度和离子电荷数有关。

1. 电导测定法 电导测定法又称为直接电导法（direct conductometry），通过测量溶液的电导，同时根据电导与溶液中待测离子浓度之间的定量关系来确定待测离子的含量。电导测定法具有较高

7

的灵敏度，但几乎没有选择性。电导（G）是电阻的倒数，单位为 S，摩尔电导（Λ_m）是含有 1 mol 电解质溶液在距离 1 m 的两电极间所具有的电导，电位为 S·m^2/mol。

$$\Lambda_m = \frac{A}{l}\kappa = \kappa V_m = \frac{\kappa}{c} \tag{2-1}$$

式中，κ 为电导率（S/m）；l 为导体的长度；A 为截面积。若在一对表面积为 A（m^2），相距 l（m）的电极上进行测定，则电导为

$$\theta = l/A \quad （\theta \text{ 又称为电导池常数}） \tag{2-2}$$

$$G = \frac{A}{l}\kappa = \frac{\Lambda_m c}{\theta} \tag{2-3}$$

当溶液无限稀释时，摩尔电导达到极限值 Λ_m^∞，Λ_m^∞ 称为无限稀释摩尔电导或极限摩尔电导，在一定温度和溶剂中为定值，所以

$$\Lambda_m^\infty = \sum \Lambda_{m_i}^\infty \tag{2-4}$$

$$G = \frac{1}{\theta}\sum c_i \Lambda_{m_i} \tag{2-5}$$

式中，c_i 为离子 i 的物质的量浓度；Λ_{m_i} 为其摩尔电导。

电导法主要用于水质纯度的鉴定和生产中某些中间流程的控制及自动分析。

2. 电导滴定法　电导滴定法是通过测量滴定过程中电导值的突跃变化来确定滴定终点的一类定量分析方法。滴定时，滴定剂与溶液中被测离子生成水、沉淀或其他难溶化合物，从而使电导发生变化，是利用在化学计量点时出现的转折来指示滴定终点。

（二）电位分析法

电位分析法（potential analysis）是将一个指示电极和一个参比电极，与试液组成电池，然后以测量原电池的电动势为基础，根据电动势与溶液中某种离子的活度（或浓度）之间的定量关系来测定待测物质活度（或浓度）的一种电化学分析法。其主要可分为电位测定法和电位滴定法。

1. 电位测定法　电位测定法（potentiometry）又称为直接电位法（direct potentiometry），是利用指示电极将被测离子的活度（或浓度）转化为电极电位后，通过能斯特（Nernst）方程计算出待测液的活度（或浓度）。

2. 电位滴定法　电位滴定法（potentiometric titration）是通过测定化学原电池的电动势变化来确定滴定终点，即利用指示电极电位的突跃来指示滴定终点。滴定时，在化学计量点附近，由于被测物质的浓度发生突变，指示电极的电极电位发生突跃，从而确定滴定终点。

（三）电解分析法

电解分析法（electrolytic analysis），又称为电重量分析法（electric gravity analysis），是通常用一对铂电极与待测金属离子组成电解池，在恒电流或恒电位下进行电解，称量待测离子以金属或氧化物等形式析出的析出物重量，从而计算出待测离子含量的一种电化学分析法。因不同金属离子在电解时具有不同的析出电位，所以控制电极电位进行电解，从而使不同元素分离的方法称为电解分离法。

1. 恒电流电解法　恒电流电解法（constant current electrolysis）是在恒定的电流条件下电解，电解完成后将已知质量的电极干燥称重，通过计算电解前后的质量差即可计算出待测物质的含量。

2. 控制阴极电位电解法　控制阴极电位电解法（controlled cathode potential electrolysis）适用于溶液中有几种金属离子进行电解时，分别控制阴极电位在某个恒定的范围内，从而使几种待测离子在电极上分别析出再进行测定或分离的方法。

（四）库仑分析法

库仑分析的基础是法拉第（Faraday）电解定律，要求以 100%的电流效率电解试液，产生某一试剂与被测物质进行定量反应，或者直接电解被测物质。库仑分析法（coulometry）是一种通过测量被测物质定量地进行某一电极反应，或被测物质与某一电极反应的产物定量地进行化学反应所消耗的库仑数（电量）而进行定量分析的电化学分析法。库仑滴定时的化学计量点可以借助指示剂或电化学分析法来确定，包括恒电位库仑分析法和恒电流库仑分析法。

1. 恒电位库仑分析法 恒电位库仑分析法（potentiostatic coulomb analysis）又称为控制电位库仑分析法（controlled potential analysis），通过测量电极反应所消耗的电量来定量分析。恒电位库仑分析法可避免副反应的发生，从而提高方法的选择性。

2. 恒电流库仑分析法 恒电流库仑分析法（constant current coulomb analysis）又称为控制电流库仑分析法（controlled current coulomb analysis）或库仑滴定法（coulometric titration），利用电解产生的滴定剂与待测组分发生中和反应、沉淀反应、氧化还原反应或者配位反应，根据法拉第定律计算待测物质的含量或浓度。

（五）伏安法和极谱法

伏安法（voltammetry）和极谱法（polarography）是一种特殊形式的电解分析方法，以小面积的工作电极与参比电极组成电解池，电解被测物质的稀溶液，根据所得的电流-电位曲线来进行分析。伏安法是利用电极电解被测物质溶液，得出电流-电压曲线（伏安曲线）来进行分析的一类电化学分析法。伏安法的工作电极一般采用固定微电极（stationary microelectrode），如悬汞电极（hanging mercury drop electrode，HMDE）、玻璃碳汞膜电极（glass carbon-mercury film electrode）等，主要包括溶出伏安法（stripping voltammetry）和伏安滴定法（voltametric titration）。

1. 溶出伏安法 溶出伏安法又称为反向溶出极谱法（inverse stripping voltammetry），是用工作电极与待测溶液组成电解池，先电解待测溶液离子，并使其富集于工作电极上，在静止状态下，改变电极电位方向，重新溶出富集离子，同时利用极谱仪记录溶出过程的极化曲线，对待测离子浓度进行定量的分析方法。富集的过程主要通过电解方式实现，如果电解富集时工作电极为阴极，溶出时为阳极，则称为阳极溶出法；如果电解富集时工作电极作为阳极，溶出时作为阴极，则称为阴极溶出法。富集的过程如果是通过吸附作用完成，则称为吸附溶出伏安法。溶出伏安法具有较高的灵敏度，主要用于测定某些金属离子及有机化合物，检出限可达 $10^{-15} \sim 10^{-10}$ mol/L，应用十分广泛。

2. 伏安滴定法 伏安滴定法（voltametric titration）是以铂电极为工作电极，利用伏安曲线原理来确定滴定终点的容量分析方法。它可分为单指示电极电流滴定法（single indicator electrode current titration）、双指示电极电流滴定法（biamperometric titration）和双指示电极电位滴定法（bipotentiometric titration）。

极谱法是一类特殊的伏安法，采用表面可作连续性更新的滴汞阴极作为工作电极。两者的差别主要是工作电极的不同，极谱法以滴汞电极为工作电极，伏安法的工作电极是固态或表面静止电极，伏安法由于其工作电极的表面积小，即使有电流通过，但其电流也很小，所以溶液中的组成基本不变。

二、化 学 电 池

（一）化学电池概述

化学电池（chemical cell）是一种电化学反应器，是实现化学反应与电能相互转换的装置，由电极、电解液和外电路组成。根据电极反应是否自发进行，化学电池可分为原电池（primary cell）和电解池（electrolytic cell），其类型可见图 2-1。图中（a）为原电池，分别以锌、铜为电极，外加电流表，溶液为 $ZnSO_4$、$CuSO_4$，（b）为电解池，以石墨为电极，外加电压，内置溶液为 $CuCl_2$。

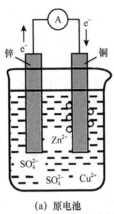 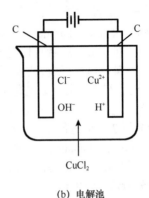

(a) 原电池   (b) 电解池

图 2-1 原电池与电解池结构示意图

1. 原电池和电解池 原电池是将化学能转变为电能的装置，其电极反应可自发进行。电解池是将电能转变为化学能的装置，其电极反应只有在外加电压的条件下才能进行。

2. 阳极和阴极 在化学电池中，发生氧化反应的电极称为阳极，发生还原反应的电极称为阴极。电子从阳极通过外电路流向阴极，阳极作为负极，阴极作为正极。习惯上人为规定电流的方向与电子流动的方向相反，所以电流是从正极通过外电路流向负极。

当电池与外加电源相连时，若外加电源的电动势大于电池的电动势，电池就会接受电能进行充电，此时电池就变成电解池。

如图 2-2 所示，在铜-锌原电池，即丹聂尔（Daniell）原电池，气体要标明压力，无特殊说明，温度一般为 25℃，表示为

$$(-)\ Zn|ZnSO_4\ (1\ mol/L)\ \|\ CuSO_4\ (1\ mol/L)\ |Cu\ (+)$$

电极半反应为锌极：$Zn \rightleftharpoons Zn^{2+} + 2e$（氧化反应、阳极）

铜极：$Cu^{2+} + 2e \rightleftharpoons Cu$（还原反应、阴极）

电池总反应：$Zn + Cu^{2+} \rightleftharpoons Zn^{2+} + Cu$

锌电极发生氧化反应，锌电极表面的锌原子失去电子进入液相成为 Zn^{2+}；铜电极发生还原反应，溶液中的 Cu^{2+} 得到电子，由液相进入固相成为铜原子。电子的传递和转移通过连接两个电极的外电路导线完成。从图 2-1 中可以发现，在原电池和电解池的阴极上都会有一个共同的电极反应：

$$Cu^{2+} + 2e \rightleftharpoons Cu$$

上述反应称为半电池反应（half-cell reaction），简称半反应。如要使铜在电极表面沉积，在原电池上，需要一个比 Cu/Cu^{2+} 的电位更小的半电池来组成电池；对于电解池来说则需要一个可以提供电子的半电池来组成电池。虽然原电池和电解池拥有一个相同的半反应，但在电池组成上却完全不同。在实际应用中，一般先将两个半反应隔开，再使用盐桥将两个半反应连接起来形成电流回路。

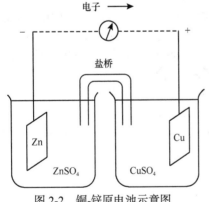

图 2-2 铜-锌原电池示意图

（二）电位分析法的电极

在电位分析法中为了测定未知离子的浓度，一般是由两个性质不同的电极和待测溶液组成工作电池，其中电极电位随着待测溶液活度（或浓度）变化而变化的电极称为指示电极（indicator electrode），不发生变化的电极称为参比电极（reference electrode）。图 2-3 是由甘汞电极（calomel electrode）电位组成的测量体系。

（三）参比电极

参比电极可以提供测量电池电动势及计算电极电位过程中可以参考的电极电位，是影响待测离子活度测定准确度的重要因素，理想的参比电极应当满足可逆行性好、电位值稳定、重现性好、结构简单、耐用等基本条件。参比电极主要有标准氢电极、饱和甘汞电极和 Ag-AgCl 电极等。

1. 标准氢电极 铂电极（platinum electrode）在氢离子活度为 1 mol/L 的理想溶液中，并与 100 kPa 压力下的氢气平衡共存时所构成的电极称为标准氢电极（standard hydrogen electrode，SHE），人为规定标准氢电极的电极电动势为零。比氢活泼的金属电位为负，活泼性小于氢的金属的电极电位为正。

其电极组成为：Pt（镀铂黑）|H₂（100 kPa），H⁺（1 mol/L）

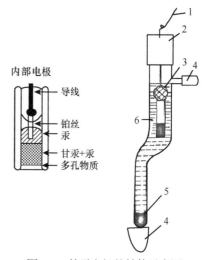

图 2-3 甘汞电极的结构示意图
1. 导线；2. 绝缘体；3. 内参比电极；4. 橡皮帽；
5. 多孔物质；6. KCl 溶液

电极反应：$2H^+ + 2e \rightleftharpoons H_2$

电极电位：$\varphi = \varphi_{SHE}^{\theta} - \dfrac{2.303RT}{2F}\lg\dfrac{\alpha_{H_2}^2}{P_{H_2}}$ （2-6）

根据国际纯粹与应用化学联合会（International Union of Pure and Applied Chemistry，IUPAC）规定，其他电极的标准电极电位值都是以标准氢电极为参比的相对值，故标准氢电极又称为一级参比电极，在实际应用中，其制作烦琐，使用不便，因此不常用。

2. 饱和甘汞电极 饱和甘汞电极（saturated calomel electrode，SCE）由金属汞、甘汞（Hg_2Cl_2）和饱和 KCl 溶液组成，以 $Hg|Hg_2Cl_2|KCl$ 表示，图 2-4 为饱和甘汞电极结构示意图。

电极有内、外两个玻璃套管，内管上端连接一根铂丝，铂丝上部与电极引线相连，其下部插入汞层中。汞层的下部是汞和甘汞的糊状物，内玻璃管下端用石棉或纸类多孔物堵塞，外玻璃管内充饱和 KCl 溶液，最下端用素瓷微孔物质封口。电极反应如下：

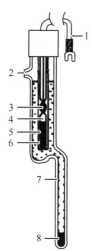

图 2-4 饱和甘汞电极结构示意图
1. 电极引线；2. 玻璃管；3. 橡皮帽；4. 汞；
5. 甘汞糊；6. 石棉或纸浆；7. 饱和 KCl；
8. 素烧瓷片

电极反应：$Hg_2Cl_2 + 2e \rightleftharpoons 2Hg + 2Cl^-$

电极电位（25℃）：$\varphi = \varphi_{Hg_2Cl_2/Hg}^{\theta} - 0.0592\lg\alpha_{Cl^-}$ （2-7）

由上式可见，当温度一定时，电极电位与 KCl 溶液浓度有关，KCl 溶液浓度一定时，该电极电位值（表 2-1）是一定的。

表 2-1 甘汞电极的电极电位（相对 SCE）

KCl 溶液浓度（mol/L）	≥3.5（饱和）	1	0.1
25℃电极电位（V）	0.2438	0.2828	0.3365

3. Ag-AgCl 电极 Ag-AgCl 电极（silver-silver chloride electrode，SSE）是金属-金属难溶盐电极，其结构简单，体积小，常用于各种离子选择电极（ion selective electrode，ISE，又称膜电极）的内参比电极。Ag-AgCl 电极结构类似于甘汞电极的电极。

电极组成：Ag，AgCl|KCl（α）

电极反应：$AgCl + e \Longrightarrow Ag + Cl^-$

其电极电位（25℃）：$\varphi = \varphi^{\theta}_{AgCl/Ag} - 0.0592 \lg \alpha_{Cl^-}$ （2-8）

当 Cl^- 活度和温度一定时，Ag-AgCl 电极的电极电位恒定不变（表 2-2），Ag-AgCl 电极构造较为简单，故常用作玻璃电极和其他膜电极的内参比电极及复合电极的内外参比电极。

表 2-2 Ag-AgCl 电极的电极电位（相对标准氢电极）

KCl 溶液浓度（mol/L）	≥3.5（饱和）	1	0.1
25℃电极电位（V）	0.199	0.222	0.288

4. 指示电极 指示电极是其电极电位跟随待测溶液离子活度或浓度变化而变化的一类电极，应符合下列条件：①电极电位与待测组分活度（浓度）关系符合 Nernst 方程；②对待测组分响应快、重现性好；③简单耐用。

（1）金属基电极：金属基电极（metal-insoluble metal salt electrode）是以金属为基体，基于电子转移反应的一类电极，主要包括金属-金属离子电极、金属-金属难溶盐电极和惰性电极等。

1）金属-金属离子电极（metal-metal ion electrode）：金属插入该金属离子溶液中组成的电极，用 M|M$^+$ 表示，如 Ag|Ag$^+$ 电极：

电极反应：$Ag^+ + e \Longrightarrow Ag$

电极电位（25℃）：$\varphi = \varphi^{\theta}_{Ag^+/Ag} + 0.0592 \lg \alpha_{Ag^+}$ （2-9）

金属-金属离子电极的电极电位与金属离子的活度或浓度有关，一般用于测定金属离子的活度（或浓度）。

2）金属-金属难溶盐电极（metal insoluble metal salt electrode）：表面覆盖同种金属难溶盐的金属浸入该金属难溶盐的阴离子溶液组成的电极，该类电极涉及两个相界面或牵涉两个化学反应，用 M|M$_m$N$_n$|X^{m-} 表示，电极组成为 Ag|AgCl$_{(s)}$|Cl$^-$：

电极反应：① $AgCl \Longrightarrow Ag^+ + Cl^-$ ② $Ag^+ + e \Longrightarrow Ag$

该电极电位（25℃）：$\varphi = \varphi^{\theta}_{Ag^+/Ag} + 0.0592 \lg \dfrac{K_{sp,AgCl}}{\alpha_{Cl^-}}$ （2-10）

即 $\varphi = \varphi^{\theta}_{AgCl/Ag} - 0.0592 \lg \alpha_{Cl^-}$ （2-11）

金属-金属难溶盐电极的电极电位随溶液中难溶盐阴离子活度（或浓度）的变化而变化，可用于测定难溶盐阴离子的浓度。同时难溶盐阴离子的浓度一定时，电极电位数值就一定，故可作为参比电极。

3）惰性电极（inert electrode）：惰性金属（铂或金）插入同一元素的两种不同氧化态的离子溶液中组成的电极，用 Pt|M^{m+}，M^{n+} 表示，因惰性电极不参与电极反应，仅是传递电子的作用，又称为零类电极。例如，将铂片插入 Fe^{3+} 和 Fe^{2+} 的溶液组成铂（Pt|Fe^{3+}，Fe^{2+}）电极：

电极反应：$Fe^{3+} + e \Longrightarrow Fe^{2+}$

电位电极（25℃）：$\varphi = \varphi^{\theta}_{Fe^{3+}/Fe^{2+}} + 0.0592 \lg \dfrac{\alpha_{Fe^{3+}}}{\alpha_{Fe^{2+}}}$ （2-12）

或 $\varphi = \varphi^{\theta'} + 0.0592 \lg \dfrac{c_{Fe^{3+}}}{c_{Fe^{2+}}}$ （2-13）

惰性电极的电极电位一般随电极的氧化态和还原态的活度（或浓度）的变化而变化，因此该电极可用于溶液中氧化态和还原态的活度（或浓度）或其比值的测定。

（2）膜电极：膜一般由对待测离子敏感的膜制成。膜电极中没有电子交换反应，其电极电位是基于响应离子在膜上交换和扩散等作用的结果，其与待测离子活度（浓度）符合 Nernst 方程。

$$\varphi = K' \pm \frac{2.303RT}{nF} \lg \alpha_i \qquad （2-14）$$

式中，K' 为电极常数，阴离子取"–"，阳离子取"+"；n 是待测离子电荷数。

膜电极是电位法中最常用的电极，其商品种类主要有 pH 玻璃电极、钾电极、钠电极、氟电极及在药学领域中的多种药物电极等。具体来说，膜电极可分为均相膜电极和非均相膜电极，其种类繁多，如晶体膜电极中卤化银-硫化银电极可用于测定试样中卤素活度变化。而非晶体膜电极典型代表则是测量 pH 时的玻璃电极。

第二节　电极电位

一、电极的基本过程

电极过程是指电极和溶液界面上发生的一系列变化的总和，电极过程是一些性质不同的单元步骤串联组成的复杂过程，电极反应 $O + ne \rightleftharpoons R$ ，其基本电极过程如图 2-5 所示：

实际上，许多电极如化学电池中的锌片，浸没于 $ZnSO_4$ 电解质溶液中，金属中的化学势大于溶液中的化学势，锌不断溶解进入溶液中，电子被留在金属片上，结果使金属带负电，溶液带正电，两相间形成双电层，形成电位差。双电层会排斥 Zn^{2+} 进入溶液，金属表面的负电荷对 Zn^{2+} 产生吸引，会形成相间平衡电极电位。对于给定的电荷而言，电极电位（electrode potential）是一个确定的常量，如下述电极电位：

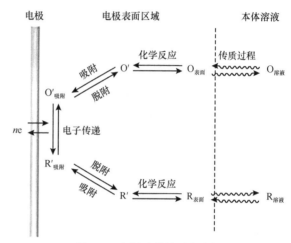

图 2-5　电极过程的反应途径

$$aA + bB + n \rightleftharpoons cC + dD$$

电极电位可表示为

$$\varphi = \varphi^{\theta} - \frac{RT}{nF} \lg \frac{\alpha_C^c \alpha_D^d}{\alpha_A^a \alpha_B^b} \qquad （2-15）$$

式中，φ 为电极电位；φ^{θ} 为标准电极电位；R 为气体常数，为 8.314 41 J/（mol·K）；T 为热力学温度，单位为 K；F 为法拉第常数，为 96 486.7 C/mol；α 为参与化学反应各物质的活度。

若用常用数对表示，可得出 Nernst 方程：

$$\varphi = \varphi^{\theta} - \frac{0.0592}{n} \lg \frac{\alpha_C^c \alpha_D^d}{\alpha_A^a \alpha_B^b} \quad （25℃） \qquad （2-16）$$

如果电极体系是由金属、该金属难溶盐及该难溶盐的阴离子组成，如 Ag-AgCl-KCl 电极，该电极反应：

$$Hg_2Cl_2 + 2e \rightleftharpoons 2Hg + 2Cl^-$$

$$Sb_2O_3(s) + 6H^+ + 6e \rightleftharpoons 2Sb(s) + 3H_2O$$

代入式（2-16）可得

$$\varphi = \varphi_{AgCl/Ag}^{\theta} - 0.0592 \lg \alpha_{Cl^-} \qquad （2-17）$$

当 α_{Cl^-} 一定时，其电极电位是稳定的，可作为参比电极。

单个电极的电极电位是无法进行测量的，只有将待测电极和另一个参比电极组成原电池，通过测量原电池的电动势，才能确定待测电极的电极电位。原电池的电动势为

$$E = \varphi_{阴} - \varphi_{阳} + \varphi_J - IR \tag{2-18}$$

式中，$\varphi_{阴}$ 是阴极（正极）电极电位；$\varphi_{阳}$ 是阳极（负极）电极电位；φ_J 是液体接界电位；IR 是溶液引起电压降。

设法将 φ_J 和 IR 降至忽略不计，式（2-18）可简化为 $E = \varphi_{阴} - \varphi_{阳}$。

如 $\varphi_{阴}$ 或 $\varphi_{阳}$ 已知，即可通过测得的电动势计算另一个电极的电位，已知电极电位的电极一般可采用标准氢电极，或者用 Ag-AgCl 电极和饱和甘汞电极。

二、电极电位的测定

电极电位的测定中，由于无法测量单个电极的电位绝对值，只能使另一个电极标准化，通过测量其电池的电动势来获得其相对值，以饱和甘汞电极的电位值测量为例：

$$Hg|Hg_2Cl_2|KCl（饱和水溶液）$$

国际上推荐以标准氢电极为标准，人为规定电极电位为零：

$$Pt|H_2（P=100\ kPa）|H^+（\alpha=1）$$

将该电极与饱和甘汞电极组成电池，所测得的电池电动势即为饱和甘汞电极的电极电位，故目前通用的标准电极电位值皆为相对值。应当注意的是，当测量的电流较大或溶液电阻较高时，测量值中会包含电阻所引起的 IR，应当加以校正。

（一）标准电极电位

对于可逆反应 $O + ne \rightleftharpoons R$，用 Nernst 方程表示电极电位与反应物之间的关系为：

$$\varphi = \varphi^\theta + \frac{RT}{nF}\lg\frac{\alpha_O}{\alpha_R} \tag{2-19}$$

若氧化态和还原态的活度均为 1，此时的电极电位为标准电极电位（standard electrode potential，φ^θ），25℃时，式（2-19）可写为

$$\varphi = \varphi^\theta + \frac{RT}{nF}\lg\frac{\gamma_O}{\gamma_R} + \frac{RT}{nF}\lg\frac{[O]}{[R]} \tag{2-20}$$

（二）条件电位

假设 $\varphi^{\theta'} = \varphi^\theta + \frac{RT}{nF}\lg\frac{\gamma_O}{\gamma_R}$，则有：

$$\varphi = \varphi^{\theta'} + \frac{RT}{nF}\lg\frac{[O]}{[R]} \tag{2-21}$$

$\varphi^{\theta'}$ 是氧化态和还原态的浓度均为 1 mol/L 或浓度比为 1 时的电极电位，称为条件电极电位（conditional electrode potential）。

条件电极电位随反应物的活度系数不同而不同，主要受离子强度、配位效应、水解效应和 pH 等条件的影响，因此条件电位与溶液中各电解质成分有关，是以浓度表示的实际电位值。

三、电化学分析法的特点

（一）灵敏度高

电化学分析法应用于痕量、超痕量物质的分析，有些分析检出限可达 10^{-12} mol/L。

（二）准确度高

库仑分析法和电解分析法准确度都比较高。

（三）测定范围广

电位分析法、微库仑分析法等可用于微量组分的测定；电导滴定法、电流滴定法可用于常量组分的定量分析。

（四）仪器设备简单、操作简便

一般无需大型、昂贵的仪器设备，使用的仪器较为简单，易得。仪器的装置、调试和操作较简便，容易实现自动化。

（五）选择性差

电化学分析法的选择性一般都比较差，但膜电极、控制阴极电位电解法及极谱法相较于其他方法选择性较高。

第三节　直接电位法

电位分析法是以测量原电池的电动势为基础，根据电动势与溶液中某种离子的活度（或浓度）之间的定量关系来测定待测物质活度（或浓度）的一种电化学分析法。其主要可分为电位测定法或电位滴定法。其中，电位测定法又称为直接电位法，是利用指示电极将被测离子的活度（或浓度）转化为电极电位后，通过 Nernst 方程计算出待测溶液的活度（或浓度）。

直接电位法主要用于测量溶液的 pH 及其溶液中离子的活度（或浓度）。

一、测定溶液 pH

测定溶液的 pH 在医药、生物领域具有重要意义，主要使用 pH 玻璃电极测定 pH，此时与饱和甘汞参比电极组成电池，其电极结构示意图、相关结构示意图分别如图 2-6～图 2-9 所示，电池图解式为

Ag，AgCl|内参比液|玻璃膜|试液‖KCl（饱和）|Hg$_2$Cl$_2$，Hg

$$\varepsilon_6 \qquad \varepsilon_5 \qquad \varepsilon_4 \qquad \varepsilon_3 \qquad \varepsilon_2 \qquad \varepsilon_1$$

$\varphi_{SCE} = \varepsilon_1 - \varepsilon_2$；$\varphi_{液接} = \varepsilon_2 - \varepsilon_3$；$\varphi_{AgCl/Ag} = \varepsilon_6 - \varepsilon_5$；$\varphi_{外} = \varepsilon_4 - \varepsilon_3$；$\varphi_{内} = \varepsilon_4 - \varepsilon_5$；$\varphi_{膜} = \varphi_{外} - \varphi_{内}$；

$\varphi_{ISE} = \varphi_{膜} + \varphi_{AgCl/Ag}$；$E_{电池} = \varphi_{SCE} - \varphi_{ISE}$。

测量时，φ_{SCE}、$\varphi_{AgCl/Ag}$、$\varphi_{液接}$、$\varphi_{内}$ 都是常数，所以：

$$E_{电池} = K - \frac{RT}{F} \lg \alpha_{H^+} \tag{2-22}$$

室温下

$$E_{电池} = K' + 0.0592 pH (25℃) \tag{2-23}$$

常数项中 K 包含内参比电极电位、膜内相间电位、不对称电位，在测量时还包含外参比电极电位和液接电位，在实际测量中，有些物理量会发生变化不能准确测量，同时溶液中存在的电解质会影响被测离子的活度（或浓度），因此通常不能用测量得到的电动势直接计算溶液的 pH，一般与标准溶液同时测量和比较才能得到溶液的 pH。

玻璃电极（glass electrode）如图 2-6 所示，内参比电极为 Ag-AgCl 电极，内充溶液是一定 pH、一定浓度 Cl$^-$ 的缓冲溶液，玻璃膜是 SiO$_2$ 和 Na$_2$O 及少量 CaO，在高温下烧制并吹成球形薄膜，对溶液中的 H$^+$ 可以产生选择性响应。图 2-7 是将玻璃电极和参比电极组成一个复合 pH 电极，外套管将球泡包裹在内，防止硬物接触而破碎。

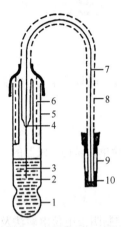

图 2-6　pH 玻璃电极示意图

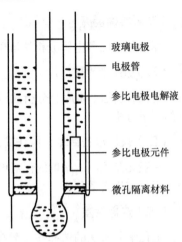

图 2-7　复合 pH 电极结构示意图

1. 玻璃膜；2. 内充溶液；3. Ag-AgCl 内参比电极；4. 电极引线；5. 玻璃管；6. 静电隔离层；7. 电极导线；8. 金属隔离罩；9. 塑料高绝缘；10. 电极接头

如图 2-8 所示，玻璃电极使用前应当浸入水中进行活化，使玻璃膜与水接触，膜中硅酸结构（GI⁻）与 H^+ 结合能力大于 Na^+ 结合能力，所以膜中 Na^+ 会与水中 H^+ 发生以下离子交换：

$$H^+ + Na^+GI^- \rightleftharpoons Na^+ + H^+GI^-$$

当交换达到平衡后，玻璃膜表面形成水化胶层，水中浸泡后的玻璃膜由三部分组成：膜内、外表面的两个水化胶层及膜中间的干玻璃层，如图 2-9 所示。水化层表面的正电荷点位几乎全部由 H^+ 占据，水化层表面至干玻璃层 H^+ 数目减少，Na^+ 数目逐渐增多，到干玻璃层几乎全部由 Na^+ 占据，形成 H^+ 活度梯度。

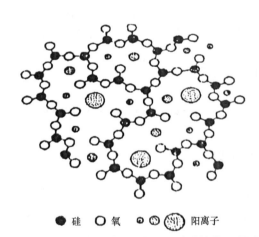

图 2-8　网状带负电荷硅酸盐晶格玻璃结构示意图

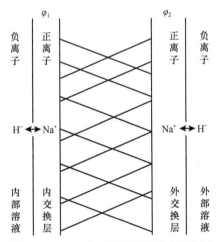

图 2-9　pH 玻璃电极膜电位形成示意图

交换的结果会在玻璃外膜相界面上形成双电层，产生 $\varphi_{外}$，如图 2-10 所示，膜内表面与内充溶液之间的相界面也会产生 $\varphi_{内}$，均符合 Nernst 方程，如下：

$$\varphi_{外} = k_1 + 0.0592 \lg \frac{\alpha_1}{\alpha_1'} \tag{2-24}$$

$$\varphi_{内} = k_2 + 0.0592 \lg \frac{\alpha_2}{\alpha_2'} \tag{2-25}$$

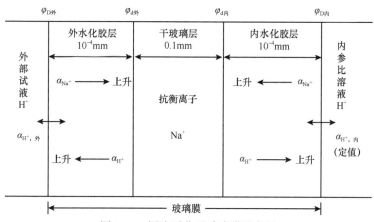

图 2-10 浸泡活化后玻璃膜示意图

式（2-24）和式（2-25）中，α_1、α_2 分别为膜外、膜内溶液中 H^+ 活度；α_1'、α_2' 分别为膜外、膜内交换层中 H^+ 活度；k_1、k_2 是与玻璃膜外、内表面物理性能有关的常数。

其中，玻璃膜外、内两表面的相间电位之差等于膜电位（$\varphi_{膜}$），由于玻璃膜内、外表面性质基本相同，所以可以得到 $k_1=k_2$，$\alpha_1'=\alpha_2'$，式（2-24）与式（2-25）两式相减，则有

$$\varphi_{膜} = \varphi_{外} - \varphi_{内} = 0.0592\lg\alpha_1 - 0.0592\lg\alpha_2 = 0.0592\lg\frac{\alpha_1}{\alpha_2} \qquad （2-26）$$

由于内充液中 H^+ 离子活度 α_2 为定值，所以可以得出：

$$\varphi_{膜} = K' + 0.0592\lg\alpha_1 = K' - 0.0592pH_{试液} \qquad （2-27）$$

膜电位与外部溶液 H^+ 活度符合 Nernst 方程，即使把膜电位形成之后的玻璃电极浸入试样溶液中，H^+ 由于活度差异会发生浓度扩散，从而导致膜电位发生变化，这种变化同样符合 Nernst 方程。式（2-27）中玻璃膜电位与试样中的 pH 呈线性关系，式中 K' 是由玻璃膜电极本身决定的常数。

一般用同一电池测量 pH，标准溶液和待测溶液两电动势相减，即得

$$pH_x = pH_s + \frac{E_x - E_s}{2.303RT/F} \qquad （2-28）$$

式中，x 表示待测溶液；s 表示标准溶液。测定溶液的 pH 时会产生钠差（碱差）、酸差这类影响测量结果准确度的因素。

钠差和酸差：已知玻璃电极的电极电位与溶液 pH 在一定范围内呈线性关系，在强酸、强碱条件下则会偏离线性。在较强的碱性溶液中，玻璃电极对 Na^+ 等碱金属离子也有响应，所以由电极电位反映出来的 H^+ 活度高于真实值，即 pH 低于真实值产生负误差，这种现象称为钠差（碱差），一些碱金属离子引起的钠差如图 2-11 所示，可见 Na^+ 影响最大，同一离子的浓度越大，影响则越大。

当测量 pH 小于 1 的强酸或无机盐浓度较大的水溶液时，测得的 pH 偏高，高于真实值，产生正误差，称为酸差。产生酸差的原因尚不清楚，有人认为可能是：当测定酸度大的溶液时，水的活度变得小于 1，而 H^+ 是通过 H_3O^+ 传递的，会使达到电极表面 H^+ 减少，故 pH 增高。强酸引起的酸差如图 2-12 所示，高盐溶液或加适量乙醇等非水溶剂，则会造成同样的结果。

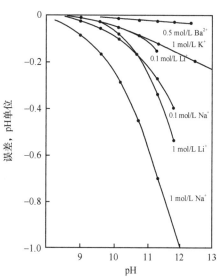

图 2-11 一些碱金属离子引起的钠差

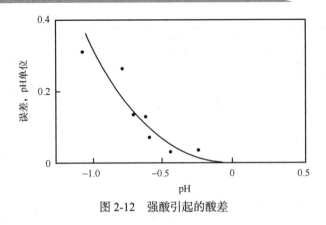

图 2-12　强酸引起的酸差

二、分析方法

直接电位法的分析方法包括直接比较法、标准曲线法和标准加入法等。

（一）直接比较法

直接比较法主要用活度的负对数 pA 来表示结果的测定，如 pH 的测定。直接比较法适合于试液组分稳定、不复杂的试样。

（二）标准曲线法

标准曲线法需要在标准溶液和试样溶液中加入相同量的总离子强度缓冲液（total ionic strength adjustment buffer，TISAB），使两种溶液的组成和离子强度一致。TISAB 是一种不含被测离子、无损电极的高浓度电解质溶液，由调节离子强度和液接电位稳定的离子强度调节剂、控制溶液 pH 的缓冲剂及掩蔽剂组成。

标准曲线法适用于成批量试样的分析，用待测离子的纯物质配制一系列不同浓度的标准溶液，分别加等量的 TISAB 溶液，测定各溶液的电位值，以测得的 E 对 $\lg c$ 作图，在一定浓度范围内通常得一条直线，即标准曲线。同样条件下，在试样溶液中加入等量的 TISAB 溶液，测 E_x，根据标准曲线可以确定待测离子的浓度 c_x。

（三）标准加入法

如果试样组成复杂，难以找到合适的 TISAB，应采用标准加入法，先测量由试样溶液（c_x，V_x）和电极组成电池的电动势 E_1；再向试样溶液（c_x，V_x）中加入标准溶液，测量其和电极组成电动势 E_2，则会有

$$E_1 = K' \pm \frac{2.303RT}{nF} \lg c_x \tag{2-29}$$

$$E_2 = K' \pm \frac{2.303RT}{nF} \lg \frac{c_x V_x + c_s V_s}{V_x + V_s} \tag{2-30}$$

由于加入标准溶液体积小，对试液组成和离子强度影响较小，可认为 K' 相同。

设 $S = \pm \dfrac{2.303RT}{nF}$，式（2-29）与式（2-30）相减并改为指数形式，则

$$10^{\Delta E/S} = \frac{c_x V_x + c_s V_s}{(V_x + V_s)c_x} \tag{2-31}$$

整理，得 $c_x = \dfrac{C_s V_s}{(V_x + V_s)10^{\Delta E/S} - V_x} \approx \dfrac{C_s V_s}{V_x(10^{\Delta E/S} - 1)}$　　　（2-32）

使用标准加入法一般不需要加入 TISAB，不需要绘制标准曲线，操作简便、快速。

由于仪器、测量电池、标准溶液浓度及温度等因素影响，直接电位法测量电池电动势存在±1 mV的误差，电池电动势的测量误差 ΔE 导致试样浓度测定的相对误差，可根据式（2-33）求得

$$\Delta E = \frac{RT}{nF} \times \frac{\Delta c}{c} \qquad (2-33)$$

整理可得

$$\frac{\Delta c}{c}(\%) = \frac{96\,493n\Delta E}{8.314 \times 298.16} \times 100 \approx 3900 \times n\Delta E$$

第四节　极　谱　法

在基础理论研究方面，伏安法常被用来研究化学反应机制及动力学，测定配合物组成和化学平衡常数，研究吸附现象等。

伏安法中，当极化现象比较明显时，所得到的伏安曲线又被称为极化曲线。当使用滴汞电极（dropping mercury electrode，DME）或者是其他液态电极为工作电极，其电极表面做周期性更新时，伏安法又称为极谱法（polarography）。极谱法是各类极谱分析方法的总称，经典极谱分析的建立对电化学分析的发展起到了极大的推动作用，是现代伏安法的基础。极谱分析法是一种测定低含量物质的方法，可以用于测量金属、合金、矿物及化学试剂中微量杂质的测定。极谱法具有以下特点：灵敏度较高、相对误差小、试样用量少、分析速度快、试液可重复使用及应用范围较广等。

一、极谱分析的基本原理

（一）滴汞电极

滴汞电极是一种极易极化的电极，极谱分析法使用滴汞电极和另一支去极化电极（甘汞电极）为工作电极，在溶液保持静止的情况下进行非完全电解过程。滴汞电极的结构如图 2-13 所示，将漏斗连接玻璃毛细管，装入汞后就形成了简单的滴汞电极，由于毛细管出口处的汞滴很小，特别容易极化。而甘汞电极具有去极化电极的特性，可以作为去极化电极使用，同时也可以将烧杯底部形成的大面积汞层作为去极化电极。

直流极谱的基本装置如图 2-14 所示，主要是由电子线路组成的极谱仪和电解池组成。通过控制极谱仪，对滴汞电极和参比电极施加一个连续变化的电压，用串联在电路中的检流计 A 来测量电流，用电压表 V 来检测外加电压，最后记录滴汞电极上电流随电位变化的曲线。在极谱分析中，外加电压 $U_{外}$ 与两个电极的 $\varphi_{工作}$、$\varphi_{参比}$ 的关系如下：

$$U_{外} = \varphi_{工作} - \varphi_{参比} + iR \qquad (2-34)$$

式中，i 为回路中的电流，R 为回路中的电阻。

由于在极谱分析中，电流较小，所以式（2-34）中 iR 这一项可以忽略，即

$$U_{外} = \varphi_{工作} - \varphi_{参比} \qquad (2-35)$$

图 2-13　滴汞电极

在实际应用中，参比电极的电位稳定不变，所以滴汞电极的电极电位在数值上与外加电压一致，可以在实践中应用。

以 Pb^{2+} 来说明一下极谱分析的过程，当外加电压开始增加时，系统仅产生微弱的电流，这个电流称为残余电流或背景电流，极谱曲线如图 2-15 所示，残余电流即是极谱曲线中的①～②，当外加电压增加到 Pb^{2+} 的析出电位时，Pb^{2+} 开始在滴汞电极上反应，之后即便是微小的电压增加都能引起电流的快速增加。由于滴汞面积比较小，反应开始后，会导致电极表面的 Pb^{2+} 浓度迅速降低，溶

液中的 Pb^{2+} 开始向电极表面扩散，当电压到一定值的时候，会产生 0.05 mm 的扩散层，形成浓度梯度，此时扩散速度达到最大。在曲线④中，此时电极反应完全受浓度控制，达到扩散平衡，电流不会随着外加电压的增加而增加，会形成极限扩散电流 i_d，是极谱定量分析的基础，而在曲线③中，电流随电压变化的比值最大，这个时候对应的工作电极的电位称为半波电位，是极谱定性分析的依据。

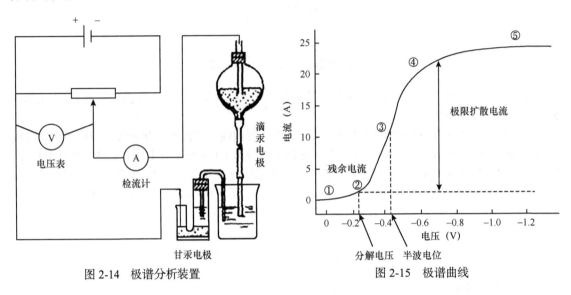

图 2-14　极谱分析装置　　　　　图 2-15　极谱曲线

扩散电流（diffusion current）是极谱定量分析的基础，即扩散电流与电活性物质浓度之间的数学关系及影响扩散电流的因素是建立定量分析首先需要解决的问题。由于滴汞电极的表面积会随时间而变化，汞滴向溶液方向生长运动，会导致扩散层变薄，大约是线性扩散层厚度的 $\sqrt{\dfrac{3}{7}}$，根据科特雷尔（Cottrell）方程 $i_d = nFAD_o^{1/2}\dfrac{c_o^b}{\sqrt{\pi t}}$ 可以得到某一时刻的极限扩散电流：

$$i_d = nFAD^{1/2}\frac{c^b}{\sqrt{\dfrac{3}{7}\pi t}}\tag{2-36}$$

式中，A 是汞滴的表面积，假设汞滴为圆球形，则可以求得某一时刻汞滴的表面积为

$$A = 8.49\times10^{-3}m^{\frac{2}{3}}t^{\frac{2}{3}}\ (cm^2)$$

式中，m 为汞滴流量（mg/s）；t 为时间（s）。

将 A 数值代入式（2-36），可得某一时刻的扩散电流：

$$i_d = 708nD^{\frac{1}{2}}m^{\frac{2}{3}}t^{\frac{1}{6}}c\tag{2-37}$$

式（2-37）为瞬时扩散公式，其中 D 为被测组分的扩散系数（cm^2/s）；c 为被测物质的浓度（mmol/L），如此可见扩散电流与时间有关，当 $t=\tau$ 时，i_d 达到最大值：

$$i_\tau = 708nD^{\frac{1}{2}}m^{\frac{2}{3}}\tau^{\frac{1}{6}}c\tag{2-38}$$

由于极谱分析仪记录的是汞滴生长过程的平均电流，所以平均极限扩散电流为

$$i_d = \frac{1}{\tau}\int_0^\tau i_t \mathrm{d}t \qquad (2\text{-}39)$$

可以得到：

$$i_d = 607nD^{\frac{1}{2}}m^{\frac{2}{3}}\tau^{\frac{1}{6}}c \qquad (2\text{-}40)$$

式（2-40）为扩散电流方程，即伊尔科维奇（Ilkovic）方程式，扩散电流方程式可以用于水溶液、非水溶液或是熔盐介质，也无论是温度低至-30℃还是高至 200℃的体系，扩散电流方程式都适用。

在扩散方程式（2-40）中，$607nD^{\frac{1}{2}}$ 称为扩散电流常数，其与毛细管特征值无关，是电活性物质和介质的常数。而 m 和 τ 均为毛细管的特性，将 $m^{\frac{2}{3}}\tau^{\frac{1}{6}}$ 称为毛细管特性常数，它们与汞柱高度有关。

在实际测定过程中，溶液搅动的速度、力度等会对扩散电流造成影响，而被测物质浓度的大小也会有影响，被测物浓度较大时，汞滴上析出的金属多，形成个汞齐会改变汞滴表面性质。同时在扩散电流方程式中，除了 n 以外，其余各项均与温度有关，温度也会对扩散电流造成影响，另外滴汞电极的汞柱高度会直接影响到滴汞周期和汞流速，因此在测定过程中，也需要保持恒定不变。

二、定量分析方法

极谱图上的波高代表扩散电流，在分析过程中准确测量波高可以减少分析误差。波高的测量一般采用三切线法（three tangent method），其余测量极谱波高常见的方法有平行线法、分角线法及矩形法等。三切线法如图 2-16 所示，在极谱曲线上作出 AB、CD、EF 三条切线，相较于点 O、点 P，通过 O 和 P 作平行于横轴的平行线，此时两平行线间的垂直距离即为波高（wave height）。极谱定量分析方法有标准曲线法和标准加入法。

标准曲线法主要用于分析同一类的批量试样，具体方法是配制一系列标准溶液，在相同实验条件下分别测量其波高，绘制波高-浓度关系曲线，曲线通常是一条通过原点的直线。相同条件下，测量被测物溶液的波高，可以从曲线上获得其对应的浓度。

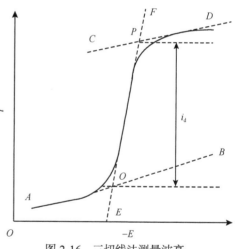

图 2-16　三切线法测量波高

标准加入法通常分别测量加入标准溶液前后的波高（i_d），可计算出被测物质的浓度。例如，加入标准溶液前所测波高为 h，加入标准溶液后所测波高为 H，则有

$$h = kc_x \qquad (2\text{-}41)$$

$$H = k\left(\frac{V_x c_x + V_s c_s}{V_x + V_s}\right) \qquad (2\text{-}42)$$

式（2-41）与式（2-42）两式相整理，得被测物质的浓度为

$$c_x = \frac{c_s V_s h}{H(V_x + V_s) - hV_x} \qquad (2\text{-}43)$$

标准加入法一般适用于单个试样的分析，同时由于加入标准溶液前后试液的组成基本保持一致，如果试样的体积为 10 ml，则加入标准溶液的量以 0.5～1.0 ml 为宜，使标准溶液前后试液的组成基本保持不变。

三、应用实例

甜蜜素（sodium cyclamate，CYC）是一种常用甜味剂，常被用于食品添加剂中，CYC 超标会对人体造成一定的危害，增加自身的代谢负担。因此建立一种简便、快速、有效的测定 CYC 含量的方法，对保障食品安全具有重大意义。采用单扫描示波极谱法测定 CYC 含量，具有简便快速、无须转化 CYC、灵敏度较高、分析成本较低等优势。使用 JP3-303 型示波极谱仪、三电极体系，滴汞电极为工作电极，饱和甘汞电极为参比电极，铂微电极为辅助电极。制备 CYC 标准溶液，NaOH 饱和溶液、$KMnO_4$ 溶液，十二烷基硫酸钠（SDS）溶液，考察其 $KMnO_4$ 用量、表面活性剂用量、反应温度和时间对 CYC 含量检测的影响，优化仪器工作条件，选取最佳测定条件，方法学考察标准曲线、检出限、精密度、稳定性共存物质影响及回收试验，并确定电极反应机制，根据不同混合溶液的二阶导数极谱图，选取最优扫描电压处的峰作为定量检测 CYC 含量的极谱峰，如图 2-17 所示。

基于最优试验条件（$KMnO_4$ 溶液用量为 0.1 ml、NaOH 饱和溶液用量为 0.90 ml、表面活性剂 SDS 用量为 0.75 ml、反应温度为 50℃、反应时间为 20 min）和仪器工作最优条件（起始电位为 -0.20 V；扫描速率为 0.40 V/s；静止时间为 4 s；扫描次数为 3 次；汞柱高度为 45 cm；量程为 0～4.0×10^2 nA；常温），分别测定市售果冻、话梅、菠萝啤酒中 CYC 含量，并与分光光度法测定结果进行比较，结果可知极谱法与分光光度法分析结果相对接近，相对偏差较小，说明利用单扫描示波极谱法可用于甜蜜素含量的测定。

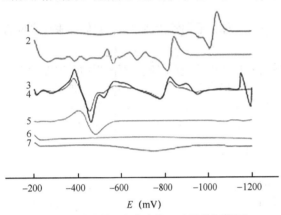

图 2-17　不同混合溶液的二阶导数极谱图
1. $KMnO_4$；2. CYC-$KMnO_4$；3. CYC-SDS-$KMnO_4$-NaOH；4. CYC-$KMnO_4$-NaOH；5. NaOH；6. SDS；7. CYC

思 考 题

1. 为什么不能测出电极的绝对电位？平常所用的电极电位是怎么得到的？

2. 某 pH 计的标度每改变一个 pH 单位，相当于电位改变 60 mV。现使用响应斜率为 50 mV/pH 的玻璃电极来测定 pH=5.00 的溶液，采用 pH=2.00 的标准溶液来标定，测定结果的绝对误差为多少？

3. 现有 4.00 g 牙膏试样，用 50 ml 柠檬酸缓冲溶液（同时含有 NaCl）煮沸得游离态的 F^-，冷却后稀释至 100 ml。取其 25 ml，用氟离子选择电极测得电池电动势为 -0.1823 V，加入 1.07×10^{-3} mg/L F^- 标准溶液 5.0 ml 后电位值为 -0.2446 V，求牙膏中的 F^- 质量分数。

4. 采用加入标准溶液法测定某试样中的微量镉，取试样 1.000 g 溶解后，加入 NH_3-NH_4Cl 底液，稀释至 50 ml。取试样 10.00 ml，测得极谱波高为 10 格，加入标准溶液（含镉 1 mg/ml）后，测得波高为 20 格，计算试样中镉的质量分数。

（内蒙古医科大学　陈建平）

第三章 光谱分析法概论

本章要求

1. **掌握** 电磁辐射和电磁波谱基本概念；光学分析法分类。
2. **熟悉** 光谱分析仪器的主要部件及其原理。
3. **了解** 光谱分析的发展概况。

　　光谱分析（spectral analysis）是根据物质发射或吸收电磁辐射，以及物质与电磁辐射相互作用来进行待测样品分析的一类方法，是仪器分析方法的重要组成部分。光谱分析法种类多，在化工、制药、冶金、机械、航空、宇宙探索等诸多领域都有着广泛的应用，是各种分析方法中研究最多和应用最广的一类分析技术。光谱分析法的发展得益于物理学、电子学、计算机和数学等相关学科的发展。特别是 20 世纪 70 年代以来，随着激光、微电子学、微波、半导体、自动化、化学计量学等科学技术的发展，光学分析仪器的功能范围得到进一步扩展，性能指标进一步提高，自动化智能化程度进一步完善，从而推动了光谱分析法的快速发展。

暗室追"光"，稀土化身"夜明珠"
——高性能纳米闪烁体长余辉材料的发现

　　1895 年，德国科学家威廉·伦琴在暗室中研究阴极射线时意外发现了 X 射线，并于 1901 年获得第一届诺贝尔物理学奖。时至今日，在医疗诊断、工业探测等领域，X 射线起着举足轻重的作用。

　　20 世纪 90 年代中后期，间接式平板探测器的出现将 X 射线成像技术推向一个新的时代。通过一层闪烁体材料和一层晶体管阵列，穿过目标物的 X 射线光子被转化为数字信号，从而实现目标物的数字化 X 射线成像。然而，我国高端 X 射线医学影像设备及关键元器件主要依赖于进口，导致被他国掣肘。面对外国的技术封锁，自主创新研发是唯一出路。

　　2021 年，福州大学杨黄浩教授、陈秋水教授和新加坡国立大学刘小钢教授等领衔的研究团队研究发现了一类稀土纳米闪烁体长余辉材料，这项原创性成果在国际权威科学杂志《自然》在线发表。《自然》同期发表的述评指出，此项研究极大推动了 X 射线成像技术的发展，标志着中国在柔性 X 射线成像技术方面进入国际先进行列。

　　研究人员透露，发现的过程是个"意外惊喜"。2018 年初，研究团队的一位博士生在暗室中测试稀土纳米颗粒发光性能时发现，在 X 射线停止照射后，纳米颗粒仍然会持续发光。"第一反应觉得这种长余辉现象可能是实验偏差。然而经过几次重复性实验，我们证实了在稀土纳米颗粒中长余辉现象的存在。我们意识到，这是个重大发现。"陈秋水回忆说。通过选择合适的卤化物基质晶格、掺杂高效的稀土发光离子、巧妙地设计核壳结构，研究人员采取低温共沉淀法制备出高效的纳米闪烁体长余辉材料。实验证明，该粒子在 X 射线关闭后可持续发光 30 天以上，具有优异的长余辉发光性能。由此，珍贵的稀土又激发了比肩"夜明珠"的神奇性能。

第一节　电磁辐射概述

　　电磁辐射，即广义的光或电磁波，由电磁波按波长或频率有序排列的光带（图谱）称为电磁波谱或光谱。为正确了解光谱分析的一般原理，需了解电磁辐射与光谱的基本性质。

一、电 磁 辐 射

（一）电磁辐射的基本性质

电磁辐射是一种以巨大速率通过空间而不需要以任何物质作为传播媒介的一种光量子流，具有波粒二象性。

1. 电磁辐射的波动性　电磁辐射是横波，可以用相互垂直的、以正弦波形振荡的、同时垂直于传播方向的电场矢量和磁场矢量来表征，如图 3-1 所示。

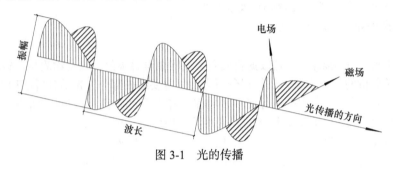

图 3-1　光的传播

当辐射穿过物质时，就与物质粒子的电场或磁场发生相互作用，在辐射和物质之间产生能量交换，光谱分析法就是建立在这种能量交换的基础之上的。

电磁辐射的传播及反射、衍射、干涉、折射和散射等现象均表明其具有波动性，通常用下列参数来描述。

（1）波长（λ）：光在传播路径上具有相同振动相位的相邻两点之间的线性距离，即相邻两个波峰或波谷之间的直线距离，常用的单位有微米（μm，10^{-6} m）、纳米（nm、10^{-9} m）。

（2）周期（T）：两个相邻矢量极大（或极小）通过空间某固定点所需的时间间隔叫作辐射的周期，单位为秒（s）。

（3）频率（ν）：单位时间内辐射振荡的次数，即单位时间内通过传播方向某一点的波峰或波谷的数目，单位为赫兹（Hz），1 Hz 即为 1 s^{-1}。频率与周期、频率与波长的关系分别为

$$\nu = \frac{1}{T} \tag{3-1}$$

$$\nu = \frac{c}{\lambda} \tag{3-2}$$

式中，c 为光速，其值为 3.00×10^{8} m/s。

（4）波数（σ）：波长的倒数，它表示在真空中单位长度内所具有的波的数目，单位为 cm^{-1}。将波长换算为波数的关系式为

$$\sigma(cm^{-1}) = \frac{1}{\lambda(cm)} = \frac{10^{4}}{\lambda(\mu m)} \tag{3-3}$$

（5）传播速率（v）：辐射传播的速率等于 ν 乘以 λ，即 $v = \nu\lambda$。在真空中所有的电磁辐射传播速率都等于光速，即

$$v = \nu\lambda = c \tag{3-4}$$

2. 电磁辐射的粒子性　电磁辐射的波动性不能解释辐射的发射和吸收现象。光子理论认为，光在空间传播时，是一束以光速运动的粒子流。这些粒子称光子（或光量子），其表现为光的能量不是均匀连续地分布在它所传播的空间，而是集中在被称为光子的微粒上。每种频率的光子具有一定的能量，光子的能量与它的频率成正比，或与波长成反比，而与光的强度无关。

$$E = h\frac{c}{\lambda} = h\nu = hc\sigma \tag{3-5}$$

式中，E 代表每个光子的能量；h 为普朗克常量，$h=6.626\times10^{-34}\text{J}\cdot\text{s}$；$\nu$ 为频率；λ 为波长；c 为光速。

式（3-5）表现了电磁辐射的双重性，$h\nu$ 表现了电磁波的粒子性质，$h\frac{c}{\lambda}$ 表现了电磁波的波动性质。光电效应、康普顿效应和黑体辐射等则只能用电磁波的粒子性来解释。

光子的能量可用 J（焦耳）或 eV（电子伏）表示，其定义为一个电子在真空中经过具有 1 V 电位差的两点时所获得或放出的能量。1 eV=1.602×10^{-19} J 或 1 J=6.241×10^{18} eV。可见，光子的频率越高，波长越短，其能量越大。

（二）电磁波谱的基本性质

电磁辐射按其波长或频率的顺序排列成谱，称电磁波谱。按照不同的波长范围，分为 γ 射线、X 射线、紫外-可见光、红外光、微波、无线电波等。表 3-1 列出了各电磁波谱区的名称、波长范围、能量大小、相应的能级跃迁类型及对应的光谱类型。电磁辐射要能够被物质吸收，其能量（E）与物质结构中不同类型的能级跃迁所需要的能量之间（ΔE）应满足

$$\Delta E = E = h\frac{c}{\lambda} \tag{3-6}$$

如果已知物质由一种状态过渡到另一种状态的能量差，便可按式（3-6）计算出相应的波长。

表 3-1　电磁波谱

电磁波	波长范围	频率	光子能量	能级跃迁类型
γ 射线	<0.005 nm	>6.0×10^{19}	>2.5×10^{5}	原子核
X 射线	0.005～10 nm	6.0×10^{19}～3.0×10^{16}	2.5×10^{5}～1.2×10^{2}	原子内层电子
紫外-可见光	10～760 nm	3.0×10^{16}～3.9×10^{14}	1.2×10^{2}～1.6	原子及分子外层电子
红外光	0.76～1000 μm	3.9×10^{14}～3.0×10^{11}	1.6～1.2×10^{-3}	分子振动和转动
微波	0.1～100 cm	3.0×10^{11}～3.0×10^{8}	1.2×10^{-3}～1.2×10^{-6}	电子自旋
无线电波	1～1000 m	3.0×10^{8}～3.0×10^{4}	1.2×10^{-6}～1.2×10^{-10}	核自旋

> **链接 3-1　太赫兹时域光谱技术及其在中药质量分析领域中的应用**
>
> 太赫兹时域光谱技术是近年发展起来的一种光谱分析方法，太赫兹（terahertz，THz）波段通常是指频率在 0.1～10 THz 内的电磁波段（1 THz=1012 Hz），它介于红外与微波之间，既拥有微波波段优良的穿透性，又拥有光学波段优良的可调控性，因其极强的穿透性，能与有机分子相互作用。太赫兹时域光谱技术具有以下优势：①样品前处理步骤简单、速度快；②灵敏度高，分辨率优异，且分析物用量很少；③响应速度快，检测流程简易；④仪器便携，可在现场开展快速检测。
>
> 由于太赫兹光谱技术在中药真伪鉴别、定性定量等方面具有独特的优势。目前已有研究将太赫兹时域光谱技术应用于中药材真伪品鉴别、定性定量分析，如巴戟天、粉防己、猪苓、龟甲的伪品鉴别，人参和西洋参的定性定量分析等。

二、原子的能级

人们常用四个量子数来描述原子核外电子的运动状态，即电子的能量状态。原子中所有电子所处的能量状态即代表原子在该状态时所具有的能量。在光谱学中，常把原子所有可能的能级状态用图解的形式表示出来，并称其为原子能级图。原子在不同状态下所具有的能量常用能级图表示。

光谱是由电子在两个能级之间跃迁产生的，然而，并不是所有能级间都能产生辐射跃迁，能级

之间的跃迁必须遵循光谱选择定则。对于周期表中所有元素的原子，其价电子跃迁所引起的能量变化（ΔE）一般在 2~20 eV，按式（3-6）可以估算，所有元素的原子光谱的波长多分布在紫外光区（10~400 nm）及可见光区（400~760 nm），仅有少数落在近红外光区。

物质能级的能量原则上可以用量子力学进行计算，只要知道能级的能量，便可以知道辐射跃迁所发射的波长。

一般来说，核能级间的能量相差很大，所以核能级间的跃迁发射最短波长的电磁波；原子中内层电子能级的间隔比核能级间隔小，但比外层电子的能级间隔要大很多，因而内层电子跃迁发射 X 射线，外层电子跃迁发射紫外光波及可见光波。原子的重量绝大部分集中于核上，因而可以近似地把它视为质点，所以原子没有振动或转动；但是分子则是由两个或两个以上的原子组成，因而除电子的运动外，还有原子间的相对振动和分子作为整体的转动。与此相应，分子除有电子能级外，还有分子的振动能级与转动能级。

每一电子能级都有很多振动能级，而每一振动能级又有很多转动能级。电子能级间隔要比振动能级间隔大，而振动能级间隔又比转动能级间隔大。红外光谱来源于分子振动能级间的跃迁，所以它的波长要比外层电子跃迁产生的紫外光波长及可见光波长要长，而纯转动光谱则落在远红外光区。

由于物质的结构不相同，能级结构也不相同，因而各物质的光谱特征也不尽相同。所以可以利用光谱来分析物质的组成和结构。

从光子能量等于两能级能量之差这点还可以了解到，物质在吸收电磁波，即吸收能量时，便由低能级跃迁至高能级；而在辐射电磁波，即放出能量时，便由高能级回到低能级。由于能级差值是一定的，并不随发射和吸收而改变，所以同一物质相同能级间隔的发射光谱和吸收光谱波长是一样的，即发射光谱与吸收光谱在波长上是相同的，因此，发射光谱和吸收光谱都可以用来分析物质的组成与结构。

三、线光谱、带光谱和连续光谱

物质发射（或吸收）的光谱，既具有一定的波长，也具有一定的强度和一定的分布，如果光谱的分布是线状的，即每条光谱只具有很窄的波长范围，这种光谱称为线光谱，多发生于气态原子或离子上。

当光谱的分布是带状的，即在一定波长范围内连续发射或吸收，分不出很窄的线光谱而连成带时，这种光谱便称为带光谱。分子由于在电子跃迁（或不跃迁）的同时还有振动能级与转动能级的跃迁，而后两者能级间隔很小，再加上在液态或固态分子间的相互作用使能级宽化，所以液态分子与固态分子的光谱多是带光谱。

如果光谱的分布在很大的波长范围内是连续的，即分不开线光谱与带光谱，这种光谱便称为连续光谱。多发生于高温炽热的物体上，这是电子跃迁到连续能级（非量子化）时产生的，多见于光谱背景上。例如，发射光谱分析中炽热电极头发射的就是连续光谱。

四、光 谱 强 度

光谱的波长、强度和谱型是光谱的三要素。光谱分析时，根据特征谱线的波长进行定性分析；利用光的强度与浓度的线性关系进行定量分析；根据谱型就能了解主要电子跃迁类型和光谱产生内在规律。

光谱的波长由两能级间能量之差来决定，而光谱的强度则与能级间的跃迁概率、粒子（原子、离子或分子等）数目及粒子在能级间的分布这三者有关。如果某两个能级之间的电磁跃迁概率为零，则相应的光谱强度为零，即不出现这条谱线，则称这种跃迁为禁阻跃迁；如果跃迁概率不为零，则称这种跃迁是允许的。说明能级之间的跃迁是否允许的规律称为光谱选律。对于各谱线（或各谱带）之间的相对强度，仅与能级间的跃迁概率及粒子在能级间的相对数目有关。跃迁概率最大的跃迁及上能级相对粒子分布最多的跃迁，其发射的光谱最强，即谱线最灵敏。而吸收光谱强度则是跃迁概率最大及粒子分布之差最多的两能级之间的吸收光谱最强。光谱定量分析灵敏性的选择是基于这种原理进行的。通常情况下，最低能级及最低激发态之间跃迁（即共振跃迁）的概率最大，因而是最具有灵敏性。

但在发射光谱中，上能级（态）粒子的数目受激发条件的影响而改变，光谱的绝对和相对强度与实验激发条件密切相关，因此，如何选择激发条件，便成为光谱定量分析的重要问题。发射粒子数受两个因素影响，一个是发射光谱物质的总粒子数，一般说来总粒子数越大，则发射粒子数也越大，这也是光谱定量分析的依据；另一个是在相同总粒子数下，发射粒子的数目随激发条件的改变而变化，在一定的总粒子数下，为了使发射粒子数增大，使灵敏度提高，要选择使发射粒子数尽量增大的操作条件。

第二节 光学分析法的分类

不同波长的电磁辐射能量不同，与物质相互作用的机制不同，因此产生的现象也不同。以各种物质现象为基础，可建立不同的光学分析法，如表3-2所示。

表3-2 常见的光学分析法

光谱法		非光谱法	
物理现象	分析方法	物理现象	分析方法
辐射的吸收	原子吸收光谱法	辐射的折射	折射法
	分子吸收光谱法		干涉法
	（紫外-可见、红外、X射线）	辐射的衍射	X射线衍射法
	核磁共振波谱法		电子衍射法
	电子自旋共振波谱法	辐射的转动	偏振法
辐射的发射	荧光光谱法		旋光色散法
	火焰光度法		圆二色谱法
	放射化学法		
辐射的散射	拉曼光谱法		

拉曼光谱的发现

1930年，印度科学家拉曼（Raman）因发现了拉曼光谱而获得诺贝尔物理学奖，成为首位获得诺贝尔奖的亚洲科学家。

拉曼"海水为什么是蓝色之问"的经典故事，被广泛传颂，提醒世人不要放弃对"已知"的好奇心。拉曼在航海途中通过实验观察和分析，发现海水光谱的最大值比天空光谱的最大值更偏蓝。可见，海水的颜色并非由天空颜色所引起，而是海水本身的一种性质。拉曼认为这起因于水分子对光的散射！拉曼决定进一步探究此现象的理论和规律。受美国康普顿发现"X射线经物质散射后波长变长的现象"的启发，拉曼采用单色光作光源做了一个具有判决意义的实验：他从目测分光镜看散射光，发现在蓝光和绿光的区域里有两根以上的尖锐亮线。每一条入射谱线都有相应的变散射线。这一新发现的现象被人们称为拉曼效应。

拉曼发现反常散射的消息迅速传遍世界，引起了强烈反响。科学界对他的发现给予很高的评价。1930年诺贝尔物理学奖授予了拉曼，以表彰他研究了光的散射和发现了以他的名字命名的定律。拉曼光谱技术作为一种强有力的分子结构分析手段，具有信息丰富、制样简单、水的干扰少等优点。以拉曼散射效应为原理制造的拉曼光谱仪，是现今全球科研院所、高等院校物理和化学、生物及医学、光学等领域研究物质成分的核心设备，在化学研究、生物大分子研究、中草药成分研究、材料检测、宝石鉴定、文物研究、毒品快速检测等领域得到广泛应用，为社会发展和进步作出了巨大贡献。

一、光谱法与非光谱法

根据电磁辐射与物质间有无能量交换，光学分析法可分为光谱法和非光谱法。

1. 光谱法 电磁辐射作用于物质，引起物质内部发生能级跃迁，测量由此产生的发射、吸收或散射辐射的强度，并以其对波长作图，得到物质的光谱图（简称光谱或波谱）。利用物质的光谱进行定性、定量和结构分析的方法称光谱分析法，简称光谱法。光谱法应用很广，是仪器分析的重要方法之一，最基本的 3 种类型是吸收光谱法、发射光谱法和散射光谱法。

2. 非光谱法 指物质与电磁辐射之间无能量交换，故不发生物质内部能级的跃迁，仅通过测量电磁辐射在传播方向或物理性质上的变化进行分析的方法，如利用物质对电磁辐射的折射、衍射和偏振等现象建立起来的折射法、旋光法、X 射线衍射法和圆二色谱法等分析方法。

二、原子光谱法和分子光谱法

原子和分子是光谱法中与电磁辐射相互作用而产生光谱的基本粒子。根据产生光谱粒子的不同，光谱分析法可分为原子光谱法（atomic spectrometry）和分子光谱法（molecular spectrometry）。

1. 原子光谱法 原子光谱由气态原子的外层电子吸收相应的电磁辐射，发生能级跃迁而产生。以测量原子光谱为基础的分析方法即为原子光谱法。原子光谱表现为线状光谱，由一条条明锐的彼此分立的谱线组成，每一条谱线对应于一定的波长。一般来说，相同原子不同能级之间的 ΔE 不同，不同原子的两个相同能级之间的 ΔE 也不同，因此产生的线光谱的波长不同，据此可对物质进行分析。

原子光谱通常用于确定试样物质的元素组成和含量，但不能给出物质分子结构的信息。线状光谱只反映原子或离子的性质，与原子或离子所属的分子状态无关。原子光谱法可分为原子发射光谱法、原子吸收光谱法、原子荧光光谱法及 X 射线荧光光谱法等。

2. 分子光谱法 分子光谱是在辐射能作用下分子内能级（电子能级、振动和转动能级）跃迁产生的光谱。以测量分子光谱为基础的分析方法即为分子光谱法。分子光谱表现为带光谱。由于分子内部的运动所涉及的能级变化较为复杂，因此分子光谱要比原子光谱复杂得多。

以双原子分子为例，分子内部除有电子运动外，还有组成分子的原子间的相对振动和分子作为整体的转动。与这 3 种运动状态相对应，分子具有电子、振动和转动 3 种能级，如图 3-2 所示。3 种不同能级是量子化的。当分子从外界吸收一定能量后，分子就由较低的能级 E_1 跃迁到较高的能级 E_2，吸收的能量等于这两个能级之差。这 3 种不同能级的差值不同，与之能量相当的电磁辐射波长范围也不同。

ΔE_e　　1～20 eV　　　　　1250～60 nm（与紫外-可见区的辐射能量相当）

ΔE_v　　0.05～1 eV　　　　25～1.25 μm（与近红外、中红外区的辐射能量相当）

ΔE_r　　0.005～0.05 eV　　250～25 μm（与远红外、微波区的辐射能量相当）

实际上，纯粹的电子光谱和振动光谱是无法获得的，只有用远红外光或微波照射分子时才能得到纯粹的转动光谱。如图 3-2 所示，每一电子能级包含许多间隔较小的振动能级，每一振动能级又包含间隔更小的转动能级。当振动能级发生跃迁时，一般伴随转动能级跃迁，因此振动能级跃迁产生的光谱不是单一的谱线，而是包含许多靠得很近的谱线。同样，当吸收了紫外-可见光的能量时，物质分子不仅电子能级发生跃迁，同时伴随许多不同振动能级的跃迁和转动能级的跃迁，因此分子能级跃迁产生的是一个光谱带系，而紫外-可见光谱实际上是电子-振动-转动光谱，是复杂的带光谱。属于分子光谱法的有紫外-可见吸收光谱法、红外吸收光谱法、荧光光谱法及核磁共振波谱法等。

三、吸收光谱法和发射光谱法

按产生光谱方式的不同，光谱分析法可分为吸收光谱法（absorption spectrometry）和发射光谱法（emission spectrometry）。

1. 吸收光谱法 当辐射通过气态、液态或透明的固态物质时，物质的原子、离子或分子将吸收与其内能变化相对应的频率而由低能态或基态跃迁到较高的能态，这种因物质对辐射的选择性吸收而得到的原子光谱或分子光谱，称为吸收光谱。根据物质的吸收光谱进行定性、定量及结构分析的方法称吸收光谱法。吸收光谱产生的必要条件是所提供的辐射能量恰好等于该物质两能级间跃迁所需的能量，即 $\Delta E = h\nu$，物质吸收能量后即从基态跃迁到激发态。根据物质对不同波长辐射能的吸收，可以建立各种吸收光谱法。

分子吸收光谱一般用连续光源，其特征吸收波长与分子的电子能级、振动能级和转动能级有关，因此在不同波谱区辐射作用下可产生紫外、可见和红外吸收光谱。原子吸收光谱一般用锐线光源，其特征吸收波长与原子的能级有关，一般位于紫外光区、可见光区和近红外光区。

核磁共振光谱，其特征吸收波长与原子核的核磁能级有关，由于核磁能级之间的能量差值很小，所以吸收波长位于能量最低的射频区。

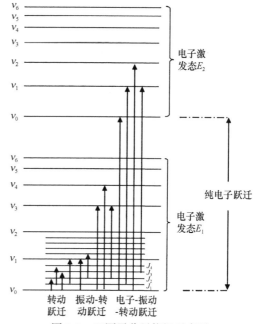

图 3-2 双原子分子能级示意图

一般物质的发射光谱较为复杂，吸收光谱次之，荧光光谱最简单，这些光谱在近代分析化学中都具有重要意义。物质的原子光谱多采用发射、吸收及荧光的方法来获得，而物质的分子光谱则多采用吸收法及荧光法来得到。

吸收光谱法的主要方法如表 3-3 所示。

表 3-3 吸收光谱法的主要方法

方法名称	辐射能	作用物质	检测信号
穆斯堡尔光谱法	γ 射线	原子核	吸收后的 γ 射线
X 射线吸收光谱法	X 射线 放射性同位素	$Z>10$ 的重元素 原子的内层电子	吸收后的 X 射线
原子吸收光谱法	紫外光及可见光	气态原子外层的电子	吸收后的紫外、可见光
紫外-可见吸收光谱法	紫外光及可见光	分子外层的电子	吸收后的紫外、可见光
红外吸收光谱法	炽热硅碳棒等 2.5～15 μm 红外光	分子振动	吸收后的红外光
核磁共振波谱法	0.1～900 MHz 射频	原子核磁量子 有机化合物分子的质子、^{13}C 等	吸收
电子自旋共振波谱法	10^4～8×10^4 MHz 微波	未成对电子	吸收
激光吸收光谱法	激光	分子（溶液）	吸收
激光光声光谱法	激光	分子（气、固、液体）	声压
激光热透镜光谱法	激光	分子（溶液）	吸收

（1）原子吸收光谱法：处于气态的基态原子吸收一定能量后，其外层电子从能级较低的基态跃迁到能级较高的激发态产生的即为原子吸收光谱。原子吸收光谱法通常用以测量样品中待测元素的含量。

（2）紫外-可见吸收光谱法：紫外-可见光区波长范围为 10～760 nm（仪器和方法实际使用范围为 200～800 nm），其中 10～200 nm 为远紫外区，又称真空紫外区；200～400 nm 为近紫外区；400～760 nmn 为可见光区。当物质受到紫外-可见光的照射，其分子外层电子（价电子）能级发生跃迁并伴随振动能级与转动能级发生跃迁，产生带状吸收光谱，也称电子光谱。利用其特征可作物质的定性分析，而吸收强度可作物质的定量分析。

（3）红外吸收光谱法：红外线波长范围为 $0.76\sim1000\ \mu m$，分为近红外、中红外、远红外 3 个区段。目前常用的有红外（中红外）和近红外光谱法。通常所指的红外是中红外（$2.5\sim25\ \mu m$），作用于物质时，引起分子振动能级伴随转动能级的跃迁，吸收光谱属于振动-转动光谱，表现形式为带状光谱。红外吸收光谱法主要用于分析有机分子中所含基团类型及相互之间的关系。

（4）核磁共振波谱法：在强磁场作用下，核自旋能级发生分裂，吸收射频区的电磁波后发生自旋能级跃迁产生核磁共振波谱。这种吸收光谱主要用作有机化合物的结构分析。

2. 发射光谱法 在一般情况下，如果没有外能的作用，无论原子、离子或分子都不会自发产生光谱。如果预先给原子、离子或分子一些能量，使其从低能态或基态跃迁到较高能态，当其返回低能态或基态时，能量往往以辐射的形式发出。因此，发射光谱是指构成物质的原子、离子或分子受到辐射能、热能、电能或化学能的激发，跃迁到激发态，由激发态回到基态或较低能态时以辐射的方式释放能量而产生的光谱。发射光谱法是通过测量物质发射光谱的波长和强度来进行定性及定量分析的方法。常见的发射光谱法有原子发射光谱法、原子荧光光谱法、分子荧光光谱法、分子磷光光谱法和化学发光分析法等，其中应用最广的是原子发射光谱法。

在发射光谱中，物质可以通过不同的激发过程来获得能量，变为激发态，通过吸收辐射而激发的原子或分子，倾向于在很短时间内（$10^{-9}\sim10^{-7}$ s）返回到基态。在一般情况下，这一过程主要是通过激发态粒子与其他粒子碰撞，将激发能转变为热能来实现（称为无辐射跃迁）；但在某些情况下，这些激发态粒子可能先通过无辐射跃迁过渡到较低的激发态，然后再以辐射跃迁形式返回到基态，或者直接以辐射形式跃迁回基态，由此获得的光谱称为荧光光谱，它实际上也是一种发射光谱（二次发射）。

根据原子或分子的特征荧光光谱来研究物质的结构及其组成的方法，称为荧光光谱分析法。通常情况下，分子荧光用紫外光激发；原子荧光用高强度锐线辐射源激发；X 射线荧光用初级 X 射线激发。物质的荧光波长可能比激发光波长长，或者相同，若相同则称为共振荧光。对于浓度较低的气态原子，主要发射共振荧光；而处于溶液中的激发态分子，所发射的分子荧光的波长一般比激发光的波长要长。

辐射与物质相互作用还可发生散射，分子吸收辐射能后被激发至基态中较高的振动能级，在返回比原振动能级稍高或稍低的振动能级时，重新以辐射的形式放出能量，这时不仅改变了辐射方向，还改变了辐射频率，这种散射称为拉曼散射，其相应的光谱称为拉曼光谱。拉曼光谱谱线与入射光谱谱线的波长之差，反映了散射物质分子的振动-转动能级的改变，因此利用拉曼散射可以在可见光区研究分子的振动光谱和转动光谱。

发射光谱法的主要方法如表 3-4 所示。

表 3-4　发射光谱法的主要方法

方法名称	激发方式	作用物质	检测信号
X 射线荧光光谱法	X 射线	原子内层电子的逐出，外层能级电子跃入空位（电子跃迁）	特征 X 射线（X 射线荧光）
原子发射光谱法	火焰、电弧、火花、等离子炬等	气态原子外层电子	紫外光及可见光
原子荧光光谱法	高强度紫外、可见光	气态原子外层电子跃迁	原子荧光
分子荧光光谱法	紫外、可见光	分子	荧光（紫外光及可见光）
磷光光谱法	紫外、可见光	分子	磷光（紫外光及可见光）
化学发光法	化学能	分子	可见光

链接 3-2　奇妙的化学发光：鲁米诺检测血迹

荧光、磷光和化学发光是化学中的三大"冷光"。化学发光是指由化学反应所引起的光辐射，它与荧光、磷光的最大区别是其发光过程不吸收任何辐射，所需能量完全来自化学反应，如萤火虫和荧光棒的发光就属于化学发光。

鲁米诺，又名 3-氨基苯二甲酰肼，IUPAC 命名为 5-氨基-2,3-二氢-1,4-二氮杂萘二酮。1936 年，格洛伊（Gleu）等发现，在鲁米诺碱性溶液中加入 H_2O_2 或 Na_2O_2 之后，溶液遇到血红素会出现很强的发光现象。很快，人们就相继发现可以使用鲁米诺试剂快速检测较大空间范围内是否存在血迹，而且相较于新鲜血迹，鲁米诺试剂在干燥、陈旧血迹上的发光更为强烈和持久；同时，如果发光结束，可通过再次喷洒鲁米诺试剂使血迹重新发光。鲁米诺检测血迹的灵敏度非常高，即使将血液稀释至原浓度的 1/1000 以下或者用大量水清洗血迹，喷洒鲁米诺试剂后也往往能观察到发光现象；还有实验表明，遗留在室内长达 17 年的血迹都能够被鲁米诺检测出来。时至今日，利用鲁米诺化学发光检测血迹已成为一种不可或缺的现场勘查手段。

四、光谱分析法的特点

（一）光谱分析法的优点

光谱分析法有很多，不同光谱分析法都有各自的特点，在这里将它们的共同优点总结如下。

（1）具有较高的灵敏度、较低的检出限和较快的分析速度。原子发射光谱法最低检出限是 0.1 ng/ml，而原子荧光法和石墨炉原子吸收法最低检出限小于 0.1 ng/ml。要实现微量分析和痕量分析，就要提高分析灵敏度，目前有些光谱分析法的相对灵敏度已达到质量分数为 10^{-9} 数量级，绝对灵敏度已达 10^{-11} g 甚至更小些。

在分析速度方面，光谱分析法是比较快速的。例如，原子发射光谱法用于炉炼钢前，20 多种元素在 2 min 内报出结果。目前电感耦合等离子体原子发射光谱（ICP-AES）分析含量从常量到痕量的试样，可在 2 min 内报出 70 多种元素的测定结果。

（2）使用试样量少，适合微量或超微量分析。这是光谱分析法又一个显著的特点。采用激光显微光源和微火花光源时，每次试样量只需几微克；采用石墨炉原子吸收法分析时，液体样品只需几微升至几十微升，固体粉末只需几十微克。X 射线荧光光谱法取样 0.1～0.5 mg 即可进行主要成分测定。

（3）多元素同时测定是光谱分析法的又一特点，省去了复杂的分离操作。

（4）光谱分析法特别适合于远程的遥控分析，如星际有关组分的遥控测定。

（5）样品损坏少，因此可用于古物及刑事侦查等领域。

（6）光谱分析的选择性好，可测定化学性质相近的元素和化合物。如测定铌、钽、锆、铪和混合稀土氧化物，它们的谱线可分开而不受干扰，便于分析。

（二）光谱分析法的缺点

虽然光谱分析法有广泛的应用范围和多重优越性，但其在应用上还有一定局限性，包括以下几点。

（1）原子发射光谱法对某些元素的测定还有困难，如超钠元素和铟、锌、镁等元素至今尚未掌握其激发电位及最灵敏线。对于激发电位过高，灵敏线在远紫外光区的元素，如惰性气体、卤素等，难以用原子吸收法、X 射线荧光光谱法进行测定。采用 X 射线荧光光谱法分析原子序数较小的轻元素要比分析重元素困难得多，而且检出限也较差。

（2）要完全避免基体效应难度很大。原子发射光谱法、原子吸收光谱法及原子荧光法等都存在基体效应，从而影响了分析的准确度和精密度。特别是用原子发射光谱法分析高含量元素时，基体效应影响更大，准确度更差。

（3）光谱分析法是一种相对测定方法，一般需要纯品和标准样品作为对照，试样组成差异和标准样品的不易获得，均会给定量分析造成很大难度。

（4）仪器昂贵，特别是大型精密仪器。同时，仪器的维修维护费用也较高。

一般常见光谱分析法及其特点如表 3-5 所示。

表3-5 常见光谱分析法及其特点

方法	原理	定性基础	定量基础	相对误差	样品 形态	样品 需要量	适用对象	不适用对象	应用范围 有机定性	应用范围 有机定量	应用范围 无机定性	应用范围 无机定量	仪器 名称	仪器 测定时间
原子吸收光谱法	元素的基态原子对其特征辐射的吸收	待测元素有不同波长位置的特征吸收	吸光度∝浓度	1%~5%	液体	几毫升以上	金属元素极微量到半微量分析	有机物	不适用	不适用	可用	很适用	原子吸收分光光度计	几分钟十几分钟
原子发射光谱法	元素的气态原子或离子所发射的特征光谱	待测元素原子有其特征谱线	谱线强度∝浓度	1%~10%	固体,液体	mg	金属元素极微量到半微量分析	有机物	不适用	不适用	很适用	可用	发射光谱仪	摄谱5~60min,直读1min
X射线荧光光谱法	初级X射线激发待测元素原子产生的特征X射线	待测元素有不同的特征X射线	荧光强度∝浓度	1%~5%	固体,液体	g	金属元素常量分析	原子序数5以下的元素,有机物	不适用	不适用	很适用	很适用	X射线荧光光谱仪	5~60 min
紫外-可见吸收光谱法	根据物质的分子或离子团对紫外光及可见光的特征吸收	每种物质都有其特征吸收光谱	吸光度∝浓度	1%~5%	液体	几毫升	芳烃、多环芳烃及杂环化合物等的定量分析	紫外光区没有色团的物质	可用	很适用	可用	很适用	紫外-可见分光光度计	几分钟
红外吸收光谱法	根据物质分子对红外光辐射的特征吸收	各种官能团有其特征的波长吸收范围	吸光度∝浓度	1%~5%	气体、液体、固体	几毫升至几毫升十毫升	有机官能团的定性、定量,劳环取代位置的确定,高聚物分析等	—	很适用	可用	可用	可用	红外光谱仪	几分钟十几分钟
拉曼光谱法	样品受单色光照射,由极化率改变所引起的拉曼位移	各种官能团都有其特征拉曼位移	拉曼谱线的强度∝浓度	2%~5%	气体、液体、固体	mg	与红外光互相补充,结构分析,定性定量分析	有荧光的物质	可用	可用	不适用	可用	激光拉曼光谱仪	几分钟至十几分钟
核磁共振光谱法	物质吸收射频辐射引起核自旋能级跃迁而产生的核磁共振谱	不同化学环境的质子、^{13}C等有不同的化学位移	吸收峰的面积∝浓度	2%~5%	液体	mg	结构分析,有机物定性定量分析	高黏稠物质	很适用	可用	不适用	不适用	核磁共振仪	几分钟至24小时

第三节 光谱分析仪器

研究物质与电磁辐射相互作用时,吸收或发射光的强度和波长关系的仪器称光谱仪或分光光度计(spectrophotometer)。这类仪器的基本构造大致相同,一般包括 5 个基本单元——辐射源、分光系统、样品容器、检测器,以及数据记录与处理系统,如图 3-3 所示吸收光谱仪的基本单元。

图 3-3 光谱分析仪器(吸收光谱仪)的基本构成

一、辐 射 源

光谱分析中,光源必须具有足够的输出功率和稳定性。光谱分析仪器往往配有稳压电源,这是因为光源辐射功率的波动与电源功率的变化呈指数关系,稳定的电源才能保证光源输出的稳定性。光源一般分为连续光源和线光源两类。连续光源主要用于分子光谱法。原子吸收和拉曼光谱法常采用线光源,原子发射光谱法则采用电弧、火花、等离子体光源。

连续光源是指在较大的波长范围内发射强度平稳的具有连续光谱的光源。常见的连续光源有氢灯和氘灯(紫外光区)、钨灯(可见光区)和氙灯(紫外光区和可见光区)、硅碳棒及能斯特炽热灯(红外光区)。线光源发射数目有限的辐射线或辐射带。常见的线光源有金属蒸气灯和空心阴极灯等。

二、分 光 系 统

分光系统的作用是将不同波长复合光分解成一系列单一波长的单色光或有一定宽度的谱带。分光系统由入射狭缝和出射狭缝、准直镜、色散元件(棱镜或光栅)及物镜构成,如图 3-4 所示。

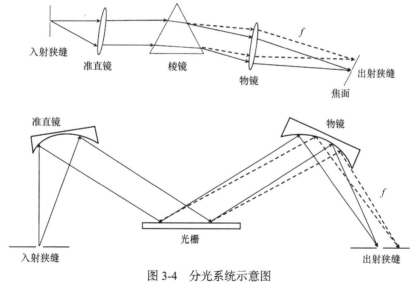

图 3-4 分光系统示意图

三、样 品 容 器

盛放样品的容器也称吸收池或比色皿,由光透明的材料制成。紫外光区测定时常用石英材料;可见光区可用硅酸盐玻璃;红外光区则可根据不同的波长范围选用不同材料的晶体,制成吸收池的窗口。

四、检　测　器

现代光谱仪器中，辐射的检测多采用光电转换器。光电转换器通常分为两类：一类是对光子产生响应的光检测器，包括光电池、光电管、光电倍增管、硅二极管等；另一类是对热产生响应的热检测器（如热电偶、辐射热测量计和热电检测器等），如红外光区的能量较低，不足以产生光电子反射，常用的光检测器不能用于红外光区的检测，所以要使用以辐射热效应为基础的热检测。

五、数据记录与处理系统

由检测器将光信号转变为电信号后，通过模数转换器输入计算机处理打印。现代分光光度计多由计算机光谱工作站对数字信号进行采集、处理与显示，并对分光光度计各系统进行自动控制。

思　考　题

1. 简述光谱分析法的发展概况。
2. 列举电磁辐射波粒二象性的体现形式和表征参数间的关系。
3. 光学分析法有哪些类型？
4. 简述常用的分光系统的组成及各自作用的特点。

（宁夏医科大学　马学琴）

第四章 紫外-可见分光光度法

本章要求

1. 掌握 紫外-可见分光光度法基本原理和基本概念，朗伯-比尔（Lambert-Beer）定律的物理意义、成立条件、影响因素及有关计算，紫外-可见分光光度法定性和定量方法。

2. 熟悉 吸收带与分子结构的关系及影响吸收带的因素，紫外吸收光谱与有机化合物分子结构的关系，紫外-可见分光光度法分析条件的选择，紫外-可见分光光度计的基本部件、工作原理。

3. 了解 紫外-可见分光光度法的进展。

紫外-可见分光光度法（ultraviolet-visible spectroscopy，UV-vis）是研究物质在紫外和可见光区（190～800 nm）分子吸收光谱的分析方法。当紫外和可见光穿过被测物质溶液时，物质分子对光的吸收程度随波长不同而变化。利用物质分子对紫外和可见光的吸收所产生的紫外-可见光谱及吸收程度可以对物质进行定性和定量分析。在定性上，不仅可用于鉴别具有不同化学结构的化合物，还可配合其他方法用于推断化合物的分子结构；在定量上，可用于单组分及混合组分的含量测定。紫外-可见分光光度法在定量方面具有较高灵敏度和准确度，部分物质的灵敏度可达到 10^{-7} g/ml，性能优良的紫外-可见分光光度计准确度可达 0.2%。近年来，由于光学和电子学技术的发展，以及与数学和计算机技术结合的日趋成熟，紫外-可见分光光度法在理论、仪器和应用等方面得到了进一步的发展。

第一节 紫外-可见分光光度法的基本原理

一、电子跃迁类型

紫外-可见吸收光谱是分子的价电子在不同分子轨道之间跃迁而产生的。如图 4-1 所示，分子中的价电子包括形成单键的 σ 电子、双键的 π 电子和非成键的 n 电子。电子围绕分子或原子运动的概率分布称为轨道。轨道不同，电子所具备的能量也不同。当两个原子结合成分子时，二者的原子轨道以线性组合生成两个分子轨道，其中一个分子轨道具有较低能量称为成键轨道，另一个分子轨道具有较高能量称为反键轨道。分子中 n 电子的能级，基本上保持原来原子状态的能级，称非键轨道。非键轨道比成键轨道所处能级高，比反键轨道能级低。由上所述，分子中不同轨道的价电子具有不同能量，处于低能级的价电子吸收一定能量后，就会跃迁到较高能级。在紫外-可见光区，有机化合物的吸收光谱主要由 σ→σ*、π→π*、n→σ*、n→π*、电荷迁移跃迁及配位场跃迁产生。电子跃迁类型不同，实现跃迁所需能量也不同，其中，σ→σ*跃迁所需能量最大，n→π*跃迁所需能量最小。

1. σ→σ*跃迁 由于分子中 σ 键较为牢固，故处于 σ 成键轨道上的电子吸收能量后跃迁到 σ*反键轨道所需能量大。因此，σ→σ*跃迁吸收峰在远紫外区，吸收峰波长一般小于 150 nm。饱和烃类的 C—C 键是这类跃迁的典型例子。

2. π→π*跃迁 此类跃迁是由处于 π 成键轨

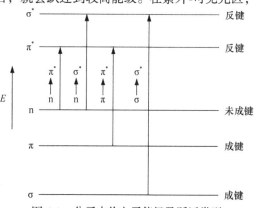

图 4-1 分子中价电子能级及跃迁类型

道上的电子跃迁到 π*反键轨道上形成的，跃迁所需能量比 σ→σ*跃迁所需能量小，产生在有不饱和键的有机化合物中。π→π*跃迁一般发生在波长 200 nm 左右，吸光系数 ε 较大，一般大于 10^4，为强吸收。具有共轭双键的化合物，π→π*跃迁所需能量较低，吸收较强，且共轭键越长所需能量越低，吸收越强。

3. n→π*跃迁 产生 n→π*跃迁的多为含有杂原子的不饱和基团（如 $\overset{>}{}C{=}O$、$\overset{>}{}C{=}S$、$—N{=}N—$ 等）的化合物。其特点是吸收峰一般在紫外区（200～400 nm），谱带强度弱，吸光系数小，一般小于 10^2。

4. n→σ*跃迁 n→σ*跃迁发生在含有杂原子饱和基团（如 —OH、—NH₂、—X、—S 等）的化合物中。可由 150～250 nm 的辐射引起，但吸收峰大多出现在低于 250 nm 处。

5. 电荷迁移跃迁 电荷迁移跃迁是指化合物受到电磁辐射照射时，电子由给予体向接受体相联系的轨道跃迁的过程。某些取代芳烃可产生这种分子内电荷迁移跃迁吸收带。此类跃迁的特点是谱带较宽，吸收强度大，ε 一般大于 10^4。

6. 配位场跃迁 配位场跃迁包括 f-f 跃迁和 d-d 跃迁。在配体存在下，过渡金属元素 d 轨道和 f 轨道分裂，当吸收光能后，低能态的 d 电子或 f 电子向高能态的 d 轨道或 f 轨道跃迁，称为 d-d 跃迁和 f-f 跃迁。配位场跃迁吸收谱带的 ε 一般小于 10^2，位于可见光区。

二、紫外-可见吸收光谱的常用概念

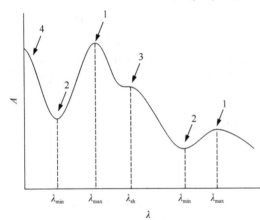

图 4-2　吸收光谱示意图

1. 吸收峰；2. 谷；3. 肩峰；4. 末端吸收

吸收光谱（absorption spectrum）：又称吸收曲线，是以波长 λ（nm）为横坐标，吸光度（absorbance，A）或透光率（transmittance，T）为纵坐标所描绘的曲线，如图 4-2 所示。

吸收峰：吸收曲线上最大吸光度的地方，该处的波长为最大吸收波长（λ_{max}）。

谷：吸收峰与吸收峰之间吸光度最小的部位，该处波长为最小吸收波长（λ_{min}）。

肩峰：在一个吸收峰旁产生的一个曲折。

末端吸收：只在图谱短波端呈现强吸收而不成峰形的部分。

生色团（chromophore）：是有机化合物分子中含有能产生 π→π*或 n→π*跃迁的基团，即能在紫外-可见光范围内产生吸收的基团，如 $\overset{>}{}C{=}C\overset{<}{}$、$\overset{>}{}C{=}O$ 等。

助色团（auxochrome）：是指含有非键电子的杂原子饱和基团，当该基团与生色团或饱和烃相连时，能使二者吸收峰向长波方向移动，并使吸收强度增加。

红移（red shift）：又称光谱红移（bathochromic shift）、长移，因化合物取代基或溶剂的改变，使其吸收峰向长波方向移动的现象。

蓝（紫）移（blue shift）：又称光谱蓝移（hypsochromic shift）、短移，因化合物取代基或溶剂的改变，使其吸收峰向短波方向移动的现象。

增色效应（hyperchromic effect）和减色效应（hypochromic effect）：由于化合物结构改变或其他原因，使吸收强度增加（增色效应）或减弱（减色效应）。

强带（strong band）和弱带（weak band）：化合物的紫外-可见吸收光谱中，摩尔吸光系数大于 10^4 的吸收峰称为强带；小于 10^2 的吸收峰称为弱带。

三、吸收带及其与分子结构的关系

根据电子和轨道种类，吸收带分为 R 带、K 带、B 带、E 带、电荷转移吸收带及配位体场吸收带。

R 带：是由 n→π*跃迁引起的吸收带，是杂原子不饱和基团的特征吸收带。其特点是处于较长波长范围（约 300 nm），ε 一般在 100 以内，吸收弱。

K 带：是由共轭双键中 π→π* 跃迁所产生的吸收带，ε 一般大于 10^4，为强带。苯环上若有发色团取代，并形成共轭，也会出现 K 带。

B 带：为芳香族化合物的特征吸收带，又称苯的多重吸收带，是苯蒸气在 230～270 nm 处出现精细结构的吸收光谱（图 4-3）。

E 带：也是芳香族化合物特征吸收带，是由苯环结构中三个乙烯的环状共轭体系的 π→π* 跃迁所产生，分为 E_1 带和 E_2 带（图 4-3）。E_1 带的吸收峰约在 180 nm，ε 为 4.7×10^4；E_2 带的吸收峰在 200 nm，ε 为 7000 左右，均属强吸收带。

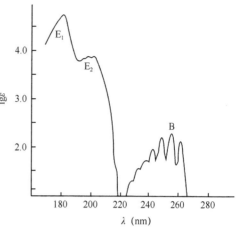

图 4-3　苯异丙烷溶液的紫外吸收光谱

电荷转移吸收带：是由许多无机物（如碱金属卤化物）与某些有机物混合而得的分子配合物，在外界辐射激发下强烈吸收紫外光或可见光，从而获得的紫外或可见吸收带。

配位体场吸收带：指过渡金属水合离子与显色剂（通常是有机化合物）所形成的配合物，吸收适当波长的可见光（或紫外光），从而获得的吸收带。

上述六种主要吸收带在光谱区中的位置和大致强度如图 4-4 所示。部分化合物的电子结构、跃迁类型和吸收带见表 4-1。

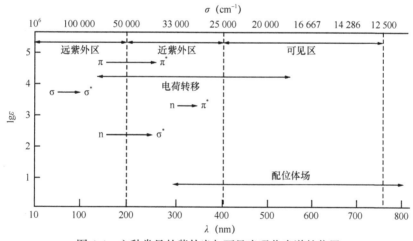

图 4-4　六种常见的紫外光与可见光吸收光谱的位置

表 4-1　部分化合物的电子结构、跃迁类型和吸收带

电子结构	化合物	跃迁类型	λ_{max}（nm）	ε_{max}	吸收带
σ	乙烷	σ→σ*	135	10 000	
n	1-己硫醇	n→σ*	224	120	
	碘丁烷	n→σ*	257	486	
π	乙烯	π→π*	165	10 000	
	乙炔	π→π*	173	6000	
π 和 n	丙酮	π→π*	约 160	16 000	
		n→σ*	194	9000	
		n→π*	279	15	R

续表

电子结构	化合物	跃迁类型	λ_{max}（nm）	ε_{max}	吸收带
π-π	$CH_2{=}CH{-}CH{=}CH_2$	$\pi\to\pi^*$	217	21 000	K
	$CH_2{=}CH{-}CH{=}CH{-}CH{=}C{=}CH_2$	$\pi\to\pi^*$	258	35 000	K
π-π 和 n	$CH_2{=}CH{-}CHO$	$\pi\to\pi^*$	210	11 500	K
		$n\to\pi^*$	315	14	R
芳香族 π	苯	芳香族 $\pi\to\pi^*$	约 180	60 000	E_1
		芳香族 $\pi\to\pi^*$	约 200	8000	E_2
		芳香族 $\pi\to\pi^*$	255	215	B
芳香族 π-π	⬡—CH=CH₂	芳香族 $\pi\to\pi^*$	244	12 000	K
		芳香族 $\pi\to\pi^*$	282	450	B
芳香族 π-σ	⬡—CH₃	芳香族 $\pi\to\pi^*$	208	2460	E_2
		芳香族 $\pi\to\pi^*$	262	174	B
芳香族 π-π, n	⬡—C(=O)CH₃	芳香族 $\pi\to\pi^*$	240	13 000	K
		芳香族 $\pi\to\pi^*$	278	1110	B
		$n\to\pi^*$	319	50	R
芳香族 π, n	⬡—OH	芳香族 $\pi\to\pi^*$	210	6200	E_2
		芳香族 $\pi\to\pi^*$	270	1450	R

四、影响紫外-可见光谱的因素

1. 空间位阻（steric hindrance）　如果化合物有两个发色团共轭，吸收带会产生长移。但是，若由于立体阻碍妨碍化合物分子内两个共轭的发色团处于同一平面，就会导致共轭效应减小甚至消失，从而影响吸收带波长的位置。例如，反式二苯乙烯的 K 带 λ_{max} 比顺式明显长移，且吸光系数也增加，如图 4-5 所示。

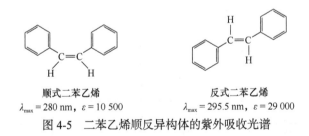

顺式二苯乙烯　　　　　反式二苯乙烯
$\lambda_{max}=280$ nm，$\varepsilon=10\,500$　　$\lambda_{max}=295.5$ nm，$\varepsilon=29\,000$

图 4-5　二苯乙烯顺反异构体的紫外吸收光谱

2. 跨环效应（cross-ring effect）　分子中两个非共轭发色团处于一定的空间位置，尤其是环状体系中，有利于生色团电子轨道间的相互作用，从而改变 λ_{max} 和 ε_{max}，这种作用称为跨环效应。例如，$H_2C{=}$⬦${=}O$ 在 214 nm 处出现中等强度吸收带，且在 284 nm 处出现 R 带。

3. 溶剂的影响　溶剂不仅影响吸收峰位置，还会影响吸收强度及光谱形状。极性溶剂使 $\pi\to\pi^*$ 跃迁吸收峰向长波方向移动，使 $n\to\pi^*$ 跃迁吸收峰向短波方向移动，且后者移动程度一般比前者大。

4. 体系 pH 的影响　体系的 pH 对酸性、碱性或中性物质的紫外吸收光谱都有明显的影响。例如，苯酚在酸性溶液中，λ_{max} 为 210.5 nm 和 269.8 nm，而在碱性溶液中 λ_{max} 分别位移至 234.8 nm 和 286.9 nm。

五、朗伯-比尔定律

Lambert-Beer 定律是吸收光度法的基本定律，是描述物质对某单色光吸收的强弱与吸光物质的浓度及其液层厚度间的关系。

　　假设一束强度为 I_0 的平行单色光垂直照射于一各向同性的均匀吸收介质表面，在通过厚度为 l 的吸收层（光程）后，由于吸收层中质点对光的吸收，该束入射光的强度降低至 I_1（透射光强度）。物质对光吸收的能力大小与所有吸收质点截面积的大小成正比。设想该厚度为 l 的吸收层可以在垂直入射光的方向上分成厚度无限小的多个薄层，其厚度为 dl、截面积为 dS，而且每个薄层内含有吸光质点的数目为 dn 个，每个吸光质点的截面积均为 a。因此，每一薄层内所有吸光质点的总截面积 $dS=adn$。

　　如果强度为 I 的入射光照射到某一薄层上后，光强度减弱了 dI（光被吸收的量度），它与薄层中吸光质点的总截面积（dS）及入射光的强度（I）成正比，即

$$-dI = k_1 I dS = k_1 I a dn \qquad (4\text{-}1)$$

式中，k_1 为比例系数。假设吸光物质的浓度为 c，则上述薄层中吸光质点数为 $dn = 6.02\times10^{23} cSdl$，代入式（4-1），得

$$-\frac{dI}{I} = k_2 c dl \qquad (4\text{-}2)$$

式中，常数项 $k_2 = 6.02\times10^{23} k_1 aS$。进行积分，则有

$$-\lg\frac{I_1}{I_0} = \lg e \cdot k_2 cl = Ecl \qquad (4\text{-}3)$$

式（4-3）即为 Lambert-Beer 定律的数学表达式，式中，（I_1/I_0）称为透射比或透光率（transmissivity，T），$-\lg T$ 称为吸光度（absorbance，A），E 为吸收系数。于是

$$A = -\lg T = Ecl \text{ 或 } T = 10^{-A} = 10^{-Ecl} \qquad (4\text{-}4)$$

Lambert-Beer 定律的物理意义是当一束平行单色光垂直通过某一均匀非散射的吸光物质时，其吸光度（A）与吸光物质的浓度（c）及吸收层厚度（l）成正比，而与透光度 T 成反相关。

　　吸光系数的物理意义是吸光物质在单位浓度及单位厚度时的吸光度。在给定单色光、溶剂和温度等条件下，吸收系数是物质的特性参数，表明物质对某一特定波长光的吸收能力。常用两种表示方法：摩尔吸光系数和百分吸光系数。

　　摩尔吸光系数是指在一定波长时，溶液的浓度为 1 mol/L，光程为 1 cm 时的吸光度，用 ε 或 E_M 表示。百分吸光系数是指在一定波长时，溶液的浓度为 1%（W/V），光程为 1 cm 时的吸光度，以 $E_{1cm}^{1\%}$ 表示。

　　百分吸光系数与摩尔吸光系数之间的关系

$$\varepsilon = \frac{M}{10}\cdot E_{1cm}^{1\%} \qquad (4\text{-}5)$$

式中，M 是吸光物质的摩尔质量。

　　当溶液中存在多种吸光物质，且各组分间不存在相互作用时，则该溶液对某一波长光的总吸光度 $A_总$ 等于溶液中每一成分吸光度的和，即吸光度具有加和性，即 $A_总=A_1+A_2+A_3+A_4+\cdots$。

六、偏离朗伯-比尔定律的因素

　　按照 Lambert-Beer 定律，吸光度（A）与浓度（c）之间的关系应是一条通过原点的直线。但在实际工作中却常出现偏离直线的现象，从而影响了测定的准确度。导致偏离的因素主要包括化学因素和光学因素。

　　1. 化学因素　Lambert-Beer 定律成立条件之一是待测物为均一的稀溶液，通常只适用于浓度小于 0.01 mol/L 的溶液。随着溶液浓度的升高，溶质粒子间距离减小，受粒子间电荷分布相互作用的影响，溶质摩尔吸收系数发生改变，或溶质粒子相互作用加强，折光系数发生变化，影响吸光度，导致偏离 Lambert-Beer 定律。或者随着溶液浓度的升高，溶质发生解离、缔合、溶剂化、生成配合物等变化，使溶质的存在形式发生变化，影响物质对光的吸收，导致偏离 Lambert-Beer 定律现

象的发生。

2. 光学因素 Lambert-Beer 定律的一个重要前提是入射光为平行单色光且垂直照射。但是，真正的单色光是难以得到的，即使采用单色器分离出的光也同时包含了所需波长及附近波长的光，即具有一定波长范围的光，仍是复合光。由于物质对不同波长的光有不同的吸光系数，可以使吸光度发生变化而偏离 Lambert-Beer 定律。通过吸收池的光一般不是真正的平行光，倾斜光通过吸收池的实际光程将比垂直照射的平行光的光程长，使液层厚度增大而影响测量值。这是同一物质用不同仪器测定吸光系数时，产生差异的主要原因之一。

此外，受仪器光学系统的缺陷或光学元件受灰尘、霉蚀的影响，在单色光中会产生一些不在谱带范围内且与所需波长相隔甚远的光，称为杂散光。杂散光可使光谱变形变值，特别是在透光率很弱的情况下，杂散光会产生明显作用。除接近紫外末端吸收处，现在仪器杂散光的影响可忽略不计。溶质质点对入射光有散射作用，吸收池内外界面之间入射光通过时又有反射现象。散射和反射作用致使透射光强度减弱。真溶液散射作用较弱，可用空白进行补偿。浑浊溶液散射作用较强，一般不易制备相同的空白溶液，常使测得的吸光度偏离直线。

第二节　紫外-可见分光光度计

一、主　要　部　件

紫外-可见分光光度计是基于紫外-可见分光光度法原理,利用物质分子对紫外-可见光谱区的辐射吸收来进行定性和定量分析的一种分析仪器。目前, 市场上紫外-可见分光光度计的类型和品牌很多, 性能差别较大, 但是其基本组成类似。一般是由光源、单色器、吸收池、检测器、信号处理与显示器五部分组成。

（一）光源

在分光光度计中, 光源是提供入射光的装置, 其基本要求是在仪器操作所需的光谱区域内, 发射足够强度而且稳定的、具有连续光谱且发光面积小的光。紫外-可见分光光度计通常使用钨灯和卤钨灯、氢灯和氘灯两种光源。

1. 钨灯和卤钨灯　钨灯, 又称白炽灯, 是固体炽热发光的光源。钨灯发射光谱的波长覆盖较宽, 但紫外区很弱, 因此通常取其波长大于 350 nm 的光作为可见区光源。卤钨灯的发光强度比钨灯高, 灯泡内含碘和溴的低压蒸气, 可延长钨丝的寿命, 而且发光效率比钨灯高。

2. 氢灯和氘灯　氢灯是一种气体放电发光的光源, 发射 150～400 nm 的连续光谱, 因此通常作为紫外区的光源。氘灯比氢灯昂贵, 但发光强度和寿命比氢灯增加 2～3 倍, 现在紫外-可见分光光度计多用氘灯。

（二）单色器

单色器的作用是将来自光源的连续光谱按波长顺序色散, 并从中分离出一定宽度谱带的装置。单色器是紫外-可见分光光度计的关键部位, 主要由入射狭缝、准直镜、出射狭缝、色散元件组成, 如图 4-6 所示。入射狭缝用于限制杂散光进入单色器, 准直镜将入射光束变为平行光束进入色散元件。后者将复合光分解为单色光, 再经与准直镜相同的聚光镜色散后的平行光聚集于出射狭缝上, 形成按波长依序排列的光谱。转动色散元件或准直镜方位即可任意选择所需波长的光从出射狭缝分出。

色散元件是单色器最重要的部件, 常用棱镜和光栅。棱镜的色散作用是利用棱镜材料对光折射率的不同, 将复合光由长波到短波色散为一个连续光谱。棱镜分光得到的光谱按波长排列是疏密不均的, 长波长区密, 短波长区疏。光栅是利用光的衍射与干涉作用制成的, 在整个波长区有良好的、几乎均匀一致的分辨能力, 具有色散波长范围广、分辨率高、成本低等优点。缺点是各级光谱会重叠而产生干扰。现在的紫外-可见分光光度计常用光栅。狭缝越小, 射出光波的谱带越窄, 但同时光的强度也越小, 所以狭缝宽度要适当。

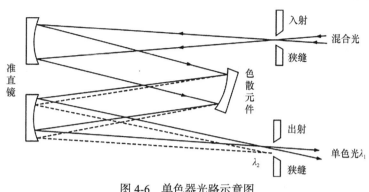

图 4-6 单色器光路示意图

（三）吸收池

在紫外-可见分光光度计中用于承载液体试样并进行光学特性分析的特殊容器称为吸收池，又称比色皿或比色杯。吸收池的材料有石英和玻璃两种，玻璃吸收池只能用于可见光区；石英吸收池，既适用于紫外光区，也可用于可见光区。

常用吸收池的光程长度一般为 1 cm，但变化范围可由几十毫米到 10 cm 甚至更长。盛放空白溶液和试样溶液的吸收池应配对使用。在测定吸光系数或利用吸光系数进行定量测定时，还要求吸收池应有准确的厚度（光程），或用同一只吸收池。在测定时应注意以下几点：参比池和样品池应是一对经校正的匹配吸收池；在使用前后都应将吸收池洗净，测量时不能用手接触窗门；已匹配好的吸收池不能用炉子或火焰干燥，以免引起光程长度上的改变。

（四）检测器

检测器是将光强度转换为电流信号进行测试的光电转换器件，紫外-可见分光光度计常用光电效应检测器，如光电池、光电管、光电倍增管。

1. 光电池 光电池是一种光敏半导体元件，光照产生的光电流，在一定范围内与照射强度成正比，可直接用微电流计测量。常用的光电池有硒光电池和硅光电池。硒光电池只适用于可见光区；硅光电池可同时适用于紫外光区和可见光区。光电池对光的响应速度较慢，不适用于测量弱光，产生的电流也不易放大，只适用于低级仪器，作为谱带较宽的透过光的检测器。

2. 光电管 光电管是由一个阳极和一个光敏阴极组成的真空（或充少量惰性气体）二极管，阴极表面镀有碱金属或碱金属氧化物等光敏材料，当阴极被足够能量的光照射时，能够发射出电子。当在两极间有电位差时，发射出的电子流向阳极而产生电流，电流大小决定于照射光的强度。目前，国产光电管有紫敏光电管，为铯阴极，适用于 220～625 nm；红敏光电管为银氧化铯阴极，适用于625～1000 nm。

3. 光电倍增管 光电倍增管的原理和光电管相似，结构上的差别是光敏金属的阴极和阳极之间还有几个倍增级（一般是九个），各倍增级的电压依次增高 90 V。阴极遇光发射电子，此电子被高于阴极 90 V 的第一倍增级加速吸引，当电子打击此倍增级时，每个电子使倍增极发射，然后电子再被电压高于第一倍增级 90 V 的第二倍增级加速吸引，每个电子又使此倍增极发射出多个新的电子。这个过程一直重复到第九个倍增极，发射出的电子已比第一倍增极放射出的电子数大大增加，然后被阳极收集，产生较强的电流，此电流可以进一步放大，提高了仪器测量的灵敏度。

（五）信号处理与显示器

光电管输出的信号很弱，须经过放大才能以某种方式将测量结果显示出来，信号处理过程也包含一些数学运算，如对数函数、浓度因素等运算乃至微分积分等处理。常用显示器可由电表指示、数字指示、荧光屏显示、结果打印及曲线扫描等。显示方式一般有透光率与吸光度两种，有的还可转换成浓度、吸光系数等。

二、紫外-可见分光光度计的类型

1. 单光束分光光度计 单光束分光光度计是指光源发出光经单色器分光后的一束平行光,轮流通过参比溶液和试样溶液进行吸光度测定。单光束分光光度计结构简单,操作方便,维修容易,适用于常规分析,但是测量结果受电源波动影响大,容易给定量结果带来较大误差,要求光源和检测系统稳定度高。

2. 双光束分光光度计 在双光束分光光度计中,光源发出的光经反射镜反射,通过过滤散射光的滤光片和入射狭缝,经过准直镜和光栅分光,经出射狭缝得到单色光;单色光被旋转扇面镜分成交替的两束光,分别通过样品池和参比池,再经同步扇面镜将两束光交替地照射到光电倍增管,使光电管产生一个交变脉冲信号,经比较放大后,由显示器显示出透光率、吸光度、浓度或进行波长扫描,记录吸收光谱,如图4-7所示。由于两束光交替通过参比池和样品池,能自动消除由光源强度变化所引起的误差。测量中不需要移动吸收池,可以随意改变波长的同时记录所测量的光度值,便于记录吸收光谱图。

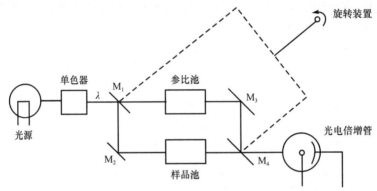

图 4-7　单波长双光束分光光度计光路示意图

M_1、M_2、M_3、M_4 为反射镜

3. 双波长分光光度计 双波长分光光度计是由同一光源发出的光被分成两束,分别经过两个单色器,从而可以得到两个不同波长(λ_1 和 λ_2)的单色光;利用切光器使两束光以一定频率交替照射同一吸收池,然后通过光电倍增管和电子控制系统,最后由显示器显示出两个波长处的吸光度差值,如图4-8所示。采用双波长法测量时,两个波长的光通过同一吸收池可以消除由吸收池的参数、位置、污垢及参比溶液所造成的误差,使测量准确度显著提高。因此,双波长分光光度计不仅可用来测定高浓度试样,多组分混合试样,而且还可测定浑浊试样。

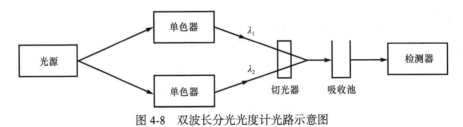

图 4-8　双波长分光光度计光路示意图

三、紫外-可见分光光度计的校正与检定

1. 波长的校正 由于环境因素对机械部分的影响,仪器的波长经常会略有变动,因此除定期对仪器进行全面校正检定外,还应于测定前校正测定波长。常用汞灯中的较强谱线 237.83 nm、253.65 nm、275.28 nm、296.73 nm、313.16 nm、334.15 nm、365.02 nm、404.66 nm、435.83 nm、

546.07 nm 与 576. 96 nm；或用仪器中氘灯的 486.02 nm 与 656.10 nm 谱线进行校正；钬玻璃在波长 279.4 nm、287.5 nm、333.7 nm、360.9 nm、418. 5 nm、460.0 nm、484.5 nm、536.2 nm 与 637.5 nm 处有尖锐吸收峰，也可作波长校正用，但因来源不同或随着时间的推移会有微小的变化，使用时应注意；近年来，常使用高氯酸钬溶液校正双光束仪器，以 10%高氯酸溶液为溶剂，配制含 4%氧化钬（Ho_2O_3）的溶液，该溶液的吸收峰波长为 241.13 nm、278.10 nm、287.18 nm、333.44 nm、345.47 nm、361.31 nm、416.28 nm、451.30 nm、485.29 nm、536.64 nm 和 640.52 nm。仪器波长的允许误差为紫外光区 ±1 nm，500 nm 附近±2 nm。

2. 吸光度的校正 硫酸铜、硫酸钴铵、重铬酸钾等标准溶液，可用来检查或校正分光光度计的吸光度标度。其中以选用重铬酸钾溶液最普遍，《中国药典》（2020 年版）四部通则采用的是重铬酸钾的硫酸溶液。

方法：取在 120℃干燥至恒重的基准重铬酸钾约 60 mg，精密称定，用 0.005 mol/L 硫酸溶液溶解并稀释至 1000 ml，在规定的波长处测定并计算其吸收系数，并与规定的吸收系数比较，应符合表 4-2 中的规定。

表 4-2 重铬酸钾的硫酸溶液在规定的波长处的吸收系数

	波长（nm）			
	235（最小）	257（最大）	313（最小）	350（最大）
吸收系数（$E_{1cm}^{1\%}$）的规定值	124.5	144.0	48.6	106.6
吸收系数（$E_{1cm}^{1\%}$）的许可范围	123.0～126.0	142.8～146.2	47.0～50.3	105.5～108.5

3. 杂散光的检查 《中国药典》（2020 年版）四部按表 4-3 所列的试剂和浓度，配制成水溶液，置 1 cm 石英吸收池中，在规定的波长处测定透光率，应符合表 4-3 中的规定。

表 4-3 杂散光的检查

试剂	浓度（g/100 ml）	测定用波长（nm）	透光率（%）
碘化钾	1.00	220	<0.8
亚硝酸钠	5.00	340	<0.8

4. 吸收池的配对 在吸收池 A 内装入试样溶液，吸收池 B 内装入参比溶液，测量试液的吸光度，然后倾出吸收池内的溶液，洗净吸收池。再分别在吸收池 A 内装入参比液，在吸收池 B 内装入试样溶液，测量吸光度。要求前后两次测得的吸光度差值应小于 1%。

第三节 紫外-可见分光光度法分析条件的选择

一、仪器测量条件

采用紫外-可见分光光度法进行分析时，试样的吸光度应选择在一个适宜的范围内，以使测量结果的误差尽量减小。依据 Lambert-Beer 定律推导，测定结果的相对误差与透光率测量误差间的关系见下式：

$$\frac{\Delta c}{c} = \frac{0.434\Delta T}{T \lg T} \tag{4-6}$$

式（4-6）表明，测定结果的相对误差取决于透光率和透光率测量误差（ΔT）的大小。要使测定结果的相对误差（$\Delta c/c$）最小，对 T 求导应有一极小值，即

$$\frac{d}{dT}\left[\frac{0.434\Delta T}{T \lg T}\right] = \frac{0.434\Delta T(\lg T + 0.434)}{(T \lg T)^2} = 0 \tag{4-7}$$

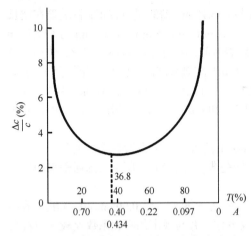

图4-9 浓度测量的相对误差与透光率（T）或吸光度（A）的关系

解得 $\lg T = -0.434$ 或 $T=36.8\%$，即当吸光度 $A=0.434$ 时，吸光度测量误差最小。上述结果可用图4-9表示，即图中曲线最低点测量误差最小。但在实际工作中不必寻找这一最小误差点，只要测量在最适宜范围（A 为 $0.2\sim0.7$）之内进行即可。

二、显色反应

对在紫外-可见光区没有吸收的物质进行测定时，常利用显色反应将待测组分转变为在可见光区有较强吸收的有色物质。这种将待测组分转变为有色物质的反应，称为显色反应；与待测组分形成有色化合物的试剂，称为显色剂。

显色反应需满足以下要求：①有确定的计量关系；②选择性要好，干扰少；③灵敏度要高，摩尔吸光系数较大；④反应生成物的组成要恒定并具有足够的稳定性；⑤显色剂最好在测定波长处无吸收，若有吸收，一般要求有色物质和显色剂的最大吸收波长之差大于 60 nm。

显色反应条件的选择如下。

（1）显色剂用量：为了使显色反应进行完全，常需加入过量的显色剂，但显色剂的用量并不是越多越好，需通过实验进行确定。方法是将被测组分浓度及其他条件固定后，加入不同量的显色剂，测定其吸光度，绘制吸光度（A）-显色剂体积（V）曲线，然后依据 A-V 曲线确定显色剂用量。

（2）溶液 pH：很多显色剂是有机弱酸或弱碱，因此溶液 pH 会直接影响显色剂的存在形式和有色化合物的浓度，以致改变溶液的颜色。溶液 pH 对氧化还原反应、缩合反应等也有重要的影响，常需要用缓冲溶液保持溶液在一定 pH 下进行显色反应。合适的 pH 可通过绘制吸光度-溶液 pH 曲线来确定。

（3）显色时间：各种显色反应的反应速度不同，所以完成反应所需要的时间会有较大差异；显色产物在放置过程中也会发生变化。因此，必须在一定条件下进行实验，做出吸光度-时间曲线，才能确定适宜的显色时间和测定时间。

（4）温度：一般显色反应可以在室温下进行，也有的显色反应与温度有很大关系。例如，原花青素与盐酸亚铁铵在硫酸-丙酮溶剂中的显色反应在室温和煮沸状态下就有很大不同。在室温时显色产物吸光度极低，但在煮沸状态下显色产物颜色明显。

（5）溶剂：溶剂的性质可直接影响被测物对光的吸收，相同的物质溶解于不同的溶剂中，有时会出现不同颜色。例如，苦味酸在水溶液中呈黄色，而在三氯甲烷中呈无色。显色反应产物的稳定性也与溶剂有关，硫氰合铁红色配合物在丁醇中比在水溶液中稳定。

三、参比溶液的选择

在测定待测溶液的吸光度时，首先要用参比溶液（又称空白溶液）调节透光率为100%，以消除溶液中其他成分及吸收池和溶剂对光的反射与吸收所带来的误差。参比溶液的组成根据试样溶液的性质而定，合理地选择参比溶液对提高准确度起着重要的作用。

1. 溶剂参比溶液 在测定波长下，溶液中只有被测组分对光有吸收，而显色剂或其他组分对光无吸收，或虽有少许吸收，但引起的测定误差在允许范围内，在此情况下可用溶剂作为空白溶液。

2. 试剂参比溶液 与测定试样条件相同只是不加试样溶液，依次加入各种试剂和溶剂所得到的溶液称为试剂参比溶液，适用于在测定条件下，显色剂或其他试剂、溶剂等对待测组分的测定有干扰的情况。

3. 试样参比溶液 与显色反应同样的条件取同量试样溶液，不加显色剂所制备的溶液称为试样参比溶液,适用于试样基体有色并在测定条件下有吸收,而显色剂溶液无干扰吸收,也不与试样基体显色的情况。

四、干扰及消除方法

待测溶液中存在的干扰物质的影响有以下几种情况:①干扰物质本身有颜色或与显色剂形成有色化合物,在测定波长下有吸收;②在显色条件下,干扰物质水解,析出沉淀使溶液浑浊,使吸光度的测定无法进行;③与待测离子或显色剂形成更稳定的配合物,使显色反应不能进行完全。

在实际测定中可采用以下方法消除上述干扰。

1. 控制酸度　根据生成配合物稳定性不同,利用控制酸度的方法提高反应的选择性,以保证主反应进行完全。例如,双硫腙能与 Hg^{2+}、Pb^{2+}、Cu^{2+} 等十多种金属离子形成有色配合物,其中与 Hg^{2+} 生成的配合物最稳定,在 0.5 mol/L H_2SO_4 溶液中仍能定量进行,而其他金属离子在此条件下不发生反应。

2. 选择适当的掩蔽剂　使用掩蔽剂是消除干扰最常用的方法,选择掩蔽剂的条件是其不与待测离子发生作用,掩蔽剂及它与干扰物质形成的配合物的颜色不应干扰待测物质的测定。

3. 选择适当的测定波长　如在 $K_2Cr_2O_7$ 存在下测定 $KMnO_4$ 时,应选 545 nm,在此波长下测定 $KMnO_4$ 溶液的吸光度,$K_2Cr_2O_7$ 不产生干扰。

4. 分离　若上述方法均不宜采用时,应使用预先分离的方法,如沉淀、萃取、离子交换、蒸发、蒸馏及色谱分离法等。

此外,还可以利用计算分光光度法,将测量物与干扰物的响应信号分离,实现单组分测定或多组分同时测定。

第四节　紫外-可见分光光度法的分析方法

依据化合物的紫外吸收光谱及其特征,紫外-可见分光光度法可用于鉴别、纯度检查和结构鉴定等定性分析;根据 Lambert-Beer 定律,紫外-可见分光光度法还可用于单组分及混合组分的含量测定。

一、定性分析方法

（一）鉴别

紫外吸收光谱与化合物结构有关,主要取决于分子中的生色团、助色团及其共轭情况。同一化合物在相同的条件下测得的吸收光谱应具有完全相同的特征,故常用于化合物的鉴别。

紫外吸收光谱的形状、吸收峰（或谷）的位置和数目、吸光强度及吸收系数等均可作为鉴别的依据,常见的方法有以下几种。

1. 核对吸收光谱的特征参数　核对供试品溶液的最大吸收波长（λ_{max}）、最小吸收波长（λ_{min}）、肩峰、吸收系数（E）等是否符合规定。

2. 核对吸光度比值　测定规定波长处的吸光度比值 $A_{\lambda_1}/A_{\lambda_2}$。药物在两个波长的吸光度比值是一个常数,而与药物的浓度无关,故可用于鉴别。

3. 比较吸收光谱　分别测定供试品溶液和对照品溶液在一定波长范围内的吸收光谱,要求两者的吸收光谱应一致。

紫外-可见分光光度法操作简便、仪器普及,故在化合物鉴别中应用范围广。但是,紫外吸收光谱是一种带状光谱,波长范围较窄、光谱较为简单、平坦,曲线形状变化不大,故紫外吸收光谱相同,不一定就是相同的物质。

（二）纯度检查

杂质是指药物中存在的无治疗作用,或影响药物的稳定性或疗效,甚至对人体健康有害的物质。

采用紫外-可见分光光度法对药物中杂质的限量控制，常用下面两种方法。

1. 以某一波长的吸光度值表示 四环素类抗生素中的有关物质主要是指在生产和储藏过程中引入的异构体、降解产物等，包括差向四环素、脱水四环素、差向脱水四环素等。四环素类抗生素多为黄色结晶性粉末，其水溶液的最大吸收波长在 250～350 nm 处，在 430 nm 以上无吸收。而其异构体、降解产物颜色较深。所以，《中国药典》通过限制其在 430～530 nm 波长处的吸光度，以控制有色杂质的量。

2. 以峰谷吸光度的比值表示 巯嘌呤为黄色结晶性粉末，其水溶液在可见区 325 nm 波长处有最大吸收，而其主要杂质 6-羟基嘌呤几乎没有吸收，因此可利用巯嘌呤的峰谷吸光度之比作为杂质的限量检查指标。《中国药典》（2020 年版）中巯嘌呤检查项下规定：取含量测定项下的供试品溶液，照紫外-可见分光光度法（通则 0401）测定，在 255 nm 与 325 nm 波长处的吸光度比值不得过 0.06。

二、定量分析方法

（一）单组分化合物含量测定

根据 Lambert-Beer 定律，物质在一定波长下的吸光度与浓度呈线性关系。因此，只要选择一定波长测定溶液的吸光度，即可求出浓度。

1. 标准曲线法 配制一系列浓度不同的对照品溶液，以不含被测组分的空白溶液为参比，在相同条件下分别测定其吸光度，然后以对照品溶液的浓度（c）为横坐标，以对应的吸光度（A）为纵坐标，绘制 A-c 关系图；若符合 Lambert-Beer 定律，可获得一条通过原点的直线，称为标准曲线（或校正曲线）。在相同条件下测出试样溶液的吸光度，就可由标准曲线中查出试样溶液的浓度。

2. 对照品比较法 在相同条件下，分别配制供试品溶液和对照品溶液，对照品溶液中所含被测成分的量应为供试品溶液中被测成分规定量的 $100\% \pm 10\%$，所用溶剂也应完全一致，在规定的波长处测定供试品溶液和对照品溶液的吸光度后，按式（4-8）计算供试品中被测溶液的浓度：

$$c_X = (A_X/A_R) c_R \qquad (4\text{-}8)$$

式中，c_X 为供试品溶液的浓度；A_X 为供试品溶液的吸光度；c_R 为对照品溶液的浓度；A_R 为对照品溶液的吸光度。

3. 吸收系数法 在规定的条件下，配制供试品溶液，在规定的波长处测定其吸光度，再以该品种在规定条件下的吸收系数计算含量。用本法测定时，吸收系数通常应大于 100，并注意仪器的校正和检定。

（二）双波长分光光度法

双波长分光光度法是通过测定两个波长处的吸光度之差（ΔA）来消除无关吸收的方法。该方法的选择性、灵敏度及测量精度均比单波长分析法有所提高，适用于浑浊背景、多组分混合物吸收光谱重叠组分的测定。

其原理是利用波长分别为 λ_1 和 λ_2 的两束单色光，在单位时间内交替照射到同一个样品液池，然后测得两波长下待测组分的吸光度差值（ΔA），根据 Lambert-Beer 定律，则有

$$\Delta A = A_{\lambda_1} - A_{\lambda_2} = (E_{\lambda_1} - E_{\lambda_2}) \cdot c \cdot l \qquad (4\text{-}9)$$

式中，E_{λ_1}、E_{λ_2} 为吸收系数；l 为光程，即样品池厚度；c 为待测组分的浓度。该式表明样品溶液在两波长下的吸光度差值 ΔA 与溶液中待测组分的浓度 c 成正比，ΔA 是 c 的函数。该法只涉及 ΔA 与 c 的关系，当选择干扰组分或背景的 $A_{\lambda_1} = A_{\lambda_2}$，而测定组分的 $A_{\lambda_1} - A_{\lambda_2} = \Delta A$ 时，由于 ΔA 与待测组分的浓度 c 成正比，而与干扰组分无关，从而消除了干扰，这即是应用双波长分光光度法进行定量测定的依据。

若干扰组分的吸收光谱在测定组分的吸收波长范围内没有峰或谷时，即干扰组分的吸收曲线是单调下降或上升曲线时，无法找到等吸收点，就需采用系数倍率法。系数倍率法的原理如图4-10所示。

假设a为待测组分，b为干扰组分，要消除b的干扰测定a。图4-10中干扰组分 $A_{\lambda_1}^b>A_{\lambda_2}^b$ ，倘若给定一个比例系数 K ，使 $KA_{\lambda_2}^b=A_{\lambda_1}^b$ ，则 $\Delta A^b=A_{\lambda_1}^b-KA_{\lambda_2}^b=0$ ，即可达到消除干扰的目的。

此时在 λ_1 和 λ_2 测得混合物的吸光度分别为 A_{λ_1} 和 A_{λ_2} ，依据吸光度的加和性，则有

$$A_{\lambda_1}=A_{\lambda_1}^a+A_{\lambda_1}^b,\quad A_{\lambda_2}=A_{\lambda_2}^a+A_{\lambda_2}^b \quad（4\text{-}10）$$

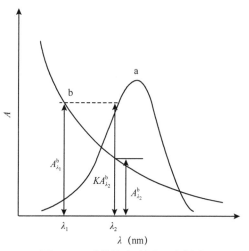

图 4-10　系数倍率法原理示意图

由于按系数倍增后， λ_2 处的吸光度增大 K 倍，因此两组分的混合物溶液在波长组合（ λ_1 和 λ_2 ）处的吸光度差值（ ΔA ）则为

$$\Delta A=KA_{\lambda_2}-A_{\lambda_1}=K(A_{\lambda_2}^a+A_{\lambda_2}^b)-(A_{\lambda_1}^a+A_{\lambda_1}^b)$$
$$=(KA_{\lambda_2}^a-A_{\lambda_1}^a)+(KA_{\lambda_2}^b-A_{\lambda_1}^b) \quad（4\text{-}11）$$

由于 $KA_{\lambda_2}^b=A_{\lambda_1}^b$ ，即 $KA_{\lambda_2}^b-A_{\lambda_1}^b=0$ ，

所以 $\Delta A=KA_{\lambda_2}^a-A_{\lambda_1}^a=KE_{\lambda_2}^a c_a l-E_{\lambda_1}^a c_a l=(KE_{\lambda_2}^a-E_{\lambda_1}^a)\cdot c_a\cdot l \quad（4\text{-}12）$

由此可见， ΔA 仅与待测组分a的浓度（ c_a ）成正比而与干扰组分b的浓度无关，消除了干扰组分的影响，因此对待测组分可直接进行定量测定。应注意比例系数 K 一般小于3为宜，当 $K=1$ 时，系数倍率法就是等吸收双波长消去法。

系数倍率法除了可用于两组分混合体系测定外，还可用于三组分混合体系的测定。当两干扰组分的吸收曲线有两个交点时，可将三组分中两个干扰组分和测定组分作二元混合物处理，用系数倍率法排除两个干扰组分对待测组分测定的影响。

（三）三波长分光光度法

三波长分光光度法是利用三个波长来消除干扰的一种计算分光光度法。它是在干扰组分的吸收光谱上呈线性吸收的三个波长上对待测液进行测定，然后通过计算求得待测组分含量的方法。要求所选定的三个波长上的点，必须在干扰组分的吸收曲线上为一条直线。该法能校正浑浊背景对测定的影响，也能消除其他成分的干扰，与双波长等吸收点法相比，两法虽都可消除浑浊背景和另一组分对待测组分测定的干扰，但三波长分光光度法显得更加灵活。

三波长分光光度法原理如图4-11所示。

虚线 BOD 为样品吸收曲线；实线 BCD 为干扰物的吸收曲线，其中 B 、 C 和 D 是干扰组分的三个点。在待测混合溶液的吸收光谱线（ BOD 曲线）上，选择三个波长，分别为 λ_1 、 λ_2 和 λ_3 ，测定相应的吸光度为 A_1 、 A_2 和 A_3 ，根据相似三角形原理，可以推导出所测得的 A_1 、 A_2 和 A_3 具有以下数学关系：

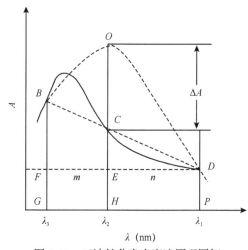

图 4-11　三波长分光光度法原理图解

$$\frac{CE}{BF} = \frac{DE}{DF}, \quad CE = \frac{DE}{DF} \times BF = \frac{DE}{DF} \times (BG - FG) \quad (4\text{-}13)$$

又因为 $CH = CE + EH$，而 $DP = EH = FG = A_1$

故　$CH = \frac{DE}{DF} \times (BG - FG) + EH = \frac{n}{m+n} \times (A_3 - A_1) + A_1$ 　　（4-14）

则　　$\Delta A = OH - CH = A_2 - \left[\frac{n}{m+n} \times (A_3 - A_1) + A_1 \right] = A_2 - \frac{mA_1 + nA_3}{m+n}$

$$\Delta A = \left(E_2 - \frac{mE_1 + nE_3}{m+n} \right) \cdot c \cdot l \quad (4\text{-}15)$$

式中，m 为波长 λ_2 和 λ_3 的差值；n 为波长 λ_1 和 λ_2 的差值；E_1、E_2 和 E_3 分别为待测物质在三个波长处的吸收系数；l 为光路的长度；c 为待测物质的浓度：E 为百分吸收系数（$E_{1cm}^{\%}$）时，c 为物质的百分浓度（单位为 g/100 ml）；E 为摩尔吸收系数（ε）时，c 则为物质的量的浓度（单位为 mol/L）。其中 $\left(E_2 - \frac{mE_1 + nE_3}{m+n} \right)$ 可以用对照品求得，ΔA 与待测组分浓度 c 成正比，所以按上式即可通过 $\Delta A\text{-}c$ 的关系曲线或对照法求得待测物质的含量，这即为三波长分光光度法定量分析的基础。

由上式可知，如果干扰组分的吸收光谱上相应三点在一条直线上，则该干扰组分利用上式求得的 $\Delta A = 0$，此时对样品所求的 ΔA 不影响，即排除了干扰组分的干扰，所测得的 ΔA 值就只与待测组分浓度 c 有关。由此可见，三波长分光光度法中找到干扰组分谱线上三个在一条直线上的点是其必要条件。

三个波长的选择一般有图解法和计算法。

（1）图解法：图解法亦称连线法或等吸收点法，要求绘出待测组分和干扰组分的吸收谱线，由干扰组分谱线选定三个在一直线上的点，并且要求满足待测组分的 ΔA 足够大，一般以待测组分的最大吸收波长作为测定波长 λ_2，选择组合波长 λ_1 和 λ_3，使 λ_1、λ_2 和 λ_3 在干扰组分曲线上呈一直线，即使干扰组分的 ΔA 等于零，因为这样可减少测定误差。

（2）计算法：当图解法不能直接找到合适的三个点时，可在满足 ΔA 足够大的条件下，先确定两个点，然后通过使 $\Delta A = 0$，计算出第三个点。一般先满足待测组分的 ΔA 足够大，并尽可能选在待测组分最大吸收波长附近作 λ_2，以干扰组分的最大吸收波长为 λ_1。可用作图法对 λ_3 进行粗选，连接对应于波长 λ_1 和 λ_2 交于干扰组分吸收曲线上的两点作一直线，其外延再与干扰组分曲线相交（即外延交于第三点），此交点对应的波长即为粗选的波长 λ_3。在进行精选 λ_3 时，配制不同浓度的干扰组分溶液数份，分别在先前所选好的 λ_1 和 λ_2 处测定吸光度值，然后在粗选的 λ_3 附近波长处测定吸光度值，按公式 $\Delta A = A_2 - \frac{mA_1 + nA_3}{m+n}$ 计算 ΔA，选择各浓度下 $\Delta A \approx 0$ 对应的波长作为精选的 λ_3。

（四）导数光谱法

导数光谱法也称微分光谱法，是利用吸光度（透光率）对波长求导数所形成的光谱来确定和分析吸收峰的位置和强度，以对组分进行定性、定量分析的方法。通常分光光度法的原谱常以吸光度 A 对波长 λ 作图来表示，而导数光谱的形式则是以 $d^n A/d\lambda^n$ 对 λ 作图，其中 n 是求导阶次。导数光谱法灵敏度高、选择性好，能有效地消除背景干扰吸收，可简便、快速直接测定某些混合物，具有多组分同时测定，加强光谱的精细结构和对复杂光谱的辨析（如分辨重叠峰、识别肩峰）等特点，并适用于浑浊试样测定（消除浑浊样品散射的影响）。

1. 基本原理　根据 Lambert-Beer 定律可推导出吸光度（A）对波长（λ）的导数值（$dA/d\lambda$）与待测组分浓度（c）的关系为

$$A = E \cdot c \cdot l$$

$$一阶导数 \quad \frac{\mathrm{d}A}{\mathrm{d}\lambda} = \frac{\mathrm{d}E}{\mathrm{d}\lambda} \cdot c \cdot l \tag{4-16}$$

$$二阶导数 \quad \frac{\mathrm{d}^2A}{\mathrm{d}\lambda^2} = \frac{\mathrm{d}^2E}{\mathrm{d}\lambda^2} \cdot c \cdot l \tag{4-17}$$

$$n 阶导数 \quad \frac{\mathrm{d}^nA}{\mathrm{d}\lambda^n} = \frac{\mathrm{d}^nE}{\mathrm{d}\lambda^n} \cdot c \cdot l \tag{4-18}$$

对吸收光谱（$A-\lambda$ 曲线）进行一阶或高阶求导，把各阶导数值对 λ 作图，即可得到各阶导数光谱曲线，简称导数光谱。因为吸收系数（E）是波长的函数，当波长一定时，E 是一定值，$\mathrm{d}E/\mathrm{d}\lambda$ 也是一定值，光谱的斜率 $\mathrm{d}E/\mathrm{d}\lambda$ 越大，灵敏度也越高。从上式可以看出，在任意一波长处，各阶导数值 $\frac{\mathrm{d}^nA}{\mathrm{d}\lambda^n}$ 与试样溶液中待测组分的浓度 c 成正比，这即是导数光谱用于定量分析的理论依据。

2. 导数光谱的特征　假定单一吸收光谱曲线近似于高斯曲线，其原始吸收图谱（零阶导数光谱）和一至四阶导数图谱如图 4-12 所示。

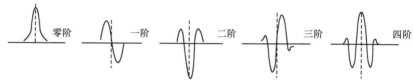

图 4-12　零阶导数光谱及其一至四阶导数光谱示意图

由图 4-12 可见：①零阶导数光谱的峰（极大）在奇数阶导数（$n=1,3\cdots$）光谱中为零，而在偶数阶导数（$n = 2,4\cdots$）光谱中是极值（交替出现极小值和极大值，即谷和峰），这有助于精确测定吸收曲线的峰值；②零阶导数光谱上的拐点，在奇数阶导数光谱中产生极值，而在偶数阶导数光谱中为零，这对肩峰的鉴别和分离很有帮助；③谱带的极值数（极值数=导数阶数+1），随导数阶数的增加而增加，即原来吸收曲线上一个峰，经过 n 次求导后，产生的极值（包括极大和极小）数为 $n+1$。这使谱带变锐，带宽变窄，分辨能力明显提高，可分离和检测两个或两个以上重叠的谱带，谱带的精细结构更明显，更突出，有利于物质的鉴别和检查，因此，导数光谱在定性分析中十分有用。

3. 导数曲线的测量方法　在一定条件下，导数信号与待测物的浓度成正比，因此可以通过对导数曲线的测量进行定量测定。测量方法可分为几何法和代数法，其中几何法是采用导数光谱上适宜的振幅作为定量信息的方法，一般用下述测量方法进行样品的测定。

（1）切线法（基线法或正切法）：对导数光谱上相邻的两个峰（或谷）作切线，然后测量切线与谷（或峰）之间的距离，如图 4-13 中的 d 为定量依据，该方法适用于具有线性背景干扰的定量测定。

（2）峰-谷法：峰-谷法也称为峰峰法或极距法，测量两相邻峰谷之间的距离，如图 4-13 中的 P（P_1 或 P_2），作为定量测定值。此法多用于多组分的测定。

（3）峰-零法：测量峰值到零线之间的垂直距离，如图 4-13 中的 X，作为定量信息。在对称于横轴的高阶导数曲线测定中用此法。

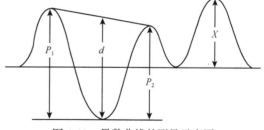

图 4-13　导数曲线的测量示意图

第五节　紫外-可见分光光度法的技术进展

随着光学、物理学、化学、计算机技术等快速发展，紫外-可见分光光度计在光源、分光系统、检测器、软件和整机设计开发等方面得到了较大的发展，同时在与其他方法的联用方面也取得了长足的进步。

一、紫外-可见分光光度计的进展

（一）光源

紫外可见区的传统光源是卤钨灯和氢灯（氘灯）。氙灯是利用高气压或超高气压氙气的放电而发光的光源。作为一种新型光源，氙灯发光效率高、强度大，而且光谱范围宽（包括紫外、可见和近红外）。发光二极管，简称为 LED，是通过电子与空穴复合释放能量发光。作为光源，LED 能发出可见光、红外线及紫外线，具有高发光效率、高发光强度、低衰减和长使用寿命、质量稳定可靠等特点。随着 LED 光源技术及产业的日益成熟，以 LED 为光源的小型便携又低廉的分光光度计已成为研究开发的热点。

（二）分光系统

紫外-可见分光光度计的分光系统是单色器，目前常用的单色器是扫描光栅型分光系统。在紫外-可见分光光度计的发展历史上，扫描光栅型出现过多种光路设计，主要如单光束、准双光束和双光束，还有双波长。单光束光路的漂移是主要问题，但现在也可通过元器件性能的提高、制造工艺的进步和软件校正加以改进。准双光束和真正双光束设计都是利用参比光路的补偿来减少漂移的影响，结构更为复杂。为了进一步地提高分辨率或降低杂散光，现在出现了双单色器分光光度计，其杂散光等性能是单色器分光光度计无法企及的。

光栅是分光系统的核心元件。在制造工艺上，全息光栅已全面取代了刻划光栅；为了提高光能量的利用率，闪耀光栅的使用也很普遍；对于平面光栅，全息技术的长处在于成品率更高、杂散光更小、不产生伪线；对凹面光栅来说，其迅速的发展几乎全部得益于全息技术的应用。

（三）检测器

紫外-可见分光光度计常用光电效应检测器，如光电池、光电管、光电倍增管，现在也采用了光多道检测器，如光二极管阵列检测器。光二极管阵列检测器，又称光电二极管矩阵检测器，表示为 PDA（photo-diode array）、PDAD（photo-diode array detector）或 DAD（diode array detector），是在晶体硅上紧密排列一系列光电二极管，每一个二极管相当于一个单色器的出射狭缝，二极管越多分辨率越高，一般是一个二极管对应接收光谱上一个纳米谱带宽的单色光。例如，HP8453 型分光光度计的光二极管阵列检测器，由 1024 个二极管组成，可在 0.1 s 内获得 190～820 nm 范围内的全光光谱。

（四）软件

对于现代新型紫外-可见分光光度计而言，软件是整台仪器运用的核心，渗透到分光光度计的各个层面。软件的作用主要有控制、监测与校正、光谱采集与处理、数据存储与分析等。光谱数据的处理和分析是软件的特长。用户友好的视窗图形界面和菜单操作，光谱图和数据作为文件进行管理、存储和读取，光谱图可随意地移动、放大、缩小、重叠，数据可以被平滑、求导、积分、进行函数运算，可以自动寻找峰值、浓度分析、多组分分析，还可以有多种软件包，如核酸分析、蛋白质分析、动力学分析、水质分析和环保分析等，用于各专业领域。

软件技术不仅是紫外-可见分光光度计自动化、智能化的关键因素，也是其网络化的前提和基础。

（五）新型紫外-可见分光光度计

1. 光多道二极管阵列检测分光光度计 由光源发出、色差聚光镜聚焦后的多色光通过样品池，聚焦于多色仪的入射狭缝上，透过光再经全息光栅色散，色散得到的单色光由光二极管阵列中的光二极管接收并检测。二极管阵列的电子系统能在 1/10 s 内同时检测 190～820 nm 波长，因此能在极短的时间内给出整个光谱的全部信息。多道分光光度计特别适用于进行快速反应动力学监测和多组分混合物分析，已被用作高效液相色谱和毛细管电泳仪的检测器。

2. 光导纤维探头式分光光度计 由光源、单色器、光导纤维传光系统（光导纤维探头）、检测器、信号处理与显示器等组成。光导纤维探头由两根相互隔离的光导纤维组成，光源发射的光由其中一根光纤传导至试样溶液，再经反射镜反射到另一根光纤，通过干涉滤光片后由光电二极管接收转变为电信号。这类分光光度计不需要吸收池，直接将探头插入样品溶液中进行原位检测，不受外界光线影响，如采用光导纤维探头式分光光度计进行实时、原位测定药物制剂溶出度。

二、紫外-可见分光光度技术与其他技术联用

紫外-可见分光光度技术与其他技术的联用，是紫外-可见分光光度计应用的主要进展，如与流动注射分析技术、浊点萃取技术、化学动力学等联用。

（一）与流动注射分析技术联用

流动注射分析（flow injection analysis，FIA）技术是把一定体积的试样溶液注入一个流动着的、非空气间隔的试剂溶液（或水）载流中，被注入的试样溶液流入反应盘管，形成一个区域，并与载流中的试剂混合、反应，再进入流通检测器进行测定分析及记录；具有操作简便、易于自动连续分析，分析速度快、精密度高，试剂、试样用量少，适用性广等优点，已被应用于很多领域。在与流动注射分析联用的各种检测器中，分光光度检测器具有结构简单、价格低廉，易于推广的优势。流动注射分光光度法是通过测定样品在检测池中对紫外-可见光吸收值的大小来确定样品的含量。快速扫描的光电二极管阵列检测器与流动注射分析联用，可形成连续自动多组分同时测定的分光光度法系统，更进一步拓宽了流动注射分析的应用范围。

（二）与浊点萃取技术联用

浊点萃取（cloud point extraction，CPE）是近年来出现的一种新兴的液-液萃取技术，该法以表面活性剂胶束水溶液的溶解性和浊点现象为基础，通过改变溶液 pH、离子强度、温度等参数引发相分离，将疏水性物质与亲水性物质分离，同时起到富集的作用。浊点萃取与紫外-可见分光光度技术联用在元素分析方面应用较多，不仅能富集待测元素，降低检出限，降低干扰元素对测定元素的干扰，而且不需要使用其他有机试剂作为萃取相，避免了有机试剂的大量使用，降低了对环境的负面影响。例如，以 TritonX-114 为表面活性剂，EDTA-Na$_4$P$_2$O$_7$ 为配合剂建立浊点萃取-分光光度法测定水样中稀土元素镧和钕的方法。

（三）与化学动力学技术联用

动力学分光光度法是基于测量反应物浓度与反应速率之间的定量关系以实现试样组分定量测定的分光光度法。该方法具有灵敏度高、所需仪器简单、操作快速等特点。例如，采用阻抑溴酸钾氧化茜素红褪色动力学光度法测定药物中水杨酸。其原理是，在稀盐酸介质中，水杨酸的存在对溴酸钾氧化茜素红的反应有非常强的阻抑作用，用光度计测定 420 nm 波长处阻抑与空白反应中茜素红的吸光度，并计算其差值，利用其差值与水杨酸浓度在一定范围内呈线性关系，建立阻抑动力学光度法测定痕量水杨酸的方法。

思 考 题

1. 有机化合物分子电子跃迁有哪些类型？各种跃迁有什么特点？
2. Lambert-Beer 定律数学表达式及其物理意义是什么？引起吸收定律偏离的原因是什么？
3. 紫外-可见分光光度计根据光路分为哪几类？各有何特点？
4. 以有机化合物的官能团说明各种类型的吸收带，以及各吸收带在紫外-可见吸收光谱中的大概位置和特征。
5. 紫外-可见分光光度法在药学中的应用有哪些？

（西安交通大学 曾爱国）

第五章　分子发光分析法

本章要求

1. **掌握**　分子发光分析法的基本原理及其定量方法。
2. **熟悉**　荧光光度仪的结构；影响荧光产生的因素。
3. **了解**　荧光分析法和磷光分析法的应用进展。

第一节　分子发光分析法概述

一、分子发光的类型

分子在外界能量（光能、电能、化学能、热能等）作用下，分子中的电子吸收特征能量，从基态跃迁到激发态，并以发生电磁辐射的形式释放能量返回基态的现象，称为分子发光（molecular luminescence）。分子发光包括荧光（fluorescence）、磷光（phosphorescence）、散射光（scattered light）、化学发光（chemiluminescence）及生物发光（bioluminescence）。通过测量发光物质所发射的电磁辐射的特性、强度对物质进行定性、定量分析的方法称为分子发光分析法（molecular luminescence analysis）。

二、分子发光分析法的特点

分子发光分析法发展迅速，具有灵敏度高、选择性好的特点，广泛应用于医药、卫生检验、环境科学、生命科学、化学化工等领域，其主要特点如下。

（一）灵敏度高、检出限低

分子发光分析法的检出限一般比紫外-可见吸收光谱法低 2~3 个数量级，可以达到 ng/ml 级。化学发光分析法可根据反应体系的特点，测定含量低至 pg/ml 的样品。

（二）选择性好、敏感性高

分子发光分析法会探讨不同物质的激发光谱、发射光谱，选择适宜的激发波长和发射波长会达到选择性测定的目的。同时，所发射的电磁辐射的光量子产率、寿命、偏振等特征参数的不同，也能进一步提高测定的选择性。分子发光体系中受激物质的特征参数对局部微环境变化具有高度敏感性，也可设计为特定的分子探针或光学传感器。

第二节　分子荧光分析基本原理

荧光分析法（fluorimetry）是根据物质的荧光谱线的特性及其强度进行定性和定量分析的方法。如果待测物质是分子，称为分子荧光（molecular fluorescence）；如果待测物质是原子，称为原子荧光（atomic fluorescence）。根据激发光波长范围，又可以分为紫外-可见荧光、红外荧光和 X 射线荧光。

一、分子荧光的产生原理

分子的电子能级与跃迁

物质分子体系存在电子能级、振动能级和转动能级。根据波尔兹曼（Boltzmann）分布，基态是分子在自然状态下最稳定的能级状态。在室温时，大多数分子处于电子基态的最低振动能级。在外界电磁辐射能量的作用下，分子可吸收一定的能量发生能级跃迁，到达激发态。分子的激发态不稳定，会很快通过相应的去激发途径跃迁回到基态。

1. 分子的基态、激发单重态和激发三重态 在基态时，分子中的电子成对填充在能量最低的轨道。按照泡利不相容原理（Pauli exclusion principle），轨道中的成对电子具有相反方向的自旋状态，总自旋量子数 s 等于 0，此时分子电子能级的多重性 $M=2s+1=1$，此电子能态称为单重态（singlet state，S）。如能级轨道中的电子自旋状态相同，总自旋量子数 s 等于 1，分子电子能级的多重性 $M=3$，称为三重态（triplet state，T）。

处于单重态的基态分子，其电子吸收能量后，被激发跃迁至较高的电子能级，通常并不会改变其自旋状态，此时激发态的分子电子能级的多重性 M 仍旧等于 1，称为激发单重态。倘若分子吸收能量后电子在能级跃迁过程中发生自旋方向的改变，则激发态的分子电子能级的多重性等于 3，称为激发三重态（图 5-1）。激发三重态的能级要略低于激发单重态的能级。

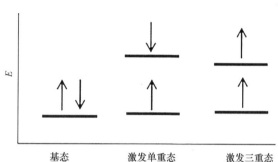

图 5-1 分子的基态、激发单重态和激发三重态

2. 激发态分子的去激发途径 基态分子的电子吸收能量跃迁后，只能处于相应激发态的电子能级、振动能级和转动能级，根据自旋禁阻选律，只能跃迁到激发单重态，不能直接跃迁到激发三重态。处于激发态的分子不稳定，会通过多种途径将所吸收的多余能量释放出去而返回基态，此过程称为去激发。常见的去激发途径如图 5-2 所示。

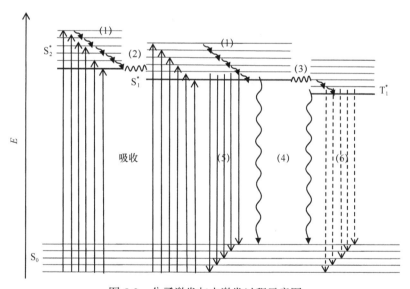

图 5-2 分子激发与去激发过程示意图

（1）振动弛豫；（2）内转换；（3）系间跨越；（4）外转换；（5）荧光；（6）磷光

S_0 为基态单重态；S_1^* 为第一电子激发单重态；S_2^* 为第二电子激发单重态；T_1^* 为第一电子激发三重态

（1）**振动弛豫**（vibrational relaxation）：处于电子激发态中高振动能级的分子与溶剂分子发生碰撞，失去部分振动能量，电子返回同一电子激发态最低振动能级的过程。振动弛豫只发生在同一电子能级内部，发生时间约为 10^{-12} s，是一种无辐射的跃迁形式。

（2）**内转换**（internal conversion）：即内部能量转换。激发态分子的运动形式会从高电子激发能级的低振动能级状态转化为低电子激发能级与之能量接近的较高振动能级状态，此过程称为内转换。内转换发生在相近的两个电子能级间，发生时间为 $10^{-14} \sim 10^{-11}$ s，是一种无辐射的跃迁。

（3）系间跨越（intersystem crossing）：激发态分子单重态的最低振动能级如和其激发三重态的振动能级交叠，该分子的成对电子会通过自旋状态的反转从激发单重态能级跨越到激发三重态能级，此过程称为系间跨越，也称为系间蹿越。系间跨越常见于含有碘、溴等原子的分子。溶剂如含有氧分子等顺磁性物质，也易于诱发此现象。

（4）外部能量转换（external conversion）：简称外转换。溶液中的激发态分子与溶剂分子、其他溶质分子相互碰撞，以热能的方式释放能量，从第一电子激发态单重态或三重态的最低振动能级转换为基态各能级的过程。

（5）荧光发射（fluorescence emission）：激发单重态的分子通过快速的振动弛豫和内转换，返回电子第一激发单重态的最低振动能级，再以发射光量子的形式返回基态的不同振动能级的过程，称为荧光发射。

荧光寿命（τ）是激发光切断后荧光强度衰减至原强度的 $\frac{1}{e}$ 所需要的时间，表示第一电子激发单重态的平均寿命，或者激发分子返回基态之前滞留在第一电子激发单重态的平均时间。荧光寿命或发射时间为 $10^{-9} \sim 10^{-7}$ s。

（6）磷光发射（phosphorescence emission）：激发单重态的分子经过系间跨越转换为激发三重态后，再通过快速的振动弛豫和内转换，返回电子第一激发三重态的最低振动能级，然后再以发射光量子的形式返回基态的不同振动能级的过程，称为磷光发射，其发射出的电磁辐射称为磷光。

二、分子的激发光谱和荧光光谱

荧光物质分子具有激发光谱（excitation spectrum）和荧光光谱（fluorescence spectrum）两个特征光谱。

（一）激发光谱

激发光谱描述的是不同激发波长的电磁辐射所引起的荧光物质同一波长荧光强度的变化情况。激发光谱横坐标记录的是不同的激发光波长（λ_{ex}），纵坐标是荧光物质某一波长的荧光的强度（F）。通过激发光谱可以获知荧光物质特定波长荧光的最强激发电磁辐射波长。

（二）荧光光谱

荧光光谱，或称发射光谱（emission spectrum），描述的是当激发电磁辐射的波长和强度不变时，荧光物质发射的不同波长荧光的强度变化情况。荧光光谱横坐标记录的是物质发射的荧光波长（λ_{em}），纵坐标是不同波长荧光的相对强度（F）。通过荧光光谱可以获知荧光物质能发射出的最强荧光波长。

激发光谱和荧光光谱与物质结构有关，可用于荧光物质的定性鉴别和定量测定。图 5-3 为蒽的激发光谱和荧光光谱。

（三）分子荧光光谱和激发光谱的特征

1. 荧光物质的荧光波长总是大于激发波长　此特征于 1852 年率先为斯托克斯发现，故称为斯托克斯位移（Stokes shift）。其产生原因系激发态分子均需通过内转换、振动弛豫等无辐射跃迁返回第一电子激发单重态最低振动能级后，再发射荧光回到基态不同振动能级，故荧光的能量低于激发光能量。

2. 荧光光谱与激发光谱呈镜像　激发光谱反映的是不同激发光波长对同一波长荧光的激发效应，基态分子吸收能量后，会跃迁到激发态的不同振动能级，所吸收的不同波长激发光的吸光系数与激发态振动能级有关，吸收峰波长差与振动能级差相关。荧光光谱反映的是从第一电子激发单重态最低振动能级，返回基态不同振动能级的情况，不同波长荧光的发射效率与基态振动能级有关，荧光峰波长差与振动能级差相关。基态的振动能级与激发态振动能级相似，故振动能级差相似，所形成的激发光吸收峰、荧光发射峰形状相似，呈对称关系。

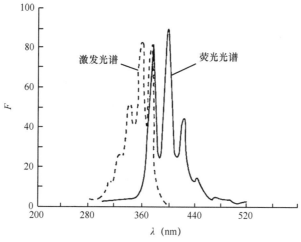

图 5-3 蒽的激发光谱和荧光光谱

3. 荧光光谱的形状与激发光波长无关 虽然分子的吸收光谱有多个吸收峰，但不同激发能级状态的荧光分子，均会通过无辐射跃迁迅速返回第一电子激发单重态最低振动能级再发射荧光，故荧光光谱的形状只与荧光分子的结构有关。由于分子对不同频率激发光的吸收能力不同，导致被激发态的分子数量产生差异，故不同激发光产生的荧光光谱的强度不同。

三、分子结构对荧光的影响

（一）荧光效率

荧光效率（fluorescence efficiency）是激发态分子发射荧光的分子数与基态分子吸收激发光成为激发态分子数之比，用 φ 表示。

$$\varphi = \frac{发射荧光分子数}{激发态分子总数} \tag{5-1}$$

分子吸收的激发光的能量、发射出的荧光的能量均与光量子数有关，故荧光效率也称荧光量子效率。

$$\varphi = \frac{荧光的光量子数}{吸收激发光的光量子数} = \frac{I_f}{I_a} \tag{5-2}$$

激发态分子跃迁回基态时，会发生振动弛豫、内转换、外转换等无辐射跃迁，故荧光分子的荧光效率在 0~1。

（二）荧光分子的结构特征

能够发射荧光的分子，应具有比较强的紫外-可见吸收能力，同时具有较强的荧光效率，其分子结构具有如下特征。

1. 具有共轭体系 本书第四章介绍了紫外-可见吸收与分子结构的关系，共轭双键中 $\pi \rightarrow \pi^*$ 跃迁的摩尔吸光系数一般大于 10^4，为强吸收。π 电子的共轭程度越大，第一电子激发态能级越稳定，荧光效率越大，荧光波长越大。芳香族化合物具有环状共轭体系，其特征 E 带均为较强的紫外吸收，几乎所有的荧光分子都含有一个以上的芳香基团，芳环越多，共轭体系越大，荧光越强，如表 5-1 所示。此外，具有长共轭双键的脂肪烃也会产生荧光，如维生素 A。

表 5-1 苯、萘、蒽的荧光

	苯	萘	蒽
λ_{ex}（nm）	205	286	256
λ_{em}（nm）	278	321	404
φ_f	0.11	0.29	0.36

2. 具有刚性共平面结构 长共轭体系的分子，会通过共价键的自旋减少取代基的空间位阻，呈现较低能量的优势空间构象。共轭体系优势空间构象呈刚性平面结构时，可减少分子与溶剂或其他溶质分子的碰撞，提高荧光效率。例如，荧光素和酚酞，两者的结构差异仅在于一个氧桥。荧光素由于氧桥的作用，呈平面构型，荧光效率可达 0.92，而酚酞的优势构象则由于苯环的空间位阻作用呈现非平面结构，没有荧光。长共轭分子的刚性和平面性越大，共轭效应越大。

荧光素　　　　　　　　　　酚酞

某些不发生荧光或荧光较弱的物质，可与金属离子形成具有刚性和共平面性的配位化合物，发射荧光，如 8-羟基喹啉，可与铝离子配位，采用荧光法检测。

3. 具有能增强 π 电子的共轭程度的取代基 给电子取代基，如—NH_2、—OH、—OCH_3、—NHR、—NR_2、—CN 等，可以通过 P 轨道电子离域作用增加分子 π 电子共轭程度，使荧光效率增强，荧光波长长移。而吸电子取代基，如—COOH、—NO_2、C=O、—NO、—SH、—F、—Cl、—Br、—I 等，会减弱 π 电子共轭程度，导致荧光减弱或熄灭。

（三）荧光试剂

能够与弱荧光或无荧光物质作用生成强荧光产物的试剂，称为荧光试剂。荧光试剂能够扩大荧光分析法的应用范围，提高测定灵敏度和选择性。

常用的荧光试剂有荧光胺（fluorescamine）、邻苯二甲醛（OPA）、单酰氯（dansyl-Cl,1-二甲氨基-5-氯化磺酰氯）、单酰肼（dansyl-NHNH$_2$）。荧光胺可与脂肪族和芳香族伯胺形成高强度衍生物；邻苯二甲醛可在 2-巯基乙醇作用下，与伯胺类，特别是半胱氨酸、脯氨酸以外的 α-氨基酸生成灵敏的荧光产物；单酰氯可与具有伯胺、仲胺、酚基的生物碱生成荧光产物；单酰肼可与可的松等化合物的羰基缩合产生荧光。新型荧光标记试剂的研究，为药品、食品检测技术方法开发提供了创新思路。

无机离子一般不显荧光，但很多无机离子能与具有 π 电子共轭结构的有机物生成具有荧光的配合物。目前利用荧光试剂可对 70 种无机元素进行测定。

四、影响荧光强度的因素

荧光分子所处的外部环境的温度、酸度、溶剂、其他溶质分子等，会影响荧光效率，甚至会导致分子结构的变化，影响荧光光谱的形状和强度。

（一）温度对荧光强度的影响

一般情况下，随着温度的升高，分子运动速度加快，分子间碰撞概率增加，振动弛豫等无辐射跃迁增加，激发态分子数减少，荧光物质的荧光效率和荧光强度将降低。

（二）酸度对荧光强度的影响

具有酸性或碱性官能团的芳香族荧光物质，在不同的 pH 条件下会生成离子。荧光分子的分子型和离子型结构在共轭性、刚性平面性方面存在差异，导致分子和离子具有不同的荧光性质。每一种荧光物质均具有适宜的荧光发射 pH 范围。

（三）溶剂对荧光强度的影响

不同溶剂具有不同极性和黏度，会影响荧光物质的荧光光谱形状和强度。一般来说，极性溶剂会降低 $\pi \to \pi^*$ 跃迁能级差，使荧光波长长移，提高荧光效率，增强荧光强度。溶剂的黏度会影响溶液中荧光分子与溶剂分子的碰撞频率，溶剂黏度低的时候，分子间无辐射跃迁增加，荧光减弱。

（四）浓度对荧光强度的影响

荧光物质的浓度越大，溶剂中存在的溶质就越多，发生分子间碰撞产生振动弛豫、外转换等无辐射跃迁的概率就越大，导致荧光效率降低，荧光强度降低甚至消失。有些荧光分子会在高浓度时生成聚合物，产生荧光强度降低。实验时需先测定荧光物质溶液的线性范围，确保适宜的溶液浓度，一般情况下，荧光物质溶液多采用 ng/ml 浓度。

（五）荧光猝灭

荧光分子与溶剂分子、其他溶质分子、猝灭剂等发生相互作用引起荧光强度降低的现象，称为荧光猝灭。荧光猝灭剂是一些含有羧基、羰基、硝基、卤素等吸电子基团的化合物，以及氧气、氰根离子等。荧光猝灭的类型主要有以下几类：处于激发态的分子与猝灭剂分子相互碰撞，通过无辐射跃迁的途径从激发态回到基态导致荧光消失；荧光分子与猝灭剂反应生成无荧光的化合物导致荧光消失；荧光分子与猝灭剂发生电子转移反应，导致荧光消失；溶解氧使荧光物质氧化，或因为氧分子的顺磁性促进系间跨越，导致荧光消失；荧光分子浓度较大（超过 1 g/L）产生自猝灭。

（六）散射光

当一束平行光照射到液体样品时，部分光子和物质分子碰撞后运动方向发生改变，向不同角度散射，这种光称为散射光（scattered light）。发生弹性碰撞时，光子和物质分子不交换能量，散射光的波长和入射光波长相同，称为瑞利散射光（Rayleigh scattering light）。发生非弹性碰撞时，光子和物质分子交换能量，散射光的波长比入射光稍长或稍短，称为拉曼散射光（Raman scattering light）。散射光会对荧光的检测产生影响，测定的时候，需要采用适宜的措施进行消除。

第三节 荧光定性与定量分析方法

一、荧光分析法的特点

1. 灵敏度高 荧光分析测定的是弱背景下的发射光，故荧光分析法灵敏度比紫外-可见分光光度法高 2~4 个数量级，检测限在 0.1~0.001 μg/ml。

2. 选择性好 荧光法可利用激发光谱和发射光谱对物质进行分析，对于发射光谱相似的化合物，可进一步利用激发光谱的差异进行区分，反之亦然。

3. 具有多元物理参数 荧光分析法能够获得激发光谱和荧光光谱，两类光谱可进一步提供荧光强度、荧光效率、荧光寿命、荧光偏振等物理参数，这些参数与分子的结构特性有关，能够丰富分子定性分析信息。

二、荧光分析法的定性基础

荧光物质可以在标准品对照下进行定性，判定时可比较激发光谱和荧光光谱的一致性，也可比较光谱所具有的特征吸收波长、发射波长的物理参数。

例如，喹诺酮类药物具有喹啉羧酸基本结构，该结构具有刚性共轭体系，具备荧光发射的结构特征。

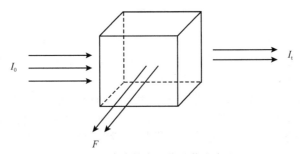

不同喹诺酮类药物在 1,7 位取代基不同，结构的差异导致药物荧光光谱的荧光波长移动和荧光强度的变化，可利用此特性对药物进行分析。

三、荧光定量基础

荧光物质吸收光辐射能后发射荧光，溶液的荧光强度（I_f）与溶液的吸光程度、荧光物质的荧光效率（φ）密切相关。

如图 5-4 所示，浓度为 c，液层厚度为 l，摩尔吸光系数为 ε 的荧光物质被入射光 I_0 激发后，吸收 I_a 的光，透过 I_t 的光，从溶液的各角度均可检测到强度为 F 的荧光。

图 5-4 溶液的光吸收及荧光产生

由式（5-2）可知，荧光光量子数（I_f）正比于吸收的光量子数（I_a），即

$$I_f = \varphi I_a \tag{5-3}$$

根据 Lambert-Beer 定律，

$$I_a = I_0 - I_t \tag{5-4}$$

$$\frac{I_t}{I_0} = 10^{-\varepsilon lc} \tag{5-5}$$

I_0 和 I_t 分别为入射光强度和透射光强度，式（5-4）和式（5-5）代入式（5-3）后，可得

$$I_f = \varphi I_a = \varphi I_0 (1 - 10^{-\varepsilon lc}) = \varphi I_0 (1 - e^{-2.3\varepsilon lc}) \tag{5-6}$$

在浓度 c 很小的情况下，εlc 数值较小，当 $\varepsilon lc \leqslant 0.05$ 时，式（5-6）可简化为

$$I_f = 2.303 \varphi I_0 \varepsilon lc \tag{5-7}$$

仪器检测出的荧光强度 $F \propto I_f$，故

$$F = 2.3 K' I_0 \varepsilon lc = Kc \tag{5-8}$$

当 $\varepsilon lc \geqslant 0.05$ 时，荧光强度与浓度之间不呈线性关系，在定量分析选择实验条件时，需重点考虑。

式（5-8）是荧光定量分析法的依据，适合做微量和痕量组分的测定。

四、荧光定量分析方法

天然荧光物质可以直接用荧光法定量。无荧光物质可利用化学反应生成荧光衍生物后以荧光法定量。荧光猝灭反应和猝灭剂、反应物有定量关系，可利用猝灭法定量。常用的荧光定量分析方法

有工作曲线法、标准对照法、联立方程式法、荧光猝灭法，分述如下。

（一）工作曲线法

取已知量标准品按试样相同方法处理，配制成一系列不同浓度的标准溶液，在实验条件下分别测定各标准溶液的相对荧光强度和空白溶液的相对荧光强度；扣除空白值后，以荧光强度为纵坐标，标准溶液的浓度为横坐标，绘制标准曲线。在相同条件下测定试样溶液的相对荧光强度，扣除空白值后，从标准曲线上求出试样的浓度，计算荧光物质含量。

（二）标准对照法

在线性范围内，分别测定标准溶液和待测样品的荧光强度，以及空白溶液的荧光，按照式（5-9）计算试样的荧光物质浓度，求算荧光物质的含量。

$$\frac{F_s - F_0}{F_x - F_0} = \frac{c_s}{c_x} \qquad c_x = \frac{F_x - F_0}{F_s - F_0} \times c_s \qquad (5-9)$$

标准对照法适用于工作曲线过原点的荧光物质，同时选择的标准溶液浓度和待测试样浓度接近。

（三）联立方程式法

如多组分混合物中含有多个荧光物质，也可类似紫外-可见分光光度法，不经分离直接测定混合物中被测组分的含量。

如混合物中各组分荧光发射峰相距较远，彼此间无干扰，可分别选择不同的特征波长测量各组分的荧光强度，分别利用各自的工作曲线法或标准对照法求算含量。如混合物中各组分荧光峰互相干扰，但激发光有显著差别，可以分别选择不同的激发光，在其他组分不发光的情况下，测定特定组分的荧光进行测定。如混合物中各组分间荧光峰有干扰，激发光有重叠，可利用光的加和性，选择特定的激发波长激发后，在适宜荧光波长处测定混合物的荧光强度，再根据各自被测组分的荧光强度特征，列出联立方程式，分别求算各组分的含量。也可以通过导数技术，解决背景干扰和谱带重叠问题后再行计算各组分含量。

（四）荧光猝灭法

如果一个荧光物质在加入某荧光猝灭剂后，荧光强度的减少和荧光猝灭剂的浓度呈线性关系，可建立猝灭剂的荧光分析法。此法称为荧光猝灭法（fluorescence quenching method）。测定时，可选择工作曲线法，在一定浓度的荧光物质体系内，加入不同浓度的猝灭剂，分别测定混合溶液的荧光强度。以猝灭剂的浓度为横坐标，以猝灭剂加入前（F_0）及加入后（F）荧光物质荧光强度的比值为纵坐标，绘制工作曲线，其线性方程称为斯顿-伏尔莫（Stern-Volmer）方程，如式（5-10）。

$$\frac{F_0}{F} = 1 + K[Q] \qquad (5-10)$$

式中，K 为 Stern-Volmer 猝灭常数；[Q]为猝灭剂浓度。

荧光猝灭法比直接荧光法灵敏度高、选择性强，常用于一些能够引起荧光物质猝灭效应的元素的测定，如微量氧、氟、硫、氰根、铁、铅、汞、银、钴、锑等，也可以测定一些生物酶，如过氧化氢酶。目前已经采用一些新型材料合成包括碳量子点、吖啶橙-罗丹明B、CdTe量子点等的荧光探针，采用猝灭法测定相应化合物的含量。

第四节　荧光和磷光分析仪器

一、荧光分析仪器的类型

荧光分析仪器包括滤光片荧光计、滤光片-单色器荧光计、荧光分光光度计。滤光片荧光计结构简单，价格便宜，但激发光、发射光只能选择特定滤光片，不能测定光谱，仅作定量分析。滤光片-单色器荧光计的激发光选择激发滤光片，但发射光选择用光栅，只能测定荧光光谱。荧光分光光度计构造精细，具有激发光栅和发射光栅，可以测定激发光谱和荧光光谱，不仅能用于荧光物质的定性鉴别，还可提高定量测定的高灵敏度和选择性。

二、荧光分光光度计的基本构造

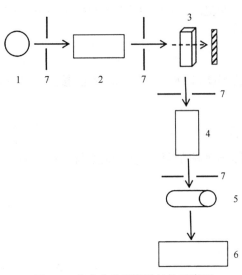

图 5-5　荧光分光光度计结构示意图

1. 光源；2. 激发单色器；3. 样品池；4. 发射单色器
5. 检测系统；6. 数据采集和处理系统；7. 狭缝

荧光分析仪器的基本结构，包括激发光源、激发单色器（或滤光片）和发射单色器（或滤光片）、样品池、检测系统、数据采集和处理系统五个部分，如图 5-5 所示。

1. 光源　荧光分光光度计的光源应具有稳定性好、强度高、适用波长范围宽、波长范围内强度一致等特点。常用的光源有高压氙灯、高压汞灯和可调谐染料激光器。

高压氙灯是一种短弧气体放电灯，灯内装有氙气，通电后氙气电离产生较强的 250～700 nm 连续光谱，属于高强度连续光源，是荧光分光光度计中应用最广泛的一种光源。

高压汞灯属于高强度非连续光源，可产生强烈的 365 nm、405 nm、436 nm、546 nm 线光谱，是一般的滤光片荧光光度计的光源。

各种激光器也被用作激发光源，如各种气体、固体、半导体、准分子、染料激光器。可调谐染料激光器用有机荧光染料溶液作为活性介质，以其他光源进行激发，是荧光分析中的理想光源，可显著提高荧光分析的灵敏度。

2. 单色器　荧光仪器具有两个单色器，激发单色器在光源与样品池之间，作用是选择特定波长的激发光。发射单色器在样品池和检测器之间，只允许特征波长的荧光通过。荧光分光光度计多使用衍射光栅作单色器，可用于光谱扫描。为消除入射光、散射光的影响及共存的其他光线（溶液中的反射光、杂质的发射光等杂散光）的干扰，激发单色器和发射单色器设置成直角。

3. 样品池　荧光物质多采用紫外光区的电磁辐射作为激发光，故荧光测定用的样品池常用石英制成，样品池的形状以散射光较少的方形为宜。低温荧光测定时可在石英池外套一个盛放液氮的石英真空瓶。荧光吸收池因激发光路和发射光路的直角特点，设计为四壁透光。

4. 检测系统　用紫外可见光为激发光源时产生的荧光多为可见荧光，强度较弱，多采用光电倍增管作为检测器。二极管阵列检测器有时也被用作荧光分光光度计的检测器，具有检测效率高、动态范围宽、线性响应好、坚固耐用和寿命长等优点，能同时接受荧光体的整个发射光谱，有利于进行定性分析。

5. 数据采集和处理系统　电信号经放大器放大，再经模/数转换后通过显示装置显示出来，并由记录仪记录结果。现代分析仪器都配有计算机和相应的操作软件，进行仪器参数的自动控制和荧光光谱数据的采集处理。

三、磷光分析仪器

测量磷光强度的仪器称为磷光计，它的构造大体上与荧光分光光度计类似，除光源、激发单色器或第一滤光片、样品池、第二单色器或第二滤光片、检测器和读数装置等部件外，还配有使激发光、荧光与磷光分离的装置和低温测定磷光的装置，如采用脉冲氙灯为灯源，可直接通过脉冲的间隔来切断对样品的激发，也可采用转动罐式或盘式斩波器将激发光、荧光和磷光分开。

现代荧光分光光度计多附有磷光附件，通过荧光仪器样品池上增加磷光配件低温杜瓦瓶和斩光片，从而具有荧光和磷光两用的性能，如图5-6所示。

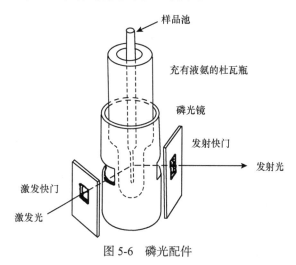

图 5-6 磷光配件

第五节 荧光分析法和磷光分析法的应用进展

一、荧光分析法应用技术进展

（一）荧光偏振技术

荧光偏振（fluorescence polarization，FP）技术是在荧光分光光度计的激发和发射光路上，分别加上起偏器和检偏器，检测平行于起偏器和垂直于检偏器的荧光偏振信号强度的变化。荧光物质的偏振度与其转动速度成反比。对于大分子物质，分子运动相对缓慢，发射光会保持较高的偏振程度。小分子物质的转动和无规则运动快，发射光相对激发光会被不同程度去偏振。荧光的偏振性对于分子量、体积、结合和解离都非常敏感，能引起偏振信号变化的因素很多，如反应物之间的结合强度、所形成复合物体积、质量大小、溶液性质等。

荧光偏振技术具有操作简单、反应快速、稳定性好等多种优势，在生化分析检测领域中的应用相对广泛，通过分析体系中荧光分子的偏振信号变化差异，可以研究分子间相互作用及对所选目标物进行检测，如生物小分子、核酸、生物酶、重金属离子、农药、抗菌药物、真菌毒素、肿瘤标志物、细胞因子等方面的检测。

随着核酸技术和纳米材料的发展及联用技术的开发，各种敏感性更强、灵敏度更高的荧光偏振分析技术不断开发，如时间分辨荧光偏振技术（TRFPA）、时间分辨荧光各向异性成像技术（TR-FAIM）、毛细管电泳激光诱导荧光偏振（CE-LIF-FP）等。

（二）时间分辨荧光技术

不同分子的荧光寿命不同，在激发和检测之间可以有一定延迟。在激发光脉冲停止后相对于激发光脉冲的不同延迟时刻，测定分子荧光发射强度的方法，称为时间分辨荧光法（time-resolved fluorescence，TRF）。时间分辨光谱是瞬态光谱，可反映分子荧光动力学特性。利用荧光-时间衰减曲线获得的荧光衰减谱，可实现对多种不同荧光寿命的荧光物质的分别检测。

时间分辨荧光技术需采用带时间延迟设备的脉冲光源和带有门控时间电路的检测器件，在设定延迟时间后和在门控宽度内测定荧光强度。利用时间分辨荧光技术，可以解析体系中多种荧光物质的组成情况，也可以解析体系所处的微环境的变化，亦可以有效避免其他组分或杂质的荧光、仪器的噪声对待测组分的荧光的干扰。

该方法与免疫技术结合后，发展出时间分辨荧光免疫分析（time-resolved fluoroimmunoassay, TRFIA）技术。TRFIA 作为一种新型的非放射性免疫标记技术，广泛应用于生物学研究各相关领域。最常用的是利用铕等镧系元素螯合物与蛋白质形成复合物后的荧光衰变时间极长的独特性质（是传统荧光的 $10^3 \sim 10^6$ 倍，其特异性荧光比背景荧光衰变期长 140 s 以上），具有灵敏度高、信号稳定、动态范围宽的优点。

（三）荧光探针与荧光显微成像技术

一些纳米材料具有荧光发射特征，可用于构建无机离子、有机小分子、生物大分子的快速高灵敏检测新方法。将功能分子偶联到纳米荧光材料表面，可以构建细胞、病毒及活体成像分子技术。目前可利用的纳米荧光材料包括量子点、金属发光团簇、碳点、石墨烯量子点、稀土掺杂转换纳米荧光材料等。

荧光显微镜具有光源、荧光镜、滤色板、光学系统结构。荧光显微成像技术就是利用荧光显微镜高强度的点光源作为激发光，通过目镜和物镜放大系统观测细胞、组织中的荧光物质的荧光图像，对物质在细胞中吸收、转运、分布、定位等过程进行研究。

荧光显微成像技术在药物代谢等研究中具有广阔的应用前景，可供使用的显微镜包括普通荧光显微镜、倒置荧光显微镜、激光共聚焦荧光显微镜、双光子荧光显微镜、荧光寿命显微镜等。

超分子荧光试剂——荧光活体分析领域的新进展

近年来荧光成像技术在生物医学领域得到广泛应用。荧光成像可以"点亮"细胞和活体，在基础研究方面协助认知生命的过程，在临床检验方面，辅助诊断并引导精准手术切除病灶。荧光小分子影像探针由于化学结构容易修饰、生物兼容性高、易于体内代谢受到广泛的关注。但现有荧光小分子影像探针在示踪过程中存在因自身聚集导致荧光猝灭的现象，以及细胞摄取率不高、体内停留时间短，影响荧光成像检测的精准度。

为解决这一技术难题，华中师范大学孙耀教授团队从分子构筑入手，通过金属和有机配体的自组装策略，构筑了具有超分子大环刚性结构的超分子荧光影像探针 Ru1085。利用大环刚性结构，限制荧光小分子配体的化学键转动和振动以减少非辐射跃迁，降低荧光分子间堆积作用减少猝灭效应，提供了良好荧光和光动力性能。

Ru1085 具备优异的光物理性能、深层生物组织穿透能力，在生理条件下具有良好的稳定性，能够被肿瘤细胞摄取并有效定位于溶酶体，且在细胞中可长期滞留，达到通过荧光可视化技术长时间监测和评估肿瘤治疗过程中的病理变化的目的。Ru1085 兼具联合治疗性能的优势，有效地发挥光疗-化疗的联合治疗性能，为生物医学应用的超分子荧光试剂的创新发展提供了新的设计思路。

利用多学科知识和技术，精深钻研，破解难题，勇攀科学高峰，实现高水平科技自立自强，在"卡脖子"关键核心技术攻关上不断实现新突破，是每一位药学研究工作者的使命和责任。

（四）胶束增敏荧光分析技术

胶束溶液是浓度在临界浓度以上的表面活性剂溶液，如十二烷基硫酸钠，在极性溶液中，表面活性剂分子会形成非极性疏水基在内、极性亲水基向外的胶束。

极性较小难溶于水的荧光物质，在胶束溶液中溶解度显著增加，胶束内部的疏水基团对荧光物质的亲和作用可降低荧光物质间的碰撞，降低无辐射跃迁，增强荧光效率；也可降低荧光猝灭剂对荧光的猝灭作用，延长荧光寿命。胶束溶液对荧光物质的增溶、增敏、增稳的作用，可提高荧光分析法的灵敏度和稳定性。

二、磷光分析法应用技术进展

分子磷光光谱与分子荧光光谱产生原理相近,差别在于磷光需激发态分子的第一激发单重态通过系间跨越至第一激发三重态,并经过振动弛豫回到最低振动能级后,再跃迁回到基态产生(详见本章第一节)。

磷光分析法是与荧光分析法相互补充的分子发光分析技术,可用于核酸、氨基酸、医药、生物碱、多环芳烃、吲哚衍生物、石油产物、农药等有机物或生物物质的痕量分析。一些金属离子可催化、抑制一些磷光反应体系,具有较高灵敏度和良好选择性,可用于测量环境、生物样品中微量和痕量元素。

（一）磷光分析法的特点

1. 磷光辐射的波长比荧光长　由于荧光物质分子与溶剂分子之间会发生相互碰撞等外转换现象,处于激发三重态的分子由于寿命长,更容易通过无辐射方式返回基态,故室温下很少呈现磷光。通过低温冷冻或固定化技术降低外转换可提高分子的磷光发生率。

2. 磷光的寿命比荧光长　磷光寿命(τ)是激发光切断后磷光强度衰减至原强度的$\frac{1}{e}$所需要的时间,表示激发分子返回基态之前滞留在第一电子激发三重态的平均时间。三重态向基态的跃迁属于自禁阻跃迁,跃迁速率小,稳定性高,分子在激发三重态的寿命较长,为$10^{-4}\sim10$ s,故磷光比荧光发射迟、持续时间长。

3. 磷光的寿命和辐射强度对重原子和顺磁性离子极其敏感　使用含有重原子的溶剂(如碘乙烷、溴乙烷)或在磷光物质中引入重原子取代基,重原子的高核电荷可增强系间跨越概率,利于磷光的发生和增大磷光量子产率,从而提高磷光物质的磷光强度,此效应称为重原子效应。

（二）低温磷光光谱法

由于激发三重态的寿命长,激发态分子易于发生内部能量转换,或者与周围溶剂分子等碰撞发生外部能量转换,这些去激发过程会导致磷光强度减弱甚至完全消失。为减少这些去激发过程,通常采用低温测量磷光。

低温磷光分析中,常用的冷却剂是液氮,要求溶剂应能在液氮温度(77 K)下对试样具有良好的溶解特性,且在研究的光谱区域没有强的吸收或发射现象。低温磷光需要低温实验装置,溶剂选择性受到限制,应用范围有限。

（三）室温磷光法（RTP）

1. 固体基质室温磷光法(solid-substrate room temperature phosphorimetry,SS-RTP)　将有机化合物吸附于固体基质上,在室温下测量其所发射的磷光。常用的基质载体有纤维素、硅胶、氧化铝、高分子聚合物等。理想的载体是能将分析物质束缚在基质中增加刚性,减少三重态的碰撞失活,本身又不产生磷光干扰。

2. 胶束增稳室温磷光法(micelle-stabilized room temperature phosphorimetry,MS-RTP)　当溶液中表面活性剂达到临界胶束浓度后可聚集形成胶束,胶束的多相性可调整磷光物质的磷光团的微环境和定向约束力,减少内部能量转换和碰撞外部能量损失,增加室温下三重态稳定性,达到检出并测量的要求。MS-RTP需要胶束稳定、重原子效应及溶液除氧三个实验要素。

3. 敏化室温磷光法(sensitized room temperature phosphorimetry,S-RTP)　该法是基于能量转移的流体常温磷光法。分析物质无磷光或磷光很弱,被激发后经过系间跨越衰变为具有高磷光量子产率的供体激发三重态,然后作为能量供体将能量转移给受体,利用受体三重态的常温磷光发射特性,由受体发射常温磷光的强度,间接测定该分析物质。

（四）常温磷光量子点探针

分子医学研究发现,小分子在生物体内的含量与生物体发生的各种病变相关,有必要对生物小分子和药物小分子进行定量检测。光学传感器以其快速、简便、灵敏、剔除背景荧光、无毒害作用，应用日益广泛，基于量子点磷光增强的探针是提高量子点检测能力的关键。锰掺杂硫化锌量子点（Mn：ZnS QDs）具有对称性、窄发射、宽吸收、稳定性、可溶性、发射寿命长和较低的毒性等显著特性，成为光学传感器光源新材料。

第六节　化学发光分析

物质分子通过吸收化学反应释放的能量而激发发光，称为化学发光（chemiluminescence，CL）。根据化学发光强度或总发光量来确定反应中物质含量的方法称为化学发光分析法。化学发光分析法灵敏度可高达 ng/ml，广泛用于生物医药分析、痕量元素分析、公共卫生环境监测等领域。

一、化学发光分析法基本原理

（一）化学发光反应

化学反应释放的能量，被反应体系中的物质分子吸收，从基态跃迁到激发态，激发态分子回到基态的时候，以光辐射的形式释放能量，即可完成化学发光过程。化学发光过程可分为直接化学发光和间接化学发光。

直接化学发光过程：

$$R \longrightarrow P^* \longrightarrow P + h\nu$$

直接发光过程中物质分子 R 接受化学反应能，跃迁为激发态 P^*，然后再去激发过程中以辐射的形式释放出能量。

间接化学发光过程：

$$R \longrightarrow P^* \stackrel{A}{\longrightarrow} A^* \longrightarrow A + h\nu$$

间接化学发光过程是物质分子 R 所生成的激发态 P^*，将能量传递给另一受体分子 A，形成新的电子激发态 A^*，然后再去激发过程中以辐射的形式释放出能量。

（二）化学发光反应的条件

（1）化学发光反应能快速释放足够的反应能（170～300 kJ/mol），引起物质电子能级的激发。多数化学发光反应为氧化还原反应。

（2）反应体系中应有能接受化学能生成激发态分子的化合物。

（3）激发态分子应具有足够的化学发光效率，能够以辐射跃迁方式返回基态。

化学发光效率可以用下式表示：

$$\varphi_{cl} = \frac{发光分子数}{反应物R分子数} = \varphi_r\varphi_f = \frac{激发态分子数}{反应物分子数} \times \frac{发光分子数}{激发态分子数} \tag{5-11}$$

φ_r 是生成激发态分子的化学效率，主要取决于发光所依赖的化学反应本身；φ_f 是激发态分子的发光效率，其影响因素与荧光效率影响因素相同，受到物质结构性质的影响，也受到外部环境的影响，详见本章第一节。

（三）化学发光分析的定量依据

在化学发光效率 φ_{cl} 一定的情况下，化学发光反应体系的荧光强度 I_{cl}，与单位时间内生成的激发态分子的反应效率有关，即某时刻体系的发光强度与化学发光的光量子数和反应动力学有关，可用下式表示：

$$I_{cl(t)} = \varphi_{cl} \times \frac{dc}{dt} \tag{5-12}$$

式中：$I_{cl(t)}$ 为 t 时刻的发光强度（光子/秒）；$\frac{dc}{dt}$ 为化学发光反应效率（反应物 R 因生成激发态分

子而消失的速率，即反应分子数/秒）。

当实验条件确定时，在一定浓度范围内，最大发光强度与待测物的浓度成正比：

$$I_{\text{cl(max)}} = Kc \tag{5-13}$$

对于一定的化学发光体系，总化学发光强度 I_{cl} 可以用下式计算：

$$I_{\text{cl}} = \int I_{\text{cl}(t)} \mathrm{d}t = \varphi_{\text{cl}} \int \frac{\mathrm{d}c}{\mathrm{d}t} \mathrm{d}t = \varphi_{\text{cl}} c \tag{5-14}$$

式（5-13）和式（5-14）是化学发光分析法的定量依据。

二、化学发光分类

（一）液相化学发光

1. 鲁米诺发光体系　鲁米诺（luminol，3-氨基苯二甲酰肼）是常用化学发光化合物。鲁米诺发光体系由发光剂（鲁米诺、异鲁米诺）、氧化剂、催化剂构成。在碱性溶液中，鲁米诺被 H_2O_2、I_2 等氧化剂所氧化，产生 425nm 的光辐射。

鲁米诺被 H_2O_2 氧化反应较慢，在适当条件下，金属离子、酶类、一些待测药物，可催化或增敏发光反应。故鲁米诺发光体系可以用于痕量金属离子的测定，亦可用于药物、有机物、生理活性物质、生化反应等的测定。

2. 吖啶类化合物发光体系　光泽精（lucigenin）是具有发光性质的吖啶类化合物，在碱性介质中，光泽精被氧化为四元环过氧化物中间体，而后裂解生成激发态的吖啶酮，回到基态时会发出 440 nm 的蓝绿光。

光泽精的氧化反应较慢，在适当条件下，Sn^{4+}、Fe^{2+} 等金属离子，抗坏血酸、尿酸、羟胺等有机物可以催化加速发光反应，可用于一些还原性物质的测定。

3. 过氧化草酸酯类化学发光体系　过氧化草酸酯类（peroxyoxalate）化学发光体系是由芳香草酸酯、过氧化氢、荧光剂构成的反应体系。该体系不需酶催化，由体系内的荧光物质通过能量转移发光，属于间接化学发光过程，发光效率高、强度大、寿命长。加入的荧光物质不同时，会发射不同颜色的荧光，在分析化学领域应用广泛。

（二）气相化学发光

在气相中，O_3 可氧化 NO 或乙烯等产生化学发光，O 也可氧化 SO_2、NO 或 CO 等产生化学发光。气相化学发光一般用于环境污染的监测，包括 O_3、NO、NO_2、H_2S、SO_2、CO_2 等的检测。第十一章的火焰光度检测器（FPD），也称为硫磷检测器，其工作原理就是利用这些元素在火焰中燃烧生成硫、磷等的气体，吸收能量而产生的气相化学发光。

（三）电化学发光

电化学发光（electrochemiluminescence，ECL），也称为电致化学发光，是在电极表面通过电生物质，与待测体系中某组分之间的电子传递产生激发态而产生的发光现象。电化学发光兼具电化学法电位可控和发光分析法灵敏度高的优点，在免疫分析、基因分析等方面广泛应用。

三联吡啶钌$[Ru(bpy)_3]^{2+}$是目前电化学发光应用最为广泛的体系，具有水溶性好、化学性能稳定、氧化还原可逆、发光效率高、可再生、激发态寿命长等优点。

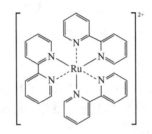

三、化学发光分析技术

（一）化学发光仪基本结构

化学发光不需要激发光源，主要由样品室、检测系统、信号处理系统组成，如图 5-7 所示。

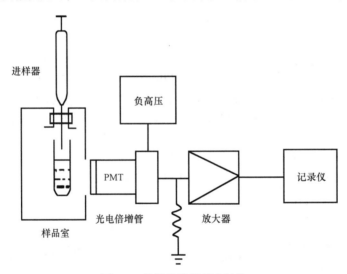

图 5-7　化学发光仪基本结构

样品室是密闭的暗室，是化学发光反应的场所。检测系统包括光电倍增管和放大器。信号处理系统分为直流电压型和交流光子计数型。

样品与试剂在试样室中进行混合，随即发生化学发光反应。进样方式分为静态注射方式和流动注射方式，其中流动注射方式应用最广泛。

（二）流动注射化学发光分析

流动注射分析法是丹麦分析化学家 Ruzickahe 和 Hansen 提出的自动分析技术，是在热力学非平衡状态下进行样品在线处理与测定的动态定量分析技术。

流动注射化学发光分析技术是将流动注射和化学发光法联用，通过流动注射加样装置，让样品和试剂在流入导管的时候产生混合，通过流速控制混合程度，并通过化学发光检测系统进行快速测量。该技术兼具二者的优点，具有灵敏度高、分析快速、分析成本低、线性范围宽、操作简单、安全稳定且无须任何激发光源等优势，被广泛应用于药物分析、环境监测、食品分析、生命科学等领域。

流动注射分析的装置一般由载流驱动系统（蠕动泵）、进样阀、反应器、检测器和记录系统组成，如图 5-8 所示。

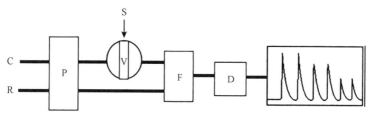

图 5-8　流动注射发光分析流程图

P. 蠕动泵；V. 进样阀；F. 反应器；D. 检测器；C. 载流；R. 试剂；S. 样品

思 考 题

1. 比较分析荧光分析法、化学发光分析法的异同。

2. 比较荧光分析法与紫外-可见分光光度法的异同。

3. 简述有机化合物的荧光与结构的关系。

4. 查阅文献介绍碳量子点荧光猝灭技术。

5. 查阅一篇采用流动注射化学发光分析技术的研究论文，对研究方法做简单分析。

（首都医科大学　杨　红）

第六章 红外吸收光谱法

本章要求

1. 掌握 红外吸收光谱法的基本原理；各类官能团的红外光谱特征吸收；有机化合物的红外光谱解析。

2. 熟悉 红外吸收光谱仪的构成与各组成部件功能；样品制备过程。

3. 了解 红外吸收光谱的最新技术进展。

1800年，英国物理学家赫歇尔（Herschel）发现了红外线。1905年，科布伦茨（Coblentz）测量了128种有机物和无机物的红外吸收光谱，红外吸收光谱法（infrared absorption spectrometry）自此诞生。红外吸收光谱简称红外光谱法（infrared spectrometry，IR），是利用物质分子吸收红外辐射发生跃迁而产生的振动-转动光谱。红外光谱是一种鉴别化合物和确定物质分子结构的常用技术手段，与核磁共振波谱、紫外-可见吸收光谱、质谱并称为有机"四大谱"。

红外光谱在可见光区和微波光区之间，波长范围为 $0.75 \sim 1000 \ \mu m$。根据测定的频率范围不同，通常将红外区划分成三个区：近红外光区（$0.75 \sim 2.5 \ \mu m$），中红外光区（$2.5 \sim 25 \ \mu m$）和远红外光区（$25 \sim 1000 \ \mu m$）。其中近红外区大部分吸收峰是氢伸缩振动的泛频峰，这些峰可用于—OH、—NH、—CH 等官能团的研究；中红外区是基本振动频率区，包含大量关于官能团及分子结构的信息；远红外区可给出转动跃迁和晶格的振动类型及大分子的骨架振动信息。中红外区是研究和应用最多的区域，除非特别说明，本章所说的红外光谱即是指中红外区的红外吸收光谱。

图 6-1 是一张典型的红外光谱图。红外光谱图一般用 T-λ 或 T-σ 曲线表示。横坐标是波长 λ（μm）或波数 σ（cm^{-1}），纵坐标是透光率 T 或透射比。

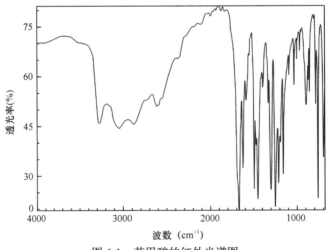

图 6-1　苯甲酸的红外光谱图

第一节 红外光谱法的基本原理

一、红外光谱的产生

(一)分子振动

原子与原子之间通过化学键连接组成分子。分子是柔性的，因而可以发生振动。我们把双原子分子的振动模拟为两个不同质量小球组成的谐振子振动，即用弹簧连接着质量为 m_1 和 m_2 的钢体小球的运动。弹簧长度 r 就是分子化学键的长度，通过胡克定律可以推导出如下公式计算其振动频率 σ（以波数表示）：

$$\sigma = \frac{1}{2\pi c}\sqrt{\frac{k}{\mu}} \tag{6-1}$$

式中，c 为光速；k 是化学键的力常数；μ 是两个原子的折合质量：

$$\mu = \frac{m_1 \cdot m_2}{m_1 + m_2} \tag{6-2}$$

引入阿伏伽德罗常数 N_A，把 μ 转换为折合摩尔质量 M，则得到分子振动方程

$$\sigma = \frac{1}{2\pi c}\sqrt{\frac{k}{M/N_A}} = 1307\sqrt{\frac{k}{M}} \tag{6-3}$$

可见，双原子分子的振动频率取决于化学键的力常数 k 和原子质量。化学键越强，相对原子质量越小，则其振动频率越高。表 6-1 列出了常见化学键的力常数。

表 6-1 常见化学键的力常数

化学键	C—C	C=C	C≡C	C—H	O—H	N—H	C=O	H—Cl
k（N/cm）	4.5	9.6	15.6	5.1	7.7	6.4	12.1	5.1

案例 6-1：计算分子中 H-Cl 的基频吸收峰的频率。

解析：查表 6-1，H-Cl 键的力常数 k=5.1 N/cm

$$\sigma = 1307\sqrt{\frac{5.1}{\frac{1\times35.45}{1+35.45}}} = 2993(\text{cm}^{-1})$$

计算其基频吸收峰应为 2993 cm^{-1}，但红外光谱的实测值为 2886 cm^{-1}，这是由于分子振动非谐性的影响。

对于同类原子组成的化学键，力常数大的，基本振动频率就大，如 $\sigma_{C\equiv C}$（2222 cm^{-1}）> $\sigma_{C=C}$（1667 cm^{-1}）> σ_{C-C}（1430 cm^{-1}）；若力常数相近，原子质量大，振动频率就小，如 σ_{C-C}（1430 cm^{-1}）> σ_{C-N}（1330 cm^{-1}）> σ_{C-O}（1280 cm^{-1}）。由于氢原子质量最小，故含氢原子单键的基本振动频率都出现在红外的高频率区。

多原子分子不仅包括核-核（键轴方向）的伸缩振动，还有键角发生变化的各种可能的变形（弯曲）振动。分子振动形式分为伸缩振动和变形（弯曲）振动。伸缩振动（用 ν 表示）分为对称伸缩振动（ν_s）和反对称伸缩振动（ν_{as}）。变形振动分为面内弯曲振动和面外弯曲振动，面内弯曲振动又分为剪式弯曲振动（δ）和面内摇摆振动（ρ），面外弯曲振动分为面外摇摆振动（ω）和扭曲振动（τ）。图 6-2 显示亚甲基各种振动类型的特征红外吸收。当外界提供的红外光频率正好等于基团振动的某种频率时，分子就可能吸收该频率的红外光产生吸收峰。

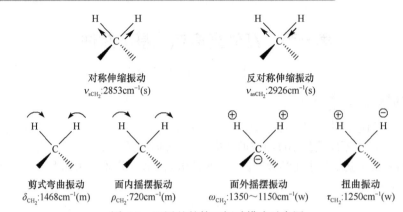

对称伸缩振动
ν_{sCH_2}:2853cm^{-1}(s)

反对称伸缩振动
ν_{asCH_2}:2926cm^{-1}(s)

剪式弯曲振动
δ_{CH_2}:1468cm^{-1}(m)

面内摇摆振动
ρ_{CH_2}:720cm^{-1}(m)

面外摇摆振动
ω_{CH_2}:1350~1150cm^{-1}(w)

扭曲振动
τ_{CH_2}:1250cm^{-1}(w)

图 6-2　亚甲基的简正振动模式示意图

⊕ ⊖分别表示运动方向垂直纸面向里和向外；s、m、w 分别表示强、中等和弱吸收

（二）能级的跃迁

分子吸收红外辐射后，其中的基团从原来的基态振动能级跃迁到较高的振动能级。由基态振动能级跃迁至第一振动激发态时，所产生的吸收峰称为基频峰，是强峰。在红外吸收光谱上除基频峰外，还有振动能级由基态（$\nu_0=0$）跃迁至第二激发态（$\nu_2=2$）、第三激发态（$\nu_3=3$）等所产生的吸收峰称为倍频峰。以 H—Cl 为例：基频峰（$\nu_0 \rightarrow \nu_1$）2886 cm^{-1} 最强，二倍频峰（$\nu_0 \rightarrow \nu_2$）5668 cm^{-1} 较弱，三倍频峰（$\nu_0 \rightarrow \nu_3$）8347 cm^{-1} 很弱。除此之外，还有合频峰、差频峰等，这些峰多数很弱，一般不容易辨认。倍频峰、合频峰和差频峰统称为泛频峰。

（三）红外吸收的产生

并不是所有的振动形式都能产生红外吸收。产生红外吸收光谱，必须具备以下两个条件：①电磁辐射的能量与分子能级跃迁所需的能量相等；②红外辐射作用的分子必须要有偶极矩的变化。

分子作为一个整体来看是呈电中性的，但构成分子各原子的电负性却各不相同，因此可显示出不同的极性。其极性大小可用偶极矩（dipole moment，常用 μ 表示）来衡量。若正、负电荷中心间的距离为 r，电荷中心所带电量为 q，则偶极矩的数学表达式为 $\mu=qr$。分子内原子振动过程中 q 是不变的，而正负电荷中心的距离 r 会发生改变。对称分子由于正负电荷中心重叠（$r=0$），因此对称分子中原子振动不会引起偶极矩的变化。

在红外光的作用下，只有偶极矩发生变化的振动才会产生红外吸收。这样的振动称为红外"活性"的，其吸收带在红外光谱中可见。在振动过程中，偶极矩不发生改变（$\Delta\mu=0$）的振动称为红外"非活性"振动。例如，同核双原子分子 N_2、O_2 等是红外"非活性"的，它们的振动不产生红外吸收光谱。有些分子既有红外"活性"振动，又有红外"非活性"振动，如 CO_2：

$\vec{O}=C=\vec{O}$：对称伸缩振动，$\Delta\mu=0$，红外"非活性"振动。

$\vec{O}=\vec{C}=\vec{O}$：反对称伸缩振动，$\Delta\mu\neq0$，红外"活性"振动，σ 为 2349 cm^{-1}。

当一定频率的红外光照射分子时，如果分子中某个基团的振动频率和它一致，二者就会产生共振，此时光的能量通过分子偶极矩的变化而传递给分子，这个基团吸收一定频率的光辐射，产生振动跃迁，产生红外吸收光谱。

二、红外光谱与分子结构

有机物分子的红外光谱与其分子结构高度相关。组成分子的各种基团，如 O—H、N—H、C—H、C=C、C≡C、C=O 等，都有自己特定的红外吸收区域。通常把这种能代表基团存在并有较高强度的吸收谱带称为基团频率，一般是由基态跃迁到第一振动激发态产生的，其所在的位置一般又称为特征吸收峰。

在红外光谱中吸收峰的位置和强度取决于分子中各基团的振动形式和所处的化学环境。基团的特征吸收峰可用于鉴定官能团。同一类型化学键的基团在不同化合物的红外光谱中吸收位置大致相同,这一特性提供了鉴定各种基团(官能团)是否存在的判断依据,从而成为红外光谱定性分析的基础。

常见的分子基团在波数 4000～400 cm^{-1} 内有其特征吸收谱带。在实际应用时,为了便于对红外光谱进行解析,通常按吸收特征,把中红外光谱划分成 4000～1300 cm^{-1} 高波数段基团频率区(官能团区)和 1300～600 cm^{-1} 低波数段指纹区两个重要区域。

1. 基团频率区 最有分析价值的基团频率在 4000～1300 cm^{-1},这一区域称为基团频率区、官能团区或特征区。区内的峰是由伸缩振动产生的吸收带,比较稀疏,容易辨认,常用于鉴定官能团。基团频率区可分为如下三个区域。

(1)4000～2500 cm^{-1}:X—H 伸缩振动区,X 是 O、N、C 或 S 等原子。

O—H 基的伸缩振动出现在 3650～3200 cm^{-1} 内,它可以作为判断有无醇类、酚类和有机酸类的重要依据。当醇和酚溶于非极性溶剂(如 CCl_4),浓度为 0.01 mol/L 时,在 3650～3580 cm^{-1} 处出现游离 O—H 基的伸缩振动吸收,峰形尖锐,且没有其他吸收峰干扰,易于识别。当试样浓度增加时,羟基化合物产生缔合现象,O—H 基的伸缩振动吸收峰向低波数方向位移,在 3400～3200 cm^{-1} 出现一个宽而强的吸收峰。

C—H 的伸缩振动可分为饱和与不饱和两种。饱和的 C—H 伸缩振动出现在 3000 cm^{-1} 以下(3000～2800 cm^{-1}),取代基对它们影响很小。例如,—CH_3 基的伸缩吸收出现在 2960 cm^{-1} 和 2876 cm^{-1} 附近;R_2CH_2 基的吸收在 2930 cm^{-1} 和 2850 cm^{-1} 附近;R_3CH 基的吸收峰出现在 2890 cm^{-1} 附近,但强度很弱。不饱和的 C—H 伸缩振动出现在 3000 cm^{-1} 以上,可以此来判别化合物中是否含有不饱和的 C—H 键。

苯环的 C—H 键伸缩振动出现在 3030 cm^{-1} 附近,它的特征是强度比饱和的 C—H 键稍弱,但谱带比较尖锐。不饱和的双键=C—H 的吸收出现在 3040～3010 cm^{-1} 内,末端=CH_2 的吸收出现在 3085 cm^{-1} 附近。三键上 C—H 伸缩振动出现在更高的区域(3300 cm^{-1})附近。

(2)2500～1900 cm^{-1}:三键和累积双键区。主要包括—C≡C、—C≡N 等三键的伸缩振动,以及—C=C=C、—C=C=O 等累积双键的不对称性伸缩振动。

对于炔烃类化合物,可以分成 R—C≡CH 和 R′—C≡C—R 两种类型。R—C≡CH 的伸缩振动出现在 2140～2100 cm^{-1} 附近;R′—C≡C—R 吸收峰出现在 2260～2190 cm^{-1} 附近;R—C≡C—R 分子结构对称,则为非红外活性。

—C≡N 基的伸缩振动在非共轭的情况下出现 2260～2240 cm^{-1} 附近。当与不饱和键或芳香核共轭时,该峰位移到 2230～2220 cm^{-1} 附近。若分子中含有 C、H、N 原子,—C≡N 基吸收比较强而尖锐。若分子中含有 O 原子,且 O 原子离—C≡N 基越近,其光谱吸收越弱,甚至观察不到。

(3)1900～1300 cm^{-1}:双键伸缩振动区。

该区域主要包括三种伸缩振动。

1)C=O 伸缩振动出现在 1900～1650 cm^{-1},是红外光谱中特征性最强的吸收带,很容易判断酮类、醛类、酸类、酯类及酸酐等有机化合物。酸酐的羰基吸收带由于振动耦合而呈现双峰。

2)C=C 伸缩振动。烯烃的 C=C 伸缩振动出现在 1680～1620 cm^{-1},一般很弱。单核芳烃的 C=C 伸缩振动出现在 1600 cm^{-1} 和 1500 cm^{-1} 附近,有两个峰,这是芳环的骨架结构,用于确认有无芳核的存在。

3)苯的衍生物的泛频谱带,出现在 2000～1650 cm^{-1} 内,是 C—H 面外和 C=C 面内变形振动的泛频吸收,虽然强度很弱,但它们的吸收面貌在表征芳核取代类型上有一定的作用。

2. 指纹区 在 1300～600 cm^{-1} 内,除单键的伸缩振动外,还有因变形振动产生的谱带。当分子结构稍有不同时,该区的吸收就有细微差异,并显示出分子特征。这种情况就像人的指纹一样,因此称为指纹区。指纹区对于指认结构类似的化合物帮助很大,还可以作为化合物存在某种基团的旁证。

（1）1300～900 cm^{-1}区域。这一区域包括 C—O、C—N、C—F、C—P、C—S、P—O、Si—O 等单键的伸缩振动吸收和 C=S、S=O、P=O 等双键的伸缩振动吸收。其中 1375 cm^{-1} 的谱带为甲基的 δ_{C-H} 对称弯曲振动，对识别甲基十分有用，C—O 的伸缩振动在 1300～1000 cm^{-1}，是该区域最强的峰，也较易识别。

（2）900～600 cm^{-1} 区域。此区域的某些吸收峰可用来确认化合物的顺反构型。利用苯环此区域内 C—H 面外变形振动吸收峰和 2000～1667 cm^{-1} 内倍频或组合频吸收峰，可以共同确定苯环的取代类型；又如，利用本区域中的某些吸收峰可以指示（—CH$_2$—）$_n$ 的存在。实验证明，当 $n \geqslant 4$ 时，—CH$_2$— 的平面摇摆振动吸收出现在 722 cm^{-1}；随着 n 的减小，逐渐移向高波数。此区域内的吸收峰，还可以鉴别烯烃的取代程度和构型提供信息。例如，烯烃为 RCH=CH$_2$ 结构时，在 990 cm^{-1} 和 910 cm^{-1} 出现两个强峰；为 RC=CRH 结构时，其顺、反异构分别在 690 cm^{-1} 和 970 cm^{-1} 出现吸收。

三、峰位变化的影响因素

（一）吸收峰强度的影响因素

分子吸收光谱的吸收峰强度可用摩尔吸光系数 ε 表示。红外光谱的吸收强度一般用很强（vs）、强（s）、中（m）、弱（w）和很弱（vw）表示。

振动能级的跃迁概率和振动过程中偶极矩变化是影响红外吸收谱带强弱的两个主要因素。从基态向第一激发态跃迁时，跃迁概率大，基频吸收带一般较强。从基态向第二激发态的跃迁，能级的跃迁概率小，因此相应的倍频吸收带较弱。

基频振动过程中偶极矩的变化越大，则对应的峰强度也越大。一般来说，极性基团（如 O—H、C=O、N—H 等）在振动时偶极矩变化较大，吸收峰较强；而非极性基团（如 C—C、C=C 等）的吸收峰较弱，在分子比较对称时其吸收峰更弱。因此 $\nu_{C=O}$ 吸收峰的强度大于 $\nu_{C=C}$ 的强度。如果化学键两端连接的原子的电负性相差越大，或分子的对称性越差，伸缩振动时，其偶极矩的变化越大，产生的吸收峰越强。例如，三氯乙烯 $\nu_{C=C}$ 在 1585cm^{-1} 处有一中强峰，而四氯乙烯因它的结构完全对称，故其 $\nu_{C=C}$ 吸收峰消失。

另外，基团的振动方式不同，其电荷分布也不相同，其吸收峰强度依次为 $\nu_{as} > \nu_s > \delta$，但是苯环上的 δ_{C-H} 为强峰，ν_{C-H} 为弱峰。

（二）吸收频率的影响因素

1. 质量效应 由振动方程可知化学键的力常数 k 越大，原子的折合质量越小，则振动频率越大，吸收峰将出现在高波数区；反之，出现在低波数区。

2. 电子效应

（1）诱导效应（I 效应）：吸电子基团（如卤素）引起的诱导效应称为–I 效应，会增大化学键的力常数，提高吸收频率，使吸收峰向高波数方向运动。与之相反，推电子基团（如甲基）引起的诱导效应称为+I 效应，使吸收峰向低波数方向运动。常见的吸电子和推电子基团引起的–I 效应顺序如下：

$$F > Cl > Br > OCH_3 > NHCOCH_3 > C_6H_6 > H > CH_3$$

（2）共轭效应（C 效应）：π 电子共轭离域，降低了双键的键力常数，从而使化学键的伸缩振动频率降低，向低频（波数）方向移动（但吸收强度增高）。例如，酮 C=O 与苯环共轭使 C=O 键力常数减小，振动频率降低，产生红移。

（3）中介效应：含有孤对电子的基团可以与 π 电子云共轭，称为中介效应。中介效应使不饱和基团的振动频率降低，而自身连接的化学键振动频率升高。电负性弱的原子易给出孤对电子，中介效应大，反之则中介效应小。常见含孤对电子的原子对中介效应贡献大小顺序：X（卤素）

$<O<S<N$。

3. 振动耦合效应 当两个基团有相同或者相近振动频率并直接相连或相接近时，一个化学键振动会对另一个化学键产生"微扰"作用，导致键的长度发生改变，两个化学键吸收谱带产生裂分，一个向高频移动，一个向低频移动，这称为振动耦合效应。振动耦合效应常出现在二羰基化合物中，如羧酸酐的振动耦合使得 $\nu_{C=O}$ 的吸收峰分裂为两个峰（反对称耦合 1820 cm^{-1} 与对称耦合 1760 cm^{-1}）。

$$\nu_{as\,C=O}\ 1820\ cm^{-1} \qquad \nu_{s\,C=O}\ 1760\ cm^{-1}$$

除此之外，还有一种振动耦合效应——费米（Fermi）共振。当一振动的倍频（或组频）与另一振动的基频吸收峰接近时，由于发生相互作用而产生很强的吸收峰或发生裂分，这种倍频（或组频）与基频峰之间的振动耦合称费米共振。例如，苯甲醛的 ν_{C-H} 为 2780 cm^{-1} 和 2700 cm^{-1} 两个吸收峰，是由醛基的 ν_{C-H} 2800 cm^{-1} 和 δ_{C-H} 1400 cm^{-1} 的第一倍频之间发生费米共振所产生的。

4. 空间效应 当共轭体系的共平面性被破坏时，吸收频率增高（但强度降低）。位阻越大，基团的伸缩振动越向高波数移动。基团的环张力越大，环外双键加强，则吸收频率越大，基团的伸缩振动越向高波数移动；反之，环张力越小，则吸收频率减小。

5. 氢键 影响原化学键的键力常数，吸收峰向低波数移动，峰形变宽，吸收强度加强。

6. 外在因素 对于同种物质，一般情况下，气态的特征频率较高，液态和固态较低。极性溶剂对非极性物质的谱图影响不大，但会使极性物质基团的伸缩振动频率降低。

第二节 红外吸收光谱仪

红外光谱在定性定量分析上的价值越来越被人们所重视。20 世纪 30 年代，出现了单光束红外光谱仪，到 20 世纪 40 年代开始研究双光束红外光谱仪，双光束光谱仪使用滤光片分光系统，操作简单，但只能在单一或少数几个波长下测定，灵活性与稳定性差，重现性不足。60 年代出现了第二代光栅型色散式红外光谱仪，采用先进的光栅技术，提高了仪器的分辨率，拓宽了测量波段，降低了环境要求。70 年代发展起来的傅里叶变换为基础的干涉型红外光谱仪，是第三代红外光谱仪，具有宽测量范围、高测量精度、极高的分辨率及极快的测量速度。随后，各种新型设备和技术陆续得到应用，大大拓宽了红外光谱仪的应用领域。

一、红外吸收光谱仪的构成

红外光谱仪与紫外-可见分光光度计的组成基本相同，一般由光源、样品池、单色器、检测器、记录仪等部分组成（图 6-3）。

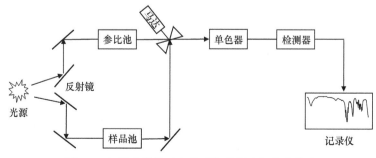

图 6-3 红外光谱仪（色散型）的原理与基本构成

（一）光源

红外光谱区的光子能量较弱，需要能量较小的光源，因而紫外-可见分光光度计使用的氘灯、钨灯等光源不适用于红外光谱仪。红外光源主要有能斯特灯、碳化硅棒及白炽线圈。不同红外光区对光源的要求不同，远红外光区需要采用高压汞灯，近红外光区通常采用钨丝灯，中红外区主要应用硅碳棒和能斯特灯。

（二）样品池

红外光谱仪的样品池（或吸收池）一般是可插入固体薄膜或液体池的样品槽，如果需要对特殊的样品（如超细粉末等）进行测定，则需要装配相应的附件。由于中红外光不能透过玻璃和石英，因此红外样品池是一些无机盐晶体材料，如由 NaCl、KBr、CsI 等材料制成的窗片，固体试样常与纯 KBr 混匀压片后测定。

（三）单色器

单色器由色散元件、准直镜和狭缝构成。其中可用几个光栅来增加波数范围，狭缝宽度应可调。狭缝越窄，分辨率越高，但光源到达检测器的能量输出越少。为减少长波部分能量损失，改善检测器响应，通常采取程序增减狭缝宽度的办法。

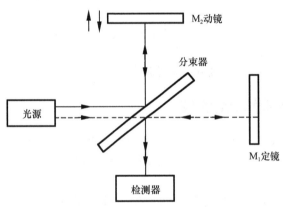

图 6-4　迈克耳孙（Michelson）干涉仪原理示意图

傅里叶变换红外光谱仪没有色散元件，主要由光源、干涉仪、检测器、计算机和记录仪等组成。干涉仪是傅里叶变换红外光谱仪的关键元件，其功能类似于色散型光谱仪的单色器。干涉仪由定镜、动镜、分束器和检测器组成，其中分束器是核心部分。分束器的作用是使进入干涉仪中的光，一半透射到动镜上，一半反射到定镜上，又返回到分束器上，形成干涉光后到达样品上（图 6-4）。

（四）检测器

红外光区的检测器一般有热检测器和光电导检测器两种类型。常用热检测器包括热电偶、辐射热测量计及热电检测器等。热电偶和辐射热测量计主要用于色散型分光光度计中，而热电检测器主要用于中红外傅里叶变换光谱仪中。红外光电导检测器是由一层半导体薄膜，如硫化铅、汞/镉碲化物或者锑化铟等沉积到玻璃表面组成，抽真空并密封以与大气隔绝。硫化铅多应用于近红外光区，在中红外和远红外光区则主要采用汞/镉碲化物作为敏感元件。

（五）记录系统

记录系统自动记录红外光谱图。红外光谱仪往往配有工作站控制仪器的操作、谱图的检索、记录、优化、分析等。

二、红外吸收光谱仪的类型

测定红外吸收的仪器有三种类型：①色散型红外分光光度计，主要用于定性分析；②傅里叶变换红外光谱仪，适宜进行定性和定量分析测定；③非色散型红外光度计。20 世纪 80 年代以前，色散型红外分光光度计广泛应用，而傅里叶变换红外光谱仪则由于价格昂贵、体积庞大、不易维护等不利因素，其应用一直受到限制。随着技术的不断进步，傅里叶变换红外光谱仪逐渐小型化，而且操作稳定，维护简单，价格也大大降低，目前已在很大程度上取代了色散型仪器。

（一）色散型红外分光光度计

由于红外光谱非常复杂，大多数色散型红外分光光度计（dispersive infrared spectrophotometer）一般都采用双光束，这样可以消除 CO_2 和 H_2O 等大气气体引起的背景吸收。自光源发出的光对称地分为两束，分别透过试样池和参比池，再通过减光器和半圆扇形镜调制后进入单色器，交替落到检测器上。只要两光强度不等，就会在检测器上产生与光强差成正比的交流信号电压（图 6-3）。另外，由于红外光源的低强度以及红外检测器的低灵敏度，往往需要用信号放大器。

由于检测器对所有波长的单色光同时检测，在 1s 内可完成几十次或上百次的扫描累加，信噪比和灵敏度较高，定性和定量分析能力强。另外，仪器光路固定，波长的准确度和重复性得到保证，使用耐久性和可靠性得到提高，适合作为现场分析仪器和在线分析仪器使用。但总的看来，色散型红外分光光度计在应用过程中存在一定的先天缺陷，主要表现在：需采用狭缝，光能量受到限制；扫描速度慢，不适于动态分析及仪器联用；不适于过强或过弱的吸收信号的分析。此外，色散型红外分光光度计的光栅或反光镜的机械轴长时间连续使用容易磨损，影响波长的精度和重现性，现已经逐步被傅里叶红外光谱仪取代。

（二）傅里叶变换红外光谱术

随着光电子学及计算机技术的迅速发展，20 世纪 70 年代出现了基于干涉调频分光的傅里叶变换红外光谱仪（Fourier transform infrared spectrometer，FTIR）。这种仪器不用狭缝设计，消除了狭缝对通光量的限制，可以同时获得光谱所有频率的全部信息。

与色散型红外分光光度计相比，傅里叶红外光谱仪具有诸多优势，主要如下：扫描速度快，测量时间短，可在 1s 内获得红外光谱，适于对快速反应过程的追踪，也便于和色谱法联用；灵敏度高，检出量可达 $10^{-12} \sim 10^{-9}$ g；分辨本领高，波数精度可达 0.01 cm^{-1}；光谱范围广，可研究整个红外区的光谱；测定精度高，重复性可达 0.1%，而杂散光小于 0.01%。傅里叶变换红外光谱仪是近代化学研究不可缺少的基本设备之一。

傅里叶变换红外光谱仪是由红外光源、干涉计、试样插入装置、检测器、计算机和记录仪等部分构成（图 6-5）。

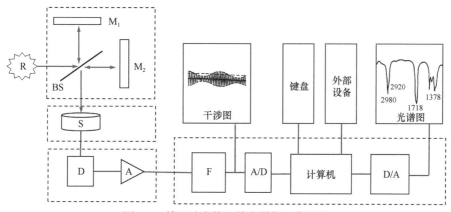

图 6-5 傅里叶变换红外光谱仪工作原理

R. 红外光源；M_1. 定镜；M_2. 动镜；BS. 分束器；S. 试样；D. 检测器；A. 放大器；F. 滤光器；A/D. 模数转换器；D/A. 数模转换器

（1）光源。傅里叶变换红外光谱仪光源为硅碳棒和高压汞灯，与色散型红外分光光度计所用光源相同。

（2）干涉仪。干涉仪将来自光源的信号以干涉图的形式送经计算机进行傅里叶变换的数学处理，将干涉图还原成光谱图。干涉仪种类繁多，最典型的是迈克耳孙（Michelson）干涉仪。按其动镜移动速度不同，可分为快扫描和慢扫描型。一般的傅里叶红外光谱仪均采用快扫描型的迈克尔孙干涉仪，慢扫描型迈克尔孙干涉仪主要用于高分辨光谱的测定。

（3）试样插入装置。傅里叶红外光谱仪大多使用专用采样装置，如透射或衰减全反射（attenuated total reflection，ATR）装置，完成多种形式样品的测试。

（4）计算机和记录仪。

干涉仪是傅里叶红外光谱仪的核心部件（图 6-4）。光源的辐射经过干涉扫描得到干涉图。在干涉仪光路中，由于待测样品吸收掉某些频率的能量，所得到的干涉图曲线相应地产生某些变化。探测器将干涉图光信号转变成电信号，后者经数字化后进入计算机进行傅里叶变换，最后记录下来得到红外光谱。

采用干涉仪分光系统是傅里叶变换红外光谱仪的优势。干涉仪可以检测多个光谱分辨单元，扫描速度较色散型分光光度计快了数百倍。这样不仅有利于光谱的快速记录，还能改善信噪比，特别适于与气相色谱、高效液相色谱仪联机使用，也特别适合观测瞬时反应和用于弱光谱信号测量。

■ （三）非色散型红外分光光度计

非色散型红外分光光度计是使用滤光片，甚至不用波长选择设备（非滤光型）的一类简易式红外流程分析仪。由于非色散型仪器结构简单，价格低廉，目前它们仅局限于气体或液体分析。

滤光型红外分光光度计主要用于大气中各种有机物质，如卤代烃、光气、氢氰酸、丙烯腈等的定量分析。非滤光型红外分光光度计用于单一组分的气流监测，如气体混合物中的一氧化碳，在工业上用于连续分析气体试样中的杂质。显然，这些仪器主要适于在被测组分吸收带的波长范围以内，其他组分没有吸收或仅有微弱的吸收时，进行连续测定。

三、红外光谱仪的使用

1. 红外光谱法对试样的要求　红外光谱的试样可以是液体、固体或气体，一般有如下要求。

（1）试样应该是单一组分的纯物质，纯度>98%或符合商业规格。多组分试样应在测定前尽量预先用分馏、萃取、重结晶或色谱法进行分离提纯。

（2）试样中不应含有游离水。水本身有红外吸收，会严重干扰样品谱，而且会侵蚀吸收池的盐窗。

（3）应选择适当的试样浓度和测试厚度，以使光谱图中的大多数吸收峰的透射比处 10%～80%内。

2. 制样方法

（1）气体试样：气体试样一般都灌注于玻璃气槽内进行测定。它的两端黏合能透红外光的窗片。窗片材质一般是 NaCl 或 KBr。进样时先把气槽抽成真空，然后灌注试样。

（2）液体试样：液体池的透光面通常是 NaCl 或 KBr 等晶体材料。常用的液体池有三种，即厚度一定的密封固定池、其垫片可自由改变厚度的可拆池及用微调螺丝连续改变厚度的密封可变池。样品制备通常有如下两种方法。

1）液膜法。在试样池两窗之间滴上 1～2 滴液体试样，使之形成薄的液膜。该法操作简便，适用对高沸点及不易清洗的试样进行定性分析。

2）溶液法。将液体（或固体）试样溶在适当的红外用溶剂中，如 CS_2、CCl_4、$CHCl_3$ 等，然后注入固定池中进行测定。该法特别适于定量分析。此外，它还能用于红外吸收很强、用液膜法不能得到满意谱图的液体试样的定性分析。

（3）固体试样：固体试样的制备，除前面介绍的溶液法外，还有压片法、粉末法、糊状法、薄膜法、发射法等，其中尤以糊状法、压片法和薄膜法最为常用。

1）压片法：这是分析固体试样应用最广的方法。通常用 200 mg 的 KBr 与 1～2 mg 固体试样共同研磨；在模具中用（5～10）×10⁷ Pa压力的油压机压成透明的片后，再置于光路进行测定。除试样和KBr都应经干燥处理，研磨到粒度小于2 μm，以免散射光影响。用KBr压片外，也可用KI、KCl等压片。

2）糊状法：该法是把试样研细，滴入几滴悬浮剂，继续研磨成糊状，然后用可拆池测定。常用的悬浮剂是液状石蜡，它可减小散射损失，并且自身吸收带简单，但不适于用来研究与液状石蜡结构相似的饱和烷烃。

3）薄膜法：主要用于高分子化合物的测定。可将它们直接加热熔融后涂制或压制成膜。也可将试样溶解在低沸点的易挥发溶剂中，涂在盐片上，待溶剂挥发后成膜。制成的膜直接插入光路即可进行测定。

此外，当样品量特别少或样品面积特别小时，采用光束聚光器，并配有微量液体池、微量固体池和微量气体池，采用全反射系统或用带有卤化碱透镜的反射系统进行测量。

第三节 有机化合物的红外光谱特征吸收

有机化合物含有特定的功能基团，因而具有特征的红外吸收带。在了解并掌握这些特征吸收带的基础上，就可以根据红外光谱图，确认某些功能基团的存在，判断化合物的类型，推导化合物结构。

一、烷 烃

饱和烷烃红外光谱主要由C—H键的骨架振动所引起，而其中以C—H键的伸缩振动最为有用。在确定分子结构时，也常借助于C—H键的变形振动和C—C键骨架振动吸收。烷烃有下列四种振动吸收。

ν 2975～2845 cm⁻¹：包括甲基、亚甲基和次甲基对称与不对称伸缩振动。

δ 1460 cm⁻¹和δ 1380 cm⁻¹：前者归因于甲基及亚甲基C—H的δ_{as}，后者归因于甲基C—H的δ_s。δ 1380 cm⁻¹峰对结构敏感，对于识别甲基很有用。共存基团的电负性对1380 cm⁻¹峰位置有影响，相邻基团电负性越强，越移向高波数区，如在CH₃F中此峰移至1475 cm⁻¹。异丙基中δ 1380 cm⁻¹裂分为两个强度几乎相等的两个峰1385 cm⁻¹、1375 cm⁻¹；叔丁基中δ 1380 cm⁻¹裂分1395 cm⁻¹、1370 cm⁻¹两个峰，后者强度差不多是前者的两倍，在1250 cm⁻¹、1200 cm⁻¹附近出现两个中等强度的骨架振动。

γ 1250～800 cm⁻¹：因特征性不强，用处不大。

γ 722 cm⁻¹：分子中具有—（CH₂）$_n$—链节，n大于或等于4时，在722 cm⁻¹有一个弱吸收峰，随着—CH₂—单元的减少，吸收峰向高波数方向位移，由此可推断分子链的长短。

二、不 饱 和 烃

（一）烯烃

烯烃特征峰由C=C—H键的伸缩振动和变形振动引起，主要有如下三种特征吸收。

ν 3100～3000 cm⁻¹：烯烃双键上的C—H键伸缩振动。末端双键氢RCH=CH₂在3090～3075 cm⁻¹有强峰，最易识别。

ν 1670～1620 cm⁻¹：随着取代基的不同，吸收峰的位置有所不同，强度也发生变化。

ω 1000～700 cm⁻¹：该范围内吸收峰特征明显，强度较大，易于识别，可借以判断双键取代情况和构型。另外，γ 1500～1000 cm⁻¹：烯烃双键上的C—H键面内弯曲振动在1500～1000 cm⁻¹，对结构不敏感，用途较少。表6-2列出了烯烃的红外吸收光谱特征。

（二）累积双烯类

丙二烯类：$\nu_{s\,C=C=C}$ 2000～1900 cm⁻¹（s）；$\delta_{C=C=C-H}$ 850 cm⁻¹（vs）。

异氰酸酯：$\nu_{as\,N=C=O}$ 2275～2263 cm^{-1}（vs）。

表 6-2 烯烃的红外吸收光谱特征

烯烃类型	ν_{C-H}（cm^{-1}，强度）	$\delta_{C=C}$（cm^{-1}，强度）	$\omega_{面外=C-C}$（cm^{-1}，强度）
R—CH=CH$_2$	3080（m）	1645（m）	990（s）
	2975（m）		910（s）
R$_2$C=CH$_2$	2975（m）	1655（m）	890（s）
RCH=CHR（顺）	3020（m）	1660（m）	760～730（m）
RCH=CHR（反）	3020（m）	1675（w）	1000～950（m）
R$_2$C=CHR′	3020（m）	1670（w）	840～790（m）
R$_2$C=CR$_2$′	3020（m）	1670（w）	无

（三）炔烃

在红外光谱中，炔烃基团很容易识别，它主要有三种特征吸收。

$\nu_{\equiv C-H}$ 3310～3300 cm^{-1}：该振动吸收非常特征，吸收峰位置在 3310～3300 cm^{-1}，中等强度尖锐峰。

$\nu_{\equiv C-C}$ 2140～2100 cm^{-1}：C≡C 伸缩振动吸收峰在 2140～2100 cm^{-1}，若 C≡C 位于碳链中间则只有 $\nu_{\equiv C-C}$ 在 2200 cm^{-1} 左右一个尖峰，强度较弱；如果在对称结构中，则该峰不出现，为非红外活性。

$\tau_{\equiv C-H}$ 689～610 cm^{-1}：炔烃变形振动发生在 680～610 cm^{-1}。

（四）芳香烃

芳烃的红外吸收主要为苯环上的 C—H 键及环骨架中的 C=C 键振动所引起。芳族化合物主要有四种特征吸收。

$\nu_{=C-H}$ 3100～3000 cm^{-1}：芳环 C—H 伸缩振动。

$\nu_{C=C}$ 1650～1450 cm^{-1}：芳环骨架伸缩振动。

γ_{C-H} 900～650 cm^{-1}：用于确定芳烃取代类型。取代基个数越多，振动频率越低。如表 6-11 所示，苯、单取代苯和不同类型的二取代苯均有各自明显的特征红外吸收，利用此范围内的吸收带可判断苯环上取代基的相对位置。

另外，σ 2000～1600 cm^{-1}（w）谱带呈现锯齿状，属于 γ_{C-H} 的倍频吸收，是进一步确定取代苯的重要旁证。表 6-3 列出了上述两个特征区域内更多取代芳环的峰形与取代位置的关系。

表 6-3 取代芳环的红外光谱特征吸收规律

取代芳环	特征吸收峰
苯	670 cm^{-1}（s）
单取代苯	770～730 cm^{-1}（vs），710～690 cm^{-1}（s）
1,2-二取代苯	770～735 cm^{-1}（vs）
1,3-二取代苯	810～750 cm^{-1}（vs），725～680 cm^{-1}（m～s）
1,4-二取代苯	860～800 cm^{-1}（vs）

稠环芳烃与芳环化合物类似，化学键的振动数据大小也相近。

综上，芳烃红外光谱首先看 3100～3000 cm^{-1} 及 1650～1450 cm^{-1} 两个区域的吸收峰是否同时存在，以确定苯环存在；再观察 900～650 cm^{-1} 区域，以推测取代形式；除此之外，还需观测 2000～1660 cm^{-1} 区域内的弱谱带，谱带的形状与苯环的取代情况有关，用作判断苯环取代情况的辅助手段。

三、卤 化 物

ν_{C-X} 随着卤素原子的增加而降低，如 ν_{C-F} 1100～1000 cm^{-1}、ν_{C-Cl} 750～700 cm^{-1}、ν_{C-Br} 600～500 cm^{-1}、ν_{C-I} 500～200 cm^{-1}。

此外，C—X 吸收峰的频率容易受到邻近基团的影响，吸收峰位置变化较大，尤其是含氟、含氯的化合物变化更大，而且用溶液法或液膜法测定时，常出现不同构象引起的几个伸缩吸收带，因此红外光谱对含卤素化合物鉴定受到一定限制。

四、醇、酚

醇和酚类化合物有相同的羟基，其特征吸收是 O—H 和 C—O 键的振动频率。

（1）特征吸收一般在 3670～3200 cm^{-1} 区域。

游离羟基吸收出现在 ν 3640～3610 cm^{-1}，峰形尖锐，无干扰，极易识别（溶剂中微量游离水吸收位于 3710 cm^{-1}）。羟基化合物的缔合现象非常显著，羟基形成氢键的缔合峰一般出现在 ν 3550～3200 cm^{-1}。

（2）C—O 键伸缩振动和 O—H 面内弯曲振动在 1410～1100 cm^{-1} 处有强吸收，当无其他基团干扰时，可利用 ν_{C-O} 的频率来了解羟基的碳链取代情况（伯醇 1050 cm^{-1}，仲醇 1125 cm^{-1}，叔醇 1200 cm^{-1}，酚 1250 cm^{-1}）。

五、醚和其他化合物

ν_{as} 1150～1060 cm^{-1}：C—O—C 醚的特征吸收带是 C—O—C 不对称伸缩振动，出现在 ν 1150～1060 cm^{-1} 处，强度大；C—C 骨架振动吸收也出现在此区域，但强度弱，易于识别。但醇、酸、酯、内酯的 ν_{C-O} 吸收也在此区域，故很难归属。

六、醛 和 酮

醛和酮的共同特点是分子结构中都含有（C=O），$\nu_{C=O}$ 在 1750～1680 cm^{-1} 内，吸收强度很大，这是鉴别羰基的最明显的依据。邻近基团的性质不同，吸收峰的位置也有所不同。羰基化合物存在下列共振结构，共轭效应将使 $\nu_{C=O}$ 吸收峰向低波数一端移动，吸电子的诱导效应使 $\nu_{C=O}$ 的吸收峰向高波数方向移动。α,β 不饱和的羰基化合物，由于不饱和键与 C=O 的共轭，因此 C=O 键的吸收峰向低波数移动。

醛基特征红外吸收一般在 ν 2900～2700 cm^{-1} 内，通常在大约 2820 cm^{-1}、2720 cm^{-1} 附近各有一个中等强度的吸收峰，可以用来区别醛和酮。

七、羧 酸

羧酸的红外特征吸收有如下特征。

（1）ν_{O-H} 游离的 O—H 在 3550 cm^{-1}，缔合的 O—H 在 ν 3300～2500 cm^{-1}，峰形宽而散，强度很大。

（2）$\nu_{C=O}$ 游离 C=O 一般在 1760 cm^{-1} 附近，吸收强度比酮羰基的吸收强度大，但由于羧酸分子中的双分子缔合，使得 C=O 吸收峰向低波数方向移动，一般在 ν 1725～1700 cm^{-1}，如果发生共轭，则 $\nu_{C=O}$ 移到 1690～1680 cm^{-1}。

（3）ν_{C-O} 一般在 1440～1395 cm^{-1}，吸收强度较弱。

（4）δ_{O-H} 一般在 1250 cm^{-1} 附近，是强吸收峰，有时会和 ν_{C-O} 重合。

八、酯 和 内 酯

其红外特征吸收有如下特征。

（1）$\nu_{C=O}$ 1750～1735 cm^{-1} 处出现（饱和酯 $\nu_{C=O}$ 位于 1740 cm^{-1} 处），受相邻基团的影响，吸收峰的位置会发生变化。

（2）ν_{C-O} 一般有两个吸收峰，1300～1150 cm^{-1}，1140～1030 cm^{-1}。

九、酰　卤

$\nu_{C=O}$ 由于卤素的吸电子作用，使 C=O 双键性增强，从而出现在较高波数处，一般在 1800 cm^{-1} 处，如果有乙烯基或苯环与 C=O 共轭，会使 $\nu_{C=O}$ 变小，一般在 1780～1740 cm^{-1} 处。

十、酸　酐

（1）$\nu_{C=O}$ 由于羰基的振动耦合，导致 $\nu_{C=O}$ 有两个吸收，分别处在 1860～1800 cm^{-1} 和 1800～1750 cm^{-1} 内，两个峰相距 60 cm^{-1}。

（2）ν_{C-O} 为强吸收峰，开链酸酐的 ν_{C-O} 在 1175～1045 cm^{-1} 处，环状酸酐 1310～1210 cm^{-1} 处。

十一、酰　胺

（1）$\nu_{C=O}$ 酰胺的第Ⅰ谱带，氨基的影响使得 $\nu_{C=O}$ 向低波数位移，伯酰胺位于 1690～1650 cm^{-1}，仲酰胺位于 1680～1655 cm^{-1}，叔酰胺位于 1670～1630 cm^{-1}。

（2）ν_{N-H} 一般位于 3500～3100 cm^{-1}，伯酰胺游离位于 3520 cm^{-1} 和 3400 cm^{-1}，形成氢键而缔合的位于 3350 cm^{-1} 和 3180 cm^{-1}，均呈双峰；仲酰胺游离位于 3440 cm^{-1}，形成氢键而缔合的位于 3100 cm^{-1}，均呈单峰；叔酰胺无此吸收峰。

（3）ν_{N-H} 酰胺的第Ⅱ谱带，伯酰胺 δ_{N-H} 位于 1640～1600 cm^{-1}；仲酰胺位于 1530～1500 cm^{-1}，强度大，非常特征；叔酰胺无此吸收峰。

（4）ν_{C-N} 酰胺的第Ⅲ谱带，伯酰胺位于 1420～1400 cm^{-1}，仲酰胺位于 1300～1260 cm^{-1}，叔酰胺无此吸收峰。

十二、胺

（1）ν_{N-H} 游离基团位于 3500～3300 cm^{-1} 处，缔合基团位于 3500～3100 cm^{-1} 处。含有氨基的化合物无论是游离的氨基或缔合的氨基，其峰强都比缔合的 OH 峰弱，且谱带稍尖锐，由于氨基形成的氢键没有羟基的氢键强，因此当氨基缔合时，吸收峰的位置的变化不如 OH 那样显著，引起向低波数方向位移一般不大于 100 cm^{-1}。伯胺在 3500～3300 cm^{-1} 有两个中等强度的吸收峰（对称与不对称的伸缩振动），仲胺在此区域只有一个吸收峰，叔胺在此区无吸收。

（2）ν_{C-N} 脂肪胺位于 1230～1030 cm^{-1}，芳香胺位于 1380～1250 cm^{-1}。

（3）δ_{N-H} 位于 1650～1500 cm^{-1} 处，伯胺的 δ_{N-H} 吸收强度中等，仲胺的吸收强度较弱。

（4）γ_{N-H} 位于 900～650 cm^{-1} 处，峰形较宽，强度中等。

（5）硝基化合物

脂肪族：$\nu_{as\ N=O}$=1565～1545 cm^{-1}；$\nu_{s\ N=O}$=1385～1350 cm^{-1}。

芳香族：$\nu_{as\ N=O}$=1550～1500 cm^{-1}；$\nu_{s\ N=O}$=1365～1290 cm^{-1}。

十三、其他化合物

（一）含杂原子有机化合物

由于质量效应，在 4000～700 cm^{-1} 处只能看到有机卤化物的 C—F 和 C—Cl 键的伸缩振动，C—Br 和 C—I 键的伸缩振动出现在 ν 700～500 cm^{-1} 处。C—F 伸缩振动出现在 ν 1400～1000 cm^{-1}，强吸收。C—Cl 伸缩振动处在 ν 800～600 cm^{-1}。由于卤素的电负性强，其对相邻基团的振动吸收影响是很大的。

（二）金属有机化合物

金属有机化合物在中红外区的吸收主要是由其配位基的振动引起的。由于配位基的特征吸收位置几乎不受所连金属离子的影响，因此类似的金属"夹心化合物"的谱图都大致相同。

金属羰基化合物的红外光谱对了解分子中的羰基的性质非常有用。如果谱图中只出现在 2030 cm^{-1} 处有吸收，说明碳氧键只具有三键性质，羰基以端基形式存在；若在 1830 cm^{-1} 处还有吸收，则表明分子中有桥式羰基。

（三）高分子化合物

高分子化合物红外光谱吸收最强的谱峰往往对应于其主要基团的吸收，如聚丙烯腈红外光谱中 2245 cm^{-1} 的谱峰对应于 C≡N 伸缩振动吸收。

（四）无机化合物

无机化合物的红外谱图比有机化合物的要简单得多。其在中红外区主要的吸收是由阴离子的晶格振动引起的，与阳离子的关系不大，因此常只出现少数几个宽吸收峰。阳离子的质量增加，仅使吸收位置向低频稍作位移。

第四节　红外光谱的应用

一、定性分析

（一）已知化合物鉴别

有机化合物的红外光谱吸收如同人的指纹一样各不相同，因此用它鉴别化合物比其他物理手段更可靠。如果两个样品在相同的条件下测得的光谱完全一致，基本上就可以确认它们是同一化合物。

鉴别化合物时，将试样的红外谱图与标准谱图进行对照，或者与文献上的谱图进行对照。如果两张谱图各吸收峰的位置和形状完全相同，峰的相对强度一样，就可以认为样品是该种标准物。如果两张谱图不一样或峰位不一致，则说明两者不为同一化合物，或样品有杂质。使用过程中应当注意试样的物态、结晶状态、溶剂、测定条件及所用仪器类型均应与对照谱图相同。

（二）未知化合物定性

测定未知物的结构，是红外光谱法定性分析的一个重要用途，即根据红外光谱图的吸收峰位置、强度和形状，利用基团振动频率与分子结构的关系，确认分子中所含的基团或键，进而推定分子的结构。红外光谱定性分析一般过程如下。

1. 收集试样的有关资料和数据　在进行未知物光谱解析之前，必须对样品有所了解，根据样品存在的形态，从而选择适当的制样方法，同时注意观察样品的颜色、气味等，它们往往是判断未知物结构的佐证。还应注意样品元素分析的测定结果；分子量、沸点、熔点、折光率、旋光率等物理常数，也可用于光谱解释的旁证。

2. 确定未知物的不饱和度　由元素分析结果可求出化合物的经验式，由分子量可求出其化学式，计算不饱和度，从而推出化合物可能的范围。不饱和度计算经验公式为

$$\Omega = 1 + n_4 + 1/2\,(n_3 - n_1) \tag{6-4}$$

式中，n_4、n_3、n_1 分别为分子中所含的四价、三价和一价元素原子的数目。二价原子如 S、O 等不参加计算。当计算发现 $\Omega=0$ 时，表示分子是饱和的，应为链状烃及其不含双键的衍生物；当 $\Omega=1$ 时，可能有一个双键或脂环；当 $\Omega=2$ 时，可能有两个双键和脂环，也可能有一个三键；当 $\Omega=4$ 时，可能有一个苯环等。

3. 确定特征官能团 由红外谱图来确定样品含有的官能团，并推测其可能的分子结构。按官能团吸收峰的峰位顺序解析红外谱图的一般方法如下。

（1）查找羰基吸收峰：观测 σ 1900～1650 cm^{-1} 是否存在吸收带，若存在则继续查找下列羰基化合物特征吸收谱带。

羧酸：查找 ν_{O-H} 3300～2500 cm^{-1} 宽吸收峰是否存在。

酸酐：查找 $\nu_{C=O}$ 1820 cm^{-1} 和 1750 cm^{-1} 的羰基振动耦合双峰是否存在。

酯：查找 $\nu_{C=O}$ 1300～1100 cm^{-1} 的特征吸收峰是否存在。

酰胺：查找 ν_{N-H} 3500～3100 cm^{-1} 的中等强度的双峰是否存在。

醛：查找醛基官能团 ν_{C-H} 和 δ_{C-H} 倍频共振产生的 2820 cm^{-1} 和 2720 cm^{-1} 两个特征双吸收峰是否存在。

酮：若查找以上各官能团的吸收峰都不存在，则此羰基化合物可能为酮，应再查找 $\nu_{asC-C-C}$ 1300～1000 cm^{-1} 存在的一个弱吸收峰，以便确认。

（2）若无羰基吸收峰，查找是否存在醇、酚、胺、醚类化合物。

醇或酚：查找 ν_{O-H} 3700～3000 cm^{-1} 的宽吸收峰及 ν_{C-O} 和 δ_{O-H} 相互作用在 1410～1050 cm^{-1} 的强特征吸收峰，以及酚类因缔合产生的 γ_{O-H} 720～600 cm^{-1} 宽谱带吸收峰是否存在。

胺：查找 ν_{N-H} 3500～3100 cm^{-1} 的两个中等强度吸收峰和 δ_{N-H} 1650～1580 cm^{-1} 的特征吸收峰是否存在。

醚：查找 ν_{C-O} 1250～1100 cm^{-1} 的特征吸收峰是否存在，并且没有醇、酚 ν_{O-H} 3700～3000 cm^{-1} 的特征吸收峰。

（3）查找烯烃和芳烃化合物。

烯烃：查找 $\nu_{C=C}$ 1680～1620 cm^{-1} 强度较弱的特征吸收峰及 $\nu_{C=C-H}$ 在 3000 cm^{-1} 以上的小肩峰是否存在。

芳烃：查找 $\nu_{C=C}$ 在 1620～1450 cm^{-1} 出现的 4 个吸收峰，其中 1450 cm^{-1} 处为最弱吸收峰，其余 3 个吸收峰分别为 1600 cm^{-1}、1580 cm^{-1} 和 1500 cm^{-1}，以 1500 cm^{-1} 处吸收峰最强，1600 cm^{-1} 处吸收峰居中，1580 cm^{-1} 处吸收峰最弱，并常被 1600 cm^{-1} 处吸收峰掩盖而成肩峰。因此 1500 cm^{-1} 和 1600 cm^{-1} 双峰是判定芳烃是否存在的依据。此外还可查找 $\nu_{C=C-H}$ 在 3000 cm^{-1} 以上低吸收强度的小肩峰是否存在。

（4）查找炔烃、氰基和共轭双键化合物。

炔烃：查找 $\nu_{C≡C}$ 2200～2100 cm^{-1} 的尖锐特征吸收峰和 $\nu_{C≡C-H}$ 3300～3100 cm^{-1} 的尖锐的特征吸收峰是否存在。此吸收峰易与其他不饱和烃区分开。

氰基：查找 $\nu_{C≡N}$ 2260～2220 cm^{-1} 特征吸收峰是否存在。

共轭双键：查找 $\nu_{C=C=C}$ 1950 cm^{-1} 特征吸收峰是否存在。

（5）查找烃类化合物查找甲基、亚甲基、次甲基。

甲基在 2960 cm^{-1}（ν_{as}）和 2870cm^{-1}（ν_a）两个吸收峰；亚甲基在 2925 cm^{-1}（ν_{as}）和 2850 cm^{-1}（ν_a）两个吸收峰；甲基和亚甲基的 δ_{asC-H} 在 1460 cm^{-1} 处有吸收峰；甲基的 δ_{sC-H} 在 1380 cm^{-1} 处有吸收峰。4 个以上亚甲基的 ω_{-CH_2-} 在 722 cm^{-1} 处有吸收峰（随 CH_2 个数减少，吸收峰向高波数方向移动）；亚甲基 γ_{C-H} 在 910 cm^{-1} 处有强吸收峰；次甲基，γ_{C-H} 在 995 cm^{-1} 处有强吸收峰。

上述诸多吸收峰是否存在，可作为判定烃类存在与否的依据。

4. 分子结构的确证 根据官能团的初步分析可以排除一部分结构的可能性，肯定某些可能存在的结构，并初步可以推测化合物的类别。对一般有机化合物，通过以上解析过程，再查阅谱图中其他光谱信息，与文献中提供的官能团特征吸收频率相比较，就能比较满意地确定被测样品的分子结构。

上述程序适用于比较简单的光谱。复杂化合物的光谱,由于多官能团间的相互作用而使得解析很困难,可先粗略解析,而后查对标准光谱定性,或进行综合光谱解析。如果样品为新化合物,则需要结合紫外光谱、质谱、核磁共振等数据,才能决定所提的结构是否正确。

二、定 量 分 析

红外光谱定量分析是通过对特征吸收谱带强度的测量来求出组分含量。其理论依据是朗伯–比尔定律:

$$A = \lg \frac{1}{T} = \lg \frac{I_0}{I} = \varepsilon c l \qquad (6\text{-}5)$$

式中,A 为吸光度;T 为透射比(透光率),是出射光强度(I)比入射光强度(I_0);ε 为摩尔吸光系数,它与吸收物质的性质及入射的波长 λ 有关;c 为吸光物质的浓度,单位为 mol/L;l 为吸收层厚度,单位为 cm。

利用红外光谱的谱峰强度可计算出被测样品的含量。谱带强度的测量方法主要有峰高(吸光度值)测量和峰面积测量两种。定量分析方法视被测物质的情况和定量分析的要求可采用直接计算法、工作曲线法、吸光度比法和内标法等。

红外光谱用于定量分析也存在着明显不足,尤其是针对复杂多组分体系的定量分析。红外光谱法定量的精密度较紫外光谱低,尚不适用于微量组分的测定,应用受到限制。另外,红外光谱定量分析的理论依据是朗伯-比尔定律,要求所选择的定量分析峰应有足够的强度,且不与其他峰相重叠。但实际上红外光谱十分复杂,谱带很多,测量谱峰容易受到其他峰的干扰,可能导致吸收定律的偏差。

化学计量学及计算机技术等的发展使得红外光谱对于复杂多组分体系的定量分析成为可能。复杂体系红外光谱定量分析是通过多元校正模型实现的。首先需对原始红外光谱信号进行预处理,消除非目标因素的影响,提取特征信息,常用预处理方法有归一化、平滑、标准正态变换、多元散射矫正等;然后针对所测定训练集样品的红外光谱数据与质量参数,用数学建模技术建立预测模型;最后利用模型对待测物的质量参数进行预测,实现复杂多组分体系的定量分析。

第五节 红外光谱法的技术进展

(一)红外光谱法联用技术

1. 色谱-红外光谱联用 色谱-红外光谱联用即是将色谱技术的优良分离能力与红外光谱法独特的结构鉴别能力相结合,达到优势互补的效果。色谱-红外光谱联用技术中,气相色谱与傅里叶变换红外光谱仪联用技术(GC-FTIR)发展比较成熟。图 6-6 为 GC-FTIR 基本原理。试样

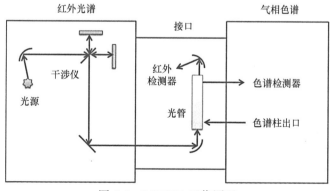

图 6-6 GC-FTIR 工作原理

经气相色谱分离后各馏分按保留时间顺序进入接口，同时经干涉仪调制的干涉光汇聚到接口，与各组分作用后的干涉光信号被汞镉碲液氮低温光电检测器检测；最后，计算机系统存储分析干涉光信号，经快速傅里叶变换得到组分的气态红外谱图，可通过谱库检索得到各组分的分子结构信息。

2. 热重-红外联用（TGA-FTIR） 热重-红外联用技术将热重仪与红外光谱仪联用，是利用吹扫气（通常为氮气或空气）将热失重过程中产生的挥发组分或分解产物，通过恒定在高温下（通常为 200～250℃）的管道及气体池，引入傅里叶变换红外光谱的光路中，并通过傅里叶变换红外光谱检测、分析判断逸出气组分结构的一种技术。

该技术弥补了热重法只能给出热分解温度和热失重百分含量而无法确切给出挥发气体组分定性结果的不足，可以快速、直观地分析聚合物及其助剂热分解产物的结构和分解机制，进而推断出有效逸出气的作用机制，因而在各种有机、无机材料的热稳定性和热分解机制方面得到了广泛应用。

3. 显微红外光谱法（Miro-FTIR） 显微红外光谱法就是将显微镜装在傅里叶变换红外光谱仪上，是微量分析又是微区分析的一种现代技术。目前显微红外光谱已应用于包括化学、材料科学、法医鉴定、医学等各个领域并取得了非凡的成效，解决了其他分析方法无法解决的难题，显示了巨大的应用潜力。

（二）光纤传感技术

随着光纤材料和技术的不断发展，中红外波长范围的光纤与傅里叶变换红外光谱联用成为可能。这一新技术不仅将红外光束通过光纤传输到遥远的被观测区，而且可以将远离仪器的光信号带回光谱仪中，从而使一些取样困难或样品脱离母质即发生变化的红外光谱测量得以实现。例如，应用衰减全反射（ATR）原理制造的衰减全反射针形探头，由于探头直径小，可以任意伸入细瓶口、反应器、危险容器内及其他恶劣环境中的试样，可以应用于生物体和生物材料研究、原位反应实验研究、遥控液体和固体样品分析及水溶液，非水溶液的实验研究等。

（三）设备微型化技术

红外光谱法在医药化工、农业、地矿、石油、环保、刑侦等领域广泛应用，但传统的红外光谱仪体型庞大、成本较高，功耗高的缺点，极大地限制了其应用范围。红外光谱仪正在走向微型化。20 世纪 90 年代之后，随着微光机电系统（micro-opto-electro-mechanical systems，MOEMS）技术的兴起，红外光谱仪器的微型化进程取得了巨大进步。2017 年美国开发了号称世界上最小的芯片级傅里叶红外光谱仪 NeoSpectra Micro，不仅大大缩小了红外光谱仪的体积，还将设备价格降到了消费级产品价格区间，扩大了其应用范围，将有望引领智能家居、智慧农业、可穿戴设备、健康监测等领域的发展。

思 考 题

1. 红外光区是如何划分的？写出相应波长或波数和能级跃迁类型。
2. 红外吸收光谱与紫外可见光谱有何不同？
3. 简述红外吸收光谱产生的条件。
4. 试从下列红外数据判断其二甲苯的取代位置。
（1）化合物 A 在 767 cm^{-1}、692 cm^{-1} 有吸收峰。
（2）化合物 B 在 792 cm^{-1} 有吸收峰。
（3）化合物 C 在 742 cm^{-1} 有吸收峰。

5. C_8H_8O 化合物红外谱图如下图，试推断其结构：

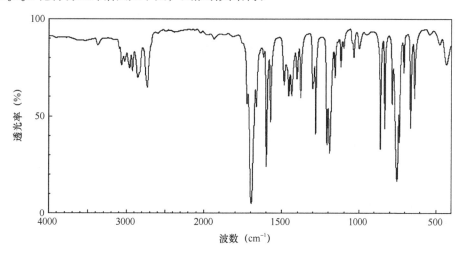

（上海交通大学 严诗楷）

第七章　原子光谱分析法

本章要求

1. 掌握　共振线、半宽度、原子吸收曲线、积分吸收、峰值吸收、自吸和自蚀等概念；原子吸收光谱法和原子发射光谱法的基本原理；原子吸收光谱仪和电感耦合等离子体发射光谱仪的结构、组成和定量分析方法。

2. 熟悉　原子吸收光谱法实验条件的选择及消除干扰的方法；灵敏度、特征浓度；吸收线变宽的原因；电感耦合等离子形成。

3. 了解　原子吸收光谱法和原子发射光谱法的特点；原子吸收光谱仪和原子发射光谱仪的类型；原子吸收光谱法和原子发射光谱法的技术进展及应用。

第一节　原子吸收光谱法的基本原理

一、原子光谱法概述

根据产生光谱的粒子是物质的原子还是分子，光谱法分为原子光谱法和分子光谱法。

原子光谱学（atomic spectroscopy）：气态原子（或离子）的外层或内层电子在不同能级跃迁时所发射或吸收的一系列波长的光所产生的光谱称为原子光谱。以测量原子光谱为基础的分析方法称为原子光谱法。原子光谱是由一条条彼此分离的谱线组成的线状光谱，每一条谱线的产生是与原子中电子在某一对特定能级之间的跃迁相联系的，具有特定的波长。这种线状光谱只反映原子或离子的性质，而与原子或离子来源的分子状态无关。因此，用原子光谱可以研究原子结构以确定试样物质的元素组成和含量，是目前元素测定的主要方法，但不能给出物质分子结构信息。由原子外层电子跃迁产生的原子光谱法，主要包括三种：原子吸收光谱法（atomic absorption spectrometry，AAS）、原子发射光谱法（atomic emission spectrometry，AES）和原子荧光光谱法（atomic fluorescence spectrometry，AFS）。

原子吸收光谱法是基于蒸气中的基态原子对特征电磁辐射的吸收建立起来的元素分析法。早在19世纪初原子吸收现象就被发现，但仅局限于天体物理研究和应用。直到1955年澳大利亚科学家沃尔什（Walsh）把原子吸收光谱应用到分析领域中，奠定了原子吸收光谱分析法的基础。其有诸多的优点，在20世纪70年代得到迅速发展和应用，至今已发展成为金属元素测定重要的方法之一，被广泛应用于材料科学、环境科学、食品科学、生命科学和医学研究中，特别是在分析与人体健康和疾病有着密切联系的微量元素的工作中发挥了重要的作用。

原子吸收光谱法具有以下特点。①灵敏度高，检出限可达 $10^{-13} \sim 10^{-11}$ g，对于石墨炉原子吸收光谱法，甚至其检出限可达 10^{-14} g。该法比原子发射光谱高几个数量级，因为原子发射光谱测定的是占原子总数不到1%的激发态原子，而原子吸收光谱测定的是占原子总数99%以上的基态原子。②选择性好，谱线及基体干扰少，且易消除。③精密度高，在一般低含量测定中，相对标准偏差（RSD）为1%～3%。④应用范围广，目前可采用原子吸收光谱法进行测定的元素已达70多种，不仅可以测定金属元素，也可以用间接法测定某些非金属元素和有机化合物。但原子吸收光谱法的局限性主要如下：①工作曲线的线性范围窄，一般为一个数量级范围；②使用不方便，大多数仪器每测一种元素就要使用一个相应的空心阴极灯，主要用于微量单元素的分析；③某些元素检出能力差，一些易形成稳定化合物的元素（如 W、Ni、Ta、Zr、Hf、稀土等）及非金属元素，由于原子化效率低，化学干扰比较严重，检测结果不能令人满意。

二、共振发射线与共振吸收线

近代原子结构理论认为，原子核外的电子按一定规律分布在各能级上，每个电子的能量由它所处的能级决定。不同能级间的能量差不同，而且是量子化。一般情况下，核外电子分层排布在能量较低的能级轨道上，原子处于能量最低状态，称为基态，能量为 E_0。当基态原子受外界能量（如光能、电能等）激发时，其最外层电子可能跃迁到能量较高的不同的能级，此时原子处于能量较高的状态，称为激发态，能量为 E_n。处于激发态的电子很不稳定，一般在极短的时间内（$10^{-8} \sim 10^{-7}$ s）便会跃回基态或是能量较低的激发态，此时，原子以电磁波的形式放出能量。

当电子吸收一定频率的光从基态跃迁到能量最低的激发态时（即第一激发态，能量为 E_1）所产生的吸收谱线称为共振吸收线；当它跃回基态时，则发射出同样频率的光（谱线），所发射的谱线称为共振发射线。共振发射线和共振吸收线，二者统称为元素共振线（resonance line）。

因不同元素的原子结构和外层电子排布不同，其原子外层电子从基态激发至第一激发态时，吸收的能量也不同，因此，共振线是各元素的特征谱线。由于从基态到第一激发态的跃迁最容易发生，产生的谱线最强，其是元素最灵敏谱线，因此在实际测定中，大多以共振线作为分析线进行分析，因此共振线也称为分析线。例如，589.0 nm 和 589.6 nm 是钠原子的两条灵敏谱线。

三、原子吸收谱线的轮廓和变宽

（一）谱线轮廓

原子吸收只发生电子能级的跃迁，基态原子蒸气仅对某一波长的辐射产生吸收，从理论上讲，原子吸收光谱中应是一条光谱线，即线状光谱。但是由于受到多种因素的影响，实际测定的原子吸收光谱线并非是一条严格的几何线，而是具有一定频率范围或波长范围的峰形图。谱线的强度随频率或波长不同而改变，称为原子吸收谱线的轮廓。

当一束不同频率、强度为 I_0 的平行光照射厚度为 l（cm）的原子蒸气时，一部分光被吸收，透过光的强度为 I_ν，吸收系数为 K_ν，则它们之间的关系与紫外-可见分光光度法中一样，服从朗伯定律，即

$$\frac{I_\nu}{I_0} = e^{-K_\nu l} \tag{7-1}$$

或

$$A = -\lg \frac{I_\nu}{I_0} = 0.434 K_\nu l \tag{7-2}$$

式中，I_0 为入射光的强度，I_ν 为透射光的强度，K_ν 为原子蒸气对频率为 ν 的辐射吸收系数，它与入射光的频率、基态原子浓度及原子化温度等有关。K_ν 随光源的辐射频率而改变，这是由于物质的原子对光的吸收具有选择性。

原子吸收谱线的轮廓有多种表示方法。若用透过光强度（I_ν）对频率 ν（或波长）作图，得原子吸收谱线的轮廓如图 7-1（a）所示。ν_0 称为中心频率，中心频率是由原子能级所决定，因此也称为特征频率。由图 7-1（a）可见，在 ν_0 处透过光强度最小，即吸收最大，实际为元素共振线，它由原子的能级分布特征决定。若将吸收系数 K_ν 对频率 ν 作图，得原子吸收谱线的轮廓如图 7-1（b）所示。在中心频率（ν_0）处，有一极大值称为峰值吸收系数（K_0）。吸收线宽度用半宽度（half width；$\Delta\nu$）表示，其是中心频率（或中心波长）的吸收系数一半（$K_0/2$）处所对应的谱线轮廓上两点间的频率差（或波长差），$\Delta\nu$ 值为 0.001～0.005 nm，比分子吸收带的峰宽要小得多，但由此可见原子中电子从基态跃至激发态吸收的谱线并不是绝对的几何线，是具有一定宽度。同样，处于激发态的原子返回基态时所发射的谱线，存在类似的现象，只不过发射谱线的宽度要比吸收线窄得多，半宽度（$\Delta\nu$）为 0.0005～0.001 nm，同种原子的吸收线轮廓与发射线轮廓的中心频率（ν_0）完全相同，但吸收线轮廓与发射线轮廓有差异。

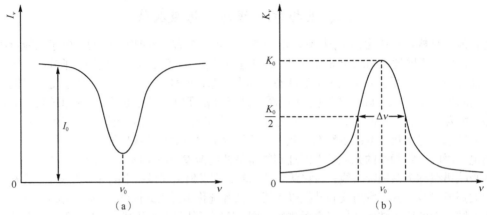

图 7-1　原子吸收线的谱线轮廓

（a）透过光强度（I_v）对频率 v 作图；（b）吸收系数 K_v 对频率 v 作图

原子吸收光谱特征可用吸收线的中心频率（v_0）、吸收线的半宽度（Δv）和强度（由两能级之间的跃迁概率决定）来表征。中心频率（v_0）由原子能级分布特征决定，吸收线的半宽度（Δv）本身具有自然宽度外，还受多种因素的影响，下面讨论主要影响因素。

（二）谱线变宽的因素

1. 自然宽度（Δv_N）　自然宽度（natural width）是由原子本身性质引起，在无外界条件影响时谱线仍有一定的宽度，用 Δv_N 表示。它与原子发生能级间跃迁的激发态原子的有限寿命（平均为 10^{-8} s）有关，不同谱线有不同的自然宽度。激发态原子的寿命越短，吸收线的自然宽度越宽。多数情况下，Δv_N 约为 10^{-5} nm 数量级。与谱线的其他变宽的宽度相比，Δv_N 可以忽略不计。

2. 多普勒变宽（Δv_D）　多普勒变宽（Doppler broadening）是由于原子在空间作无规则热运动引起，所以又称为热变宽，用 Δv_D 表示。通常 Δv_D 为 10^{-3} nm 数量级，比自然变宽大 1~2 个数量级，是谱线变宽的主要因素。

在原子吸收分析中，基态原子处于高温环境下，呈现出无规则随机运动。当一些粒子向着检测器运动时，呈现出比原来更高的频率或更短的波长；反之，则呈现出比原来更低的频率或更长的波长，这就是物理学的多普勒效应。因此对检测器而言，接收到的是各种频率或波长略有不同的光，因而表现出吸收线的变宽。测定的温度越高，被测元素的原子质量越小，原子的相对热运动越剧烈，热变宽越大。当气态原子处于热力学平衡状态时，热变宽由式（7-3）决定：

$$\Delta v_D = 7.16 \times 10^{-7} v_0 \sqrt{\frac{T}{A}} \qquad (7-3)$$

式中，v_0 为谱线的中心频率，T 为热力学温度，A 为待测元素的原子量。Δv_D 与被测元素谱线的中心频率（v_0）和 $\sqrt{T}$ 成正比，与 $\sqrt{A}$ 成反比。对某一定元素，其 v_0 和 A 一定，则 Δv_D 只与 T 有关；温度越高，Δv_D 越大，即吸收线变宽越严重。

3. 压力变宽　是在一定压力蒸气下吸光原子与蒸气中其他粒子（分子、原子、离子和电子）相互碰撞而引起能级的微小变化，使谱线发射或吸收光子频率改变从而导致谱线变宽。这种增宽与吸收区气体的压力有关，压力升高时，粒子间相互碰撞概率增大，谱线增宽严重，其增宽数值约为 10^{-3} nm 数量级。根据与其碰撞粒子的不同，压致增宽又可分为如下两类。

（1）霍尔兹马克变宽（Holtsmark broadening，Δv_R）：又称共振变宽，是被测元素激发态原子与基态原子间碰撞引起的谱线变宽，它随试样原子蒸气浓度增加而增加。在原子吸收光谱法测定条件下，通常金属原子蒸气压在 0.133 Pa 以下时，即测定元素的浓度较低，共振变宽可忽略不计。而当原子蒸气压力达到 13.3 Pa 时，即测定元素的浓度较高时才有影响，共振变宽效应则明显地表现出来。

（2）劳伦茨变宽（Δv_L）：劳伦茨变宽（Lorentz broadening）是被测元素原子与其他粒子（原子、分子、离子、电子）相互碰撞而引起的谱线变宽。其可用式（7-4）表示。

$$\Delta v_L = 2N_A\sigma^2 P\sqrt{\frac{2}{\pi RT}\left(\frac{1}{A}-\frac{1}{M}\right)} \tag{7-4}$$

式中，N_A 为阿伏伽德罗常数，σ^2 为原子和其他粒子碰撞的有效截面积，P 为外界气体压力，A 为待测元素的相对原子量，M 为外界气体的分子量，T 为热力学温度，R 为气体常数（8.31J/mol·K）。

由式（7-4）可知，Δv_L 大小随原子化区内气体压力增大而增大，压力越大，粒子空间密度越大，碰撞的可能性就越高，谱带变宽越严重。外界气体的分子量不同，对谱线展宽产生影响也不同。其数量级与 Δv_D 相同，因此压力变宽主要是劳伦茨变宽。

除上述因素外，影响谱线变宽的还有电场变宽、磁场变宽、自吸变宽等。但在通常的原子吸收分析实验条件下，吸收线变宽主要受多普勒变宽与劳伦茨变宽的影响。在 2000～3000 K 的温度范围内，Δv_D 和 Δv_L 具有相同的数量级，原子吸收线的宽度为 $10^{-3}\sim10^{-2}$ nm。当采用火焰原子化时，Δv_L 是主要的。当共存原子浓度很低时，特别是采用无火焰原子化时，Δv_D 占主要地位。但是不论是何种因素，在分析测定中，谱线变宽都将导致原子吸收分析灵敏度下降。

四、积分吸收和峰值吸收

（一）积分吸收

原子吸收谱线轮廓上的任意点都与相同的能级跃迁相联系。当辐射光通过基态的原子蒸气时，其中大部分吸收了中心频率的光（v_0），其余部分基态原子吸收了不同频率邻近的光。基态原子蒸气所吸收的全部能量，称作积分吸收（integrated absorption）。积分吸收在数学上，即图 7-1（b）吸收线轮廓所包括的面积，其表达式 $\int_0^\infty K_v \mathrm{d}v$。根据经典色散理论，积分吸收与原子蒸气中吸收辐射的基态原子数的关系表达式为

$$\int_0^\infty K_v \mathrm{d}v = \frac{\pi e^2}{mc}N_0 f \tag{7-5}$$

式中，c 是光速；m、e 分别为电子的质量和电荷；f 是振子强度，表示每个原子中能够吸收或发射特定频率光的平均电子数，在一定条件下，对于给定的元素，f 为定值。N_0 是单位体积内能够吸收频率为 $v_0\pm\Delta v_0$ 内辐射的基态原子数目，亦就是基态原子密度，因激发态原子数目所占比例非常少，$N_0\approx N$。对于给定的元素，在一定条件下，f 为定值，式中 π、e、m、c 为常数，合并用 K 表示。即

$$\int_0^\infty K_v \mathrm{d}v = \frac{\pi e^2}{mc}N_0 f = KN_0 = KN \tag{7-6}$$

式（7-6）表明积分吸收与单位体积内吸收辐射的基态原子数目呈简单的线性关系，与频率无关。若能测得积分吸收值，即可计算出待测元素的原子密度。但由于大多数元素的吸收线的半宽度为 10^{-3} nm 左右，测定如此窄的积分吸收值要求单色器的分辨率达 50 万以上，而目前的单色器难以满足这样的要求。因此采用低分辨率的色散仪，以峰值吸收测量法代替积分吸收法就能进行定量分析。

（二）峰值吸收

1955 年，澳大利亚科学家瓦尔什（Walsh）提出了用峰值吸收系数 K_0 代替积分吸收，成功解决了原子吸收光谱法的实际测定问题。峰值吸收法（peak absorption）是直接测量吸收线轮廓的中心频率或中心波长所对应的峰值吸收系数 K_0，来确定蒸气中的原子浓度。K_0 的测定只需锐线光源，不需要高分辨率的单色器，成功解决了原子吸收测量上这一难题。

锐线光源是指发射线的半宽度必须比吸收线的半宽度窄得多，一般为吸收线半宽度的 1/10～1/5，且光源发射线的中心波长或频率与吸收线中心波长或频率一致，如图 7-2 所示。这就需要测

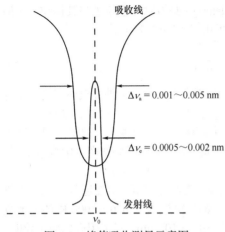

图 7-2　峰值吸收测量示意图

定时必须使用与待测元素相同的元素制成的锐线光源。

通常原子吸收条件下，在只考虑多普勒展宽下，峰值吸收系数 K_0 与吸收线的半宽度 $\Delta\nu$ 成反比，根据经典理论，其数学表达式为

$$K_0 = \frac{2}{\Delta\nu}\sqrt{\frac{\ln 2}{\pi}} \cdot \int K_\nu \mathrm{d}\nu \qquad (7\text{-}7)$$

由于锐线光源发射线的半宽度比吸收线的半宽度窄得多，所以，峰值吸收实际测量是在中心频率两旁很窄范围内的积分吸收，将式（7-5）代入式（7-7）得

$$K_0 = \frac{2}{\Delta\nu}\sqrt{\frac{\ln 2}{\pi}} \cdot \frac{\pi e^2}{mc} N_0 f = \frac{2}{\Delta\nu}\sqrt{\frac{\ln 2}{\pi}} \cdot KN \qquad (7\text{-}8)$$

由式（7-8）可知，峰值吸收系数 K_0 与吸收辐射基态原子总数 N 成正比。因此可用峰值吸收系数（中心吸收系数）K_0 代替 K_ν，即可用峰值吸收测量代替积分吸收测量。

五、基态吸收值与原子浓度的关系

原子吸收光谱法是以基态原子蒸气对特征谱线的吸收为基础。因此，试样中能产生一定浓度的被测元素的基态原子，是原子吸收分析中的一个关键问题。在原子化过程中，大多数化合物均发生解离并使元素转变成原子状态，其中包括基态原子和激发态原子。在一定温度下的热力学平衡体系中，激发态原子数 N_j 与基态原子数 N_0 之间遵循玻尔兹曼（Boltzmann）分布定律，即

$$\frac{N_j}{N_0} = \frac{g_j}{g_0} e^{-\frac{E_j - E_0}{KT}} \qquad (7\text{-}9)$$

式中，g_j、g_0 分别为激发态和基态的统计权重，它表示能级的简并度，即相同能级的数目；E_j 和 E_0 分别为激发态和基态能量，$E_j - E_0$ 为激发态和基态的能量差；T 为绝对温度（激发温度）；K 为 Boltzmann 常数，其值为 1.38×10^{-23} J/K。

在原子光谱中，根据每一种元素谱线的波长，可知道对应的 g_j/g_0、$E_j - E_0$，因此用式（7-9）可以计算一定温度下的 N_j/N_0 值。表 7-1 列出了几种元素的第一激发态与基态原子数之比 N_j/N_0。从式（7-9）和表 7-1 可知：①温度 T 越高，N_j/N_0 比值越大，即激发态原子数随温度升高而增加，而且呈指数关系变大；②在相同温度下，电子跃迁能级差（$E_j - E_0$），即激发能越小，吸收波长越长，N_j/N_0 值越大。

表 7-1　某些元素共振激发态与基态原子数之比 N_j/N_0

共振线 (nm)	g_j / g_0	激发能 ΔE_j（eV）	N_j/N_0		
			$T = 2000$ K	$T = 2500$ K	$T = 3000$ K
Cs 852.1	2	1.455	4.31×10^{-4}	2.33×10^{-3}	7.19×10^{-3}
Na 589.0	2	2.104	9.86×10^{-6}	1.14×10^{-4}	5.83×10^{-4}
K 766.5	2	1.617	1.68×10^{-4}	1.10×10^{-3}	3.84×10^{-3}
Ca 422.7	3	2.932	1.22×10^{-7}	3.67×10^{-6}	3.55×10^{-5}
Fe 372.0	—	3.332	2.29×10^{-9}	1.04×10^{-7}	1.31×10^{-6}
Ag 328.1	2	3.778	6.03×10^{-10}	4.84×10^{-8}	8.99×10^{-7}
Cu 324.7	2	3.817	4.82×10^{-10}	4.04×10^{-8}	6.65×10^{-7}
Mg 285.2	3	4.346	3.35×10^{-11}	5.20×10^{-9}	1.50×10^{-7}

续表

共振线 （nm）	g_j/g_0	激发能 ΔE_j（eV）	N_j/N_0		
			$T=2000\,K$	$T=2500\,K$	$T=3000\,K$
Pb 283.3	3	4.375	3.83×10^{-11}	4.55×10^{-9}	1.34×10^{-7}
Zn 213.9	3	5.795	7.45×10^{-15}	6.22×10^{-12}	5.50×10^{-10}

在采用火焰光源的原子吸收光谱法中，原子化温度一般小于 3000 K，而大多数元素的激发能为 2～10 eV，最强共振线都低于 600 nm，所以，N_j/N_0 一般均小于 10^{-3}，即激发态的原子数 N_j 还不到基态原子数 N_0 的 0.1%，甚至更少。因此，基态原子数 N_0 近似地等于被测元素的总原子数 N，也可以认为，所有的吸收都是在基态进行的，这就大大地减少了用于原子吸收的吸收线的数目，每种元素仅有 3～4 个有用的光谱线，这是原子吸收光谱法灵敏度高、抗干扰能力强的一个重要原因。

实验分析要求测定的是试样中待测元素的浓度，而此浓度是与待测元素吸收辐射的原子总数成正比的，可用峰值吸收系数（中心吸收系数）K_0 代替 K_ν，将其代入式（7-2），吸光度可表示为

$$A=0.434\cdot\frac{2}{\Delta\nu}\sqrt{\frac{\ln 2}{\pi}}\cdot KNl \tag{7-10}$$

测定条件一定时，$\Delta\nu$ 为常数，原子蒸气的厚度 l 一定，与其他常数合并到 K' 中，N 与待测元素的浓度 c 成正比，吸光度与被测元素在试样中的浓度关系可表示为

$$A=K'c \tag{7-11}$$

即在一定条件下，峰值吸收处测得的吸光度与试样中待测元素的浓度呈线性关系，测量基态原子吸光度即可求出样品中待测元素的含量，这就是原子吸收光谱法的定量分析基础。

第二节　原子吸收光谱仪

一、原子吸收光谱仪的结构组成

原子吸收光谱仪，亦称为原子吸收分光光度计，其与普通紫外-可见分光光度计的结构基本相同，只是用锐线光源代替了连续光源，用原子化器代替了吸收池。

原子吸收光谱仪的种类型号很多，但其基本结构相似，主要由四大部分组成：锐线光源、原子化器、分光系统和检测系统，另有附属装置背景校正系统和自动进样系统。原子吸收的过程及原子吸收光谱分析的仪器装置如图 7-3 所示。试样经适当的预处理为试液，试液在原子化器中雾化为细雾，与燃气混合后送至燃烧器，试液中被测元素在高温中转化为基态原子，并吸收从光源发射出的与被测元素对应的特征波长辐射，透过光再经单色器分光后，由光电倍增管接收，并经放大，从读数装置中显示出吸光度值或光谱图。

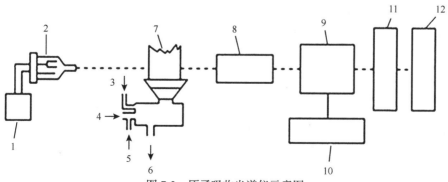

图 7-3　原子吸收光谱仪示意图

1. 稳压电源；2. 光源（空心阴极灯）；3. 燃气；4. 试液；5. 助燃气；6. 废液；7. 原子化系统；8. 单色器；9. 检测器；
10. 高压电源；11. 放大器；12. 读数器

（一）光源

光源的作用是发射被测元素基态原子所吸收的特征共振线，故需要锐线光源。

原子吸收光谱法对光源的基本要求：①发射辐射波长的半宽度要明显小于吸收线的半宽度；②辐射强度足够大；③稳定性好，背景信号低（低于共振辐射强度的1%），使用寿命长等。蒸气放电灯、无极放电灯和空心阴极灯都符合上述要求，激光光源和高聚焦短弧氙灯也被用于原子吸收光谱仪。但最常用的锐线光源是被测元素材料作为阴极的空心阴极灯。

1. 空心阴极灯

（1）结构与工作原理：空心阴极灯（hollow cathode lamp，HCL）是一种低压气体放电管，包括一个阳极（绕有钽丝或钛丝的钨或锆棒）和一个空心圆筒形阴极，其由被测元素的金属或合金化合物构成。阴极和阳极密封在带有光学窗口的玻璃管内，内充低压（几百帕）的惰性气体氖气或氩气，其构造见图7-4。空心阴极灯的工作原理：

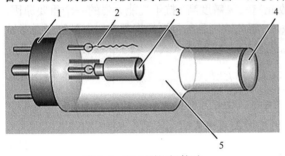

图 7-4　空心阴极灯构造
1. 管座；2. 阴极；3. 阳极；4. 石英窗口；5. 内充惰性气体

当两极间施加适当的电压（300～500 V），在高压电场作用下，灯管内便开始辉光放电，这时电子由阴极高速射向阳极并与载气原子碰撞而使之电离，带正电荷的惰性气体离子在电场作用下，猛烈轰击阴极表面，使阴极表面的金属原子溅射。溅射出来的待测元素原子与其他粒子（电子、惰性气体原子及离子）碰撞而被激发，处于激发态的原子在返回基态时，发射出相应元素的特征共振线。

空心阴极灯所发射的谱线强度及宽度与灯的工作电流有关，一般工作电流控制在1～20 mA。阴极温度和气体放电温度都不很高，谱线的多普勒变宽可控制得很小，灯内的气体压力很低，劳伦茨变宽也可忽略。因此，所得谱线较窄，灵敏度较高。其发射的光谱主要是阴极元素的光谱，用不同的被测元素材料作阴极，可制成各种被测元素的空心阴极灯。目前已有几十种元素的空心阴极灯，一般都是单元素。单元素空心阴极灯只能提供某一单一被测元素的共振线，谱线简单，使用寿命长，缺点是每测一种元素就要换一个灯，使用不方便。

（2）多元素空心阴极灯：将多种金属粉末按一定的比例混合并压制和烧结，作为阴极，可制得多元素空心阴极灯。最多可达7种元素，如Al-Ca-Cu-Fe-Mg-Si-Zn。只要更换波长，就能在一个灯上同时进行几种元素的测定。缺点是辐射强度、灵敏度、寿命都不如单元素灯。组合越多，光谱特性越差，谱线干扰也越大。

2. 连续光源

连续光源能够提供在测定波长范围区辐射的光源，弥补单元素空心阴极灯的不足，如高聚焦短弧氙灯。短弧氙灯又称超高压氙灯，外壳为外球状或椭圆状石英管，两端各封接有一个钍钨电极，管内充氙气，工作压力可达8～30标准大气压。该灯是一个气体放电光源，灯内充有高压氙气，在高频高电压激发下形成高聚焦弧光放电，辐射出从紫外线到近红外的强连续光谱，如图7-5所示。其能量比一般氙灯大10～100倍，采用一个连续光源取代了传统的所有空心阴极灯，一只氙灯即可满足全波长189～900 nm所有元素的原子吸收测定需求，并可以选择任何一条谱线进行分析。这种光源可实现多元素的同时测定。但与锐线光源比，对分光系统要求高。

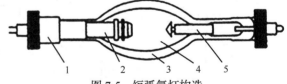

图 7-5　短弧氙灯构造
1. 管帽；2. 阳极；3. 石英管；4. 内充氙气；5. 阴极

（二）原子化器

原子化器（atomizer）的作用是提供能量，使试样干燥、蒸发并使被测元素转化为气态的基态原子。其是原子吸收光谱法的关键部件，因此要求它具有较高的原子化效率、较小的记忆效应和较低的噪声。使试样原子化的方法有火焰原子化法和非火焰原子化法。原子化器主要有四种类型：火焰原子化器（flame atomizer）、石墨炉原子化器（graphite furnace atomizer）、氢化物发生原子化器（hydrogen generation atomizer）、冷蒸气原子化器（cold atom atomizer）。

1. 火焰原子化法　火焰原子化器：由各种化学火焰提供能量，使试样中被测元素原子化。火焰原子化构造如图 7-6 所示，其包括雾化器、雾化室和燃烧器三部分组成。燃烧器有两种类型：预混合型和全消耗型。全消耗型燃烧器，是将试液直接喷入火焰中；预混合型燃烧器是用雾化器将试液雾化，在雾化室内将较大的雾滴除去，使试液雾滴均匀化，然后再喷入火焰。二者各有优缺点，但后一类型应用较为广泛。

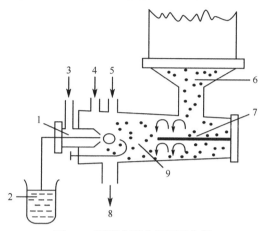

图 7-6　预混合型火焰原子化器

1. 雾化器；2. 溶液；3. 空气；4. 乙炔；5. 助燃气；6. 燃烧器；7. 扰流器；8. 废液；9. 雾化室

1）雾化器：其作用是将试液变成高度分散的雾状。目前采用是气动同轴型雾化器，它是影响火焰原子化灵敏度和检出限的主要因素。工作原理是利用高压助燃气（空气、氧气、氧化亚氮等）高速流过喷嘴处产生负压区，将试液沿毛细管吸入并被高速气流分散成小雾滴。雾化效率的高低受到雾化器的结构影响外，还受试液的黏度、助燃气的压力、温度等影响。

2）雾化室：雾化室的作用包括，一是使较大雾粒沉降、凝聚从废液口排出；二是使雾粒与燃气、助燃气均匀混合形成气溶胶，再进入火焰原子化区；三是起缓冲稳定混合气气压的作用，使燃烧器产生稳定的火焰。

3）燃烧器：其作用是雾化室内的气溶胶从燃烧器喷出，在火焰中燃烧，使待测元素原子化。试样溶液经雾化后进入燃烧器，经火焰干燥、熔化、蒸发、离解、激发和化合等复杂过程，在此过程中，除产生大量的基态原子外，还产生极少量的激发态原子、离子和分子等其他粒子。燃烧器由金属钛或不锈钢等耐高温、耐腐蚀的材料制成。燃烧器所用的喷灯有孔型和长缝型，常用是吸收光程较长的长缝型（单缝）。长缝型燃烧器有单缝和三缝两种，其中单缝燃烧器应用最广。为了适应不同组成的火焰，燃烧器的规格不同。一种是缝长 10～11 cm，缝宽 0.5～0.6 mm，适用于空气-乙炔火焰；另一种是缝长 5 cm，缝宽 0.46 mm，适用于氧化亚氮-乙炔火焰。

燃气和助燃气在雾化室中预混合后，在燃烧器缝口点燃形成火焰。燃烧火焰由不同种类的气体混合产生，对不同的元素，应选择不同的火焰。燃气和助燃气种类、流量不同，火焰的最高温度也不同（表 7-2）。常用的是乙炔-空气和乙炔-氧化亚氮火焰，前者火焰的最高温度在 2300℃左右，它能为 35 种以上元素充分原子化提供最适宜的温度；后者火焰的最高温度为 2955℃左右，可用于火焰中生成耐热（难熔）金属氧化物的元素，如铝、硅、硼等的测定。

空气-乙炔火焰，是用途最广的一种火焰。根据燃气和助燃气比可将火焰分为化学计量性火焰、贫燃性和富燃性火焰。燃助比基本按化学反应计量关系构成的火焰为化学计量性火焰，空气-乙炔之比为 4：1，其火焰温度高、稳定性好、噪声小、背景低，故最常用。贫燃性火焰指燃助比小于化学反应计量值关系的火焰，其空气-乙炔之比为（4～6）：1，它氧化性较强，温度较高，适用于不易氧化的元素如 Ag、Cu、Ni、Co、Pd 等的测定。富燃性火焰指燃助比大于化学反应计量值关系的火焰，空气-乙炔之比为 1：（1.2～2.5）或更大，由于燃烧不完全，火焰呈强的还原性气氛，温度较贫燃性火焰低，适用于易形成难熔氧化物元素如 Mo、Cr、稀土。

火焰原子化器具有操作简单、重现性好、灵敏度较高等特点，但它的主要缺点是原子化效率（atomization efficiency）低，约为 10%，自由原子在吸收区域停留时间短，限制了测定灵敏度的提高。无火焰原子化装置可以提高原子化效率，使原子吸收光谱法分析灵敏度提高 10～20 倍，因而得到广泛应用。

表 7-2　几种类型的火焰及温度

燃气-助燃气	化学反应式	最高温度（℃）
丙烷-空气	$C_3H_8 + 5O_2 = 3CO_2 + 4H_2O$	1925
氢气-空气	$2H_2 + O_2 = 2H_2O$	2050
乙炔-空气	$2C_2H_2 + 5O_2 = 4CO_2 + 2H_2O$	2300
乙炔-氧化亚氮	$C_2H_2 + 5N_2O = 2CO_2 + H_2O + 5N_2$	2955

2. 非火焰原子化　无火焰原子化装置有多种，如电热高温石墨管、石墨坩埚、钽舟、高频感应加热炉、等离子喷焰等。下面介绍电热高温石墨炉原子化器。

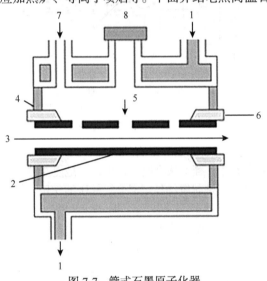

图 7-7　管式石墨原子化器
1. 水；2. 石墨管；3. 光束；4. 绝缘材料；5. 试样；6. 电接头；
7. 惰性气体；8. 可卸式窗

（1）石墨炉原子化器：是一种电加热器，利用电能加热盛放试样的石墨管，使之达到高温以实现试样原子化。管式石墨原子化器的结构如图 7-7 所示，主要由炉体、石墨管和电、水、气供给系统组成。石墨管作为电阻发热体，通过铜电极向其供电。当通以大电流时，石墨管可达到 2000～3000℃，从而使待测试样蒸发和原子化。铜电极周围用水箱冷却，盖板盖上后，构成保护气室，室内通以惰性气体氩或氮，以有效地除去在干燥和挥发过程中的溶剂、基体蒸气，同时也可保护已原子化的原子不再被氧化。

石墨炉原子化升温过程分为干燥、灰化、原子化、净化四步程序升温。通常整个过程需要 1～2 min。干燥目的是在低温下（一般 110℃左右）蒸发除去溶剂，或样品中挥发性较大的组分；灰化的目的（去除基体）是在不损失被测元素的前提下，在较高的温度（350～1200℃）下进一步除去有机物或低沸点无机物，将沸点较高的基体蒸发除去，或是对脂肪和油等基体物质进行热解；原子化是施加大功率于石墨炉上，待测元素在高的温度（2400～3000℃）下进行原子化，其保持时间在保证元素完全原子化的前提下越短越好，一般为 5～10 s；净化是将温度升至最大允许值（约 3500℃），除去残留在管内的残渣，消除记忆效应。各阶段的加热温度和时间，依不同试样而不同，需由实验来确定。

石墨炉原子化法的优点：①原子化在充有惰性保护气的气室内，在强还原性石墨介质中进行，有利于难溶氧化物的原子化；②可不经过前处理，直接进行分析，适合生物试样的分析；③取样量少，固体样品为 20～40 μg，液体样品为 5～100 μl；④原子化效率高，达 90% 以上，所以灵敏度提高几个数量级，比火焰法增加 10～20 倍。但也存在不足，如重现性较差、基体效应大等问题。

（2）低温原子化法：又称化学原子化法，对于砷、硒、汞及其他一些特殊元素，可以利用某些化学反应使它们原子化。常用氢化物法和汞低温原子化法。

1）氢化物法装置：氢化物发生原子化器由氢化物发生器和原子化装置两部分组成，属于低温原子化技术，图 7-8 为其结构示意图。有一些元素（如 Hg、Ge、Sn、Pb、As、Sb、Bi、Se 和 Te 等）采取液体进样时，无论是火焰原子化或石墨炉原子化均不能得到较高的灵敏度。但这些元素易生成共价的氢化物，其在常温常压下为气态，因此易从母液中分离出来。在一定酸度下，用强还原

剂 KBH_4 或 $NaBH_4$ 将这些元素还原成极易挥发、易受热分解的氢化物，载气将这些氢化物送入原子化装置（石英管）后，在低温下即可进行原子化。以测定砷为例，其反应如下：

$$AsCl_3 + 4NaBH_4 + HCl + 8H_2O \rightleftharpoons AsH_3\uparrow + 13H_2\uparrow + 4HBO_2 + 4NaCl$$

通过氢化反应将砷转变成气态 AsH_3，使待测元素与基体分离，因而可以消除和降低干扰。然后将其由载气送入原子化系统，在较低温度下（700～900℃）下原子化。该法由于还原转化为氢化物时的效率高，生成的氢化物可在较低的温度下原子化，因而此法具有设备简单、选择性好、基体干扰少和分离富集作用等优点，其检出限比火焰法低 1～3 个数量级。

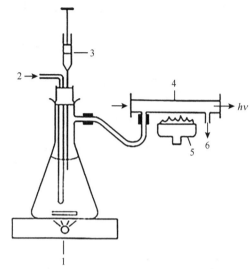

图 7-8　氢化物发生原子化器结构示意图
1. 磁力搅拌器；2. 载气；3. 样品和 $NaBH_4$ 加入；4. 石英吸收管；5. 燃烧器；6. 排烟处理装置

2）冷原子化装置：也称为汞低温原子化法，专门用于汞的测定。该装置是由冷蒸气发生器、原子化器和原子吸收池组成。在酸性溶液中，将试液中的汞离子（无机汞）用 $SnCl_2$ 或盐酸羟胺还原为汞，汞在常温常压下有较大的蒸气压，易形成汞原子蒸气。用载气（Ar 或 N_2，也可用空气）将汞蒸气导入石英吸收管中直接进行测定，无须加热石英管分解试样，因此也称为冷原子吸收法。对于有机汞化合物，必须先经过适当的化学预处理，一般用 $KMnO_4$ 和 H_2SO_4 的混合物分解有机汞化合物，再用 $SnCl_2$ 或盐酸羟胺还原为汞原子，然后由载气将汞原子蒸气送入吸收池内进行测定。本法灵敏度和准确度都很高（可检出 $0.01\ \mu g$ 汞），是测定痕量汞的好方法。

（三）分光系统

分光系统主要由色散元件（光栅等）、反射镜和狭缝等组成。由于原子吸收谱线本身比较简单，光源采用锐线光源，吸收值测量采用峰值吸收测定法，因而对单色器分辨率的要求不是很高。单色器的作用是将所需的共振吸收线与邻近干扰线分离。然后通过对出射狭缝的调节使非分析线被阻隔，只有被测元素的共振线通过出射狭缝，进入检测器。为了防止原子化时产生的其他辐射不加选择地都进入检测器，并避免光电倍增管的疲劳，单色器通常放置在原子化器后（这是与分子吸收的光谱仪主要不同点之一）。单色器中的关键部件是色散元件，现多用光栅。以多个元素灯组合的复合光源，配以中阶梯光栅与棱镜组合的分光系统，基本可以满足多元素同时测定的要求。

（四）检测系统

检测系统主要由检测器、放大器、数据处理系统和显示系统组成。检测器的作用是将单色器分出的光信号转换成电信号，常用光电倍增管。将光电倍增管的电信号放大后，由读数装置显示或记录仪记录，也可用计算机自动处理系统输出结果。现代原子吸收检测器采用了电荷耦合器件（charge coupled device，CCD）和电荷注入器件（charge injection devices，CID），特别适合弱光的检测。光电二极管阵列（photodiode array，PDA）及其他类型的固态检测器，能同时获得多个波长下的光谱信息，适用于多元素的同时测定。

背景校正装置是原子吸收光谱仪不可缺少的附属装置，常用的有氘灯背景校正装置、塞曼（Zeeman）效应背景校正装置和自吸效应背景校正装置。

二、原子吸收光谱仪的类型

目前，常用的原子吸收光谱仪按光束分为单光束和双光束两种类型。此外按波道又有单道、双道和多道之分。常用的有单道单光束原子吸收光谱仪，以及双波道和多波道原子吸收光谱仪，多波道型原子吸收光谱仪可实现同时测定多元素。

1. 单光束原子吸收光谱仪 单道单光束型仪器只有一个空心阴极灯、一束光、一个单色器和一个检测器。这类仪器结构简单，共振线在传播过程中辐射能损失较少，单色器能获得较大亮度，故有较高的灵敏度，且价格低廉，便于维护。其缺点是由于光源辐射不稳定，会引起基线漂移。为获得较稳定的光束，空心阴极灯往往要充分预热 20～30 min，在测量过程中还需注意校正基线，以免引起系统误差。

2. 双光束原子吸收光谱仪 双光束仪器对光学系统进行了改进，克服单光束仪器因光源波动而引起基线漂移。图 7-9 是典型的双光束仪器。由光源发射的共振线被斩光器分成两束强度相等、波长相同的光束，一束测量光 S 通过原子化器，另一束光 R 作为参比不通过原子化器，两束光交替进入单色器，然后进行检测。由于两束光均由同一光源发出，检测系统输出的信号是这两光束的信号差。因此，参比光束的作用可以消除光源和检测器不稳定带来的影响。其缺点是仍不能消除原子化系统的不稳定和背景吸收的影响，而且仪器结构复杂，价格较贵。

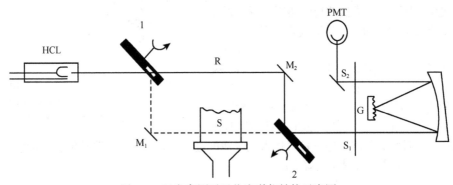

图 7-9 双光束原子吸收光谱仪结构示意图

1、2. 切光器；M_1、M_2. 反光镜；S_1、S_2. 狭缝；G. 光栅；R. 参比光束；S. 样品光束；PMT. 光电倍增管；HCL. 空心阴极灯

3. 双光束或多波道原子吸收光谱仪 这类仪器具有两种或多种空心阴极灯，两个或两个以上的单色器和检测器，可同时测定两种或两种以上元素，如图 7-10 所示。光源辐射同时通过原子蒸气而被吸收，然后再分别进入不同分光系统和检测系统，测定各元素的吸光度值。该类仪器准确度高，可采用内标法定量，并且能够同时测定两种以上元素，实现多元素的同时测定。但仪器装置复杂，价格昂贵。

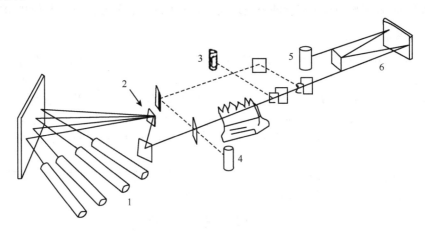

图 7-10 多波道（多元素）原子吸收光谱仪结构示意图

1. 空心阴极灯；2. 反光镜（选择灯）；3. 汞灯；4. 氖灯；5. 检测器；6. 光栅（选择谱线）

4. 连续光源原子吸收光谱仪 2004 年，德国分析仪器公司成功地设计和生产出了世界第一台商品化连续光源原子吸收光谱仪。这种仪器以特制的高聚焦短弧氙灯为光源，采用石英棱镜和高分辨的大面积的中阶梯光栅组成高分辨率的双单色器，得到了能量足够且半宽度仅为 0.002 nm（280 nm）的元素共振发射线，类似于空心阴极灯，解决了谱线宽度的问题。采用氖灯进行多谱线同时波长定位和动态校正保证波长的准确性及重现性，使连续光源在近似单色光的条件下测量原子吸收。应用高性能 CCD 线阵检测器（500 多点阵），读数速度比以往光谱仪 CCD 提高一个数量级，同时检测 1~2 nm 波段内的全部精细光谱信息，能同时测定特征吸收和背景信号，得到时间-波长-信号的三维信息，将所有背景信号同时扣除，实现了实时背景校正。这种检测器还降低了噪声，提高信噪比，使检出限优于普通原子吸收光谱仪。可满足全波长 189~900 nm 所有元素的原子吸收测定需求，能测量元素周期表中七十余个元素。

第三节　原子吸收光谱法分析条件的选择

一、测定条件的选择

（一）分析线的选择

通常选择主共振线作为分析线（analytical line），但是，并不是一定要选用共振线作为分析线。例如，Hg、As、Se 等的主共振线位于远紫外区，火焰组分对其有明显吸收，故用火焰法测定这些元素时就不宜选择其主共振线作分析线。又如，在分析较高浓度的试样时，可选取灵敏度较低的其他谱线作为分析线，以便得到合适的吸收值来改善校正曲线的线性范围。而对于微量或痕量元素的测定，就必须选用最强的共振线。

（二）狭缝宽度

原子吸收光谱法中，由于吸收线的数目比发射线的数目少得多，谱线重叠的概率大大减少。因此，可使用较宽的狭缝，以增加灵敏度，提高信噪比和降低检出限。对于谱线简单的元素（如碱金属、碱土金属）通常可选用较大的狭缝宽度；对于多谱线的元素（如过渡金属、稀土金属）要选择较小的狭缝，以减少干扰，改善线性范围。合适的狭缝宽度可由实验方法确定。

（三）工作电流的选择

空心阴极灯的工作电流与辐射强度和灯的使用寿命有关。灯电流过低，放电不稳定，谱线输出强度低，吸收信号弱，信噪比较小，测定精密度较差；灯电流过高，发射谱线变宽，灵敏度下降，灯的寿命使用缩短。一般说来，在保证放电稳定和足够光强的条件下，尽量选用低的工作电流，以延长灯的使用寿命。一般商品空心阴极灯均标有最大工作电流和使用电流范围，通常选用最大电流的 1/2~2/3 为工作电流。在实际工作中，通过绘制吸光度-灯电流曲线选择最佳灯电流。

（四）原子化条件的选择

在火焰原子化法中，火焰的选择和调节是保证原子化效率的关键。火焰的类型与燃气和助燃气混合物的流速是影响原子化效率的主要因素。不同火焰的类型，其温度、氧化还原性、燃烧速度和对辐射的透射性等基本特性不同，因而，应根据被测元素的电离电位高低、原子化难易和氧化还原性质来选择火焰的类型。对于分析线在 200 nm 以下的短波区的元素如 Se、P、As 等，由于烃类火焰有明显吸收，不易使用乙炔火焰，宜选用氢火焰。对于易电离元素如碱金属和碱土金属，不宜采用高温乙炔火焰，应采用温度稍低的丙烷-空气或氢气-空气火焰，以防止电离的干扰。反之，对于易形成难离解氧化物的元素如 B、Be、Al、Zr、稀土等，则应采用高温火焰，最好使用富燃火焰。此外，雾化状态、燃气和助燃气比率、燃烧器的高度等均会影响火焰区内基态原子的有效寿命，而直接影响测定的灵敏度。

二、干扰及其消除方法

原子吸收光谱法与其他分析方法相比，具有干扰少、选择性好的特点，但在某些情况下干扰问题仍不容忽视。干扰效应主要有光谱干扰、电离干扰、物理干扰和化学干扰。

（一）光谱干扰

光谱干扰（spectral interference）是指谱线重叠引起的干扰，主要来自于光源和原子化器。

1. 与光源有关的光谱干扰 主要包括谱线重叠干扰和非吸收线干扰。谱线重叠干扰是指在所选光谱通带内，试样中共存元素的吸收线与被测元素的分析线相近，甚至吸收线重叠，对光源发射的谱线产生吸收而产生的干扰。这种干扰使吸光度增加，使分析结果偏高。表 7-3 列举了谱线重叠干扰实例。消除办法是另选灵敏度较高且干扰少的谱线为分析线。例如，测定 Fe 选用共振线 271.903 nm 时，Pt 271.904 nm 吸收线与此有重叠干扰。分析时另选灵敏度较高且干扰少的 Fe 248.33 nm 为分析线，可消除 Pt 的干扰，或用化学方法分离干扰元素。

表 7-3　谱线重叠干扰实例

被测元素共振线（nm）	干扰元素共振线（nm）	火焰类型
Cu　324.754	Eu　324.753	乙炔-氧化亚氮
Fe　271.903	Pt　271.904	乙炔-氧化亚氮
Si　250.689	V　250.690	乙炔-氧化亚氮
Al　308.215	V　308.211	乙炔-氧化亚氮
Mn　403.307	Ga　403.298	乙炔-氧化亚氮
Hg　253.652	Co　253.649	乙炔-空气
Ga　403.298	Mn　403.307	乙炔-空气
Ca　422.673	Ge　422.675	乙炔-空气
Zn　213.856	Fe　213.895	乙炔-空气

非吸收线干扰是指检测器所检测待测元素特征吸收以外的所有吸收信号，其也是与光源有关的光谱干扰，空心阴极灯除了发射待测元素的共振线外，还发射与其邻近的非吸收线，这种情况多见于多谱线元素（如 Fe、Co、Ni 等）。例如，镍的空心阴极灯，在共振线（232.0 nm）附近还有多条镍的发射线，当单色器不能将其分开时，由于这些谱线又不被待测元素镍吸收，将导致测定灵敏度下降。消除办法：减小狭缝的宽度来改善或消除。

2. 与原子化器有关的干扰 这类干扰主要来源于背景吸收（background absorption）。背景吸收干扰是来自原子化器的连续光谱干扰，它包括分子吸收、光的散射、折射和火焰气体的吸收等。一般背景吸收使吸光度增加，导致分析结果偏高。在原子化过程中生成的气体分子、氧化物、盐类等对共振线的吸收，以及微小固体颗粒使光产生散射而引起的干扰。它是一种宽带吸收，干扰比较严重。例如，$NaCl$、KCl、$NaNO_3$ 等在紫外区有很强的分子吸收带；在波长 <250 nm 时，H_2SO_4、H_3PO_4 等有很强的吸收，而 HNO_3、HCl 的吸收较小。因此原子吸收法中常用 HNO_3 与 HCl 的混合液作为试样的预处理试剂。

为了方便校正背景吸收，现代仪器都附有背景校正器。背景吸收校正方法：主要有邻近线校正法、氘灯校正法、塞曼效应校正法等。邻近线背景校正法是用分析线测量原子吸收与背景吸收的总吸光度，再选一条与分析线相近的非吸收线，测得背景吸收。两次测量的吸光度相减，即为扣除背景后原子吸收的吸光度值。氘灯校正法是利用氘灯与锐线光源，采用双光束外光路，斩光器使入射强度相等的两灯发出的光辐射交替地通过原子化器，用锐线光源测定的吸光度值为原子吸收和背景吸收的总吸光度，而用氘灯测定的吸光度仅为背景吸收，两者之差即是经过背景校正后的被测定元素的吸光度值，扣除了背景吸收的干扰。这是因为氘灯发出的连续光谱通过原子化器时，同样被待测原子及背景物质吸收。但是原子吸收共振线的半宽度约为 0.003 nm，而氘灯发射出连续光源的谱带宽度约为 0.2 nm，远远大于待测元素的吸收线，所以待测元素吸收减弱的光强度相对于入射光强度可忽略不计。因此二者之差即为扣除了背景吸收后待测原子的吸光度值。

$$\Delta A = (A_{aH} + A_{bH}) - A_{bD} \tag{7-12}$$

式中，A_{aH}、A_{bH} 分别为空心阴极灯的原子吸收和背景吸收的吸光度，A_{bD} 为氘灯为光源时连续光谱所测定的吸光值，即背景吸收的吸光度。

塞曼效应校正背景是利用在磁场作用下简并的谱线发生裂分的现象进行的。磁场将吸收线分裂为具有不同偏振方向的组分，利用这些分裂的偏振成分来区别被测元素吸收和背景吸收。

（二）电离干扰

电离干扰（ionization interference）是由于被测元素在高温原子化过程中发生电离，使参与吸收的基态原子数减少而造成吸光度下降的现象。元素电离电位越低（如碱金属和碱土金属），火焰温度越高，则电离干扰越严重。加入高浓度的消电离剂（易电离元素），可以有效地抑制和消除电离干扰效应。消电离剂是比待测元素更易电离的元素，它在火焰中首先电离，产生大量的自由电子，从而抑制了待测元素的电离。常用的消电离剂是碱金属元素的盐，如 CsCl、KCl 和 NaCl。例如，测定 Ca 时加入一定量的 KCl 或 NaCl 作为消电离剂，可以消除 Ca 的电离干扰。

（三）物理干扰

物理干扰亦称为基体干扰。是指试样在处理、转移、蒸发和原子化过程中，由于试样物理性质（黏度、表面张力和相对密度）的变化引起吸光度下降的现象。在火焰原子化法中，试液的黏度、表面张力、溶剂的蒸气压、雾化气体压力、取样管的直径和长度等将影响吸光度，如试液的黏度，影响试液喷入火焰的速度；表面张力，影响雾滴的大小及分布；溶剂的蒸气压，影响蒸发速度和凝聚损失等。上述这些因素，最终都影响进入火焰中待测元素的原子数量，因而影响吸光度值大小。在石墨炉原子化法中，进样量大小、保护气的流速等均影响吸光度。

物理干扰是非选择性干扰，对试样中各元素的影响基本上是相似的。配制与被测试样组成相近的对照品或采用标准加入法，是消除物理干扰最常用的方法。若待测元素的含量较高，可适当地稀释，以减少干扰。此外，采用标准加入法和加入基体改进剂也可以消除基体干扰。

（四）化学干扰

化学干扰（chemical interference）是指在溶液或气相中，由于被测元素与其他共存组分之间发生化学反应，生成难离解或难挥发的化合物，从而影响被测元素化合物的离解和降低原子化效率，通常使测定结果偏低。化学干扰是原子吸收分析的主要干扰来源，其具有选择性，消除化学干扰的方法要视情况而定。消除化学干扰常用的有效方法如下。

1. 加入释放剂　释放剂与干扰组分生成比被测元素更稳定或更难挥发的化合物，使被测元素从其与干扰物质形成的化合物中释放出来。例如，磷酸盐干扰 Ca 的测定，当加入 La 或 Sr 之后，La 和 Sr 同磷酸根结合而将 Ca 释放出来，从而消除了磷酸盐对钙的干扰。

2. 加入保护剂　保护剂与被测元素形成稳定、易挥发、易分解和易于原子化的化合物，以防止被测定元素和干扰元素之间的结合，从而消除干扰。例如，磷酸盐干扰 Ca、Mg 的测定，加入 EDTA，它与被测元素 Ca、Mg 形成螯合物，而且螯合物在火焰中易于原子化，从而抑制了磷酸根对 Mg、Ca 的干扰。同样，在铅盐中加入 EDTA，可以消除磷酸盐、碳酸盐、硫酸盐、氟离子、碘离子对测定铅的干扰。加入氟化物，使 Ti、Zr、Hf 和 Ta 转化为含氟化合物，比氧化物更有效原子化，从而提高这些元素测定的灵敏度。一般情况下，使用有机配位剂是有利的，因为有机配位剂在火焰中易于破坏，使与之结合的金属元素能有效原子化。

3. 适当提高火焰温度　本法可以抑制或避免某些化学干扰。例如，采用高温氧化亚氮-乙炔火焰，使某些难挥发、难离解的金属盐类、氧化物、氢氧化物原子化效率提高。对于在低温火焰中易生成难离解的氧化物的元素，可改用还原性富燃火焰，消除 Al 对测定 Mg 的干扰。

如上述方法仍然达不到效果，则需考虑采取预先分离的方法来消除干扰，如采用沉淀法、离子交换法、溶剂萃取等分离方法，将待测组分分离。

第四节　原子吸收光谱法定量分析方法和应用

一、灵敏度和检出限

在微量、痕量甚至超痕量分析中，灵敏度与检出限是评价分析方法与仪器性能的重要指标。

（一）灵敏度

灵敏度（sensitivity, S）为测量值的增量（吸光度）与相应的被测元素浓度（或质量）的增量之比。它表示被测元素浓度或质量改变一个单位时所引起的测量信号吸光值的变化量。由此可见，灵敏度就是工作曲线的斜率，表明吸光度对浓度的变化率，变化率越大，S 越大，方法的灵敏度越高。

$$S = \frac{dA}{dc} = \frac{dA}{dm} \tag{7-13}$$

在原子吸收光谱法中，更习惯用 1%吸收灵敏度表示，也称特征灵敏度（characteristic sensitivity）。其定义为能产生 1%吸收（或吸光度为 0.0044）信号时，所对应的被测元素的浓度或被测元素的质量。1%吸收灵敏度越小，方法灵敏度越高。

1. 特征浓度（characteristic concentration）　在火焰原子化法中，常采用特征浓度表示灵敏度。其定义为产生 0.0044 吸光度时所对应的被测元素的浓度（g/ml 或 μg/g）。计算公式：

$$S_c = \frac{0.0044 \times c_x}{A} \tag{7-14}$$

式中，c_x 为被测元素 x 的浓度（μg/ml 或 μg/g）；A 为多次测得吸光度的平均值。

例如，1.0μg/g 镁溶液，测得吸光度为 0.550，则镁的特征浓度为

$$S_c = \frac{0.0044 \times 1.0}{0.550} = 0.0080 (\mu g / g)$$

2. 特征质量（characteristic mass）　在石墨炉原子吸收法中，采用特征质量表示灵敏度。其定义为产生 0.0044 吸光度所对应的被测元素的质量（g 或 μg）。计算公式：

$$S_m = \frac{0.0044 \times m_x}{A} = \frac{0.0044 \times c_x V}{A} \tag{7-15}$$

式中，m_x 为被测元素 x 的质量；A 为多次测得吸光度的平均值；c_x 为被测元素在试液中的浓度（g/ml 或 μg/g）；V 为试液进样的体积（ml）。显然特征浓度或特征质量越小，测定的灵敏度越高。

（二）检出限

检出限是在给定的分析条件和某一置信度下可被检出的最小浓度或最小量。只有被测量达到或高于检出限（detection limit, D），才能可靠地将有效分析信号与噪声区分开。通常以空白溶液测量信号的标准偏差（σ）的 3 倍所对应的被测元素浓度（μg/ml 或 μg/g）或质量（g 或 μg）来表示。计算公式：

$$D_c = \frac{3\sigma c_x}{A} \tag{7-16}$$

或

$$D_m = \frac{3\sigma m_x}{A} = \frac{3\sigma c_x V}{A} \tag{7-17}$$

式中，c_x、m_x、V、A 与灵敏度中含义相同；σ 为空白溶液进行至少 10 次连续测定所得的吸光值（噪

声或空白值），求其标准偏差。

检出限比灵敏度具有更明确的意义，它考虑到了噪声的影响，并明确指出了测定的可靠程度。由此可见，降低噪声，是改善检出限的有效途径。因此对于一定的仪器，优化分析条件，可以降低噪声水平。

二、定量分析方法

在一定浓度范围内（稀溶液），吸光度与浓度成正比是原子吸收光谱法的定量分析基础。常用的定量分析方法有标准曲线法、标准加入法、内标法和直接比较法。其中最常用是标准曲线法和标准加入法。

（一）标准曲线法

在仪器推荐的浓度范围内，配制合适的系列标准溶液，浓度依次增加，并分别加入相应试剂，必要时加入一定的干扰抑制剂及基体改进剂，同时以相应试剂制备空白对照溶液。依次测定空白对照液和各浓度对照品溶液的吸光度 A，每个溶液至少测定 3 次，并取平均值。以测得的吸光值 A 为纵坐标，浓度 c 为横坐标，绘制 A-c 标准曲线，或进行线性回归，得回归方程。在相同条件下，测定被测试样的吸光度，由工作曲线或回归方程可求得试样中被测元素的浓度或含量。

在实际分析中，有时出现标准曲线弯曲现象。即在待测元素浓度较高时曲线向浓度坐标弯曲。因此使用本法时要注意以下几点。①标准溶液和试样溶液的吸光值应落在工作曲线的线性范围内及控制在 0.2～0.8；②标准溶液与试样溶液都应用相同的溶剂处理；③应以空白溶液作参比；④实验条件要一样。

标准曲线法简便、快速，适用于组成简单的大批量样品分析，不适用于基体复杂样品。

（二）标准加入法

当试样组成复杂或组成不确定，且试样基体干扰较大，又没有空白基体，或测定纯物质中极微量的元素时，可以采用标准加入法（standard addition method）。在实际工作中标准加入法多采用作图法，又称直线外推法。操作方法：取若干份（$n \geq 4$）等量待测液分别置于 n 个容量瓶中，其中一份为不加被测元素对照品溶液，其余分别精密加入不同浓度的被测元素对照品溶液，最后稀释至相同的体积，制成加入对照品溶液从零开始递增的一系列溶液：c_x+0、c_x+c_s、c_x+2c_s、$\cdots$、c_x+nc_s。在相同条件下分别测得它们的吸光度为 A_0、A_1、A_2、$\cdots$、A_n。将吸光度 A 与相应的被测元素加入量作图，

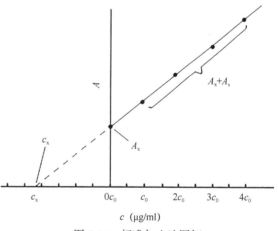

图 7-11　标准加入法图解

得图 7-11 所示直线。延长此直线至与 X 轴的延长线相交，此交点与原点间的距离，即截距相当于供试品溶液中被测元素的含量，亦可由回归方程计算含量。

使用标准加入法时应注意：①加入标准溶液量应与待测元素的含量在同一数量级，且使测定浓度应在 A-c 工作曲线的线性范围内；②应进行试剂空白的扣除；③该方法只是消除分析中的基体效应干扰，而不能消除其他干扰，如分子吸收、背景吸收等；④对于斜率太小的曲线（即灵敏度差），容易引进较大的误差。

（三）内标法

内标法（internal standard method）是在对照品溶液和试样溶液中分别加入一定量的试样中不存

在的第二种元素作内标元素，同时测定这两种溶液的吸光度比值 $A_s/A_内$，$A_x/A_内$。然后绘制 $A_s/A_内$-c 工作曲线。A_s、$A_内$分别为对照品溶液中被测元素和内标元素的吸光度，c 为对照品溶液中被测元素的浓度。再根据试样溶液的 $A_x/A_内$，从工作曲线上即可求出试样中被测元素的浓度。

内标元素应与被测元素在原子化过程中具有相似的特性。内标法可消除在原子化过程中由于实验条件（如燃气及助燃气流量、基体组成、表面张力等）变化而引起的误差。但内标法的应用需要使用双波道型原子吸收分光光度计。

（四）直接比较法

直接比较法是常用的简单方法之一，适用于样品数量少，浓度范围低的情况。为了减少测量误差，要求试样溶液的浓度 c_x 和标准溶液的浓度 c_s 相近。其计算公式如下：

$$c_x = \frac{A_x c_s}{A_s} \tag{7-18}$$

三、原子吸收光谱法的应用

原子吸收光谱法广泛应用于药物、食品、水样品、化妆品及环境等试样中金属和类金属的测定，因而其在分析领域占有重要的地位。

1. 空心胶囊铬的测定 胶囊为动物的胶原蛋白不完全酸水解、碱水解或酶降解后纯化得到的明胶制品，或为上述三种不同明胶制品的混合物。《中国药典》（2020 年版）规定空心胶囊中含铬不得过百万分之二。推荐分析方法以石墨炉为原子化器、原子吸收光谱法测定。

2. 药用植物中微量元素分析 微量元素的含量与药物的药效有直接的关系，是原子吸收光谱技术在药物分析应用最早也是最广泛的领域。药理学研究表明，微量元素在中药材药效发挥过程中的协同作用不可忽视。有文献报道银杏和绞股蓝成熟青叶中的微量元素分析，采用原子吸收分光光度法同时测定 Se、Ge、Cu、Zn、Fe、Mn 6 种微量元素，方法简便快速。

3. 在生物样品分析中的应用 元素含量水平可为机体健康水平、职业中毒诊断、地方病的防治与诊断提供重要的参考指标。血、尿和头发中 Zn、Cd、Pb、Cr、Se 等均可用原子吸收光谱法测定，是国家推荐的标准。

4. 在食品分析中的应用 食品中的微量元素与人体的健康密切相关，而某些人体必需的微量元素，适量摄入对人体有益。但若其中重金属含量超标，食入会对人体造成伤害。食品是环境中重金属转移至人体的重要载体。因此对于食品中微量元素和有毒金属元素，如 Cu、Zn、Fe、Al、Ca、Hg、Cd、Pb、Cr 皆可用原子吸收光谱法测定，原子吸收光谱法并已成为国家的标准方法或推荐的标准方法。

5. 在水质分析中的应用 水是生命之源，水的安全直接关系到人类的健康和经济的可持续发展。GT/T 5750.6—2006《生活饮用水标准检验方法金属指标》中，对于生活饮用水及其水源水中 Cu、Fe、Mn、Zn、Cd 和 Pb 测定方法，规定采用原子吸收光谱法。

第五节 原子发射光谱法简介

原子发射光谱法是利用物质在热激发或电激发下，待测元素的原子或离子发射特征光谱，根据谱线的波长及强度，对元素进行定性与定量分析的方法。当处于基态的原子受到辐射能、热能（火焰）或电能激发时，原子外层电子由基态跃迁到激发态，处于激发态的电子很不稳定，在极短时间内返回各较低能态或基态时发射出特征光谱，从而对元素进行定性和定量。

原子发射光谱法比原子吸收光谱法早了约 80 年，早在 20 世纪 50 年代原子发射光谱法曾是测定金属元素的主要手段。但由于其存在基体效应、灵敏度低和精密度差等问题，在接下来的 20 年中几乎处于停滞状态。原子发射光谱法的发展很大程度上依赖于激发光源的改进。20 世纪 60 年代中期，Fassel 和 Greenfied 引入了电感耦合等离子体作为激发光源，创立了原子发射光谱新技术，电感耦合等离子体原子发射光谱法（inductively coupled plasma atomic emission spectrometry，ICP-AES）被誉为发射光谱发展新的里程碑，标志着原子发射光谱分析技术又进入一个崭新的发展时期。目前 ICP-AES 已成为多元素的同时分析的主要手段。

ICP-AES 的主要特点：①应用范围广，可对 70 多种元素进行分析，且可以进行多元素的同时测定；②线性范围宽，高达 6～7 个数量级，即同时能测定高含量和低含量的元素；③灵敏度高，检出限低，可达 0.1～100 ng/ml；④分析速度快，样品用量少。

一、原子发射光谱基本原理

（一）原子发射谱线的波长

不同元素的原子结构和外层电子排布不同，发射谱线的波长取决于电子跃迁前后两个能级之差，所以发射的谱线波长与能级能量变化关系：

$$\Delta E = E_j - E_i = h\nu = \frac{hc}{\lambda} \tag{7-19}$$

式中，E_j 和 E_i 分别为高能级和低能级的激发能；c 为光速；h 为普朗克常数；λ 为波长。

由于不同元素的原子结构和核外电子排布不同，原子在被激发后，其外层电子不同的跃迁产生一系列不同波长的特征光谱线，且是线状光谱。这些特征光谱线对元素具有特征性和专一性，因此，光谱中各谱线的波长作为元素定性分析依据，这些谱线的强度与试验中该元素的含量有关，因此谱线的强度是元素定量分析的依据。

（二）谱线的强度与待测物质的浓度关系

谱线的强度 I 与原子单位时间内发生跃迁的次数（跃迁概率 A）、激发态的原子总数 N_j 和跃迁能量差 ΔE 成正比：

$$I = A \cdot N_j \Delta E \tag{7-20}$$

将式（7-19）代入式（7-20）得

$$I = A N_j h\nu \tag{7-21}$$

在一定温度下的热力学平衡体系中，激发态原子数 N_j 与基态原子数 N_0 之间遵循玻尔兹曼分布定律：即

$$\frac{N_j}{N_0} = \frac{g_j}{g_0} e^{-\frac{E_j - E_0}{KT}}$$

$$N_j = N_0 \frac{g_j}{g_0} e^{-\frac{\Delta E}{KT}} \tag{7-22}$$

式中，g_j、g_0、E_j、E_0、T 和 K 这些物理参数同第一节中所述。将式（7-22）代入式（7-21）得

$$I = A h\nu N_0 \frac{g_j}{g_0} e^{-\frac{\Delta E}{KT}} \tag{7-23}$$

由式（7-23）可知，谱线的强度取决于如下几方面。①激发能。谱线强度与激发能呈负指数关系。激发能越大，谱线强度越小。激发能最低的共振线是强度最强的线。②跃迁概率 A。谱线强度与跃迁概率 A 成正比。③激发温度。激发温度升高时，可以增加被激发原子数，使谱线强度增强，但超过一定温度后，原子的电离增多，谱线的强度反而减弱。因此每条谱线有其最适合的激发温度。④统计权重。谱线强度与激发态和基态的统计权重之比 g_j/g_0 成正比。⑤基态原子数。谱线强度与基态原子数目成正比。在特定的实验条件下，基态原子数与试样中被测元素的浓度成正比，因此谱线强度与被测元素的浓度呈一定关系。

在选定的实验条件下，原子发射光谱强度与物质浓度的关系符合罗马金-赛伯（Lomakin Schiebe）经验公式：

$$I = ac^b \qquad (7\text{-}24)$$

式中，I 为谱线的强度；a 为与试验条件等有关的常数，其与光源类型、工作条件、激发过程等因素有关；c 为元素浓度；b 为自吸系数（≤ 1），当待测元素含量很低时，谱线自吸吸收很小，b 等于 1。在一定条件下，原子发射谱线的强度与待测元素的含量成正比。若有自吸时，$b<1$，将式（7-24）转化为对数形式，则：

$$\lg I = b \lg c + \lg a \qquad (7\text{-}25)$$

$\lg I$ 与 $\lg c$ 呈线性关系。当试样中浓度较大时，出现自吸或自蚀。

（三）谱线自吸和自蚀

1. 自吸　在发射光谱及吸收光谱中，在光源中谱线的辐射是从光源发光区域的中心轴辐射出来的，它将通过周围空间一段路程，然后向四周空间发射。发光层四周的蒸气原子，一般比中心原子处于较低的能级，当辐射能通过发光层周围的蒸气原子时，被其同种基态原子所吸收，使谱线中心强度减弱的现象。元素浓度低时，不出现自吸。随浓度增加，自吸越严重。

2. 自蚀　当浓度增大到一定值时，谱线中心完全吸收，从而使原来的一条谱线如同分裂成两条谱线，这个现象称为自蚀。

二、电感耦合等离子体发射光谱仪

原子发射光谱仪主要由激发光源、进样系统、分光系统、检测系统、数据采集和处理系统组成。

（一）激发光源

光源是原子发射光谱仪的核心部件，其主要作用是为分析试样中待测元素的解离、原子化、跃迁和原子激发发光提供能量。激发光源有电感耦合等离子体、电火花和激光探针等。根据不同样品的需求，选择不同的激发光源，以提高分析的灵敏度和准确性。电感耦合等离子体光源凭借着其高灵敏度、稳定性好、成本低等优势，成为目前原子发射光谱分析中应用最广泛的光源之一。本节重点介绍电感耦合等离子体光源。

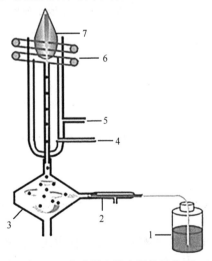

图 7-12　电感耦合等离子体结构图

1. 样品溶液；2. 雾化品；3. 雾化室；4. 等离子气（辅助气，Ar）；5. 冷却气（Ar）；6. 高频线圈；7. 等离子体

1. 电感耦合等离子体　电感耦合等离子体结构示意图如图 7-12 所示。通常它是由高频发生器、等离子体炬管和供气系统组成，如图 7-12 所示。高频发生器的作用是产生高频磁场，供给等离子体能量。频率一般为 30～40 Hz，最大输出功率 2～4 kW。

（1）电感耦合等离子体的形成：将等离子体炬管置于感应耦合线圈中心，当高频电流通过线圈时，为线圈提供固定频率的高频能量，并产生强烈的环形磁场，对等离子体炬管进行高频感应加热。在引入氩气 Ar 时，用微电火花使管内气体（Ar）电离，产生电子 e 和 Ar^+，电子和离子因受管内磁场的作用形成感应涡流，强大的电流产热后持续加热气体，进而不断产生火焰状等离子体。当载气将已雾化成气溶胶的试样带入等离子体时，在高温的等离子体和惰性气体的环境下，发生蒸发、电离、激发、跃迁，随后发射出所含元素的特征谱线。

（2）等离子体炬管：炬管是一个三层同心石英管。外管通入冷却气（Ar），作用是冷却等离子体，防止石英炬管被熔化；中管通入辅助气（Ar），作用是维持等离子体；内管的内径1～2 mm，由载气将试样气溶胶从内管引入等离子体，管口常采用锥形结构，使喷雾效果更佳。

电感耦合等离子体焰炬分为三个区域：焰心区、内焰区和尾焰区。火焰底部的白色不透明区域称为焰心区，是高频电流形成的涡流区，该区温度高达10 000 K，电子密度很高。试样气溶胶通过这一区域时被预热、挥发溶剂和蒸发溶质，因此这一区域又称为预热区。焰心区上方呈蓝色半透明状的区域称为内焰区，温度为6000～8000 K，是待测物质原子化、激发、电离与辐射的主要区域，因此该区域又称为测光区。位于内焰区上方无色透明区域称为尾焰区，其温度较低，在6000 K以下，只能激发低能级的谱线。

（3）供气系统：工作气体一般为氩气，这是因为氩气易于形成稳定的等离子体，所需的高频功率较低，即易于点火。同时氩气是单原子惰性气体，性质稳定，且不与试样形成难解离的化合物。氩气在矩管中气流分为三路，分别起着不同的作用，即冷却气、辅助气和载气。①冷却气：又称等离子气，流量为10～20 L/min，主要功能是保持等离子体表面冷却，隔离等离子体和外石英管内壁，保护石英炬管不被高温熔化。②辅助气：流量为0.5～2 L/min，沿着切线方向通入中管和内管之间，作用是点燃等离子体，并维持等离子体底部与内管保持一定的距离，以保护内管。③载气：又称为喷雾气，流量为0.2～2 L/min，主要功能使样品溶液形成气溶胶，并将气溶胶引入电感耦合等离子体，使其发生蒸发-原子化-激发或电离。

（二）进样系统

电感耦合等离子体的进样方式按照样品状态分为液体进样、氢化物进样和固体进样。液体进样目前应用最广泛，是一种气溶胶进样系统，即将试样从液体状态转换为气溶胶状态后进入电感耦合等离子体。此系统由雾化器和去溶剂装置组成，其中雾化器是核心部件，主要分为气动式和超声波式，后者更常用。超声波雾化器是利用超声波振动的空化作用把溶液雾化成气溶胶。因这种方式产生的雾滴比气动式要细很多，使得引入等离子体中的样品利用率大大提高。氢化物发生器多用于气体样品的进样，其原理为将待测样品生成挥发性氢化物后再进行检测。固体进样方式分为直接粉尘进样、气化进样和悬浮物进样等，应用较少。

（三）分光系统

分光系统的作用是将光源产生的复合光转变为单色光。电感耦合等离子体光源是一种很强的激发光源，辐射出丰富的发射谱线，所以要求仪器有更高的分辨率。常用的色散元件是光栅，其有以下三种：全息光栅、离子刻蚀全息光栅和中阶梯光栅。中阶梯光栅因刻线少、闪耀角大，可获得高级数光谱。以中阶梯光栅分光系统的全谱直读型光谱仪占主要地位。其具有光谱范围大，色散率大，分辨率高等特点。

（四）检测系统

检测系统是将辐射转换为电信号而进行检测。检测系统的两大核心部件是光电转换元件和放大读数器。光电转换元件分为光电倍增管和电荷转移器件（charge transfer device，CTD）两种。作为检测器，光电倍增管每次只能测定一次谱线强度，若同时测定多条谱线强度，需分时测量，不仅费时费力，还增加了误差。相比之下，CTD既能够同时测定多条谱线，又能与计算机系统结合，快速处理光谱信息，极大地提高了发射光谱分析的速度。CTD包括CCD和电荷注入器件（CID）两种。CTD由光敏单元、转移单元和电荷输出组成，构造简单，尺寸可变，易于商品化，应用广泛。

（五）数据采集和处理系统

数据采集和处理系统由专用的计算机系统完成，其作用是对光学系统和检测系统进行控制，对分析数据进行处理、存储和传输。计算机系统要求能够快速、稳定地实现自动化操作和监控。

三、仪器类型

电感耦合等离子体光谱仪为光电直读光谱仪,是利用光电检测系统将谱线的光信号转化为电信号,并通过计算机处理得到分析结果,主要分为多道直读电感耦合等离子体发射光谱仪、单道扫描电感耦合等离子体发射光谱仪和全谱直读电感耦合等离子体发射光谱仪。前两种仪器的检测器为光电倍增管,后一种以电荷转移器件作为检测器。

(一)多道直读电感耦合等离子体发射光谱仪

多道直读电感耦合等离子体发射光谱仪如图 7-13 所示,从光源发出的光经透镜聚焦后,照到入射狭缝成像并投射到凹面的光栅,经光栅衍射后的单色光按波长不同,分别照射到安置不同波长出射狭缝上,经光电倍增管检测各波长的光强度后用计算机进行数据的处理。每一个出射狭缝与一个光电倍增管构成一个光的通道,每一条通道可接受一条特征谱线。该类仪器可安装多达 70 个固定的出射狭缝和光电倍增管,可接受多种元素的谱线。其优点是同时测定多种元素、分析速度快、分析精度高、稳定性好,可检测较宽的波长范围,适用于固定元素的快速定性和定量分析。其缺点是由于仪器出射狭缝固定,出射狭缝间存在一定距离,不易于测定波长相近的谱线;受环境影响较大,成本高等。

(二)单道扫描电感耦合等离子体发射光谱仪

单道扫描电感耦合等离子体发射光谱仪是一种灵活而价廉的光谱仪,如图 7-14 所示。这类光谱仪只有一个出射狭缝构成一个通道,该通道可以移动,出射狭缝在光谱仪的焦面上扫描移动,在不同的时间能够检测不同波长的谱线。光源发出的光通过入射狭缝,投射到一个可转动光栅上,经光栅色散后,当平面光栅转动至固定位置时,只有某一特定波长的谱线能通过出射狭缝,接着投射到光电倍增管上进行检测。相比于多道直读电感耦合等离子体发射光谱仪,该类型仪器波长选择更灵活,分析范围更广,适用于较宽的波长范围。但存在分析速度慢,工作效率低等问题。

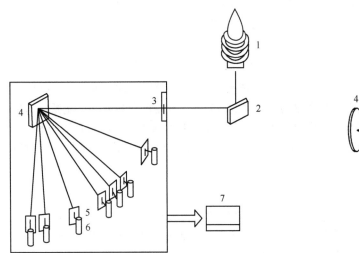

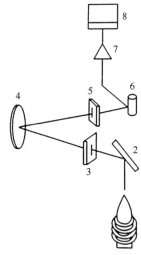

图 7-13 多道直读电感耦合等离子体发射光谱仪示意图
1. 电感耦合等离子体光源;2. 反射镜;3. 入射狭缝;4. 光栅;
5. 出射狭缝;6. 光电倍增管;7. 工作站

图 7-14 单道扫描电感耦合等离子体发射光谱仪示意图
1. 电感耦合等离子体光源;2. 反射镜;3. 入射狭缝;4. 光栅;
5. 出射狭缝;6. 光电倍增管;7. 放大器;8. 读数系统

(三)全谱直读电感耦合等离子体发射光谱仪

全谱直读电感耦合等离子体发射光谱仪又称为中阶梯光栅光谱仪,采用中阶梯光栅分光系统和阵列检测器,可检测 165～800 nm 内的全部谱线,在短时间内可测定试样中多达 70 种元素。

如图 7-15 所示，该仪器由两个光栅、两个检测器组成。与前两类仪器相比，该仪器克服了它们分析速度慢的缺点，具有结构紧凑、稳定性好、分析速度快，可同时测定多元素及任意的选择分析谱线等特点。

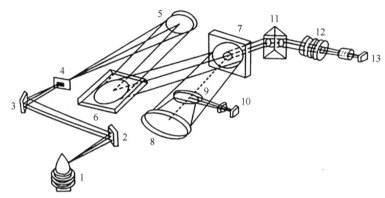

图 7-15　全谱直读电感耦合等离子体发射光谱仪示意图

1. 电感耦合等离子体光源；2、3. 反射镜；4. 入射狭缝；5. 准直镜；6. 中阶梯光栅；7. 光栅；8、9. 反射镜；
10. 紫外区 CCD 检测器；11. 棱镜；12. 透镜；13. 可见光区 CCD 检测器

四、电感耦合等离子体质谱仪

电感耦合等离子体质谱仪（inductively coupled plasma mass spectrometry，ICP-MS）是 20 世纪 80 年代发展起来的无机元素和同位素分析测定的仪器，能够实现元素及对应同位素的痕量和超痕量分析，目前已广泛应用于生命科学、材料科学及医学等研究领域。

ICP-MS 由进样系统、电感耦合等离子体离子源、质量分析器和检测器组成。其原理为样品在雾化为气溶胶后，气溶胶随着惰性气体（氩气流）进入电感耦合等离子体中，利用在电感线圈上施加的强大功率的高频射频信号在线圈内部形成高温等离子体，等离子的高温使样品蒸发、原子化和电离。离子化的元素进入到真空质谱仪中，通过质量分析器选择不同质核比（m/z）的离子，完成对元素离子的分离。最后由检测器将离子转化为电子脉冲，然后由积分测量计数，结果以谱图的形式表现。由于在该条件下化合物分子结构已被破坏，因此该仪器仅适用于元素分析。

1. 离子源　ICP-MS 离子源与 ICP-AES 类似，要求试样以气体、蒸气或气溶胶的形式进入等离子体，在等离子体内产生离子喷射流。液体样品进样后，通过蠕动泵送入雾化器，气动雾化器产生气溶胶，由载气带入后喷入等离子焰炬。对于固体样品，可利用激光燃烧或悬浮液雾化等方法，直接进行分析。

ICP-MS 离子源的特点：①可在大气压条件下进样，无须真空；②在高温下，试样可完全分解气化，离子化效率极高；③元素所产生的单电荷离子，能量分散较小。

2. 接口装置　由于电感耦合等离子体在大气压条件下运行，而质量分析器在真空条件下运行，为了离子进入质谱检测器时不破坏其真空条件，在电感耦合等离子体焰炬和质量分析器之间设置了接口装置。接口装置是 ICP-MS 的核心部件，主要包括采样锥和截取锥。等离子体直接打到采样锥上，采样锥对通过中心部分等离子体的气体进行分离，只允许富含样品离子的气体进入接口区域。进入采样锥的离子气体会经过截取锥，对最初来自等离子体的气流进行约束，经离子透镜聚焦形成一个方向的离子束进入质量分析器。

3. 质量分析器与离子检测器　ICP-MS 质量分析器通常为四极杆质量分析器，可以实现质谱扫描功能。离子检测器通常使用光电倍增管或电子倍增器，作用是接收被质量分析器分离的离子，同时将离子信号转化为电信号，经放大后，传递至计算机数据处理系统，得到分析物的质谱图和数据。

五、原子发射光谱法的定性和定量分析

（一）定性分析

其是根据原子发射光谱中各元素的特征谱线确定供试品中是否含有相应的元素。定性方法主要有两种：标准试样光谱比较法和铁谱比较法。

1. 标准试样光谱比较法 当对少数指定元素进行定性时，在相同的条件下将待测元素的纯物质与分析样品一起摄谱于感光板上，比较纯物质与样品的图谱，若样品中有谱线和标准品的谱线出现在同一波长位置，则说明样品中存在该元素。要确认试样中存在某个元素，需要在试样光谱中找出三条或三条以上该元素的灵敏线，并且谱线之间的强度关系是合理的；只要某元素的最灵敏线不存在，就可以肯定试样中无该元素。

2. 铁谱比较法 如对复杂组分进行全定性分析，则需采用铁光谱比较法。该方法是将其他元素的谱线标记的铁谱上，以铁谱为标准（波长标尺）进行光谱比较。铁的谱线很多，在210～660 nm波长内，其有4600条谱线，谱线相距很近，且每条谱线的波长都做过精确的测定。将铁的光谱图作为基准波长表，将各元素的灵敏波长标于此图中，构建一个标准图谱，如图7-16所示。定性分析时，将试样和纯铁并列摄取图谱，所得铁谱与标准铁的光谱图对准，若待测样品中有谱线与标准铁谱中所标记的元素灵敏线吻合，确认试样中存在该元素。

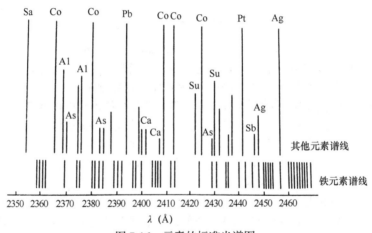

图 7-16　元素的标准光谱图

（二）定量分析

ICP-AES 的定量分析依据是谱线的强度和浓度关系式（7-24）和式（7-25）。根据试样光谱中待测元素的谱线强度来确定元素浓度，定量方法主要有标准曲线法和内标法。

1. 标准曲线法 配制系列待测元素的标准溶液（不小于 3 个），将试样和标准溶液在相同的实验条件下，测量分析线的强度或分析线对的强度，用强度或强度的对数值对浓度或浓度对数值绘制标准曲线，并由该标准曲线或回归方程求试样中被测元素的含量。

2. 内标法 为了抑制基体效应，提高测定精密度，原子发射光谱法常用内标法进行定量分析。其是利用待测元素分析线强度与内标元素分析线强度的比值进行定量分析。方法如下：在分析元素的谱线中选择一条谱线，称为分析线；然后在样品中加入已知的、低浓度的其他元素，内标元素谱线中选择一条谱线，称为内标线，所选用的分析线与内标线的组合叫作分析线对。设待测元素的浓度为 c，分析线的强度为 I，内标线的强度为 I_0，则有

$$I = ac^b \qquad\qquad (7\text{-}26)$$

对于内标元素：

$$I_0 = a_0 c_0^{b_0} \qquad\qquad (7\text{-}27)$$

两式相除得分析线和内标线的绝对强度之比，即相对强度 R，则

$$R = \frac{I}{I_0} = \frac{ac^b}{a_0 c_0^{b_0}} \tag{7-28}$$

内标元素浓度不变和一定实验条件下，$\dfrac{a}{a_0 c_0^{b_0}}$ 为一常数，令 $K = \dfrac{a}{a_0 c_0^{b_0}}$，则式（7-28）变为

$$R = \frac{I}{I_0} = Kc^b$$

$$\lg R = b\lg c + \lg K \tag{7-29}$$

上式为内标法定量的基本关系式，根据式（7-29）可绘制工作曲线和回归方程，根据样品信号值求待测元素的含量。内标法能消除各种物理干扰，但无法校正化学干扰和谱线干扰。

六、原子发射光谱法应用

ICP-AES 具有高通量、快速准确、耗样量小，可同时测定不同浓度级的多种元素等特点。ICP-MS 凭借高灵敏度、低检出限、宽线性范围、多元素同时分析等优势，成为元素形态分析中最为广泛运用的技术之一。近年来，ICP-MS 和 ICP-AES 分析法已广泛应用于医药、环境、食品、化工等领域。

> **ICP-MS 法在中药材中重金属及有害元素的分析的应用**
>
> 中草药以其独特的疗效及丰富的资源，一直在临床用药中被广泛应用。近年来，由于各种环境因素的影响，使中药材受到污染，其用药安全问题引起广泛关注。重金属元素残余是评价中药材及饮片安全性的重要指标，其污染是影响中药材走向世界的主要因素之一，相关标准的制定与检测方法的完善是亟待解决的问题。而 ICP-MS 和 ICP-AES 广泛运用于中药材中重金属及有害元素的分析，如应用 ICP-MS 法测定根茎类中药材黄芪、三七、黄精、党参、白芷、天麻、葛根、当归中 Pb、As、Hg、Cd、Cu 5 种重金属元素含量，应用微波消解法对 8 个品种共 38 批次中药材进行前处理后，采用 ICP-MS 技术同时测定上述 5 种重金属元素。为中药的质量安全、风险评估和产品监管提供技术支持。

1. 中药材中重金属监测 中药材中重金属含量超标已成为影响传统中药走向世界的重要问题。近年来，ICP-MS 和 ICP-AES 越来越受到重视，该方法在中药微量元素分析中已被广泛应用，如应用 ICP-MS 同时测定根茎类中药材中 Pb、As、Hg、Cd、Cu 等重金属元素。该方法对大多数中药材（果实类、根茎类、叶草类）均适用，满足同时测定中药材中痕量重金属元素分析的要求，为中药材的安全性评价提供可靠的技术手段。

2. 环境监测 早在 20 世纪 90 年代，一些发达国家就将 ICP-AES 分析法作为环境监测的标准方法或推荐方法。中国国家环境保护总局组织出版的《水和废水监测分析方法》（第四版）中，将 ICP-AES 方法列为 B 类方法。根据国家标准《工业废液处理污泥中铜、镍、铅、锌、镉、铬等 26 种元素含量测定方法》（GB/T 36690—2018）规定，采用 ICP-AES 法检测工业废液处理污泥中 Pb、Cr、Zn、Cd、Cu 和 Ni 等 26 种元素。

3. 食品分析 食品中元素分析包括营养元素和有害元素的分析。例如，粮油谷物中的元素分析，根据国家标准（GB/T 35871—2018）和（GB/T 35876—2018）规定，采用 ICP-AES 对谷物及其制品中 Ca、Mg、Na、Zn、Cu、Mn、Cr 等元素进行分析检测。

思 考 题

1. 原子吸收光谱仪为什么可以用短弧氙灯连续光源作为光源？

2.《中国药典》（2020年版）规定空心胶囊中含铬不得过百万分之二。某实验室对胶囊中铬含量测定按药典方法具体操作和实验结果如下。精密称取本品 0.452 g，加硝酸微波消解。消解完全后，取消解内罐置电热板上缓缓加热至红棕色蒸气挥尽并近干，用 2%硝酸溶液转入 50 ml 聚四氟乙烯容量瓶中，并稀释至刻度，摇匀，作为供试品溶液；另取铬单元素标准溶液，用 2%硝酸溶液稀释制成每 1 ml 中含铬 1.0 μg 的铬标准储备液，临用时，分别精密量取适量，用 2%硝酸溶液制成每 1 ml 含铬 10 ng 的对照品溶液。取供试品溶液与对照品溶液，以石墨炉为原子化器，照原子吸收分光光度法，在 357.9 nm 的波长处测定 3 次，得供试液和对照品溶液 3 次吸光值平均值分别为 0.052 和 0.060，求：①空心胶囊中铬含量。②判断本批次空心胶囊中铬含量是否超标。

3. 应用原子吸收分光光度法的标准加入法测定自来水中镁的含量。取一系列镁对照品溶液（1.00 μg/ml）及自来水样于 50 ml 容量瓶中，分别加入 5%锶盐溶液 2ml 后，用蒸馏水稀释至刻度，测得吸光度如表 7-4。计算自来水中镁的含量（mg/L）。

表 7-4　镁对照品溶液和自来水样测得对应吸光度

| | 对照品溶液序号 | | | | | | 自来水样 |
	1	2	3	4	5	6	
镁对照品溶液体积（ml）	0.00	1.00	2.00	3.00	4.00	5.00	20.00
吸光度	0.043	0.092	0.135	0.187	0.234	0.282	0.135

4. 原子吸收分光光度法测定大米中镉元素，请简单设计实验方案。

5. 应用电感耦合等离子体发射光谱法，测定当归、黄芪 2 种中药材中铅（Pb）、镉（Cd）、铜（Cu）、砷（As）含量，请简单设计实验方案。

（福建医科大学　黄丽英）

第八章 核磁共振波谱法

本章要求

1. 掌握 核磁共振氢谱（^{1}H-NMR）和核磁共振碳谱（^{13}C-NMR）图谱的解析及简单有机化合物的结构解析方法。

2. 熟悉 核磁共振产生的条件及基本原理；化学位移产生的原因及影响因素；自旋耦合、耦合裂分的机制及耦合常数；影响化学位移的因素；常见基团的 ^{1}H 核的化学位移。

3. 了解 核磁共振谱的发展过程，仪器特点和原理；核磁共振碳谱的概念及特点；二维核磁共振谱的概念及特点；核磁共振的应用。

第一节 核磁共振原理

在外磁场的作用下，用波长 10～100 m 无线电频率区域的电磁波照射分子，可引起分子中原子核的自旋能级跃迁，使原子核从低能态跃迁到高能态，吸收一定频率的射频，即产生核磁共振（nuclear magnetic resonance，NMR）。以吸收信号的强度对照射频率（或磁场强度）作图即为核磁共振波谱图。利用核磁共振波谱进行结构测定、定性及定量分析的方法，称为核磁共振波谱法（nuclear magnetic resonance spectroscopy）。

在有机化合物结构研究中，应用最多的是核磁共振氢谱（^{1}H-NMR，简称氢谱）和核磁共振碳谱（^{13}C-NMR，简称碳谱）。现如今，核磁共振已经成为有机化合物结构鉴定领域极为重要的方法，在化学、药学、医学、生命科学等领域得到了广泛应用。

1. 原子核的自旋与磁矩 由于原子核是带电荷的粒子，若有自旋现象，即产生磁矩。物理学的研究证明，各种不同的原子核，自旋的情况不同，原子核自旋特征可用自旋量子数 I 表征（表 8-1）。

表 8-1 各种原子核的自旋量子数

质量数	原子序数	自旋量子数 I
偶数	偶数	0
偶数	奇数	1、2、3、…
奇数	奇数或偶数	1/2、3/2、5/2、…

原子序数等于该原子核内质子数，相对原子质量等于该原子的质子数和中子数之和。对于质子数与中子数均为偶数的原子核来讲，自旋量子数 I 为 0，自旋量子数等于零的原子核有 ^{16}O、^{12}C、^{32}S、^{28}Si 等。实验证明，这些原子核没有自旋现象，因而这些核的磁矩为零，不产生共振吸收谱，故不能用核磁共振来研究。同理，自旋量子数等于 1 或大于 1 的原子核：I = 1 的有 ^{2}H，^{14}N；I = 3/2 的有 ^{11}B，^{35}Cl，^{79}Br，^{81}Br 等；I = 5/2 的有 ^{17}O，^{125}I 等。这类原子核核电荷分布可看作一个椭圆体，电荷分布不均匀。它们的共振吸收常会产生复杂情况，目前在核磁共振的研究上应用还很少。

自旋量子数等于 1/2 的原子核有 ^{1}H，^{19}F，^{31}P，^{13}C 等。这些核可以看作一个电荷均匀分布的球体，并像陀螺一样自旋，故有磁矩形成，适用于核磁共振实验。

2. 磁性原子核在外加磁场中的行为特性 原子核的自旋运动通常是随机的，因而自旋产生的核磁矩在空间随机无序排列、相互抵消，在一般情况下对外不呈现磁性。但当把自旋核置于外加静磁场中时,核的磁性将会在外加磁场的影响下表现出来。在外加磁场强大的磁力作用下,无数个核磁矩 μ 将由原来的无序随机排列状态趋向有序的排列状态,最终使每个核的自旋空间取向趋于整齐有序。

(1)空间量子化:自旋运动的原子核具有自旋角动量 P,同时也具有自旋核磁矩 μ。根据量子力学的原理,在外磁场存在的条件下,核磁矩 μ 的空间取向是量子化的,只能取一些特定的方向。若外磁场沿 z 轴方向,核磁矩在 z 轴上的投影只能取一些不连续的数值,核磁矩 μ 和自旋角动量 P 之间具有如下关系:

$$\mu_z = \gamma p_z = \gamma m \frac{h}{2\pi} \tag{8-1}$$

γ 为磁旋比,是核磁矩 μ 和自旋角动量 P 之间的比例参数,每种核都有特定值。具有磁矩的核在外磁场中的自旋取向是量子化的,可用磁量子数 m 来表示核自旋不同的空间取向,其数值可取 $m = I$,$I-1$,$I-2$,$\cdots$,$-I$,共 $2I+1$ 个取向。例如,$I = 1/2$ 的核有 $m = +1/2$ 和 $-1/2$ 两种空间取向。$I = 1$ 的核有 $m = 1$、0、-1 三种空间取向,如图 8-1 所示。

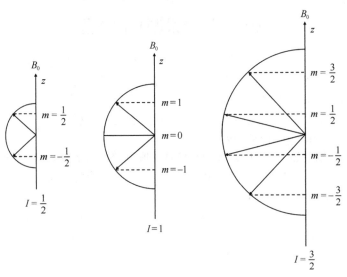

图 8-1 在外磁场中核磁矩的空间取向

(2)能级分裂:从能量的角度,核磁矩与外磁场的相互作用能为

$$E = -\mu_z B_0 = -\gamma \cdot \frac{h}{2\pi} B_0 \tag{8-2}$$

B_0 为外磁场强度。式(8-2)表明,在外磁场的作用下,原子核发生了自旋能级的分裂,核磁矩的每个空间取向对应一个自旋能级。以 ^1H 核为例,因其自旋量子数 $I = 1/2$,在外磁场中 ^1H 核的自旋能级分裂为 2 个,分别是 $m = +1/2$ 的 μ_z 顺磁场,为低能级;$m = -1/2$ 的 μ_z 逆磁场,为高能级。由量子力学的选律可知,只有 $\Delta m = \pm 1$ 的跃迁才是允许的,所以相邻两能级之间发生跃迁对应的能量差为

$$\Delta E = E_2 - E_1 = \frac{\gamma h}{2\pi} B_0 \tag{8-3}$$

式(8-3)说明了 ΔE 与外磁场 B_0 的关系,即 ΔE 随外加磁场 B_0 及磁旋比 γ 的增大而增大。

3. 核磁共振的产生 从量子力学的角度来说,在外磁场中,原子核的自旋能级发生分裂,出现能级差。若在外磁场的垂直方向用电磁波照射,当电磁波的能量等于原子核相邻自旋能级的能量差时,原子核吸收电磁波的能量从低自旋能级跃迁到高自旋能级,产生核磁共振。吸收的电磁波能量 E 满足下式:

$$E = h\nu_0 = \Delta E \qquad (8-4)$$

代入式（8-3）得核磁共振的基本方程

$$\nu_0 = \frac{\gamma}{2\pi} B_0 \qquad (8-5)$$

根据核磁共振原理可知，磁性核、外磁场与能量合适的电磁波是核磁共振产生的三个必要条件。

根据经典力学，在外加磁场中，原子核绕其自旋轴旋转，自旋轴的方向与核磁矩的方向一致。同时，自旋轴又与外磁场保持某一夹角 θ 而绕外磁场进动，称为拉莫尔（Larmor）进动，类似于重力场中旋转的陀螺，如图 8-2 所示。

进动频率 ν 与外加磁场强度的关系可用 Larmor 方程表示：

$$\nu_0 = \frac{\gamma}{2\pi} B_0 \qquad (8-6)$$

当在与 B_0 垂直的方向加一射频场时，若其频率与进动频率相同，能量将传递给原子核，使其进动夹角 θ 发生改变，产生核磁共振。

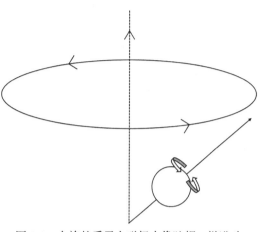

图 8-2 自旋的质子在磁场中像陀螺一样进动

4. 饱和与弛豫 随着核磁共振过程的进行，如果高能级的原子核不能通过有效途径释放能量回到低能级，低能级原子核总数就会越来越少。一定时间后，高低能级的核数目相等，此时不再有共振吸收信号，这种现象称为饱和。测定谱图时，如果照射的电磁波强度过大或照射时间过长，就会出现这种现象。对于核磁共振，由于 ΔE 很小，高能级原子核通过自发辐射放出能量的概率几乎为零，而往往是经过非辐射途径将其获得的能量释放到周围环境中去，使其回到低能态，这一过程称为弛豫。弛豫是保持核磁共振信号必不可少的过程。

第二节 氢 谱

在所有的核磁共振谱图的测定中，氢谱的测定最先实现，因为测定氢谱最灵敏、最简单、最方便。由于其可解析性高，通过峰形分析带来丰富的结构信息，所以氢谱是有机化合物分子结构测定重要的工具。

经典的氢谱如图 8-3 所示。

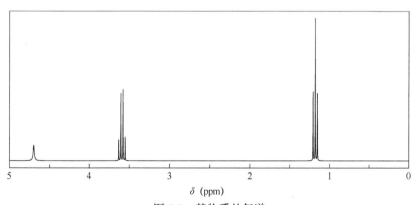

图 8-3 某物质的氢谱

图中横坐标为化学位移 δ，从左到右代表磁场增强或频率减小，同时也代表化学位移逐渐减小。纵坐标代表谱峰的强度。氢谱能提供重要的化学信息，包括化学位移、耦合常数及峰裂分情况、峰面积。在氢谱中，氢信号的峰面积和氢的数目成正比，各种官能团氢的数量比对结构式推导至关重要，因此氢谱是有机定性分析的重要手段。

一、化 学 位 移

1. 化学位移的定义　一个化合物中往往有多种不同的质子，如果它们的共振频率都相同，则核磁共振技术不能用于研究化合物的结构。而事实上，在恒定的射频场中，同一类核的共振峰的位置不是一定值，而是随核的化学环境不同而有所差别，但差异很小，一般质子的共振磁场的差别在 10 ppm 左右。这个微小的差别是由于质子外围电子及附近基团的影响产生的屏蔽效应所引起的。这种由于分子中各组质子所处的化学环境不同，而致同种核的共振频率不同的现象称为化学位移。

2. 化学位移的表示　因为化学位移数值很小，质子的化学位移只有所用磁场的百万分之几（ppm），所以要准确测定其绝对值比较困难。同时，化学位移的绝对值与所用的磁场强度有关，不利于测定数据与文献值的比较。因而通常用相对值来表示化学位移，即以某一标准物质（如四甲基硅烷，TMS）的共振峰为原点。令其化学位移为 0，其他质子的化学位移是相对于 TMS 而言的，化学位移公式分别如下。

若固定磁场强度 B，扫频，则

$$\delta \text{（ppm）} = (\nu_{样} - \nu_{TMS}) \times 10^6 / \nu_{TMS} \tag{8-7}$$

或若固定频率，扫场，则

$$\Delta \text{（ppm）} = (B_{样} - B_{TMS}) \times 10^6 / B_{TMS} \tag{8-8}$$

在 TMS 左边的吸收峰 δ 值为正值，在 TMS 右边的吸收峰 δ 值为负值。$\nu_{样}$ 和 ν_{TMS} 分别为样品和标准物 TMS 中质子的共振频率，$B_{样}$ 和 B_{TMS} 分别为样品和标准物 TMS 中质子的共振磁场强度。

20 世纪 60 年代除采用 δ 值来表示化学位移外还采用 τ 值来表示。$\tau = 10 - \delta$，即 TMS 的 τ 值为 10 ppm。1970 年之后国际纯粹与应用化学联合会（IUPAC）建议采用 δ 值来表示化学位移，单位为 ppm。根据 IUPAC 的规定，通常把 TMS 的共振峰位规定为零，待测氢的共振峰位则按"左正右负"的原则用 $+\delta$ 及 $-\delta$ 表示。

以 TMS 作标准物的优点：信号简单，且比一般有机物的质子信号高，使多数有机物的信号在其左边，即为正值；沸点低（26.5℃），易挥发，利于回收样品；易溶于有机溶剂，化学惰性，不会与样品发生化学作用。但 TMS 极性弱，不能用于极性样品水溶液的测定。故当测定溶剂采用重水时，可选用 2,2-二甲基-2-硅戊烷-5-磺酸钠（DSS）等其他基准物质。此外，高温下测定核磁共振谱可用六甲基二硅氧烷（HMDS）作为基准物。常见基准物质及其化学位移见表 8-2。

表 8-2　常见基准物质及其化学位移

名称	缩写	分子式	化学位移（δ 值）
四甲基硅烷	TMS	$(CH_3)_4Si$	0.00
*2,2-二甲基-2-硅戊烷-5-磺酸钠	DSS	$(CH_3)_3Si(CH_2)_3SO_3Na$	0.00～2.90
六甲基二硅氧烷	HMDS	$(CH_3)_3SiOSi(CH_3)_3$	0.04

* DSS 核磁谱图中除了甲基信号外还会出现亚甲基信号

3. 化学位移的影响因素　在化合物中，质子不是孤立存在的，其周围还连着其他的原子和基团，它们彼此间会相互作用，从而影响质子周围的电子云密度，使吸收峰向左（低场）或电向右（高场）位移。氢谱化学位移主要影响因素有下列几点。

（1）取代基电负性：化学位移受电子屏蔽效应的影响，而电子屏蔽效应的强弱则取决于氢核外围的电子云密度，电子云密度则受与氢核相连原子或基团的电负性强弱的影响，所以相连基团电负性对所连氢核化学位移产生影响。研究表明，取代基电负性越强，与取代基连接于同一碳原子上的氢的共振峰越移向低场，即去屏蔽效应增大，化学位移增大。

（2）磁的各向异性：实践证明，化学键尤其 π 键，因电子的流动将产生一个小的诱导磁场，并通过空间影响到邻近的氢核。在电子云分布不是球形对称时，这种影响在化学键周围也不对称，与外加磁场方向一致的地方将增强外加磁场，并使该处氢核共振峰向低场方向移动（负屏蔽效应），故化学位移值增大；与外加磁场方向相反的地方将会削弱外加磁场，使氢核共振峰向高场移动（正屏蔽效应），故化学位移值减小，这种效应称磁的各向异性效应。下面介绍一些化学键的各向异性效应。

1）双键：双键的 π 电子云是垂直于双键平面，因此在双键平面上方和下方的质子处于其电子云屏蔽区，而双键平面内的质子处于去屏蔽区。以烯烃为例，在外加磁场中，双键 π 电子环流产生的磁的各向异性效应如图 8-4 所示。烯烃氢核因正好位于 C=C 键 π 电子云的负屏蔽区，故其共振峰移向低场，化学位移 δ 值较大，为 4.5～5.7。

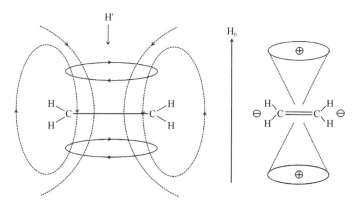

图 8-4 双键的磁的各向异性效应

2）三键：如图 8-5 所示，炔烃的 π 电子云绕着直线轴对称分布呈圆筒形，在外磁场作用下，形成环电子流产生的感应磁场沿键轴方向为屏蔽。炔键质子在屏蔽区，乙炔氢明显比烯氢处于较高场。但由于炔碳杂化轨道 s 成分高，故 C—H 键电子云更靠近碳原子，质子周围电子云密度低，因此炔氢比烷烃质子的化学位移 δ 值大。

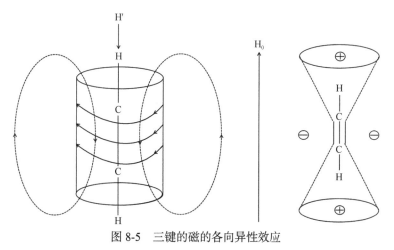

图 8-5 三键的磁的各向异性效应

3）单键：C—C 单键也有磁的各向异性效应，但比上述 π 电子环流引起的磁的各向异性效应要小得多。如图 8-6 所示，因 C—C 链为负屏蔽圆锥的轴，故当烷基相继取代甲烷的氢原子后，剩下的氢核所受的负屏蔽效应即逐渐增大，按照 CH₃、CH₂、CH 顺序，其质子的化学位移向低场移动。

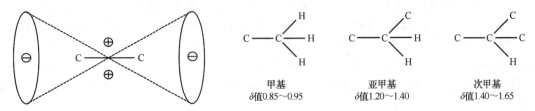

图 8-6　单键的磁的各向异性效应

4）芳环：以苯环为例，情况与双键类同（图 8-7）。苯环六个 π 电子形成一个首尾闭合的大 π 键。苯环平面上下方为正屏蔽区，平面周围为负屏蔽区。苯环氢核因位于负屏蔽区，故共振峰也移向低场，化学位移 δ 值较大。苯环是环状的离域 π 电子形成的环电流，其磁的各向异性效应要比双键强得多，故其化学位移 δ 值比一般烯氢更大，为 6.0～9.0。

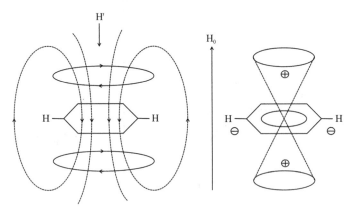

图 8-7　苯环的磁的各向异性效应

（3）共轭效应：在具有多重键或共轭多重键的分子体系中，由于 π 电子的转移导致某基团电子云密度和磁屏蔽的改变，此种效应称为共轭效应。当吸电子或推电子基团与乙烯分子上的碳-碳双键共轭时，烯碳上的质子的电子云密度会改变，其吸收峰也会发生位移（图 8-8）。

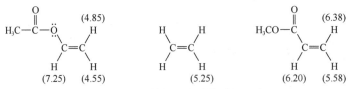

图 8-8　共轭效应对化学位移的影响

例如，乙酸乙烯酯中氧原子孤对 p 电子与烯键形成 p-π 共轭体系，非键轨道上的 n 电子流向 π 键，末端亚甲基上的质子周围的电子云密度增加，屏蔽作用增强，与乙烯相比，化学位移向高场位移。而在丙烯酸甲酯中，羰基与烯键形成 π-π 共轭，由于羰基电负性较高，使共轭体系中电子云流向氧端，使末端烯氢的电子云密度下降，吸收峰向低场位移。

（4）氢键效应和溶剂效应：氢键的生成对氢的化学位移有较大的影响。分子间氢键的形成及缔合程度取决于试样浓度、溶剂性能。试样浓度越高，分子间氢键缔合程度越大，化学位移 δ 值也越大。而当试样用惰性溶剂稀释时，则因分子间氢键缔合程度的降低，吸收峰将相应向高场方向位移，

故化学位移 δ 值不断减小。分子间氢键缔合过程如果伴随有放热反应时，则体系的升温或降温有可能会影响相应氢核的化学位移。

　　除分子间氢键外，分子内氢键的形成也对氢核的化学位移有很大影响，其缔合不因惰性溶剂的稀释而改变其缔合程度，据此可与分子间氢键缔合相区别。在含有羟基的天然有机物中，经常可看到化学位移 δ 值在 $10 \sim 18$ ppm 的 OH 峰，这是由于生成分子内氢键之故。当分子形成分子内氢键时，一般以六元环比较稳定。无论是分子内氢键还是分子间氢键的形成都使氢受到去屏蔽作用，吸收峰将移向低场，化学位移值增大。

　　4. 各类质子的化学位移　化学位移的应用有两个方面，即根据化学位移规律可以从官能团推测其化学位移；反之，也可以根据质子的化学位移推定各种官能团，进而推导分子的化学结构。大量实验数据表明，有机化合物中各种质子的化学位移主要取决于官能团的性质及邻近基团的影响，而且各类质子的化学位移值总是在一定的范围内。表 8-3 中列出了一些典型基团质子的化学位移 δ 值范围。但对于具体化合物中的各种质子精确的化学位移 δ 值，必须通过实验来测定。下面讨论最常见的一些官能团的化学位移数值。

表 8-3　常见官能团的化学位移

常见基团质子	化学位移（δ 值，ppm）	常见基团质子	化学位移（δ 值，ppm）
RCH_3	0.9	$C{\equiv}C{-}CH_3$	1.8
R_2CH_2	1.2	$Ar{-}H$	$6.5 \sim 8.0$
R_3CH	1.5	$Ar{-}CH_3$	2.3
RCH_2Cl	$3.5 \sim 4.0$	$\underset{}{R{-}\overset{O}{\overset{\|}{C}}{-}CH_3}$	2.2
RCH_2Br	$3.0 \sim 3.7$	$\underset{}{R{-}\overset{O}{\overset{\|}{C}}{-}O{-}CH_3}$	3.6
RCH_2I	$2.0 \sim 3.5$	$\underset{}{R{-}\overset{O}{\overset{\|}{C}}{-}H}$	$9.0 \sim 10.0$
$R{-}O{-}CH_3$	$3.2 \sim 3.5$	$\underset{}{R{-}\overset{O}{\overset{\|}{C}}{-}OH}$	$9.5 \sim 10.0$
$R{-}O{-}CH_2CH_3$	$1.2 \sim 1.4$	$R{-}O{-}H$	$3.0 \sim 6.0$
$R{-}O{-}(CH_2)_2CH_3$	$0.9 \sim 1.1$	$Ar{-}O{-}H$	$6.0 \sim 8.0$
$R{=}C{-}H$	$5.0 \sim 5.3$	$R{-}HN_2$	$1.0 \sim 4.0$
$C{\equiv}C{-}H$	2.5	$Ar{-}NH_2$	$3.0 \sim 4.5$
$C{=}C{-}CH_3$	1.7	$R_2N{-}CH_3$	2.2

　　（1）甲基：在相同条件下，甲基比亚甲基具有较小的化学位移值。电负性基团的取代使甲基化学位移 δ 值增大。如果是一个长碳链的端甲基，它一般出现在氢谱最右端，即具有最小的化学位移，约 0.9 ppm。甲氧基是常见官能团，若连接脂肪基团，其化学位移约 3.6 ppm，若连接芳香基团，化学位移约为 3.9 ppm。

　　（2）亚甲基：在一个正构烷基中，处于中间的亚甲基一般在 $1.19 \sim 1.25$ ppm 出峰。电负性基团的取代使亚甲基化学位移 δ 值增大。

　　（3）烯基：在无取代情况下烯氢的化学位移一般为 5.25 ppm。且一般情况下，一个基团的取代对顺式和反式氢化学位移的影响不同。

　　（4）苯环：在氘代三氯甲烷的溶剂中，苯的化学位移 δ 值约为 7.26 ppm。苯环单取代后，取代基对邻位氢、对位氢、间位氢化学位移的影响均不同。

　　（5）杂芳环：芳杂环含有杂原子，而杂原子具有电负性，因此距离杂原子较近的芳杂环氢原子具有较大的化学位移 δ 值，距离较远的具有较小的化学位移 δ 值。

（6）活泼氢：活泼氢是指连接在氧、氮、硫原子上的氢，其中氢键的存在对于活泼氢的化学位移 δ 值会有较大的影响，因此活泼氢的化学位移值与测定时样品浓度、温度及所用溶剂的性质等条件有关。

（7）羰基化合物中的氢：由于强烈的氢键，羧酸中的氢具有很大的化学位移 δ 值，一般大于 10 ppm。醛基中的氢化学位移一般为 9.5～10.0 ppm。

二、自旋耦合及自旋裂分

图 8-9　$POCl_2F$ 结构图

1. 自旋耦合机制　1951 年，Gutowsky 等发现 $POCl_2F$（结构见图 8-9）溶液的 ${}^{19}F$ 谱图存在两条谱线，而分子中只有一个 F 原子，这种共振峰的裂分现象促使了自旋-自旋耦合（spin-spin coupling）的发现，这一发现也使得用核磁共振测定化学结构成为可能。所谓自旋-自旋耦合，是指各核的磁矩间的相互作用，简称自旋耦合。由自旋耦合引起的共振峰分裂的现象称为自旋-自旋裂分（spin-spin splitting），简称自旋裂分。谱图中裂分峰的间距称为自旋-自旋耦合常数（spin-spin coupling constant），简称耦合常数，用 J 表示（单位 Hz）。耦合常数是代表自旋核之间相互作用的常数，与外加磁场强度无关。相互耦合的自旋核的峰间距相等，即耦合常数相等。

那么核磁矩间是如何相互作用的呢？以 $POCl_2F$ 的 ${}^{19}F$-NMR 谱图为例，磷核（P）自旋量子数 I 等于 1/2，在外加磁场中有两个方向相反的自旋取向，其中一种取向与外加磁场同向，$m = +1/2$；另一取向与外加磁场反向，$m = -1/2$，在 $POCl_2F$ 分子中，因 P 原子与 F 原子直接相连，故 P 核不同的自旋取向将通过键合电子的传递作用，对相邻 F 核的实际感受磁场产生一定影响。如果 ${}^{31}P$ 的核磁矩与外磁场同向，传递到 ${}^{19}F$ 核会使其实际感受的磁场强度略有增强，${}^{19}F$ 共振峰向低场移动；若 ${}^{31}P$ 的核磁矩与外磁场反向，则使得 ${}^{19}F$ 核实际感受的磁场强度略有减弱，共振峰向高场移动。因此，原化学位移位置的共振峰消失，而在原位置左右距离相等处各出现一个共振峰。

值得注意的是，并非所有的原子核都有自旋耦合。能对其他核产生自旋耦合的原子核首先需满足 I 为 1/2，且自然丰度比较大。此外虽然 ${}^{35}Cl$、${}^{79}Br$、${}^{127}I$ 等原子核 I 大于 1/2，但因它们的电四极矩很大，有特殊的弛豫，会引起邻近 ${}^{1}H$ 出现自旋去耦（spin decoupling）作用，所以看不到此类核的自旋耦合现象；而对于部分 $I = 1/2$ 的原子核（如 ${}^{13}C$、${}^{17}O$）若它们的自然丰度比较小（${}^{13}C$ 为 1.1%，${}^{17}O$ 仅约为 0.04%），对邻近原子核的影响也非常小。

2. 自旋裂分规律

（1）磁不等同核：若分子中相同种类的一组氢核所处的化学环境相同，其化学位移相同，则它们是化学等价。而"磁等同"是指一组氢核化学环境相同，且对组外氢核表现出相同强度的耦合作用强度的氢核（与组外任意一核的耦合常数相同）。磁等同核的特点是相互之间虽有自旋耦合却不产生裂分；只有那些"磁不等同"的氢核之间才会因自旋耦合而产生裂分。

（2）自旋裂分：对某个（组）氢核来说，其共振峰的裂分或小峰数目取决于干扰核的自旋方式共有几种排列组合。以乙酸乙酯（$CH_3COOCH_2CH_3$）为例，共有 H_a（甲基质子）、H_b（亚甲基质子）、H_c（甲基质子）三种类型氢核。从其结构可知，CH_3—CO—基团上的质子（H_a）是单峰，乙基上的—CH_2—（H_b）和—CH_3 质子（H_c）都表现为多重峰。对 H_a 来说，其无相邻氢核，故不受自旋耦合的干扰，共振峰以单峰存在；对 2 个 H_b 来说，由于是磁等价氢核，相互之间的自旋耦合不会表现裂分，故仅受到相邻 3 个氢核 H_c 的干扰，如以"↑"代表核磁矩与外磁场同向，"↓"代表核磁矩与外磁场反向，"B"代表同向时对 H_b 产生的附加磁场，"–B"代表反向时产生的附加磁场，则它们总共可能有下列 8 种自旋组合（表 8-4），由于 3 个 H_c 质子单独产生的附加磁场大小一致，方向相同或相反，故②③④三种自旋耦合产生的附加磁场一样，⑥⑦⑧亦然，所以 H_c 对 H_b 共产生四种附加磁场，强度分别为 $+3B'$、$+B'$、$-B'$、$-3B'$。强度为 $+3B'$、$+B'$ 的附加磁场对 H_b 起去屏蔽作用，使其质子移向低场。强度为 $-3B'$、$-B'$ 的附加磁场对 H_b 起屏蔽作用，使其质子移向高场；H_b 质子受四种局部磁场的作用分裂成四重峰。由于四种附加磁场出现的概率为 1：3：3：1，因此，

H_b 质子四重峰峰面积比是 1：3：3：1。至于分裂峰的峰间距，则与附加磁场的强弱有关，附加磁场越强，峰间距越大，原子核间的耦合作用越强（表 8-4）。强度为零的附加磁场对 H_b 无影响，共振峰仍处在原来的位置。

表 8-4　乙酸乙酯中 H_c 对 H_b 的综合影响

乙酸乙酯结构	自旋组合	核磁矩方向			总的影响
		H_{c1}	H_{c2}	H_{c3}	
	①	↑	↑	↑	+3B′
	②	↑	↑	↓	+B′
	③	↑	↓	↑	+B′
	④	↓	↑	↑	+B′
	⑤	↓	↓	↓	−3B′
	⑥	↓	↓	↑	−B′
	⑦	↓	↑	↓	−B′
	⑧	↑	↓	↓	−B′

同理，对 3 个 H_c 质子来说，仅受到相邻 2 个氢核 H_b 的干扰，由于 H_b 中 2 个质子可以产生四种自旋取向排列方式：①↓↓②↓↑③↑↓④↑↑，对应三种磁场强度分别为+2B′、0、−2B′，且三种磁场的出现概率为 1：2：1，故 H_c 质子分裂为面积比为 1：2：1 的三重峰。H_b 和 H_c 质子自旋裂分示意图见图 8-10。

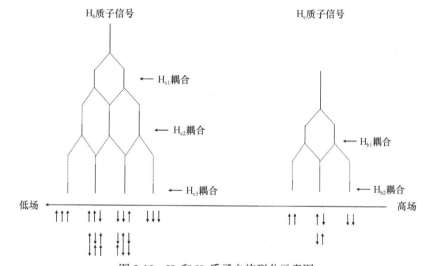

图 8-10　H_b 和 H_c 质子自旋裂分示意图

综上所述，某个（组）氢核因自旋耦合而裂分的小峰数（N）符合公式：$N = 2nI+1$，其中 I 表示干扰核的自旋量子数；n 表示干扰核的数目。因氢核的自旋量子数 $I = 1/2$，故 $N = n+1$，即有 n 个相邻的磁不等同氢核时，将分裂为"$n+1$"个小峰，这就是"$n+1$"规律。由此可知，裂分成多重峰的数目和与基团本身的氢核数目无关，而取决于与其邻近磁性氢核的数目。另外，共振峰精细结构中小峰的相对面积比或强度比，符合二项式 $(a+b)^n$ 展开后每项前的系数比。如单峰（singlet，s）、二重峰（doublet，d；1：1）、三重峰（triplet，t；1：2：1）、四重峰（quartet，q；1：3：3：1）、多重峰（multiplet，m）等。

3. 耦合常数　磁性核间发生自旋耦合时，共振峰发生裂分，其裂距即为耦合常数（coupling

constant），用 J 表示，J 值有正负，单位通常以赫兹表示（Hz）。耦合常数反映了相互耦合作用的强弱，质子之间的耦合借助成键电子传递，故根据相隔的化学键的数目，相互耦合的质子的耦合常数可表示为 ^2J、^3J、^4J、…，也可表示为偕耦（geminal coupling）、邻耦（vicinal coupling）和远程耦合（long-range coupling）三类。常见的质子耦合常数见表 8-5。按核的种类，又可分为 ^{1}H-^{1}H 耦合及 ^{13}C-^{1}H 耦合等，相应的耦合常数用 J_{H-H} 及 J^{13}_{C-H} 等表示。那么耦合常数如何计算呢？通过核磁谱图可以得到各裂峰的化学位移 δ 值，$J=(\delta_a-\delta_b)\times$测试仪器频率$/10^6$。如图 8-11（400 MHz）中双二重峰（dd）有 2 种耦合常数，计算 J_1 值为（2.874–2.847）×400 = 10.8 Hz，或者（2.864–2.836）×400 = 11.2 Hz，取平均值 11 Hz；J_2 值为（2.874–2.864）×400 = 4.0 Hz，或者（2.847–2.836）×400 = 4.4 Hz，取平均值 4.2 Hz。

表 8-5　常见的质子耦合常数表

结构类型	J（Hz）	结构类型	J（Hz）
C（H_a，H_b 偕）	10～15	$C=C$（H_a，H_b 同碳）	0～2
H_a-C-CH_b	6～8	$C=C$（H_a…H_b 反式）	6～12
$H_a-C-C-C-CH_b$	0	$C=C-CH_b$（H_a）	0～2
$-CH_a-CH_b$（没有交换时）	4～6	$C=CH_a-CH_a=C$	9～12
$-CH_a-CH_b$（O）	2～3	$C=C$（H_a，H_b）（环）	5 元环 3～4 6 元环 6～9 7 元环 10～13
$C=CH_a-CH_b$（O）	5～7	（苯环 H_a，H_b）	邻位 6～10 间位 1～3 对位 0～1
$C=C$（H_a，H_b 顺式）	15～18	（吡啶）	$J_{(2-3)}$ 5～6 $J_{(3-4)}$ 7～9 $J_{(2-4)}$ 1～2 $J_{(3-5)}$ 1～2 $J_{(2-5)}$ 0～1 $J_{(2-6)}$ 0～1
（呋喃）	$J_{(2-3)}$ 1.5～2 $J_{(3-4)}$ 3～4 $J_{(2-4)}$ 1.5 $J_{(2-5)}$ 1～2	$C=C$（H_b，CH_a）	4～10
（噻吩）	$J_{(2-3)}$ 5～6 $J_{(3-4)}$ 3.5～5 $J_{(2-4)}$ 1.5 $J_{(2-5)}$ 3～5	（吡咯）	$J_{(2-3)}$ 2～3 $J_{(3-4)}$ 3～4 $J_{(2-4)}$ 1～2 $J_{(2-5)}$ 2
$C=C$（H_aC，CH_b）	1～2		

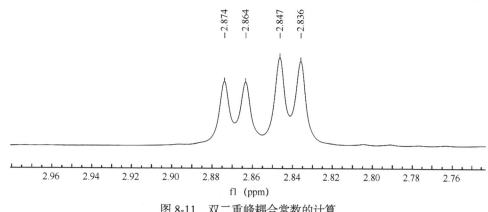

图 8-11　双二重峰耦合常数的计算

（1）偕耦：同一个碳原子上的两个氢核之间的耦合，也称同碳耦合，耦合常数用 ^2J 或 $J_{偕}$（J_{gem}）表示，结构可表示为 H—C—H。^2J 一般为负值，变化范围较大，烷烃的 ^2J 绝对值通常在 10～15 Hz。

（2）邻耦：指相邻碳原子上两个（组）氢核之间的耦合，也称邻碳耦合，耦合常数用 ^3J 或 $J_{邻}$（J_{vic}）表示，结构可表示为 H—C—C—H，^3J 一般为正值。邻耦在氢谱中非常重要，在饱和体系中为 0～16 Hz，在开链烷烃中，由于化学键自由旋转的平均作用，^3J 为 6～8 Hz。

（3）远程耦合：指间隔三根以上化学键的氢原子核间的耦合。远程耦合作用较弱，J 值为 0～3 Hz。饱和体系中，间隔三根以上单键时，一般 $J \approx 0$，可忽略不计，需要注意的是，若饱和化合物中间隔的四个键呈"W"构型时，也可发生远程耦合。而在不饱和系统中，如烯类、炔类、芳香族、杂环等系统中，由于 π 电子的存在，电子流动性较强，间隔四或五根键依旧存在远程耦合。

4. 耦合常数与分子结构的关系　耦合常数的大小受到原子核磁性及分子结构影响。原子核的磁性越大，耦合常数越大，分子结构中耦合核间的距离、角度及电子云密度是影响耦合常数的主要因素。随着耦合核间隔的键数增多，耦合核产生的附加磁场会因距离的增大而减弱，导致耦合作用相应减弱，J 变小；耦合常数还会随着耦合核间角度的改变而改变，一般其会随着键角的减小而增大（图 8-12）。

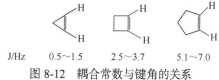

图 8-12　耦合常数与键角的关系

三、氢谱的解析步骤

（1）检查谱图是否规则。四甲基硅烷的信号应在零点，基线平直，峰形尖锐对称（有些基团，如—CONH$_2$ 峰形较宽），积分曲线在没有信号的地方也应平直。

（2）识别杂质峰、溶剂峰、旋转边带、^{13}C 卫星峰等非待测样品的信号。在使用氘代溶剂时，常会有未氘代氢的信号。确认旋转边带，可用改变样品管旋转速度的方法，使旋转边带的位置也改变。

（3）从积分曲线，算出各组信号的相对峰面积，再参考分子式中氢原子数目，来决定各组峰所代表的质子数。也可以明确的甲基信号或孤立的次甲基信号为标准计算各组代表的质子数。

（4）从各组峰的化学位移，耦合常数及峰形，根据它们与化学结构的关系，推出可能的结构单元。可先解析一些特征的强峰，如单峰 CH$_3$O、CH$_3$N、CH$_3$CO、CH$_3$ 等，识别低场的信号，醛基、羧基、烯醇、磺酸基质子均在 9～16 ppm，再考虑其他耦合峰，推导基团的相互关系。

（5）识别谱图中的一级裂分谱，读出 J 值，验证 J 值是否合理。

（6）解析二级图谱，必要时可用位移试剂，双共振技术等使谱图简化，用于解析复杂的谱峰。

（7）结合元素分析、红外光谱、紫外光谱、质谱、碳谱和化学分析的数据推导化合物的结构。

（8）仔细核对各组信号的化学位移和耦合常数与推定的结构是否相符，必要时，找出类似化合物的共振谱进行比较，或进行 X 射线单晶分析，综合全部分析数据，进而确定化合物的结构式。

第三节 碳 谱

碳原子作为有机化合物的基本骨架，解析其结构信息对化合物的结构鉴定意义重大，而碳谱是实现此目标最好的工具。碳谱的原理与氢谱基本一致。但自然界存在的碳同位素中，天然丰度占 98.9% 的 ^{12}C 核为非磁性核（自旋量子数 $I = 0$），而磁性核 ^{13}C（$I = 1/2$）天然丰度仅为 1.1%，且 ^{13}C 的磁旋比是 ^1H 的 1/4，由于磁共振的灵敏度与 γ^3 成正比，故 ^{13}C 观测灵敏度仅为 ^1H 的 1/5700 左右，另外由于 ^{13}C 核受到其周围 ^1H 核的耦合干扰，早期用连续波扫描的实验方法很难记录其信号。后续通过提高磁场强度、采用脉冲傅里叶变换实验技术，质子噪声去耦等措施，提高了 ^{13}C 核的检测灵敏度并清除了 ^1H 的耦合，碳谱才得到了广泛应用。

一、化 学 位 移

^{13}C 的化学位移 δ_C 是碳谱中最重要的信息。碳谱与氢谱不同，其化学位移的幅度较宽，通常为 0～220 ppm，为氢谱的近 20 倍。在噪声去耦谱中，因信号均为单峰，故彼此之间很少重叠。化学位移变化大，意味着它对核所处的化学环境敏感，结构上的微小变化，可以在碳谱上得到反映。碳谱与氢谱的化学位移基本原理相同，化学位移（δ_C）定义及表示法与氢谱一致。所以内标物也与氢谱相同，统一用 TMS 作为 ^{13}C 化学位移的零点。

1. 碳谱化学位移的影响因素

（1）杂化状态：碳原子杂化状态是影响碳化学位移值的重要因素。一般地说，碳化学位移 δ 值与该碳上氢的化学位移 δ 值次序基本上一致。若质子在高场，则该质子连接的碳也在高场；反之，若质子在低场，则该质子连接的碳也在低场。以 TMS 为标准，对于烃类化合物来说，sp^3 杂化碳的化学位移 δ 值范围在 0～60 ppm；sp^2 杂化碳的化学位移 δ 值范围在 100～150 ppm，sp 杂化碳的化学位移 δ 值范围在 60～95 ppm。

（2）诱导效应：当电负性大的元素或基团与碳相连时，诱导效应使碳的核外电子云密度降低，故具有去屏蔽作用。碳原子上连有电负性取代基、杂原子及烷基，可使 δ_C 信号向低场位移，位移的大小随取代基电负性的增大而增加，并且随离取代基的距离增大而减小。诱导效应具有加和性，因此，碳的化学位移向低场位移的程度也随取代基数目的增多而增加。

（3）空间效应：碳化学位移值容易受到分子空间结构的影响，相隔几个键的碳由于空间上接近可能会产生相互作用，这种短程的非成键的相互作用称为空间效应。通常的解释是空间上接近的碳原子上质子之间的斥力作用使碳上电子云密度有所增加，从而增大屏蔽效应，化学位移向高场移动。

（4）缺电子效应：羰基碳原子缺少电子，则羰基碳原子共振出现在最低场。若羰基与杂原子（具有孤电子对的原子）或不饱和基团相连，羰基碳原子的电子短缺得以缓和，则共振移向高场方向。因此醛、酮共振信号一般在最低场，$\delta_C > 195$ ppm；酰氯、酰胺、酯、酸酐等相对醛、酮共振位置明显移向高场方向，一般 $\delta_C < 185$ ppm。

（5）邻近基团的各向异性效应：如下述五个化合物（图 8-13），在结构式（a）、（b）、（c）中，异丙基与手性碳原子相连，而（d）、（e）中与非手性碳原子相连。异丙基上 2 个甲基在前 3 个化合物中由于受到较大的各向异性效应的影响，这两个甲基碳的化学位移差别较大，在后两个化合物中，异丙基上两个甲基碳受各向异性效应的影响小，其化学位移的差别也小。

（6）取代基构型的影响：如图 8-14 所示，取代基的构型对化学位移也有不同程度的影响。

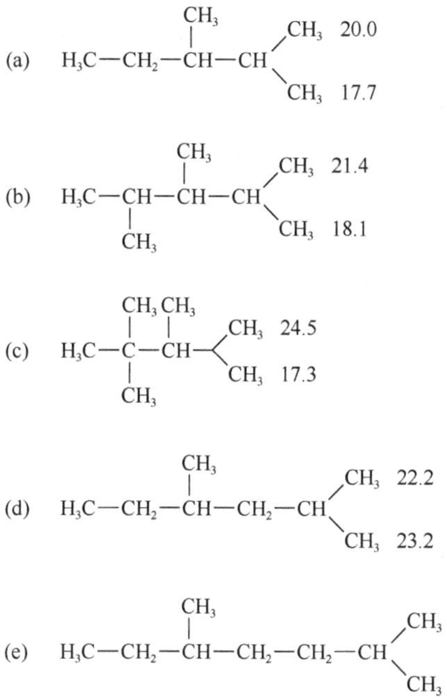

(a) $H_3C-CH_2-\underset{\underset{CH_3 \quad 17.7}{|}}{\overset{\overset{CH_3}{|}}{CH}}-CH\overset{CH_3 \quad 20.0}{}$

(b) $H_3C-\underset{\underset{CH_3}{|}}{CH}-\underset{\underset{}{|}}{\overset{\overset{CH_3}{|}}{CH}}-CH\overset{CH_3 \quad 21.4}{\underset{CH_3 \quad 18.1}{}}$

(c) $H_3C-\underset{\underset{CH_3}{|}}{\overset{\overset{CH_3 \; CH_3}{| \; |}}{C}}-CH\overset{CH_3 \quad 24.5}{\underset{CH_3 \quad 17.3}{}}$

(d) $H_3C-CH_2-\underset{\underset{}{|}}{\overset{\overset{CH_3}{|}}{CH}}-CH_2-CH\overset{CH_3 \quad 22.2}{\underset{CH_3 \quad 23.2}{}}$

(e) $H_3C-CH_2-\underset{\underset{}{|}}{\overset{\overset{CH_3}{|}}{CH}}-CH_2-CH_2-CH\overset{CH_3 \quad 22.3}{\underset{CH_3 \quad 23.5}{}}$

图 8-13 邻近基团的各向异性效应

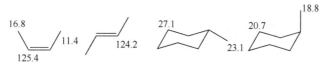

图 8-14 取代基的构型对化学位移的影响

2. 不同类型碳的化学位移 各类碳的化学位移顺序与氢谱中各类碳上对应质子的化学位移顺序大体一致。碳类型与化学位移范围见表 8-6。

表 8-6 常见基团碳谱化学位移范围（以 TMS 为内标）

基团	δ_c 值（ppm）	基团	δ_c 值（ppm）
—CH₃	0~30	$\overset{|}{\underset{|}{C}}$（季碳）	36~70
仲碳	10~50	CH₃—O—	40~60
CH—（叔碳）	31~60	—CH₂—O—	40~70
CH—O—	60~76	—CONHR（酰胺）	158~180
C≡C—H	70~100	—COOH	158~185
C=C—H	110~150	—CHO	175~205
—Ar（未取代芳碳）	110~135	α, β-不饱和醛	175~196
—Ar—y（取代芳碳）	123~167	α, β-不饱和酮	180~213
—COOR（酯）	155~175		

二、自旋耦合及自旋裂分

碳谱耦合常数基本概念与氢谱一致，但由于 ¹³C 核天然丰度很低（1.1%），其对邻近磁性核产生的耦合作用很小，在氢谱中基本不显示 ¹³C 核对 ¹H 核的耦合，在碳谱中也同样不显示 ¹³C 核对相邻 C 核的耦合（¹³C-¹³C 耦合）。由于碳原子常与氢原子连接，且 ¹H 核天然丰度很高（99.8%），因此碳谱中最主要的是 ¹H-¹³C 耦合，这种键耦合常数（$^1J_{C-H}$）一般很大，为 100~250 Hz。除了 ¹H-¹³C

耦合，其他磁性核（^{31}P、^{19}F 等）也会对 ^{13}C 产生耦合作用，为了简化谱图，目前在测定碳谱时一般会对其进行去耦处理，从而得到不同的谱图，其中全去耦谱、无畸变极化转移增益谱较为多见。

1. 全去耦谱 全去耦谱全称宽带去耦（broad band decoupling, BBD），或质子噪声去耦（proton noise decoupling），或全氢去耦（proton complete decoupling, COM）。其指在测定碳谱时，使用宽频的电磁辐射（包括样品中所有氢核的共振频率，一般去偶频率采用 1000 Hz 以上的宽频带）照射试样，使氢核饱和，去除所有 ^{1}H 核对 ^{13}C 核的耦合影响，从而谱图上仅仅显示各个碳原子的单峰，这是碳谱测试时最常采用的去耦方式。通过全去耦谱，可以准确判断磁不等同碳原子的数目及化学位移，但不能区分碳的类型，另外由于核欧沃豪斯效应（nuclear Overhauser effect, NOE），在全去偶谱中伯碳、仲碳和叔碳信号比较强，季碳信号最低。需要注意的是，全去耦谱中只是去掉了 ^{1}H-^{13}C 耦合，其他磁性核（^{31}P、^{19}F 等）对碳的耦合仍然存在。

2. 无畸变极化转移增益（distortionless enhancement by polarization transfer, DEPT）**谱** 指在测定碳谱时，通过改变质子脉冲角度 θ 从而调节 CH（叔碳）、CH$_2$（仲碳）、CH$_3$（伯碳）信号的强度，从而得到不同响应信号的谱图（表 8-7），DEPT 谱中无季碳信号。常见质子脉冲角度 θ 有 45°、90° 及 135°。通过分析全去耦谱和 DEPT 谱图，可以确定每个碳的类型。实际工作中经常测定全去耦谱和 DEPT 135 谱即能解决区别碳类型的问题（图 8-15）。有时也对测定的 DEPT 谱图进行加减处理，分别给出甲基、亚甲基和次甲基的碳信号。

表 8-7　DEPT 图谱关系

DEPT	碳谱
45°	CH、CH$_2$ 和 CH$_3$ 向上（正信号）
90°	CH 峰向上（正信号）
135°	CH 和 CH$_3$ 峰向上，CH$_2$ 峰向下（负信号）

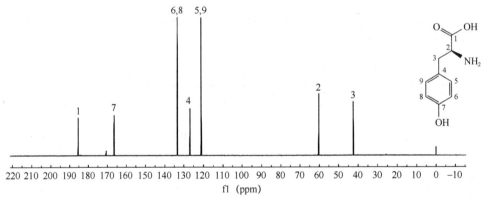

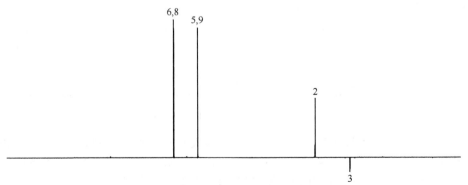

图 8-15　酪氨酸（*L*-tyrosine）的全去耦碳谱和 DEPT 135 碳谱

第四节　二维核磁共振谱图

一、二维核磁共振谱的概述

1971 年 Jeener 教授首次提出二维核磁共振的概念，1974 年厄恩斯特（Ernst）教授用分段步进采样后进行两次傅里叶变换的方法，得到了世界上第一张二维核磁共振谱，Ernst 教授也因其在核磁领域大量且卓有成效的研究，成为了 1991 年诺贝尔化学奖获得者。

较于一维谱以频率为单一变量，二维核磁共振谱（2D-NMR）是由两个时间变量经两次傅里叶变换而得到的两个独立频率变量的谱图，其大致可分为二维 J 分辨谱（J-resolved spectrum）、化学位移相关谱（chemical shift correlation spectrum）和多量子谱（multiple quantum spectrum）。其中化学位移相关谱是目前应用最广泛的二维核磁共振谱，又可分为同核或异核位移相关谱、化学交换谱和核欧沃豪斯效应谱（nuclear Overhauser effect spectroscopy，NOESY）。

二、常见二维核磁共振谱介绍

二维核磁共振谱的种类繁多，无法一一介绍，其中氢–氢化学位移相关谱（^{1}H,^{1}H chemical shift correlated spectroscopy，^{1}H,^{1}H-COSY）、氢-碳化学位移相关谱（^{1}H,^{13}C chemical shift correlated spectroscopy，^{1}H,^{13}C-COSY）、NOESY、旋转坐标系的欧沃豪斯增强谱（rotating frame Overhauser-enhancement spectroscopy，ROESY）、异核多量子相关谱（heteronuclear multiple quantum coherence spectroscopy，HMQC）、异核单量子相关谱（heteronuclear single quantum coherence spectroscopy，HSQC）及异核多键相关谱（heteronuclear multiple bond correlation spectroscopy，HMBC）广泛应用于日常谱图解析，下边将对其进行分类讨论。

1. 相关谱（correlated spectroscopy，COSY）　是指同一自旋体系里质子之间的耦合相关，其中 ^{1}H,^{1}H-COSY 是最常见的同核位移相关谱，可用于发现存在相互耦合的 ^{1}H 核，进而解析结构中含氢基团的连接关系。其谱图 F_2（水平轴）和 F_1（垂直轴）方向的标度均为化合物的氢谱，方形图中有一条对角线，对角线上的峰称为自动相关峰或对角线峰（C 和 D），对角线外的峰称为相关峰或交叉峰（A 和 B），每个相关峰表示其对应的氢信号间存在耦合关系，如交叉峰 A 表示 H_A 和 H_B 存在着相互耦合关系（图 8-16）。由于谱图呈对称分布，所以只要分析对角线一侧的相关峰即可。功能上，^{1}H,^{1}H-COSY 反映相距三个键的氢（邻碳氢）的耦合关系，跨越两个键的氢（同碳氢）或耦合常数较大的长程耦合也可能出现交叉峰，而耦合常数为零的 ^{1}H 之间不出现交叉峰。

2. NOESY 和 ROESY　在学习 NOESY 和 ROESY 谱之前，需要首先了解一下核磁共振中 NOE 效应，即两个（组）不同类型的质子若空间距离较接近（小于 $5×10^{-10}$ m），照射其中一个（组）质子会使另一个（组）质子的信号强度增强。检测 NOE 可以采用一维方式或二维方式，如果采用一维方式，需选定某峰组，进行选择性辐照，然后记录此时的谱图，扣去未辐照时的常规氢谱而得的差谱得到 NOE 信息（差谱中某些谱峰的区域呈正峰或负峰）。而 NOE 类的二维谱则是用一张表示出所有基团间的 NOE 作用。此外，需要注意的是由于具有 ^3J 耦合的两个氢原子的空间距离较近，NOE 类相关谱中也常出现相关峰，在分析时要特别注意。

（1）NOESY：NOESY 反映的是 ^{1}H 与 ^{1}H 核之间的 NOE 关系，故两个轴均为 ^{1}H 的 δ 值，其谱

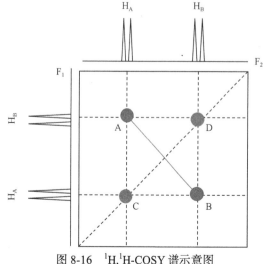

图 8-16　^{1}H,^{1}H-COSY 谱示意图

图类似于 COSY 谱，谱图的水平轴和垂直轴的标度为待测核的氢谱，若两核间有 NOE 相关，谱图中 45° 对角线两侧即出现相关峰。与 COSY 谱不同在于，NOESY 揭示的是质子与质子间在空间的相互接近关系，而无法测量核间距的大小。利用 NOESY 可研究分子内部质子之间的空间距离，分析构型、构象，目前 NOESY 技术多应用于生物大分子如较小的蛋白质和寡肽的氨基酸顺序测定，以及寡糖和配糖体中糖基的连接顺序和连接位置的测定。

（2）ROESY：ROESY 谱图与 NOESY 谱完全一致，但区别于 NOESY 谱的是，NOESY 谱图的交叉峰都取决于相关自旋间的交叉弛豫，但 NOESY 反映纵向交叉弛豫，而 ROESY 则反映横向交叉弛豫。小分子快速运动易产生 NOE，大分子或降低温度时可得到负 NOE，而有些分子量为 $300 \sim 1500$ 的中等分子或某些特殊形状的分子和金属有机配合物等有时较难产生 NOE。因而在 NOESY 谱中不易得到 NOE 交叉峰，而在上述分子体系中都会出现 ROESY 峰，故 ROESY 特别适宜观测中等分子的交叉弛豫作用。此外，对分子量大和小的两种极端的分子体系 NOESY 交叉峰都具有较高灵敏度，而 ROESY 交叉峰在不同分子量的分子中变化不大。

3. HMQC 和 HSQC　HMQC 是 ^{1}H 检测的异核多量子相关谱，而 HSQC 是 ^{1}H 检测的异核单量子相干谱。此两类谱图都是把 ^{1}H 核和与其直接相连的 ^{13}C 核关联起来，它们的作用相当于直接相关的 ^{1}H,^{13}C-COSY，其谱图也与 ^{1}H,^{13}C-COSY 类似，水平轴 F_2 和垂直轴 F_1 的标度分别对应氢谱和碳谱，矩形谱图中的交叉峰表示氢核和碳核直接相连。相较于采用 ^{13}C 检测的 ^{1}H,^{13}C-COSY 谱，HMQC 谱充分利用了 ^{1}H 的高灵敏度，减少了样品用量和累加次数，故适用于大分子微量样品的结构鉴定。HSQC 谱图与 HMQC 谱完全一致，但在 F_1 轴上的分辨率会比 HMQC 高。目前 HMQC（或 HSQC）在推导未知物结构中非常重要，其能够关联未知化合物的氢谱和碳谱，还可联合 COSY 谱来确定未知物结构中碳-碳的连接关系。典型的 HMQC 如图 8-17 所示。

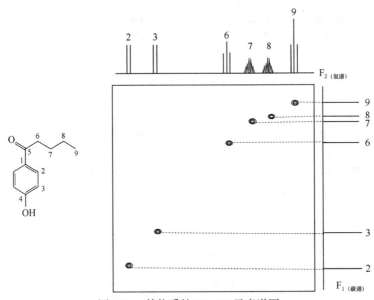

图 8-17　某物质的 HMQC 示意谱图

4. HMBC　HMBC 是 ^{1}H 核检测的异核多键相关谱。其能够把 ^{1}H 核和远程耦合的 ^{13}C 核关联起来，从而给出远程 ^{1}H-^{13}C 相关信息，故 HMBC 谱的作用类似于远程 ^{1}H,^{13}C-COSY 谱，但灵敏度显著高于后者，特别是适用于检测与甲基有远程耦合的碳。HMBC 谱可清晰地展示 ^{1}H-^{13}C 的远程相关信息（$2J_{CH}$，$3J_{CH}$），因此可得到有关季碳的结构信息及因杂原子或季碳存在而被切断的 ^{1}H 耦合系统之间的结构信息。HMBC 谱具有样品用量少、检测时间短的优点。需要注意的是，HMBC 谱是解决季碳或杂原子的连接的唯一途径。典型的 HMBC 如图 8-18 所示。

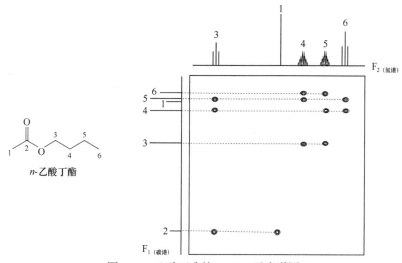

图 8-18　乙酸丁酯的 HMBC 示意谱图

第五节　核磁共振的应用

近年来由于仪器分辨率的不断提高，核磁共振的应用越来越广泛，如天然产物的结构鉴定，药用辅料的质量控制等。

一、核磁共振在中药黄酮类结构分析中的应用

核磁共振波谱是一个非常有用的结构解析工具，化学位移提供原子核化学环境信息，谱峰多重性提供相邻基团情况，耦合常数值可用于确定基团的取代情况，谱峰强度（或积分面积）可确定基团中质子的个数等。对于结构简单的样品可直接通过氢谱的化学位移值、耦合情况（耦合裂分的峰数及耦合常数）及每组信号的质子数来确定，或通过与文献报道数据（图谱）比较确定样品的结构。与文献数据（图谱）比较时，需要注意溶剂种类、样品浓度、化学位移参照物、测定温度等实验条件对数据的影响。对于结构复杂或结构未知的样品，通常需要 ^1H、^{13}C 及其二维谱并结合其他分析手段，如质谱方能确定其结构。本节主要介绍核磁共振技术在中药黄酮类结构分析中的应用。

从贡菊花中分离得到化合物 F1，结构测定数据如下。

F1 为淡黄色结晶，熔点（mp）为 260～262℃，盐酸镁粉反应显红色，提示其为黄酮类化合物，莫利希（Molisch）反应为阳性，酸水解检出葡萄糖。锆盐-枸橼酸反应黄色减退，提示 5-OH 存在。高分辨质谱测得分子量为 446.4065，分子式为 $C_{22}H_{22}O_{10}$（计算值：446.4058），其不饱和度为 12。F1 在甲醇中测得的紫外光谱，最大吸收峰为 267 nm（带 II）和 324 nm（带 I），为典型的黄酮类化合物的紫外吸收光谱图。F1 的核磁数据（DMSO-d6）如表 8-8 所示。

化学位移 12.92（1H，s）处的信号为 5-位羟基的质子信号，因其与 C=O 形成氢键而大幅移向低场，且在加入 D_2O 或乙酰化后，该信号消失。δ 值 6.95（1H，s）的单峰信号归属为 C-3 上的质子，此信号亦进一步证明 F1 苷元的基本母核为黄酮类化合物。δ 值 8.05（2H，d，$J = 8.9Hz$）和 7.14（2H，d，$J = 8.9Hz$）处的二组双峰是典型的 4'-氧取代黄酮类化合物 B 环上的 H-2'，6'和 3'，5'质子信号。δ 值 3.87（3H，s）为一个甲氧基的信号。δ 值 6.86（1H，d，$J=1.8$ Hz）和 6.46（1H，d，$J = 1.8$ Hz）处的二组双峰可归属为苷元 A 环的 H-8 和 H-6，提示 A 环为 5，7-二氧取代。由于存在 5 位羟基，故 7 位一定存在 O-葡萄糖基。F1 的氢谱在 δ 值 5.08 处还可见一个归属于葡萄糖的端基质子信号（1H，d，$J = 7.4$ Hz），据其耦合常数可知葡萄糖苷键为 β-构型。碳谱（DMSO-d6）中 δ 值 182.17（C_4 羰基碳），163.97（C_2），103.94（C_3），为典型的黄酮类骨架类型，同时也可观察到葡萄糖基的一组碳信号，其全部碳信号的归属见表 8-8。综合上述结果，推测 F1 为刺槐素-7-O-β-D-

葡萄糖苷，其结构式如图 8-19 所示。

表 8-8　化合物 F1 的氢谱和碳谱数据（DMSO-d6）　　　　　　　　（单位：ppm）

编号	δ_C 值	δ_H 值	编号	δ_C 值	δ_H 值
2	163.97		1′	122.83	
3	103.94	6.95 (^{1}H, s)	2′	128.56	2′, 6′质子位于 8.05 (^{2}H, d, J=8.9Hz)
4	182.17		3′	114.76	
5	162.62		4′	161.27	3′, 5′质子位于 7.14 (^{2}H, d, J=8.9Hz)
6	99.74	6.46 (^{1}H, d, J=1.8Hz)	5′	114.76	
7	163.18		6′	128.56	
8	95.11	6.86 (^{1}H, d, J=1.8Hz)	1″	100.12	5.08 (^{1}H, d, J=7.4Hz)
9	157.12		2″	73.27	3.18~3.73 (^{6}H, m, 糖上其余 6 个质子)
10	105.55		3″	76.57	
OCH₃	55.73	3.87 (^{3}H, s)	4″	69.66	
OH-5		12.92 (^{1}H, s, 加 D₂O 或乙酰化后消失)	5″	77.34	4.60~5.41 (^{4}H, m, 糖上 4 个羟基质子, 加 D₂O 后消失)
			6″	60.81	

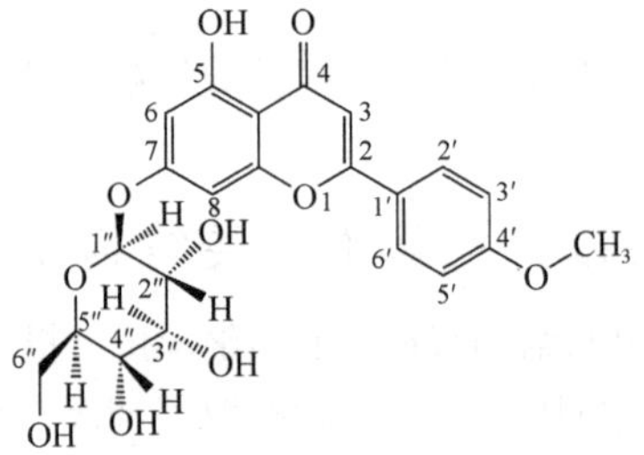

图 8-19　化合物 F1 的结构式

二、核磁共振技术在地沟油检测中的应用

食用油的化学本质是甘油三酯，即以甘油为骨架，通过酯键连接三分子脂肪酸。其主要营养价值在于脂肪酸的种类和不饱和度，如果油脂在制作和使用过程中造成化学键断裂，不饱和度降低，并产生聚合物，则表明油脂质量下降。δ 值 1.30 处为多个 CH₂ 累积时 CH₂ 上 H 的信号，由于地沟油中双键含量少，因此 CH₂ 累积量高，即该处 H 含量较高，成为鉴别地沟油的一个指标；δ 值 2.05 为与单个双键相连碳上 H 的化学位移，δ 值 2.75 处为与两个双键相连的碳上 H 的化学位移，由于地沟油中双键含量低于天然油，因此该处 H 含量也是鉴别地沟油的重要指标。

三、核磁共振代谢组学技术在临床诊断中的应用

核磁共振代谢组学技术具有快速、对样本无损伤、重现性较好的优点，且通过检测内源性物质整体的变化，与疾病的复杂性相吻合，目前已在临床研究中得到了广泛应用。

新生儿先天性代谢缺陷是由于体内代谢物的异常积累而造成毒性，因此，早期、及时地诊断新生儿先天性代谢异常至关重要。有研究采用核磁共振代谢组学技术对 470 名新生儿的尿液进行了检测，共检测到 150 种代谢物，发现了两例样本出现异常，其中一例样本中 3-羟基丁酸、丙酮、乙酰乙酸含量异常增高，提示酮症代谢中毒；另外一例新生儿尿液样本中三甲胺含量显著增高，提示三甲胺尿中毒（图 8-20）。利用尿液核磁共振代谢组学这一无创、快速、易得的技术为新生儿代谢综合征的早期诊断提高了可能性。

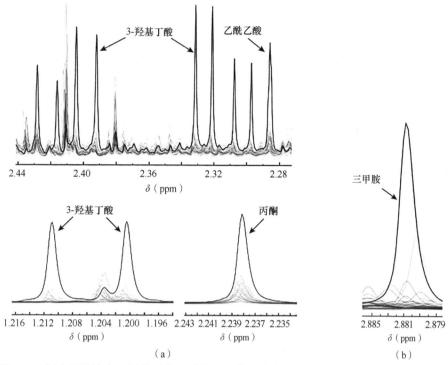

图 8-20　新生儿尿液中 3-羟基丁酸、丙酮、乙酰乙酸（a）及三甲胺（b）的核磁共振图谱

思 考 题

1. 哪些类型的核具有核磁共振现象？目前的商品核磁共振仪主要测定是哪些类型核的核磁共振？

2. 下列哪些原子核不产生核磁共振信号，为什么？

$$^2_1H \quad ^{14}_7N \quad ^{19}_9F \quad ^{12}_6C \quad ^{16}_8O$$

3. 为什么强射频波照射样品会使核磁共振信号消失，而紫外与红外吸收光谱法则不消失？

4. 为什么用 δ 值表示峰位，而不用共振频率的绝对值表示？为什么核的共振频率与仪器的磁场强度有关，而耦合常数与磁场强度无关？

5. 峰裂距是否是耦合常数？耦合常数能提供什么结构信息？

（山西大学　李震宇）

第九章 色谱分析法基本理论

本章要求

1. **掌握** 色谱法的有关概念和基本理论。
2. **熟悉** 色谱过程，色谱法基本分离原理及影响组分保留行为的因素，塔板理论和速率理论。
3. **了解** 色谱法的分类及色谱法的发展。

第一节 色谱分析法概述

色谱分析法简称色谱法（chromatography），是利用混合物中不同组分在相对运动的两相（即固定相和流动相）之间进行反复多次分配而差速迁移，从而实现混合组分分离分析的方法。色谱法、光谱法和化学分析法的主要不同在于色谱法是将混合物中各组分进行分离分析，即色谱法具有分离及分析双重功能，而光谱法及化学分析法不具备分离功能。

一、色谱分析法历史和发展

色谱法起源于俄国植物学家茨维特（Tswett），他将叶绿素的石油醚提取液倒入装有碳酸钙吸附剂的玻璃柱管上端，然后用石油醚不断淋洗，结果按照不同色素的吸附顺序在管内观察到它们相应的彩色色带，就像光谱一样。他在 1906 年发表的论文中把这些色带称为色谱图（chromatogram），相应的方法命名色谱法（chromatography）。

在 Tswett 建立"色谱法"的起初近 30 年的时间，这一方法并未引起人们的重视。1941 年，英国人马丁（Martin）与辛格（Synge）首次提出用气体代替液体作流动相，并建立了著名的塔板理论。Martin 和 Synge 也因在色谱法研究中做出的重大贡献而荣获 1952 年诺贝尔化学奖。1956 年荷兰学者范第姆特（van Deemter）在总结前人经验的基础上提出范第姆特方程，使气相色谱理论更加完善。气相色谱法的发展是色谱学的一大飞跃，气相色谱的理论及技术的发展也为高效液相色谱仪器的研究奠定了理论基础。20 世纪 80 年代是色谱法发展的蓬勃时期，液相色谱的各种联用技术相继出现，色谱法又发展到了一个新的里程碑，使色谱法不仅可以对复杂混合物中各组分进行定性、定量，甚至可对未知化合物进行结构鉴定。80 年代还出现了超临界流体色谱法及毛细管电泳法，毛细管电泳法具有极高的柱效，理论塔板数可达 $10^7/m$，对于生物大分子的分离具有独特优点。

目前，色谱法的许多理论技术和方法已趋于成熟，如气相色谱法和高效液相色谱法已成为常规分析技术，已广泛用于化工、环境、医药、食品、司法检验等诸多领域，是混合物最有效的分离分析方法。色谱联用技术既能够获得更多的定性信息，同时提高了定量的准确度，是目前复杂混合物分离分析的重要手段。

> **中国色谱"一飞冲天"**
> 2021 年 10 月神州十三号载人飞船顺利抵达中国空间站，开启了三名中国宇航员 6 个月的太空之旅，这次是中国载人航天工程立项实施以来的第 21 次飞行任务，也是空间站阶段的第二次载人飞行任务。中国空间站的"天和"核心舱采用了由中国科学院大连化学物理研究所研制的双通道气相色谱仪用于舱内空气中微量挥发性有机物的在线监测，一次采样可同时分析 50 多种有机组分。空间站的环境空气检测为航天员生活环境的安全提供持续保障，国产色谱真的是"一飞冲天"。

但是，面对生命科学和环境科学等领域的复杂体系，如何发展高效、高速、高选择、高灵敏和高通量的分析技术；面对国际贸易、食品安全、环境监测、国家安全等实际应用问题，如何发展痕量或超痕量物质的新型检测方法；面对科研和生产中对高纯度物质的需求，如何开发更有效的制备分离技术，包括传统制备色谱的新型填料，手性药物分离填料的开发，这些也是色谱在中国乃至世界的发展趋势。这些挑战已成为制约我国科技高质量发展的"卡脖子"问题，要靠一代代人接续奋斗。

二、色谱分析法分类

（一）按流动相和固定相状态分类

1. 气相色谱法（gas chromatography，GC）　流动相为气体的色谱称为气相色谱法，又可分为气-固色谱法和气-液色谱法。

2. 液相色谱法（liquid chromatography，LC）　流动相为液体的色谱称液相色谱法。同理，液相色谱亦可分为液-固色谱法和液-液色谱法。

3. 超临界流体色谱法（supercritical fluid chromatography，SFC）　采用超临界状态的稠密气体为流动相的色谱法。

（二）按分离机制分类

1. 分配色谱法（partition chromatography）　基于组分在固定相和流动相中溶解度不同而达到分离的方法。

2. 吸附色谱法（adsorption chromatography）　基于固体吸附剂对不同组分的吸附能力强弱不同而实现分离的方法。

3. 离子交换色谱法（ion-exchange chramatography，IEC）　基于离子交换树脂上可电离的离子与流动相中的溶质离子进行可逆交换，不同离子对交换剂的亲和力大小不同而达到分离的方法。

4. 分子排阻色谱法（molecular exclusion chromatography，MEC）　以凝胶为固定相，基于分子线团尺寸大小不同的分子在多孔固定相中的选择渗透而达到分离的方法，也称为凝胶色谱法。

（三）按操作形式分类

1. 柱色谱法（column chromatography）　固定相装于柱内的色谱法，称为柱色谱法。

2. 平面色谱法（planar chromatography）　固定相呈平面状的色谱法，称为平面色谱法。

三、色谱分析法特点

1. 选择性好　通过选择合适的流动相和固定相，在适当的操作温度下，使组分的分配系数有较大差异，从而将物理、化学性质相近的组分分离，如恒沸混合物、同位素、空间异构体、同分异构体、旋光异构体等。

2. 分离效率高　对于气相色谱法，可用较长的色谱柱或毛细管柱，使分配系数相差较小的组分在较短时间内分开；对于高效液相色谱法，采用粒度非常细的填料，高压泵输送流动相，分离效率高，分析速度快。

3. 灵敏度高　高灵敏度检测器的使用，甚至可完成痕量样品的检测。如热导检测器可检测出 μg 级组分，氢焰离子化检测器可检测出 ppm 级组分，而电子捕获检测器可检测出 ppb 级组分。

4. 应用范围广　气相色谱法可直接进样分析易挥发的有机物，高效液相色谱法结合多种检测器可直接分析高沸点物质、高分子及大分子化合物，尤其在药物分析方面应用极为广泛。

第二节 色谱流出曲线及有关概念

一、色谱过程

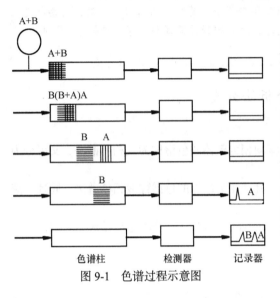

图 9-1 色谱过程示意图

色谱过程是组分的分子在流动相和固定相间多次"分配"的过程，如图 9-1 所示。把含有 A、B 两组分的试样加到色谱柱的顶端，A、B 均被吸附到吸附剂（固定相）上。然后用适当的流动相洗脱（elution），当流动相流过时，已被吸附在固定相上的两种组分又溶解于流动相中而被解吸，并随着流动相向前移行，已解吸的组分遇到新的吸附剂，又再次被吸附。如此，在色谱柱上发生反复多次的吸附-解吸（或称分配）的过程。若两种组分的结构和理化性质存在着微小的差异，则它们在吸附剂表面的吸附能力和在流动相中的溶解度也存在微小的差异，吸附力较弱的组分，如图 9-1 中的 A，则随流动相移动较快。经过反复多次的重复，使微小的差异积累起来，其结果就使吸附能力较弱的 A 先从色谱柱中流出，吸附能力较强的 B 后流出色谱柱，从而使两组分得到分离。

二、色谱流出曲线和相关术语

进样后记录仪器记录下来的检测器响应信号随时间变化的曲线称为色谱流出曲线，又称为色谱图（chromatogram），如图 9-2 所示。

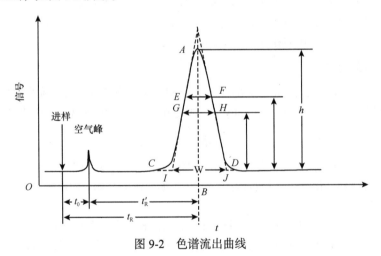

图 9-2 色谱流出曲线

（一）基线

在实验操作条件下，色谱柱后没有样品组分流出时的流出曲线称为基线（baseline），基线反映仪器的噪声随时间的变化，稳定的基线应该是一条水平直线。

（二）色谱峰

色谱流出曲线上的突起部分称为色谱峰（chromatographic peak）。正常的色谱峰呈对称正态分布曲线，不正常的色谱有两种，拖尾峰（tailing peak）和前延峰（leading peak）。一般用对称因子（symmetry factor, f_s）衡量色谱峰是否正常，又称拖尾因子（tailing factor）。f_s 为 0.95～1.05 时为正常峰，小于 0.95 为前延峰，大于 1.05 为拖尾峰。可用下式计算对称因子：

$$f_s = \frac{W_{0.05h}}{2A} = \frac{A+B}{2A} \qquad (9\text{-}1)$$

式中，$W_{0.05h}$ 为 0.05 倍色谱峰高处的色谱峰宽；A、B 分别为该处的色谱峰前沿与后沿和色谱峰顶点至基线的垂线之间的距离，如图 9-3 所示。

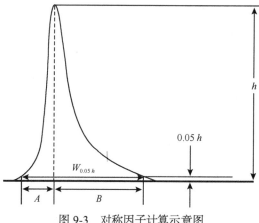

图 9-3 对称因子计算示意图

（三）保留值

1. 死时间（dead time, t_0） 不被固定相吸附或溶解的组分进入色谱柱时，从进样到出现峰极大值所需的时间称为死时间，它正比于色谱柱的空隙体积。

2. 保留时间（retention time, t_R） 试样从进样到柱后出现峰极大点时所经过的时间，称为保留时间。保留时间是柱色谱法定性的基本依据。

3. 调整保留时间（adjusted retention time, t_R'） 组分的保留时间扣除死时间后，称为该组分的调整保留时间，t_R' 实际上是组分在固定相中保留的总时间。调整保留时间与保留时间和死时间的关系：

$$t_R' = t_R - t_0 \qquad (9\text{-}2)$$

4. 死体积（dead volume, V_0） 指色谱柱在填充后，柱管内固定相颗粒间所剩留的空间、色谱仪中管路和连接头间的空间及检测器的空间的总和。如果忽略各种柱外死体积，则死体积为柱内固定相颗粒间隙的容积，即柱内流动相的体积。而死时间则相当于流动相充满死体积所需的时间。死体积与死时间和流动相流速（F_C, ml/min）有如下关系：

$$V_0 = t_0 \cdot F_C \qquad (9\text{-}3)$$

5. 保留体积（retention volume, V_R） 指从进样开始到被测组分在柱后出现浓度极大点时所通过的流动相的体积。保留体积与保留时间和流动相流速关系：

$$V_R = t_R \cdot F_C \qquad (9\text{-}4)$$

流动相流速大，保留时间短，但两者的乘积不变，因此 V_R 与流动相流速无关。

6. 调整保留体积（adjusted retention volume, V_R'） 是由保留体积扣除死体积后的体积。V_R' 与流动相流速无关，是常用色谱定性参数之一。

$$V_R' = V_R - V_0 = t_R' \cdot F_C \qquad (9\text{-}5)$$

7. 相对保留值（relative retention, r） 是两组分的调整保留值之比。组分 2 与组分 1 的相对保留值用下式表示：

$$r_{2,1} = \frac{t_{R_2}'}{t_{R_1}'} = \frac{V_{R_2}'}{V_{R_1}'} \qquad (9\text{-}6)$$

由于相对保留值只与柱温及固定相性质有关，而与柱径、柱长、填充情况及流动相流速无关，因此，它在色谱法中，特别是在气相色谱法中，广泛用作定性的依据。在定性分析中，通常固定一个色谱峰作为标准（S），然后再求其他峰（i）对这个峰的相对保留值，此时可用符号 α 表示：

$$\alpha = t_R'(i)/t_R'(S) \qquad (9\text{-}7)$$

式中，$t_R'(i)$ 为后出峰的调整保留时间，所以 α 总是大于 1 的。相对保留值往往可作为衡量固定相选择性的指标，又称选择因子。

（四）色谱峰高和峰面积

1. 峰高（peak height，h） 色谱峰顶点与基线之间的垂直距离，以（h）表示，如图 9-2 所示。

2. 峰面积（peak area，A） 是某色谱峰曲线与基线间包围的面积。

色谱峰高和峰面积是色谱分析法定量的基本参数。

（五）色谱峰区域宽度

色谱峰的区域宽度是色谱流出曲线的重要参数之一，用于衡量柱效率及反映色谱操作条件的动力学因素。色谱峰区域宽度通常有三种表示方法。

1. 标准偏差（standard deviation，σ） 是正态色谱流出曲线上两拐点间距离之半，如图 9-2 所示，EF 间距为 2σ。σ 的大小表示组分被洗脱出色谱柱的分散程度，σ 越大，组分越分散；反之越集中。对于正常峰，σ 为 0.607 倍峰高处色谱峰宽的一半。由于 $0.607h$ 不好测量，故区域宽度还常用半峰宽和峰宽描述。

2. 半峰宽（peak width at half height，$W_{1/2}$） 即峰高一半处对应的峰宽。它与标准偏差的关系为：

$$W_{1/2} = 2.355\sigma \tag{9-8}$$

3. 峰宽（peak width，W） 即色谱峰两侧拐点上的切线在基线上截距间的距离。它与标准偏差 σ 的关系是：

$$W = 4\sigma \text{ 或 } W = 1.699W_{1/2} \tag{9-9}$$

三、分配系数和色谱分离

（一）分配系数和保留因子

色谱的分离是基于样品组分在固定相和流动相之间反复多次的分配过程，这种分配过程常用分配系数和保留因子来描述。

1. 分配系数（partition coefficient，K） 是指在一定温度和压力下，组分在固定相（s）和流动相（m）之间分配达平衡时的浓度（c）之比值，其表达式为

$$K = \frac{c_s}{c_m} \tag{9-10}$$

分配系数是由组分、固定相和流动相的热力学性质决定的，它是每一个溶质的特征值，它仅与固定相和流动相的性质和温度有关，与两相体积、柱管的特性以及所使用的仪器无关。

2. 保留因子（retention factor，k） 是指在一定温度和压力下，组分在两相间分配达平衡时，分配在固定相和流动相中的质量 m 比，又称为质量分配系数或分配比。表达式为

$$k = \frac{m_s}{m_m} \tag{9-11}$$

k 值越大，说明组分在固定相中的量越多，相当于柱的容量大，因此又称容量因子（capacity factor）。它是衡量色谱柱对被分离组分保留能力的重要参数。k 值也决定于组分及固定相热力学性质。它不仅随柱温、柱压变化而变化，而且还与流动相及固定相的体积有关：

$$k = \frac{m_s}{m_m} = \frac{c_s V_s}{c_m V_m} = K\frac{V_s}{V_m} \tag{9-12}$$

式中，V_m 为柱中流动相的体积，近似等于死体积 V_0；V_s 为柱中固定相的体积。

（二）分配系数与保留时间的关系

设在单位时间内，组分分子在流动相中出现的概率是 R，则其在固定相出现的概率是 $1-R$，所以有

$$\frac{1-R}{R} = \frac{C_s V_s}{C_m V_m} = K\frac{V_s}{V_m} \quad 即 \quad \frac{1}{R} = 1 + K\frac{V_s}{V_m} \qquad (9-13)$$

t_0 为流动相流经整个色谱柱的时间，组分分子随流动相移动，若组分分子在流动相中出现的概率为 R，则它在色谱柱中移动的速度是流动相分子的 $1/R$，所以组分分子流经同样的路程所需时间为

$$t_R = \frac{1}{R}t_0 \qquad (9-14)$$

所以
$$t_R = t_0 \times \left(1 + K\frac{V_s}{V_m}\right) \qquad (9-15)$$

该方程直接说明了保留时间和分配系数之间的关系，称为"色谱方程"，是色谱法最基本的公式之一。在实验条件恒定的情况下，t_R 的大小只取决于 K 的大小，K 大的组分 t_R 大，在柱中的时间长；而在实验条件恒定的情况下，K 也只与组分性质有关，所以 t_R 可用于定性。

（三）色谱分离的前提

设 A、B 两组分通过同一色谱柱，则有

$$t_{R_A} = t_0\left(1 + k_A\frac{V_s}{V_m}\right) \qquad (9-16)$$

$$t_{R_B} = t_0\left(1 + k_B\frac{V_s}{V_m}\right) \qquad (9-17)$$

两式相减得
$$\Delta t_R = t_{R_A} - t_{R_B} = t_0\left(k_A - k_B\right)\frac{V_s}{V_m} \qquad (9-18)$$

显然，要使 $\Delta t_R \neq 0$，则 $k_A \neq k_B$，即分配系数不等是分离的前提。用容量因子表示则为容量因子不等是色谱分离的前提。即只有 $k_A \neq k_B$，才有 $\Delta t_R = t_0\left(k_A - k_B\right) \neq 0$。

四、分 离 度

衡量两组分是否完全分离的主要参数是分离度（resolution，R），也称分辨率，用相邻两色谱峰峰尖距离对峰宽均值的倍数来衡量，其计算公式为

$$R = \frac{2(t_{R_2} - t_{R_1})}{W_1 + W_2} \qquad (9-19)$$

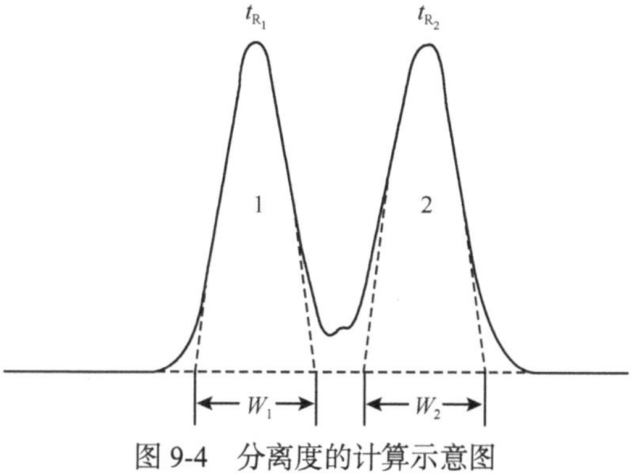

分离度是既能反映柱效率又能反映选择性的指标，称总分离效能指标。

R 值越大，表明相邻两组分分离越好。当 $R<1$ 时，两峰有部分重叠；当 $R=1$ 时，分离程度可达 98%；当 $R=1.5$ 时，分离程度可达 99.7%。通常用 $R=1.5$ 作为相邻两组分已完全分离的标志（图 9-4）。

图 9-4　分离度的计算示意图

第三节　色谱分析法基本原理

一、分配色谱法

1. 分离机制　分配色谱法（partition chromatography）是利用被分离组分在固定相或流动相中的溶解度不同而实现分离。溶于流动相和固定相的溶质分子处于动态平衡，用狭义分配系数 K 表示这种动态平衡过程：

$$K = \frac{C_s}{C_m} \tag{9-20}$$

在液-液分配色谱中 K 主要与流动相的性质（种类或极性）有关，在气-液分配色谱中 K 与固定相极性和柱温有关。

2. 固定相和流动相　分配色谱法的固定相是涂渍在惰性载体颗粒上的薄层液体，因此又称固定液。气-液分配色谱法的流动相是气体，常为氢气或氮气。液-液分配色谱法的流动相是与固定液不相溶的液体，且根据固定相和流动相的极性相对强度，又可分为正相分配色谱和反相分配色谱。流动相的极性弱于固定相的极性，称为正相分配色谱，简称正相色谱法（normal chromatography）。反之，如果流动相的极性强于固定相的极性，则称为反相分配色谱法，简称反相色谱法（reversed chromatography）。

3. 保留行为　分配色谱中被分离组分的洗脱顺序是由组分在固定相或流动相中溶解度的相对大小而决定的。在正相液-液分配色谱中，溶质与固定相之间的作用力主要是库仑力和（或）氢键作用力，极性较强的组分在固定相中的保留较强，保留时间长。所以，正相液-液分配色谱的洗脱顺序为极性弱的组分先被洗脱，极性强的组分后被洗脱。反相分配色谱的洗脱顺序与此相反，极性强的组分先被洗脱，极性弱的组分后被洗脱。

二、吸附色谱法

1. 分离机制　吸附色谱法（adsorption chromatography）是利用固体表面活性吸附剂对被分离组分吸附能力的差别而实现分离，其固定相为固体吸附剂。被吸附在固体吸附剂表面和处于流动相中的溶质分子也存在一个动态平衡过程，用吸附系数 K_a 来表示：

$$K_a = \frac{X_a}{X_m} \tag{9-21}$$

式中，X_a 为被吸附于固定相的组分分子含量，X_m 为被吸附于流动相的组分分子含量，K_a 与吸附剂的活性、流动相的性质和组分性质有关。

2. 固定相和流动相　吸附色谱法的固定相多为固体吸附剂。吸附剂是多孔性微粒状物质，具有较大的比表面积，在其表面有许多吸附中心。吸附中心的多少及其吸附能力的强弱直接影响吸附剂的性能。例如，常用吸附剂硅胶表面的硅醇基为吸附中心。经典液相柱色谱和薄层色谱使用一般硅胶，气相色谱和高效液相色谱常用球形或无定形全多孔硅胶和堆积硅珠。气-固吸附色谱的流动相为气体，液-固吸附色谱的流动相为有机溶剂。

3. 保留行为　在柱色谱中，保留时间与吸附系数和色谱柱中吸附剂的表面积的关系为

$$t_R = t_0 \left(1 + K_a \frac{S_a}{V_m} \right) \tag{9-22}$$

式中，S_a 为吸附剂的表面积；V_m 为流动相的体积。

在色谱柱一定（S_a 与 V_m 一定）时，K_a 大的组分在吸附剂上保留强，后被洗脱，K_a 小的组分在吸附剂上保留弱，先被洗脱。而 K_a 与组分的性质（极性、取代基的类型和数目、构型）有关。此外，流动相的性质和组成也对液固吸附色谱的洗脱和分离起着重要作用，其洗脱能力主要由其极性决定，强极性流动相占据吸附中心的能力强，其洗脱能力强，使组分的 K_a 值小，保留时间短。

三、离子交换色谱法

1. 分离机制　离子交换色谱法是利用被分离组分离子交换能力的差别而实现分离，其固定相为离子交换树脂，按可交换的离子所带电荷符号又分为阳离子交换树脂和阴离子交换树脂两类。同理，被交换在树脂表面的离子和处于流动相中游离的离子也存在一个动态平衡，用选择性系数 $K_{A/B}$ 来表示：

$$K_{A/B} = \frac{[R\text{-}A][B]}{[R\text{-}B][A]} \qquad (9\text{-}23)$$

式中，[R-B]和[R-A]分别为 A、B 在树脂相中的浓度，[A]、[B]为它们在流动相中的浓度。选择性系数与分配系数的关系为

$$K_{A/B} = \frac{[R\text{-}A]/[A]}{[R\text{-}B]/[B]} = \frac{K_A}{K_B} \qquad (9\text{-}24)$$

选择性系数 $K_{A/B}$ 是衡量离子对树脂亲和能力相对大小的度量，常选择某种离子（如 H^+ 或 Cl^-）作参考（B），测定一系列离子（A）的选择性参数。这样，$K_{A/B}$ 越大，说明 A 的交换能力大，越易保留。此外，离子交换色谱过程中还存在溶质的离解、水解、溶剂化、配合物形成等其他作用。

2. 固定相和流动相 离子交换色谱法的固定相是离子交换剂（ion exchanger），常用的有离子交换树脂（resin）和化学键合离子交换剂。经典离子交换色谱的固定相为离子交换树脂，但其易膨胀，传质慢，柱效低，不耐压。高效液相色谱中的固定相是键合在薄壳型和全多孔微粒硅胶上的离子交换剂，其机械强度高，耐高压，不溶胀，传质快，柱效高。离子交换色谱法的流动相是具有一定 pH 和离子强度的缓冲溶液，或含有少量有机溶剂，如乙醇、四氢呋喃、乙腈等。

3. 保留行为 离子交换色谱的保留行为和选择性受被分离离子、离子交换剂、流动相的性质等的影响。在一般情况下，价态高的离子选择性系数大。同价阳离子在酸性阳离子交换剂上选择性系数随其水合离子半径的增大而变小。离子的保留还受流动相的组成和 pH 的影响，交换能力强选择性系数大的离子组成的流动相有较强的洗脱能力。增加流动相的离子强度，也能增加洗脱能力，使组分的保留值降低。强离子交换树脂的交换能力在很宽的范围内不随流动相的 pH 变化，因此，调节 pH 的作用主要体现在对弱电解质离解的控制，溶质的离解受到抑制则保留时间缩短；而弱离子交换树脂的交换能力受流动相 pH 影响较大。

四、分子排阻色谱法

1. 分离机制 分子排阻色谱法也称为空间排阻色谱法（steric exclusion chromatography, SEC），是根据被分离组分分子的尺寸大小而进行分离，其固定相是多孔性凝胶，也称为凝胶色谱法（gel chromatography）。以有机溶剂为流动相者称为凝胶渗透色谱法（gel permeation chromatography, GPC）；以水溶液为流动相者称为凝胶过滤色谱法（gel filtration chromatography, GFC）。该色谱法的分离机制与前三类明显不同，它只取决于分子尺寸大小和凝胶孔径大小之间的关系，与流动相无关。

根据空间排阻理论，孔内外同等大小的溶质分子处于扩散平衡状态：

$$X_m \rightleftharpoons X_s$$

X_m 与 X_s 分别代表在孔外流动相中与凝胶孔穴中同等大小的溶质分子。平衡时，两者浓度之比称为渗透系数（permeability, K_P）

$$K_P = \frac{[X_s]}{[X_m]} \qquad (9\text{-}25)$$

渗透系数的大小只由溶质分子的线团尺寸和凝胶孔穴的大小所决定。在凝胶孔径一定时，分子线团尺寸大到不能进入凝胶的任何孔穴时，$[X_s]=0$，则 $K_P=0$；小到能进入所有孔穴时，$[X_s]=[X_m]$，$K_P=1$；分子尺寸在上述两种分子之间的分子，能进入部分孔穴，即 $0<K_P<1$，分子尺寸越小，则 K_P 越大。在高分子溶液中，组分的分子线团尺寸与其分子量呈比例。因此，在一定分子线团尺寸范围内，K_P 与分子量相关，即组分按分子量的大小分离。

2. 固定相和流动相 分子排阻色谱法的固定相为多孔凝胶，主要性能参数包括平均孔径、排斥极限和分子量范围。某高分子化合物的分子量达到某一数值后就不能渗透进入凝胶的任何孔穴，这一分子量称为该凝胶的排斥极限（$K_P=0$）；小于某一数值后就能进入凝胶的所有孔穴，则这一

分子量称为该凝胶的全渗透点（$K_p = 1$）；排斥极限与全渗透点之间的分子量范围称为凝胶的分子量范围。选择凝胶时应使试样的分子落入此范围。分子排阻色谱的流动相必须是能够溶解试样的溶剂，同时还必须能润湿凝胶。另外溶剂的黏度要低，否则，会限制分子扩散而影响分离效果。

3. 保留行为　凝胶色谱的保留值常用保留体积表示。当组分的分子量在凝胶的分子量范围内时，其保留体积与渗透系数有如下关系：

$$V_R = V_0 + K_P V_s \qquad (9\text{-}26)$$

式中，V_s 为凝胶孔穴的总体积，V_0 为色谱柱内凝胶的粒间体积，即死体积。

式（9-26）表明，渗透系数小，或分子线团尺寸（相对分子质量）大的组分，保留体积小，即先被洗脱出柱。

第四节　色谱法基本理论

色谱理论有热力学和动力学理论两方面，热力学理论是从相平衡的观点研究分离过程，以塔板理论（plate theory）为代表；动力学理论从动力学观点研究各种动力学因素对柱效的影响，以速率理论（rate theory）为代表。

一、塔 板 理 论

塔板理论始于马丁（Martin）和辛格（Synge）提出的塔板模型，把色谱柱比作一个精馏塔，沿用精馏塔中塔板的概念来描述组分在两相间的分配行为，即色谱柱是由一系列连续的、相等的水平塔板组成。

▶（一）塔板理论假说

塔板理论是用分离过程的慢性分解动作来说明原本是连续的色谱过程，是在很多假设的条件下（理想状态）建立起来的，塔板理论假设条件如下。

（1）将色谱柱均匀分成若干小段，在每一小段长度 H 内，组分可以在两相间迅速达到平衡。这一小段柱长称为理论塔板高度（height equivalent to a theoretical plate，H），简称板高。整个色谱柱由一系列板高相同的塔板顺序组成。

（2）以气相色谱为例，在柱中每个理论塔板区域内，一部分空间由涂在载体上的固定液所占据，另一部分空间由载气所占据。载气进入色谱柱不是连续进行的，而是脉动式，每次进气为一个塔板体积（ΔV_m）。

（3）假定进样时试样组分开始时都存在于第 0 号塔板上，而且试样沿轴（纵）向扩散可忽略。

（4）每个组分的分配系数在所有塔板上是常数，与组分在某一塔板上的量无关。

在上述假设的基础上，进样后，在色谱柱内每一块塔板上，溶质在两相间很快达到分配平衡，然后随着流动相间歇式地按一个一个塔板的方式向前移动。对于一根长为 L 的色谱柱，溶质平衡的次数应为

$$n = \frac{L}{H} \qquad (9\text{-}27)$$

n 称为理论塔板数（number of theoretical plates，n）。与精馏塔一样，色谱柱的柱效随理论塔板数 n 的增加而增加，随板高 H 的增大而减小。

▶（二）各塔板中组分的质量分配

根据塔板理论的假设，经过 N 次分配平衡后，混合样品中各组分在每一块塔板上的含量分布可用二项式定理来计算：

$$(p + q)^N = 1 \qquad (9\text{-}28)$$

式中，p 和 q 分别代表在进样后样品在 0 号塔板上达分配平衡时于固定相和载气中的溶质百分数。

以分配色谱为例，假设 A 组分，其分配系数 $K_A=2$，进入 0 号塔板达分配平衡后，$p=0.667$（固定液中），$q=0.333$（载气中），则进气 $N=3$ 次后：

$$(0.667+0.333)^3=0.297（0号）+0.444（1号）+0.222（2号）+0.037（3号）=1$$

各项相当于各塔板中组分溶质的总量，再结合分配系数即可计算出组分分别在固定液和载气中含量。例如，2 号塔板上溶质总量为 0.222，$K_A=2$，所以组分在固定液中含量为 $0.222\times2/3=0.148$，在载气中含量为 $0.222\times1/3=0.074$。同理，假设现有 B 组分与其混合，其 $K_B=0.5$，进样后在 0 号塔板上 $p=0.333$（固定液中），$q=0.667$（载气中），则进气 $N=3$ 次后：

$$(0.333+0.667)^3=0.037（0号）+0.222（1号）+0.444（2号）+0.297（3号）=1$$

现 2 号塔板上溶质总量为 0.444，$K=0.5$，所以组分在固定相中含量为 $0.444\times1/3=0.148$，在载气中含量为 $0.444\times2/3=0.296$。这也进一步量化说明分配系数小的组分迁移速度快，如图 9-5 所示。

N 塔板号		0		1		2		3	
组分		A	B	A	B	A	B	A	B
0	固定相	0.667	0.333						
	流动相	0.333	0.667						
1	固定相	0.445	0.111	0.222	0.222				
	流动相	0.222	0.222	0.111	0.445				
2	固定相	0.297	0.037	0.296	0.148	0.074	0.148		
	流动相	0.148	0.074	0.148	0.296	0.037	0.297		
3	固定相	0.198	0.012	0.296	0.074	0.148	0.148	0.025	0.099
	流动相	0.099	0.025	0.148	0.148	0.074	0.296	0.012	0.198

图 9-5　分配色谱塔板理论模型图

转移 N 次后，第 r 号塔板内组分的质量分数（^NX_r）可由二项式展开后的第 r 项直接求出，即

$$^NX_r = \frac{N!}{r!(N-r)!}p^{N-1}q^r \tag{9-29}$$

固定相中的量（^Np_r）和流动相中的量（^Nq_r）由下式计算：

$$^Np_r = \frac{K}{1+K}{}^NX_r \tag{9-30}$$

$$^Nq_r = \frac{1}{1+K}{}^NX_r \tag{9-31}$$

以上仅仅分析了 3 块塔板，转移 4 次后的分离情况，很清晰地看到分配系数大的 A 组分其浓度最高峰在 1 号塔板上，而分配系数小的 B 组分其浓度最高峰在 2 号塔板上。当理论塔板数在 10^3 以上时，只要两个组分的分配系数存在微小差异，即可获得良好的分离效果。

（三）色谱流出曲线方程

按照上述二项式分布计算的结果，以进气次数为横坐标，以计算所得组分浓度为纵坐标绘图可得色谱流出曲线。当 N 大于 50 时，该曲线趋于正态分布，因此可用正态分布方程式来描述流出组分浓度（c）与时间（t）的关系：

$$c = \frac{c_0}{\sigma\sqrt{2\pi}}e^{-\frac{(t-t_R)^2}{2\sigma^2}} \tag{9-32}$$

当 $t=t_R$ 时，组分浓度最大，用 c_{max} 表示：$c_{max} = \dfrac{c_0}{\sigma\sqrt{2\pi}}$ $\tag{9-33}$

所以

$$c = c_{max} e^{-\frac{(t-t_R)^2}{2\sigma^2}}$$

（9-34）

此为色谱流出曲线的常用形式。由此可知，c 恒小于 c_{max}，c 随时间 t 向峰两侧对称下降，σ 越小，下降速率越大，峰形越锐。

（四）塔板数和塔板高度

根据流出曲线方程，可以导出理论塔板数与峰宽或半峰宽和保留时间的关系：

$$n = 5.54 \left(\frac{t_R}{W_{1/2}}\right)^2 = 16 \left(\frac{t_R}{W}\right)^2$$

（9-35）

式中，t_R 与 $W_{1/2}$ 和 W 应采用同一单位（时间或距离）。在色谱柱长（L）一定的情况下，理论塔板高度（height equivalent to a theoretical plate，H）为

$$H = \frac{L}{n}$$

（9-36）

从上述公式可以看出，在 t_R 一定时，如果色谱峰很窄，则说明 n 越大，H 越小，柱效能越高。

在实际工作中，由式（9-35）和式（9-36）计算出来 n 和 H 值有时并不能充分反映色谱柱的分离效能，因为采用 t_R 计算时，没有扣除死时间 t_0，所以常用有效塔板数 n_{eff} 表示柱效：

$$n_{eff} = 5.54 \left(\frac{t'_R}{W_{1/2}}\right)^2 = 16 \left(\frac{t'_R}{W}\right)^2$$

（9-37）

有效板高：$H_{eff} = \dfrac{L}{n_{eff}}$

（9-38）

塔板数是组分在色谱柱内两相间完成分配平衡次数的量化指标，是色谱实践中评价色谱柱效的重要指标。需要说明的是，在相同的色谱条件下，对不同的物质计算的塔板数不一样，因此，在标明柱效时，除注明色谱条件外，还应指出用什么物质进行测量。

二、速 率 理 论

1956 年荷兰学者 van Deemter 等在研究气-液色谱时，吸收了塔板理论中板高的概念，并充分考虑了组分在两相间的扩散和传质过程，提出了色谱过程动力学理论，导出了速率理论方程，又称 van Deemter 方程。该方程从动力学层面较好地解释了影响板高的各种因素，对气相色谱、液相色谱都适用。

（一）速率理论方程

van Deemter 方程的数学简化式为

$$H = A + B/u + Cu$$

（9-39）

式中，H 为塔板高度（cm）；A、B 及 C 为常数，分别代表涡流扩散系数、分子扩散系数、传质阻力系数，其单位分别为 cm、cm^2/s 及 s；u 为流动相的线速度（cm/s），可由柱长 L（cm）和死时间 t_0（s）求得。

（二）影响柱效的动力学因素

1. 涡流扩散（eddy diffusion） 也称为多径扩散。在填充色谱柱中，当组分随流动相向柱出口迁移时，流动相由于受到固定相颗粒障碍，不断改变流动方向，使组分分子在前进中形成紊乱的类似涡流的流动，故称涡流扩散。色谱峰变宽的程度由下式决定：

$$A = 2\lambda d_P$$

（9-40）

式（9-40）表明，A 与填充物的平均直径（粒度）d_P 的大小和填充不规则因子 λ 有关，与流动相的性质、线速度和组分性质无关。为了减少涡流扩散，提高柱效，使用细而均匀的颗粒，并且填

充均匀是十分必要的。对于空心毛细管，不存在涡流扩散。因此 $A=0$。

2. 纵向扩散（longitudinal diffusion）　也称为分子扩散（molecular diffusion）。纵向分子扩散是由浓度梯度造成的，组分从入口加入，其浓度分布的构型呈"塞子"状。它随着流动相向前推进，由于存在浓度梯度，"塞子"必然自发地向前和向后扩散，造成谱带展宽。分子扩散项系数为

$$B = 2\gamma D_m \qquad (9\text{-}41)$$

γ 是填充柱内流动相扩散路径弯曲的因素，也称弯曲因子，它反映了固定相颗粒的几何形状对自由分子扩散的阻碍情况。D_m 为组分在流动相中扩散系数，分子扩散项与组分在流动相中扩散系数 D_m 成正比。D_m 与流动相及组分性质有关：①分子量大的组分 D_m 小，D_m 反比于流动相分子量的平方根，所以采用分子量较大的流动相，可使 B 项降低；②D_m 随柱温增高而增加，但反比于柱压。

3. 传质阻力（mass transfer resistance）　是组分分子与固定相或流动相分子间相互作用的结果。组分被流动相带入色谱柱后，在两相界面进入固定相，并扩散至固定相深部，进而达到动态分配"平衡"。当纯的或含有低于"平衡"浓度的流动相到来时，固定相中该组分的分子将回到两相界面，溢出，而被流动相带走（转移）。这种溶解、扩散、转移的过程称为传质过程。影响此过程进行的阻力称为传质阻力，用传质阻力系数描述。传质阻力既存在于固定相中，也存在于流动相中，分别称为固定相传质阻力 $C_s u$ 和流动相传质阻力 $C_m u$。由于气相色谱以气体为流动相，液相色谱以液体为流动相，它们的传质过程不完全相同。

（1）气-液色谱：传质阻力系数 C 包括气相传质阻力系数 C_g 和液相传质阻力系数 C_l 两项，即 $C = C_g + C_l$。对于填充柱，气相传质阻力系数 C_g 为

$$C_g = 0.01k^2 / (1+k)^2 \cdot d_p^2 / D_g \qquad (9\text{-}42)$$

式中，k 为容量因子。由上式看出，气相传质阻力与填充物的粒度 d_p 的平方成正比，与组分在载气流中的扩散系数 D_g 成反比。因此，采用粒度小的填充物和分子量小的气体（如氢气）做载气，可使 C_g 减小，提高柱效。

液相传质阻力系数 C_l 为

$$C_l = 2/3 \cdot k / (1+k)^2 \cdot d_f^2 / D_l \qquad (9\text{-}43)$$

由式（9-43）看出，固定相的液膜厚度 d_f 薄，组分在液相的扩散系数 D_l 大，则液相传质阻力就小。降低固定液的含量，可以降低液膜厚度，但 k 值随之变小，又会使 C_l 增大。当固定液含量一定时，液膜厚度随载体的比表面积增加而降低，因此，一般采用比表面积较大的载体来降低液膜厚度。但比表面太大，由于吸附造成拖尾峰，也不利于分离。虽然提高柱温可增大 D_l，但会使 k 值减小，为了保持适当的 C_l 值，应控制适宜的柱温。

（2）液-液色谱：传质阻力系数（C）包含流动相传质阻力系数（C_m）和固定相传质阻力系数（C_s），即 $C = C_m + C_s$。其中 C_m 又包含流动的流动相中的传质阻力和滞留的流动相中的传质阻力，即

$$C_m = \omega_m d_p^2 / D_m + \omega_{sm} d_p^2 / D_m \qquad (9\text{-}44)$$

式中，右边第一项为流动的流动相中的传质阻力。当流动相流过色谱柱内的填充物时，靠近填充物颗粒的流动相流速比在流路中间的稍慢一些，故柱内流动相的流速是不均匀的。这种传质阻力对板高的影响与固定相粒度 d_p 的平方成正比，与试样分子在流动相中的扩散系数 D_m 成反比，ω_m 是由柱和填充性质决定的因子。右边第二项为滞留流动相中的传质阻力。这是由于固定相的多孔性，会造成某部分流动相滞留在一个局部，滞留在固定相微孔内的流动相一般是停滞不动的。流动相中的试样分子要与固定相进行质量交换，必须首先扩散到滞留区。如果固定相的微孔既小又深，传质速率就慢，对峰的扩展影响就大。式中 ω_m 是一常数，它与颗粒微孔中被流动相所占据部分的分数及容量因子有关。显然，固定相的粒度越小，微孔孔径越大，传质速率就越快，柱效就越高。对高效液

相色谱固定相的设计就是基于这一考虑。

液-液色谱中固定相传质阻力系数（C_s）可用下式表示：

$$C_s = \omega_s d_P^2 / D_s \tag{9-45}$$

上式说明试样分子从流动相进入固定液内进行质量交换的传质过程与液膜厚度 d_P 平方成正比，与试样分子在固定液的扩散系数 D_s 成反比。式中 ω_s 是与容量因子 k 有关的系数。

（三）流动相线速度对柱效的影响

由 van Deemter 方程可知，流动相线速度与涡流扩散项无关，对柱效的影响为一常数，对纵向扩散项和传质阻力项的影响如图 9-6 所示：

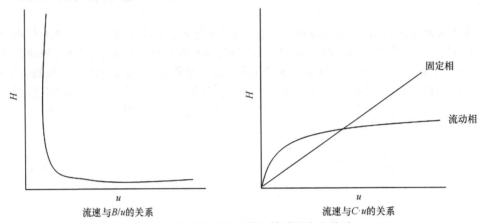

图 9-6　流速与纵向扩散和传质阻力的关系

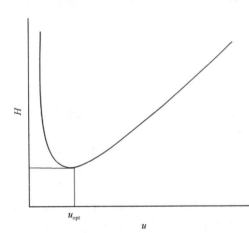

图 9-7　塔板高度与流速的关系

流动相在较低的线速度时，纵向扩散项随着流速升高而迅速减小，但随着线速度增加，这一变化趋于平缓。随着流速增加，固定相中的传质阻力项呈线性增加，流动相中的传质阻力（主要在液相色谱中）先增加，在线速度较大时趋于一恒定值。综合上述两方面的作用，根据 van Deemter 公式作 H-u 图（图 9-7）。

液相色谱和气相色谱的 H-u 图十分相似，对应某一流速都有一个板高的极小值，这个极小值就是柱效最高点，对应的流速称为最佳流速（u_{opt}）。在实际工作中，液相色谱板高极小值比气相色谱的极小值小一个数量级以上，说明液相色谱的柱效比气相色谱高得多；液相色谱的最佳流速比起气相色谱的流速亦小一个数量级，说明对于液相色谱，为了取得良好的柱效，流速不一定要很高。

术文献数据库（JICST）、波兰《哥白尼索引》（IC）和英国《分析文摘》（AA）等20多种国内外重要检索刊物和数据库收录。现任主编为张玉奎院士。

思 考 题

1. 从色谱流出曲线中，可得哪些重要信息？
2. 为什么说分配系数不等是分离的前提？
3. 根据 van Deemter 方程分析，如何提高柱效？
4. 什么是分离度？要提高分离度应从哪两方面考虑？

（新疆医科大学　常军民）

第十章 经典液相色谱法

本章要求

1. 掌握 经典液相色谱法的基本原理。

2. 熟悉 经典液相色谱法的分类及柱色谱法、离子交换色谱法、薄层色谱法的固定相、流动相和影响分离的因素。

3. 了解 经典液相色谱法的发展。

第一节 经典液相色谱法概述

自从 1903 年俄国植物学家 Tswett 在植物色素实验中发明色谱分离方法以来，色谱这一种在动态中将混合物中分子结构和物理化学性质差异较小组分进行分离的新型方法，受到各国科学家和学者的高度重视，从实验研究、理论体系建立、仪器设备制造，以及广泛的应用领域都得到长足的发展。早期的色谱技术主要用于分离，自建立气相色谱法后，色谱技术成为"分离+分析"的综合技术，实现了色谱分离的在线检测，之前的色谱法称为经典液相色谱法，之后的色谱称为现代色谱法，特别是现代色谱仪配置了色谱工作站，使色谱技术进入了信息化时代。经典是相对"现代"而言的。在色谱技术发展的早期，经典液相柱色谱法被称为柱层析，这种称法现在仍然在沿用。

尽管现代色谱技术已经进入信息化时代，但经典液相色谱法并没有退出应用与研究领域，因为经典液相色谱法属于简单的手工操作，需要的仪器简单，对固定相要求不高，没有复杂的仪器系统和在线检测系统，从而使实验成本大大降低，操作简单、成本低廉，所以在医药工业中的纯度检测和杂质检查、中药和生物化学样品的定性鉴别等方面都有广泛的应用。特别是中药有效成分和天然产物的实验室少量制备，在条件不具备的情况下，经典液相色谱法仍然是经济实用的好方法。

采用普通规格的固定相，常压输送流动相，没有在线检测的液相色谱法，称为经典液相色谱法。根据操作形式的不同，经典液相色谱法分为柱色谱法和平面色谱法。本章主要介绍这两种经典液相色谱方法。

中国色谱贡献奖获得者——张玉奎

中国科学院院士张玉奎教授主要从事色谱基本理论和新技术、新方法的研究，为我国色谱学科的发展作出了巨大的贡献。在基础研究方面，建立了系统的色谱热力学研究方法，为液相色谱专家系统的建立奠定了理论基础；采用物料平衡原理建立了包括柱外效应影响的溶质在整个色谱分离系统中输运的质量平衡模型，对色谱流出曲线高阶统计矩的研究，从理论上阐明了影响色谱峰展宽和峰形对称性的动力学因素，证实了保留时间与半峰宽之间存在的定量关系。采用高斯卷积模型对色谱流出曲线进行拟合，发现了模型参数与色谱操作条件之间的定量关系，从而解决了色谱图的存储和重叠峰定量解析等难题；在建立液相色谱专家系统总体布局过程中，首次提出了"知识库必须基于色谱理论和经验规律相结合"的思想，据此思想建立的知识库已用于液相色谱柱系统推荐，并以大量的事实验证了知识库的正确性和可靠性。将串联优化指标与智能搜索方法相结合建立了智能优化方法，并用于复杂样品的分离条件优化；在毛细管电泳的理论研究中，发现了毛细管区带电泳中操作参数及溶质的分子结构对迁移行为的影响规律。首次开展了物理吸附开管毛细管电色谱的研究工作。发展了混合填料、整体聚合床层等多种电色谱柱系统，并研究了溶质在不同柱系统上的分离机制和柱上富集规律，对碱性样品在

电色谱中达到了 17 000 倍的富集效果；近年来，根据分析化学和国际前沿研究领域的发展趋势，结合国家重大应用领域的需求，放眼于分析学科与生命学科的交叉发展，主要开展蛋白质的高效分离与高灵敏检测的研究。重点集中在发展多维液相分离体系，包括多维液相色谱、多维毛细管电泳及与质谱的联用。提出了构建蛋白质分离-在线酶解-多肽分离-质谱鉴定的蛋白质分离鉴定平台的思路。发展了多种蛋白质原位微酶反应器。此外，为实现痕量组分的高效富集，还发展了基于整体材料的固载金属亲和色谱介质和基于毛细管电泳、电色谱技术的蛋白质选择性和通用性富集技术。

（一）分离原理

经典液相色谱分离的实质，是利用被分离组分与固定相的弱作用力的差异，导致组分在两相中的分配差异，随流动相向前移动时形成差速迁移，而实现动态分离。

柱色谱法因固定相的不同而有不同的分离模式，参见表 10-1，其中液-固吸附柱色谱法是目前最常用的分离模式。

表 10-1　经典液相柱色谱法的分离模式

固定相	流动相	模式名称
吸附剂	液体	液-固吸附柱色谱法
载体+固定液	液体	液-液分配柱色谱法
离子交换剂	缓冲溶液	离子交换柱色谱法
凝胶	有机相/水相	分子排阻柱色谱法

（二）装柱与平衡

柱色谱法的装置一般为自制装置。仪器装置包括带筛板的玻璃色谱柱管，上方是盛放流动相的分液漏斗，下方为盛接分离馏分的容器，以及固定支撑色谱管和分液漏斗的铁架台组成。

用流动相将固定相配制成糊状的液体，注入下端有筛板的玻璃色谱管中，使流动相液面始终高于固定相 1 cm 左右，然后从上面的分液漏斗中放入流动相。放入的流动相速度，以分液漏斗每分钟滴入色谱管的液滴数，与色谱柱出口流出的液滴数速度相等为宜。经过一段时间的冲洗，经检验流出色谱柱的流动相（空白）与加入的流动相相同，色谱柱达到平衡状态，一根实用的经典液相色谱柱就安装好了。

有的新购买的固定相不一定能直接用于装柱，必须先进行预处理，达到符合要求后才能装柱。例如，离子交换色谱用的阴、阳离子交换树脂，吸附色谱用的大孔吸附树脂，分子排阻色谱用的凝胶等，在使用前必须进行预处理。

（三）分离与馏分收集

在上述已经达到平衡状态的色谱管顶端，加入样品溶液（量少为佳，不能超载），然后以一定流速冲洗色谱柱，根据样品各组分在色谱柱的分离情况：如果有颜色，就可看见谱带依次流出，用玻璃容器依次分别承接，就得到不同颜色的纯组分馏分；如果没有颜色或颜色区别不明显，可以采取馏分体积的方法依次承接，然后对各承接的馏分检验（如薄层色谱），以指导承接馏分体积是否合适。

由于是手工操作，对于承接馏分体积不好把握。实验中可以采取以下方法确定。

（1）确定色谱柱的固定相体积 V_b 和流动相体积 V_m。

取一根有刻度的玻璃色谱柱管，然后将溶剂注入色谱柱中，并把液面调至柱管约 3/4 处，读出

溶剂体积为 V_1（ml），然后将一定量的固定相分次少量从柱管口小心加入，边加入边调节放出溶剂，使液面始终处于原来的位置，这样反复进行直至固定相加完为止，最后量取放出溶剂的体积为 V_2（ml），那么色谱柱中固定相的总体积 V_b（又称色谱床体积）就是排除流动相的体积，即 $V_b=V_2$，色谱柱中流动相的体积则为 $V_m=V_1-V_2$。

（2）确定流动相冲洗流速和盛接馏分体积。

根据色谱柱床体积，可以针对性地控制流动相流速，一般以每小时流出色谱柱的溶剂体积是色谱柱床的多少倍来计算，可以换算为每分钟流出多少滴。例如，色谱床 $V_b=100.0$ ml，如果流动相流速为每小时 1.8 倍色谱床体积（即 180 ml/h），每滴溶剂体积约为 0.05 ml，换算为流速为每分钟 60 滴。

有了色谱柱中流动相体积，即可知需要多少体积溶剂才可把色谱柱完全冲洗一次，这样就有目的地冲洗。进样后冲洗出来的第一个流动相体积 V_m 是空白的，应剔除，之后才可能有分离组分逐步流出，当成馏分体积。馏分体积在经典液相色谱的梯度洗脱中常有应用。

（四）梯度洗脱法

若样品是多组分复杂样品，其中最大极性组分与最小极性组分之间的极性相差比较大，对于这种极性范围比较宽的样品，如果采用同一溶剂冲洗，或者虽然是混合溶剂但溶剂配比恒定的溶剂冲洗样品时，分离效果一般都不太理想。这时应将多元溶剂按一定配比配制成洗脱剂系列，然后依次冲洗样品，这样就会获得比较好的分离效果。这种通过依次改变流动相的配比而改变流动相极性来冲洗色谱柱的方法，称为梯度洗脱法。

例如，某混合样品含有 A、B、C、D、E 五组分，极性由小到大依次排列，极性范围比较宽。现采用硅胶柱吸附色谱分离，以石油醚和乙酸乙酯二元溶剂体系作为流动相，配制一系列混合溶剂，依次冲洗色谱柱，最后用纯乙醇冲洗。每一份混合溶剂总体积 100 ml。溶剂配比与馏分检测参见表 10-2。

表 10-2 梯度洗脱溶剂配比与馏分检测

序号	V（石油醚）/V（乙酸乙酯）	石油醚 V_1+乙酸乙酯 V_2（ml）	流动相极性	馏分检测
1	100：0	100+0=100	小	—
2	80：20	80+20=100		A
3	60：40	60+40=100		B
4	50：50	50+50=100		—
5	40：60	40+60=100		C
6	20：80	20+80=100		C+D
7	0：100	0+100=100		D
8	乙醇	纯乙醇=100	大	E

在进行洗脱时，从序号 1～8 依次冲洗，然后对承接的馏分检验。馏分 1 和 4 检测没有组分，馏分 6 是组分 C、D 的混合馏分，说明 C、D 的极性相差很小，这种极性梯度较大的溶剂还不能完全将它们分离开，必须采用极性梯度更小的洗脱才能获得较好的分离。

这种梯度洗脱方法是手工操作的，比较粗糙，更精确的洗脱方法是用仪器控制程序来操作的，将在后面的高效液相色谱方法中再进行介绍。

第二节 经典液相色谱法的固定相

经典液相柱色谱固定相有吸附色谱用的吸附剂，离子交换色谱用的离子交换剂，分子排阻色谱用的凝胶，以及分配色谱用的固定液等，下面分别予以介绍。

一、吸　附　剂

吸附剂分为无机和有机两大类。无机吸附剂有硅胶、氧化铝、活性碳酸钙、活性氧化镁、硅藻土、沸石及分子筛等；有机吸附剂有聚酰胺和大孔吸附树脂等。以硅胶、氧化铝和大孔吸附树脂最为常用。

（一）硅胶

硅胶是二氧化硅微粒子的三维凝聚多孔体的总称，其化学组成用 $SiO_2 \cdot xH_2O$ 表示。早期液相色谱用硅胶是薄壳形微珠，后来全多孔型硅胶出现成为主流。典型的制备方法是溶胶-凝胶法：可溶性硅酸盐酸化，溶胶-水凝胶过程中形成水凝胶，水凝胶酸洗后脱水形成干凝胶，即硅胶。硅胶是无定形多孔结构的凝聚物，外观为白色粉末，质轻。

因为硅胶的外表面和孔内表面存在的大量的硅羟基（Si-OH），它是极性基团、"吸附活性中心"，是与组分分子产生相互作用的位点，吸附活性中心的多少决定硅胶的吸附能力的大小。评价硅胶的指标主要有平均粒径和比表面积等。

硅胶的硅羟基与水结合而失去吸附活性（失活），将它置于 $105 \sim 110\,℃$ 烘箱中 $0.5 \sim 1\,h$，可除去吸附水又恢复吸附活性（再生）。硅胶含水量与活性关系见表 10-3。

表 10-3　硅胶和氧化铝的含水量与活性的关系

活化级别（由高到低）	I	II	III	IV	V
硅胶含水量（%）	0	5	15	25	38
氧化铝含水量（%）	0	3	6	10	15

（二）氧化铝

用作色谱吸附剂的氧化铝也是水合物，其分子式为 $Al_2O_3 \cdot xH_2O$（$x=0 \sim 3$）。通常利用水合氧化铝的再沉淀工艺以制备具有不同化学组成和相组成的氧化铝。将水合氧化铝溶于酸，再以碱中和，使氢氧化铝沉淀出来并与杂质得到部分分离。以不同的煅烧温度，可以得到具有不同水含量、不同晶相及不同孔结构的氧化铝，有低温氧化铝（$600\,℃$ 煅烧，有 γ-Al_2O_3、ρ-Al_2O_3、χ-Al_2O_3，有残余水分）和高温氧化铝（$900 \sim 1000\,℃$ 煅烧，有 θ-Al_2O_3、χ-Al_2O_3、δ-Al_2O_3，无残余水分）。色谱用氧化铝主要是 γ-Al_2O_3，其表面有铝羟基（Al-OH），它是氧化铝的吸附活性中心位点。由于 γ-Al_2O_3 中通常含有碱金属和碱土金属杂质而常呈碱性。将 γ-Al_2O_3 悬浮于水中，其 pH 可达 9，故常称为碱性氧化铝。利用适当的酸中和，可以得到中性氧化铝乃至酸性氧化铝。氧化铝含水量与活性的关系参见表 10-3。

（三）聚酰胺

聚酰胺是高分子合成材料纤维，又称尼龙，由环内酰胺聚合而成。作为色谱吸附剂用的聚酰胺主要有尼龙-6,6、尼龙-6 两种。聚酰胺的分子中存在着大量酰胺基和羰基极性基团，两者都易于形成氢键，这些表面的极性基团就是其吸附活性中心位点。所以，聚酰胺对极性化合物具有较好的色谱分辨能力。聚酰胺与化合物形成的氢键形式和能力不同，吸附能力就不同，从而使各类化合物得到分离。一般来说，具有形成氢键基团较多的化合物，其吸附能力较大。例如，中药有效成分和天然产物中的酚类、黄酮、鞣质、酸类，是以其羟基与酰胺基形成氢键；硝基化合物和醌类化合物是与酰胺的胺基形成氢键。这些化合物，可以利用它们形成氢键的形式和能力的差异而实现分离。

（四）大孔吸附树脂

大孔吸附树脂是一种不含交换基团的高分子化合物，是具有大孔网状结构的高分子吸附剂，它同时具有吸附和分子筛的作用。合成大孔吸附树脂的单体有非极性、中等极性、极性和强极性等，由此合成的大孔吸附树脂表面具有聚合单体基团的相应极性，所以根据大孔吸附树脂的表面性质，将其分为非极性、中等极性、极性和强极性四类。

非极性大孔吸附树脂是由苯乙烯加交联剂聚合而成的聚苯乙烯树脂，不带任何功能基，孔表疏水性较强，最适于由极性溶液（如水）中吸附非极性物质。中等极性吸附树脂含酯基的吸附树脂，其表面兼有疏水和亲水两部分，既可由极性溶液中吸附非极性物质，又可由非极性溶液中吸附极性物质。极性与强极性树脂是指含酰胺基、氰基、酚羟基等含氮、氧、硫不同极性功能基的吸附树脂，该类树脂最适用于由非极性体系里分离极性物质。

大孔吸附树脂的孔径与比表面积都比较大，在树脂内部具有三维空间立体孔结构，具有物理化学稳定性高、比表面积大、吸附容量大、选择性好、吸附速度快、解吸条件温和、再生处理方便、使用周期长、易于构成闭路循环、节省费用等诸多优点。

二、固定液

（一）载体

分配色谱的固定相是由涂渍在惰性固体颗粒上的固定液构成，这种惰性固体颗粒被称为载体（旧称担体），意即负载固定液的物质。最常用载体为硅藻土，硅胶和纤维素也可作为载体使用。硅藻土是一种由古代硅藻遗骸化石形成的硅质岩非金属矿，硅藻土因有丰富的孔隙而有吸附性能，被广泛用于过滤吸附材料。作为载体用的硅藻土，需经过粉碎、煅烧、酸处理除去可溶性杂质，烘干、再粉磨后过筛，然后才能使用。

由于涂渍固定液是依靠微弱的物理作用力包覆在载体表面，并不牢固，在溶剂的作用下有可能脱离载体。更好的方法是将固定液分子通过化学键的方法与载体表面的硅羟基结合在一起，从而形成一层键合相液膜，这就是键合固定液，将在后面章节中再介绍。

（二）固定液

分配色谱的固定液是样品的良好溶剂，不溶或难溶于流动相，且组分在固定液中的溶解度要区别于其在流动相中的溶解度，以保证较好的分离。

依据固定液的官能团的不同，固定液有烃类（非极性）、硅氧烷类（各种极性，通用）、酯类（中等极性）和醇类（极性）等。所以，固定液从极性、中等极性、弱极性至非极性的都有，可依据被分离样品组分极性大小，遵循相似相溶原理选择与之相匹配极性的固定液。在分配色谱中，根据固定相与流动相的极性相对强度，流动相极性小于固定相的，称为正相色谱，流动相极性大于固定相的，称为反相色谱。

三、离子交换树脂

离子交换树脂是带有可离子化基团的交联高分子聚合物，其外形有珠状或无定形颗粒状，有白色、淡黄色、黑色等各种颜色，以淡黄色居多。离子交换树脂的两个基本特征：一是聚合物骨架或载体是交联聚合物，因而在任何溶剂中都不能使其溶解，也不能使其熔融；二是聚合物上所带的功能基可以离子化。经典色谱用的离子交换树脂颗粒粒径一般在 $0.3\sim1.2$ mm。

（一）离子交换树脂的分类

根据树脂的物理结构分类，有凝胶型和大孔型。凝胶型离子交换树脂的优点是体积交换容量大、生产工艺简单成本低，缺点是耐渗透性强度差、抗有机污染差。大孔型离子交换树脂的优点是耐渗透性强度高、抗有机污染、可交换分子量较大的离子。

以树脂所带离子化基团分类，有阳离子交换树脂、阴离子交换树脂和两性离子交换树脂（分别简称阳树脂、阴树脂、两性树脂）。

按树脂的功能基团性质分类，有强酸性、弱酸性、强碱性、弱碱性、螯合性、两性及氧化还原性七类，见表 10-4。

表 10-4　离子交换树脂的种类

分类名称	功能基团	功能基团结构举例
强酸性	磺酸基	$—O—SO_3H$
弱酸性	羧酸基、磷酸基	$—COOH$、$—PO_3H_2$
强碱性	季铵基	$—N（CH_3）_3$、$—N（CH_3）_2CH_2CH_2OH$
弱碱性	伯、仲、叔氨基	$—NH_2$、$—NHR$、$—NRR'$
螯合性	氨羧基	$—CH_2$、$—N（CH_2COOH）_2$
两性	强碱-弱酸	$—N（CH）_3$、$—COOH$
	弱碱-弱酸	$—NH_2$、$—COOH$
氧化还原性	硫醇基、对苯二酚基	$—CH_2SH$、HO⟨苯环⟩OH

（二）离子交换树脂的性能指标

一般物理指标有树脂的外观、粒度、密度、含水率、溶胀性，另外还有交联度和交换容量两项重要性能指标。

1. 交联度　是指树脂中交联剂的含量，通常用质量分数表示。例如，聚苯乙烯型磺酸基阳离子树脂，它由苯乙烯（单体）和二乙烯苯（交联剂）聚合而成，二乙烯苯在原料中所占有总质量百分比称为交联度。交联度决定树脂的孔隙大小。通常，阳树脂交联度以 8%为宜，阴树脂交联度以 4%为宜。

2. 交换容量　理论交换容量是指每克干树脂中所含的功能基团的数目。实际交换容量是指在实验条件下每克干树脂真正参加交换的功能基团数，一般低于理论值，差别取决于树脂的结构和组成。交换容量可用酸碱滴定法测定，其单位以 mmol/g 表示，一般为 $1 \sim 10$ mol/g。

四、凝　　胶

凝胶也是一类具有三维空间结构的多孔性交联网状高分子化合物。适用于有机相的凝胶有聚苯乙烯凝胶、聚乙酸乙烯酯凝胶、聚甲基丙烯酸酯凝胶等，是亲油性凝胶，用于色谱仪测定高分子的分子量和分子量的分布范围的固定相。适用于水相的凝胶有交联葡聚糖凝胶、聚丙烯酰胺凝胶、琼脂糖凝胶等，是亲水性凝胶，用于经典液相柱色谱的固定相。下面只介绍亲水性凝胶。

（一）交联葡聚糖凝胶

交联葡聚糖凝胶是由葡聚糖和交联剂通过醚基相互交联而成的多孔状物质，外形呈球形。葡聚糖的主要商品名为 Sephadex，不同规格型号的葡聚糖用"G-数字"表示，数字为凝胶溶胀时吸水量的 10 倍。例如，G-25、G-200 分别为每克干凝胶膨胀时吸水 2.5 g、20 g。Sephadex LH-20 是 G-25 的羟丙基衍生物，能溶于水及亲脂溶剂，用于分离黄酮、蒽醌和色素等亲脂性物质。

（二）聚丙烯酰胺凝胶

聚丙烯酰胺凝胶是由丙烯酰胺与亚甲基双丙烯酰胺（交联剂）聚合而成的网状聚合物，交联剂越多，孔隙越小，其商品名为生物胶-P（Bio-GelP），型号从 P-2 到 P-300 多种，P 后面的数字乘以 1000 就相当于凝胶的排阻限度。该产品为颗粒干粉，遇水溶胀成凝胶。

（三）琼脂糖凝胶

琼脂糖是乳糖的聚集体，依靠糖链间的次级链如氢键来维持网状结构。网状结构的疏密依靠琼脂的浓度。在 pH 4～9 的盐溶液中，它的结构是稳定的。在 40℃以上开始熔化，可用化学灭菌处理。琼脂胶适用于 Sephadex 不能分级分离的大分子的凝胶过滤，若使用 5%以下浓度凝胶，也能够分级分离细胞颗粒、病毒等。琼脂糖凝胶常见的有 Sepharoser、Bio-GelA 等。

知识链接

混合模式色谱（mixed-mode chromatography，MMC）是在一根色谱柱上能够实现两种或多种分离机制共同主导的分离技术，混合模式色谱分离的基础是色谱固定相能同时提供多种作用力，如键合相若同时包含烷基链和电荷中心，则可以提供疏水作用力和静电作用力，实现反相/离子交换混合模式色谱分离。由于多种作用力的存在，混合模式色谱可以显著地提高分离选择性。近几年，研究者们才逐渐认识到这种固定相上存在多种功能基团的色谱模式可能会是对现有液相色谱模式的一种重要补充。混合模式色谱的最主要特点是在一次分离中同时有多种作用力的存在，可以实现根据样品的不同特性进行分离提高分离选择性，而且多种保留机制的存在将十分利于复杂样品的分离工作。此外，这种色谱模式的色谱柱不仅能够与其他类型色谱柱构成很好的正交性，它本身的两种或多种分离机制之间也具有正交性，将其应用到代谢组学、蛋白质组学、天然产物分离等相关分离工作中都可以获得很好的分离结果。混合模式色谱的种类主要集中在反相/离子交换混合模式色谱（reversed-phase/ion exchange mixed-mode chromatography），亲水作用/离子交换混合模式色谱（hydrophilic interaction/ion-exchange mixed-mode chromatography，HLIC/IEX），反相/亲水作用混合模式色谱（reversed-phase/hydrophilic interaction mixed-mode chromatography，RPLC/HILIC）等混合模式。混合模式较传统的反相液相色谱（RPLC）、IEX、亲水相互作用色谱（HILIC）模式等有较大的区别，综合各分离模式的分离功能，同时以疏水作用、离子交换作用或亲水作用多种机理协作进行样品分离，可以很好地提高分离选择性，达到传统单一色谱模式所不能达到的效果。混合后组成的混合模式色谱，提高色谱柱的柱容量、色谱柱的分离性能，使其使用效率高于两根串联使用的色谱柱的使用效率，键合相种类的选择、键合工艺的开发与优化也将成为混合模式色谱今后工作的一个重要研究方向。

第三节　经典液相色谱法的分离机制

一、吸附色谱法

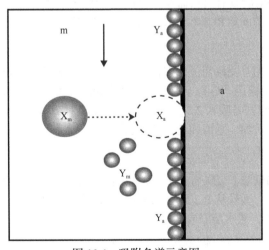

图 10-1　吸附色谱示意图
a. 吸附剂；m. 流动相；X. 溶质分子；Y. 溶剂分子

吸附色谱法：以吸附剂作为固定相，利用被分离组分对吸附剂表面吸附活性中心吸附能力的差别而实现分离。气-固色谱法和液-固色谱法都属于吸附色谱法。分离过程如图 10-1 所示。

吸附过程是溶质分子与流动相分子争夺吸附剂表面活性中心的过程。吸附平衡可表示为

$$X_m + nY_a \rightleftharpoons X_a + nY_m$$

式中，X_m 表示存在于流动相中溶质分子，X_a 表示存在于吸附剂表面的溶质分子，Y_a 表示包覆吸附剂表面的溶剂分子，Y_m 表示流动相中的溶剂分子。它们之间的平衡关系服从质量作用定律，反应的平衡常数称为吸附系数，用 K_a 表示，即

$$K_a = \frac{[X_a][Y_m]^n}{[X_m][Y_a]^n} \tag{10-1}$$

因为流动相量大，$[Y_m]^n/[Y_a]^n$ 近似于常数，且吸附只发生于吸附剂表面，故可将式（10-1）简化为

$$K_a = \frac{[X_a]}{[X_m]} = \frac{n_{X_a}/S_a}{n_{X_m}/V_m}$$（10-2）

式中，S_a 为吸附剂的表面积；V_m 为流动相的体积；n_{X_a} 和 n_{X_m} 分别为溶质 X 在吸附剂表面和流动相中的物质的量。

吸附系数 K_a 是与组分性质、吸附剂和流动相的性质及温度有关的一个常数。不同组分的 K_a 值相差越大，越容易分离。通常极性强的物质 K_a 值大，易被吸附剂保留，在流动相中的移行速度慢，后流出色谱柱。

二、分　配　色　谱

分配色谱：固定相为涂渍在惰性载体上的固定液，以与其互不相溶的溶剂做流动相，利用被分离组分在固定相或流动相中的溶解度差别而实现分离。如图 10-2 所示。

分配色谱中，溶质分子在两相中的溶解度呈动态平衡，在流动相和固定相中的浓度之比称为分配系数，即

$$K = \frac{c_s}{c_m} = \frac{[X_s]}{[X_m]} = \frac{n_{X_s}/V_s}{n_{X_m}/V_m}$$（10-3）

式中，X_s 为分布在固定相中的组分；X_m 为分布在流动相中的组分；n_{X_s} 和 n_{X_m} 分别为组分在固定相和流动相中物质的量；V_s 为固定相体积；V_m 为流动相体积。

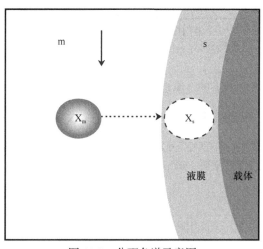

图 10-2　分配色谱示意图
X_m. 流动相中的溶质分子；X_s. 固定相中的溶质分子

在分配色谱中，溶质分子在固定相中的溶解度越大，或者流动相中的溶解度越小，分配系数就越大。显然，分配系数取决于两相的组成和性质。分配色谱的优点在于其较好的重现性，一定温度下，同一组分在整个色谱过程中的分配系数是定值。另外，因不同极性的物质均能找到相应极性的溶剂进行分离，因此分配色谱的应用极其广泛。

在分配色谱中，根据固定相和流动相的极性相对强度，分为正相分配色谱（normal phase chromatography）和反相分配色谱（reversed phase chromatography）。流动相极性比固定相小的，称为正相分配色谱；反之，流动相极性比固定相大的，称为反相分配色谱。

在正相分配色谱中，固定液有水、各种缓冲溶液、甲醇、甲酰胺等强极性溶剂，或按一定比例混合，流动相有石油醚、醇类、酮类、酯类、卤代烃等或它们的混合物，适用于强极性至中等极性组分的分离，极性稍小的组分先流出色谱柱。

在反相分配色谱中，固定相有硅油、液状石蜡及极性小的有机溶剂作为固定液，流动相常用水、或各种水溶液、甲醇等，适用于非极性、弱极性组分的分离，极性大的组分先流出色谱柱。反相色谱应用更为广泛。

三、离子交换色谱

（一）分离机制

离子交换色谱法（IEC）是以离子交换作用分离离子型化合物的液相色谱法。固定相常用以交联苯乙烯为基体的离子交换树脂和以硅胶为基体的键合离子交换剂，流动相常用酸性、碱性水溶液

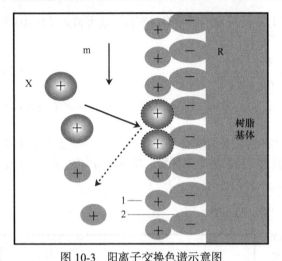

图 10-3　阳离子交换色谱示意图

1. 可交换离子；2. 功能基团；R. 树脂骨架；X. 样品离子；

m. 流动相

或缓冲溶液。离子交换剂上有可解离的离子，如果在流动相中有相同电荷的溶质离子存在，则可与离子交换剂上的离子进行可逆交换，所以，IEC 是根据溶质中不同离子对交换剂的缔合能力（亲和力）的差别而实现分离的，其分离对象为离子型化合物。

离子交换树脂一般呈球状或无定形状颗粒，树脂颗粒都由交联的具有三维空间立体网络骨架结构。离子交换树脂的分子式可表示：RA^+OH^-[阴树脂]，RA^-H^+[阳树脂]。

R 为树脂骨架，A^+OH^- 和 A^-H^+ 分别为阴、阳树脂功能基团。设 X 为样品离子，离子交换过程如图 10-3 所示。

在一定 pH 条件下，离子交换反应可表示为

阴离子交换反应：$RA^+OH^- + X^- \underset{洗脱}{\overset{交换}{\rightleftharpoons}} RA^+X^- + OH^-$

阳离子交换反应：$RA^-H^+ + X^+ \underset{洗脱}{\overset{交换}{\rightleftharpoons}} RA^-X^+ + H^+$

式中，X^- 和 X^+ 分别为样品阴、阳离子。离子交换反应可逆平衡时，离子在两相中的分配系数称为选择性系数，即

$$K_s^- = \frac{[RA^+X^-]}{[X^-]} \quad 或 \quad K_s^+ = \frac{[RA^-X^+]}{[X^+]} \tag{10-4}$$

式中，K_s^- 为阴树脂对 X^- 的选择性系数；K_s^+ 为阳树脂对 X^+ 的选择性系数。

由于离子交换反应是可逆平衡反应，则反应的平衡常数为

$$K^- = \frac{[RA^+X^-][OH^-]}{[RA^+OH^-][X^-]} \quad 或 \quad K^+ = \frac{[RA^-X^+][H^+]}{[RA^-H^+][X^+]} \tag{10-5}$$

式中，K^- 和 K^+ 分别为阴、阳树脂离子交换反应的化学平衡常数。

在系统中具有交换活性树脂量很大，功能基团的数量不会因为微量的离子交换而有显著减少，可认为 $[RA^+OH^-]$ 和 $[RA^-H^+]$ 均为常数，可将其合并，使式（10-5）简化为

$$K^- = \frac{[RA^+X^-][OH^-]}{[X^-]} \quad 或 \quad K^+ = \frac{[RA^-X^+][H^+]}{[X^+]} \tag{10-6}$$

将式（10-2）与式（10-6）结合，则有

$$K_s^- = \frac{K^-}{[OH^-]} \quad 或 \quad K_s^+ = \frac{K^+}{[H^+]} \tag{10-7}$$

式（10-7）说明，树脂对离子的选择性系数（K_s）是由离子交换反应的平衡常数（K）和系统的酸碱度（pH）两方面因素决定的，这就是离子交换色谱法的流动相是酸性、碱性水溶液或者缓冲溶液的根本性原因。

一般来说，阳离子的价数高、离子半径小（水合离子半径也小），与阳离子树脂的功能基团缔合力则强；阴离子的负价数高、离子半径小（水合离子半径也小），与阴离子树脂的功能基团缔合力则强。

从式（10-7）可知，在一定 pH 条件下，与树脂功能基团缔合能力强的离子，其 K 值大，K_s 也大，这种离子移行速度慢，后流出色谱柱。反之，缔合能力弱的离子先流出色谱柱。

（二）流动相

离子交换色谱法的流动相一般为水溶液，通过调节流动相的 pH 和离子浓度即可调整溶质组分的保留值，通常可使用含有一定离子浓度的缓冲溶液为流动相。当流动相离子强度大时，加入的盐使离子浓度增加，削弱了溶质组分离子的竞争缔合作用，使溶质组分的保留值降低。流动相 pH 的变化能导致可解离化合物在溶液中电离程度发生变化，如电离程度变大，则自发的保留值也增大。一般来说，离子强度的变化要大于 pH 变化对保留值的影响。

若在流动相中添加有机溶剂，则可使峰的拖尾现象得到改善，调节溶质组分的保留值。如果加入极性化合物如醇类，就将抑制离子交换作用，分离机制中引入分配形式，即离子交换剂所吸附的水相和流动相之间的分配。常用的有机溶剂有甲醇、乙醇、乙腈、二氧六环等。

第四节　平面色谱法

平面色谱法是在平面上展开的一种色谱分离方法，主要包括薄层色谱法和纸色谱法。薄层色谱法（TLC）是用载板涂布或烧结的薄层物质作为固定相的平面色谱法；纸色谱法（PC）是用滤纸作为载体的平面色谱法。

平面色谱法与柱色谱法的分离原理基本相同，但其构成形式和具体操作过程不尽相同。平面色谱一般是一种开放式的离线操作体系，流动相主要依靠毛细管或重力作用推动样品流经固定相。平面色谱法的分离过程称为展开，流动相称为展开剂。

平面色谱法与柱色谱法对组分在固定相中的移行描述有差异。平面色谱描述的是，不同组分在相同的展宽时间里的展开距离不同，属于等时展开；柱色谱描述是，不同组分在相同的移行距离内所耗费的时间不同，属于等距移行。

一、平面色谱参数

描述平面色谱的参数包括定性参数、相平衡参数、面效参数和分离参数等。

（一）定性参数

平面色谱法展开后分离的组分仍然留在固定相中，不同组分在相同的时间内迁移距离不同，其保留值一般以组分的移行距离来表示，具体则以比移值来表示。

1. 比移值　组分的移行距离 L_i 与展开剂的移行距离 L_0 之比，用 R_f 表示，即

$$R_f = L_i/L_0 \tag{10-8}$$

式中，L_i 为原点至组分斑点中心的距离；L_0 为原点至展开剂前沿的距离，如图 10-4 所示。

由于平面色谱属于等时展开，所以组分与展开剂的展开时间是相同的，如果组分的平均移行速率为 u_i，展开剂的移行平均速率为 u_0，因 $u_i < u_0$，则 $R_f < 1$；不被保留的组分（相当于展开剂）的 $R_f = 1$。一般将比移值控制在 $0.2 \sim 0.8$，最佳是 $0.3 \sim 0.5$。

比移值 R_f 是平面色谱的基本定性参数，它反映了组分在平面色谱系统中的保留行为，与组分的性质、固定相的性质、展开剂的性质及环境条件（温度、湿度等）有关。由于影响比移值的因素较多，同一样品在不同条件下得到的比移值不一定相同，在条件控制不严格的情况下，比移值的重复性比较差，建议采用相对比移值作为定性指标。

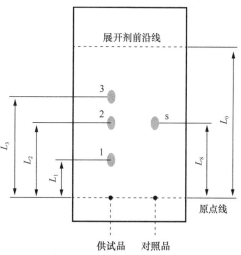

图 10-4　薄层色谱展开示意图

2. 相对比移值 将组分和参考物在同一展开系统中展开，组分的比移值与参考物的比移值之比，就是相对比移值 R_r 即

$$R_r = R_{f,i}/R_{f,s} = L_i/L_s \tag{10-9}$$

式中，i 表示组分，s 表示参考物。

相对比移值 R_r 实际上是组分与参考物的展开距离之比，展开剂的展开距离 L_0 项被消去了，即消除了系统误差，因此相对比移值 R_r 的重复性和可比性都好。

（二）相平衡参数

如果组分分子在展开剂中出现的概率是 ρ，则它在薄层板上的移行速率是展开剂移行距离的 ρ 倍，即 $u = \rho u_0$，或 $\rho = u/u_0$。由比移值定义可知 $R_f = L/L_0 = u/u_0$，得 $R_f = \rho$，即比移值与组分分子在展开剂中出现的概率在数值上相等，所以

$$R_f = \rho = \frac{w_m}{w_m + w_s} = \frac{1}{1 + K \times V_s/V_m} \quad 或 \quad k = K\frac{V_s}{V_m} = \frac{1-V_f}{R_f} \tag{10-10}$$

式中，K 为组分在固定相与展开剂中的分配系数；k 为组分在两相中的保留因子；V_s 和 V_m 分别表示固定相与展开剂的体积。

从式（10-10）可知，在色谱条件确定的情况下，V_s 和 V_m 是固定的，说明组分的比移值 R_f 由分配系数决定，分配系数越大比移值 R_f 越小，反之分配系数越小比移值 R_f 越大。要实现两组分的分离，就必须使组分的分配系数不等。分配系数与组分性质、固定相性质、流动相性质及温度有关，当实验体积确定时，后三项因素的影响也就确定了，这时比移值 R_f 只与组分的性质有关，因此比移值 R_f 是平面色谱定性的参数。

影响比移值 R_f 值因素有组分的结构和性质、薄层板的性质、展开剂的组成和性质、温度、展开剂蒸气饱和度等。

1. 组分的结构和性质 不同物质在同一色谱系统中具有不同的分配系数和比移值，主要因为物质的结构特征不同而具有不同的极性。不论硅胶吸附色谱还是纸色谱，一般来说极性强的组分，分配系数较大的组分，其比移值较小。

2. 薄层板的性质 固定相的粒度、薄层的厚度与均匀度等都影响组分的比移值。吸附薄层色谱中，吸附剂的活性越强，其吸附作用就越强，组分的比移值越小。

3. 展开剂的性质 展开剂的极性直接影响组分的移行速率和移行距离，从而影响组分的比移值，在吸附薄层色谱和纸色谱中，增加展开剂的极性，使极性大的组分比移值增大，极性小的组分比移值变小。

4. 温度 温度的变化对吸附薄层色谱比移值的影响较小，但对纸色谱的比移值影响很大，这是因为溶解度受温度影响大的缘故，低温展开时往往会获得较好的分离效果。

5. 展开剂蒸气饱和度 薄层色谱分离时，应该在展开剂的饱和蒸气环境下进行展开，所以展开槽尽可能密闭。否则在展开过程中，随着展开剂不断蒸发，会使展开剂组成发生变化，改变组分比移值，甚至产生组分斑点的边缘效应。

所以，欲获得适当的比移值，需选择合适的固定相和展开剂等色谱条件，同时使这些条件保持恒定，这样才能保证比移值的重现性。

（三）分离参数

分离度在平面色谱中，两个相邻组分斑点中心的距离与两斑点宽度的平均值之比，即

$$R = \frac{2\Delta L}{W_1 + W_2} = \frac{2L_0\left(R_{f,1} - R_{f,2}\right)}{W_1 + W_2} \tag{10-11}$$

式中，ΔL 为两组分斑点中心之间的距离；W 为斑点直径。如图 10-5 所示。相邻两个斑点的距离越大、斑点越集中，则分离度越大，分离效果越好，一般要求 $R > 1$。

二、薄层色谱法

将固定相均匀地涂敷在玻璃板上形成薄层，在此薄层上进行色谱分离的方法称为薄层色谱法。按照分离机制，薄层色谱可分为吸附、分配和分子排阻色谱法等。按照效能，薄层色谱又可分为经典薄层色谱法和高效薄层色谱法。下面主要讨论吸附薄层色谱法。

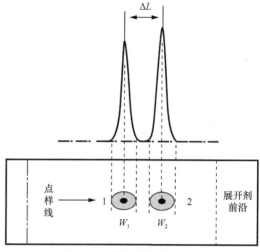

图 10-5　分离度计算示意图

（一）固定相的选择

薄层色谱的固定相主要有硅胶、氧化铝、硅藻土及聚酰胺等吸附剂，其中硅胶最常用。薄层用硅胶粒度为 $10\sim40~\mu m$。硅胶中加入 $10\%\sim15\%$ 的煅石膏后称为硅胶 G。若在硅胶 G 中再加入荧光物质（如锰激活的硅酸锌）称为硅胶 GF_{254}，表示在 254 nm 紫外光波长下呈强烈黄绿色荧光背景，适用于本身不发光又无适当显色剂显色的物质的检测。不含黏合剂的硅胶称为硅胶 H。

硅胶有弱酸性，用于对酸性和中性物质的分离。若用一定 pH 的缓冲溶液，或加适当的碱性氧化铝制备薄板，或者在展开剂中加少量的酸或碱调成一定 pH 的展开剂，可改变硅胶的酸碱性质，适合各种物质分离的要求。

氧化铝比硅胶的吸附活性稍弱一些，一般薄层用氧化铝活性为 Ⅱ～Ⅲ 级，它有氧化铝 H、氧化铝 G、氧化铝 GF_{254} 等。按照氧化铝的酸碱性，有碱性、酸性和中性氧化铝之分。氧化铝的酸碱性及其适用范围见表 10-5。

表 10-5　氧化铝的酸碱性及其适用范围

类型	pH	适用范围
碱性氧化铝	9～10	适用于分离碱性（如碳氢化合物、生物碱）和对碱性溶液比较稳定的中性化合物
酸性氧化铝	5～4	适用于分离酸性化合物的分离，如有机酸、酸性色素及某些氨基酸、酸性多肽及对酸稳定的中性化合物等
中性氧化铝	7.5	适用范围广，适用于酸性、碱性氧化铝的化合物，尤其适用于分离生物碱、挥发油、萜类、甾体、蒽酮、醛、酮及在酸碱中不稳定的苷类、酯和内酯等成分

铺板时常用黏合剂一般为羧甲基纤维素钠（CMC-Na）。

对吸附剂固定相的选择方法，一般被分离物质极性强时应采用吸附能力弱的吸附剂；若被分离的物质极性弱，则应采用吸附能力强的吸附剂。

（二）展开剂的选择

在吸附薄层色谱中，展开剂的选择主要根据被分离物质的极性、吸附剂的活性和展开剂的本性来决定。展开剂很少用单一溶剂的，一般采用二元、三元甚至多元溶剂。选择原则是根据被分离组分（溶解性、酸碱性、极性等）、固定相（活性、非活性）和展开剂（极性、非极性）三者之间的匹配关系来选择和优化，最终由实验结果确定。

实验中先用中等极性溶剂展开，然后根据组分的分离情况及比移值大小再适当调整溶剂极性，如果用单一溶剂不能分离，可用两种以上的多元展开剂，并不断地改变多元展开剂的组成和比例，因为每种溶剂在展开过程中都有其一定的作用：展开剂中比例较大的溶剂极性相对较小，起溶解物质和基本分离的作用，一般称为底剂；展开剂中比例较小的溶剂，极性较大，对被分离物质有较强的洗脱力，帮助化合物在薄层上移动，可以增大比移值，但不能提高分辨率，可称其为极性调整剂；

展开剂中加入少量的酸、碱，可抑制某些酸、碱性物质或其盐类的解离而产生斑点拖尾，故称之为拖尾抑制剂；展开剂中加入丙酮等中等极性溶剂，可促使不相混合物的溶剂混溶，并可以降低展开剂的黏度，加快展速等。

三、高效薄层色谱法简介

高效薄层色谱法（HPTLC）是在经典薄层色谱法基础上发展起来的更为高效、灵敏的薄层技术。高效薄层板一般为商品预制板，其最大特点是固定相颗粒细小而均匀，采用喷雾法制备而成，所以具有分离效率高、灵敏度高、展开时间短等优点。常用的高效薄层板有硅胶、氧化铝、纤维素和化学键合相薄层板。薄层色谱与高效薄层色谱有关参数比较，参见表 10-6。

表 10-6　薄层色谱与高效薄层色谱有关参数比较

项目	单位	薄层色谱	高效薄层色谱
板尺寸	cm×cm	20×20、20×5	10×10、20×10
平均粒径（分布）	μm	20（50～100）	7（5～15）
点样体积	μl	1～5	0.1～0.2
原点直径	mm	3～6	1～1.5
斑点直径	mm	6～15	2～5
点样个数	个	8～10	18～36
展开距离	cm	10～15	5～8
展开时间	min	30～200	5～20
吸收法检测限	ng	1～5	0.1～0.5
荧光法检测限	pg	50～100	5～10

四、薄层色谱扫描法简介

利用薄层色谱扫描仪对薄层展开板上被分离组分进行光扫描可以获得薄层色谱扫描图，通过对薄层色谱扫描图的分析进行定性与定量分析的方法称为薄层色谱扫描法。

（一）基本原理

用一束长宽可以调节的一定波长、一定强度的光辐射到薄层板上并对整个斑点进行扫描，通过测定斑点对光的吸收强度或所发出的荧光强度进行定量分析。薄层色谱扫描法一般分为薄层吸收扫描法和薄层荧光扫描法。

1. 薄层吸收扫描法　薄层扫描测定斑点对光的吸收，通常采用透射法或反射法。但由于薄层板上的固定相是具有一定粒度的物质外加适量黏合剂构成的半透明固体，当光束辐射到薄层表面时，除透射光、反射光外，不可避免地存在散射光。从而导致薄层板上的组分斑点对光辐射的吸收度与组分浓度之间并不服从朗伯-比尔（Lambert-Beer）定律。库贝尔卡-孟克（Kubelka-Munk）理论用于描述含有能散射和吸收入射光的微小粒子的系统的光学行为的理论，该理论充分阐明了薄层色谱斑点中组分吸光度与浓度的定量关系。根据 Kubelka-Munk 方程，当分离数 SN≠0 时，色谱斑点中组分的吸光度 A 与其浓度或量（KX）虽仍然存在严格关系，但不是一种直线关系（图 10-6），为了方便定量，必须对曲线进行校准。目前的薄层色谱扫描仪均配有线性补偿器，根据 Kubelka-Munk 方程式，用电路系统将曲线（1）校正为直线（2）（图 10-7），用于定量分析，也可采用计算机软件进行线性回归，求出回归方程，再进行定量分析。

2. 薄层荧光扫描法　利用薄层板上的组分斑点发出的荧光强度或荧光薄层板上暗斑的荧光猝灭程度，进行定量分析的方法称为薄层荧光扫描法。与分子荧光法相同，在点样量很小时，荧光强度与浓度呈线性关系（$F=Kc$）。定量分析时，扫描色谱峰的积分面积 A 相当于 F，因此可直接用扫

描峰面积 A 定量。

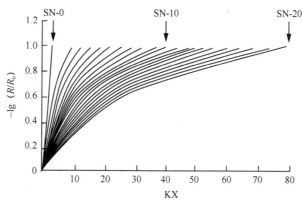

图 10-6　反射法 Kubelka-Munk 曲线（0＜SX＜20）

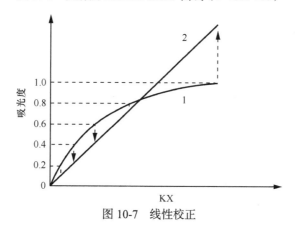

图 10-7　线性校正

薄层荧光扫描法灵敏度比薄层吸收扫描法高 1～3 个数量级，最低检测限可达 10～50 pg，而且其专属性强，可避免一些杂质的干扰，基线稳定，定量线性范围宽。该法适合于组分本身能发射荧光或经过色谱前后衍生化产生荧光的化合物。

（二）薄层色谱扫描仪

薄层色谱扫描仪由扫描主机、数据处理与信号输出系统等部分组成，主机部分与光谱仪类似，由光源、分光系统、薄层板放置仓、检测器等。数据处理与信号输出系统常包含在薄层色谱软件中，该软件不仅能对薄层色谱扫描仪进行操作控制，并进行数据分析与处理，而且某些高级软件系统能够对薄层色谱的其他仪器进行联机控制，如自动点样机、自动展开仪、薄层数码成像系统等，大大提升了薄层色谱的仪器化和自动化功能。

（三）扫描条件选择

薄层色谱扫描仪在光谱扫描方式上有单波长、双波长和连续波长扫描等方式，在光路设计上分为单光束扫描与双光束扫描等方式。双波长扫描的测定值由于扣除了斑点所在空白薄层的吸收值，薄层背景的不均匀性得到了补偿，扫描曲线基线平稳、测定精度得到改善。双波长扫描仪也有双波长单光束和双波长双光束两种类型。光扫描方式分为以下两种。

1. 直线扫描　也称线性扫描，光以一定长度和宽度的光束照在薄层板的一端，薄层板相对于光束做等速直线移动至另一端。但外形不规则的斑点不适于此法。

2. 曲线扫描　也称锯齿扫描，微小的正方形光束在斑点上进行锯齿状移动扫描，特别适合于形状不规则或浓度分布不均匀的斑点。

（四）定量分析方法

薄层色谱扫描仪的基本功能是通过选择合适的测定参数对薄层斑点进行光谱扫描，获得薄层色谱扫描图。利用组分斑点的光谱扫描图，既可以进行定性分析与鉴别，又可以进行定量分析。其定量方式主要有以下三种。

1. 外标法 定量分析时，在薄层板上定量点样品溶液时同步点上已知浓度的对照品溶液。展开后经薄层扫描，根据扫描峰面积和质量进行计算。外标法分为外标一点法、外标二点法和回归方程计算法。

2. 内标法 在样品溶液中加入一种在样品中不存在的、性质与被测组分类似却又与被测组分很容易分离的对照物，即内标物。展开后经薄层色谱扫描，以被测组分斑点与内标物斑点薄层色谱扫描峰面积之比作为峰面积累计值进行定量计算。

3. 归一化法 根据组分的含量与斑点得到薄层色谱扫描峰面积成正比，对于含有 n 个组分的混合物，若所有组分均被分离且扫描，则组分 i 的含量 ω_i 为

$$\omega_i(\%) = \frac{A_i}{A_1 + A_2 + A_3 + \cdots + A_n} \times 100\% \qquad (10\text{-}12)$$

采用该方法的条件是，被分析的各个组分在分子量、吸收系数等性质上差别较小，组分斑点的面积均在线性范围内，样品中所有组分均被分离且被扫描。

五、在药物分析中的应用

（一）在中药分析中的应用

薄层色谱广泛应用于药用植物的分析。中草药有效成分已经很复杂，由多味中草药制成的中成药的成分就更复杂了，从中检出一种或几种微量的有效成分，其难度可想而知。采用经典分离检测技术和方法，只能测定其中某种特定成分，无法对所有主要成分进行整体分析，这就严重制约了中药质量控制及药理学、药效学、药剂学等现代中医的发展。因此现代中药亟须解决其整体特征的表达问题。薄层色谱的独特性恰好可以解决中药发展中的此类问题，那就是能够得到图像用于表示色谱结果，现在通过视频或数码相机甚至扫描仪都能将薄层色谱图像转换为电子图像。植物药的彩色 TLC/HPTLC 图像能够更生动地描述药品的独特性，如 1993 年谢培山编写的《中华人民共和国药典 中药薄层色谱彩色图集》。

例：《中国药典》（2020 年版）甘草的鉴别

取本品粉末 1 g，加乙醚 40 ml，加热回流 1 h，滤过，弃去醚液，药渣加甲醇 30 ml，加热回流 1 h，滤过，滤液蒸干，残渣加水 40 ml 使溶解，用正丁醇提取 3 次，每次 20 ml，合并正丁醇液，用水洗涤 3 次，弃去水液，正丁醇液蒸干，残渣加甲醇 5 ml 使溶解，作为供试品溶液。另取甘草对照药材 1 g，同法制成对照药材溶液。再取甘草酸单铵盐对照品，加甲醇制成每 1 ml 含 2 mg 的溶液，作为对照品溶液。照薄层色谱法（通则 0502）试验，吸取上述三种溶液各 1~2 μl，分别点于同一用 1%氢氧化钠溶液制备的硅胶 G 薄层板上，以乙酸乙酯-甲酸-冰醋酸-水（15∶1∶1∶2）为展开剂，展开，取出，晾干，喷以 10%硫酸乙醇溶液，在 105℃加热至斑点显色清晰，置紫外光灯（365 nm）下检视。供试品色谱中，在与对照药材色谱相应的位置上，显相同颜色的荧光斑点；在与对照品色谱相应的位置上，显相同颜色的橙黄色荧光斑点。

（二）在合成药物中的应用

化学合成药物因结构已知、纯度高而通常采用经典的定量分析方法，而对合成药物中存在结构相似的有关微量物质的分离与含量分析常采用高效液相色谱法，溶剂的残留分析常采用气相色谱法。薄层色谱法在各国药典均有收载，但仅限于合成药物的定性鉴别和纯度检查，如《中国药典》（2020 年版）烟酰胺原料有关物质的检查。

思 考 题

1. 经典液相色谱法的基本原理是什么？经典液相柱色谱固定相有哪些？
2. 依据分离机制的不同，经典液相色谱法有哪些类型？其固定相和分离对象有何不同？
3. 在吸附色谱中，如何根据被分离组分的极性和固定相的活性，选择适当的流动相？
4. 影响比移值（R_f）的因素有哪些？如何克服相关因素的负面影响？
5. 薄层色谱法的展开剂如何选择？点样应注意什么？

（桂林医学院　徐　勤）

第十一章 气相色谱法

本章要求

1. **掌握** 气相色谱法固定相及重要操作条件选择的原则；常用检测器原理、特点及适用范围；常用定性、定量方法的优缺点。

2. **熟悉** 气相色谱仪的组成；气相色谱法的应用。

3. **了解** 气相色谱法的发展趋势。

第一节 气相色谱法的分类和特点

气相色谱法是采用气体为流动相，流经装有填充剂的色谱柱进行分离测定的色谱方法。物质或其衍生物气化后，被载气带入色谱柱进行分离，各组分先后进入检测器，用数据处理系统记录色谱信号。

一、气相色谱法的分类

气相色谱法按不同分类方式可分为多种类别。

（一）按固定相类型分类

气相色谱法按固定相的类型分为气-液色谱法和气-固色谱法。以固相液（如聚甲基硅氧烷类、聚乙二醇类等）作为固定相的色谱法称为气-液色谱法，以固体吸附剂（如分子筛、高分子小球等）作为固定相的色谱法称为气-固色谱法。

气-液色谱法基于不同组分在固定液中溶解度的差异实现分离。当载气携带样品进入色谱柱时，气相中的组分溶解到固定液中，载气连续流经色谱柱，溶解在固定液中的组分从固定液中挥发到气相中，随着载气的流动，挥发到气相中的组分又会溶解到固定液中，这样反复多次溶解、挥发、再溶解，实现分离。

气-固色谱法基于不同组分在固体吸附剂上吸附能力的差异实现分离。气-固色谱法的固定相是一种具有多孔性、比表面积较大的吸附剂，样品由载气携带进入色谱柱时，立即被吸附剂所吸附，载气不断通过吸附剂，使吸附的组分被洗脱下来，解吸下来的组分随载气流动，又被吸附剂所吸附，随着载气的流动，组分在气固吸附剂表面反复吸附、解吸、再吸附，实现分离。

（二）按柱径粗细分类

气相色谱法按使用的色谱柱内径可分为填充柱色谱法、毛细管柱色谱法和大口径柱色谱法。填充柱色谱法多为 2 mm 或 3 mm 内径的不锈钢柱或玻璃柱，柱容量大，但柱效低，适用于简单组分的分析。毛细管柱色谱法多为内径 0.2 mm、0.25 mm、0.32 mm 的石英柱，柱效高，但柱容量低，适用于组成复杂、沸程较宽混合物的分析。大口径柱多为 0.53 mm 内径的毛细管柱，柱效和柱容量介于填充柱色谱法和毛细管柱色谱法之间，适用于复杂组分的分析。

（三）按分离机制分类

气相色谱法按分离机制可分为吸附色谱法和分配色谱法。吸附色谱法是利用吸附剂对不同组分吸附性能的差异进行分离，气-固色谱法属于此种。分配色谱法是利用不同组分在两相中分配系数的差异进行分离，气-液色谱法属于此种。

二、气相色谱法的特点

气体具有黏度小、传质速度快、渗透性强的优点，气相色谱法以气体为流动相，因此具有以下特点。

1. 分离效能高　一般气相色谱填充柱理论板数为几千，毛细管气相色谱柱理论板数可高达百万，因此一些分配系数很接近的难分离物质在短时间内可获得良好的分离效果。此外，该法能够同时分离和测定极为复杂的混合物。

2. 灵敏度高　气相色谱法可以检测含量为 $10^{-13} \sim 10^{-11}$ g 的物质。

3. 选择性强　通过选择合适的固定相，气相色谱法能够分离有机化合物中的顺反异构体、对映体等性质极为相近的物质。

4. 分析速度快　通常一个试样的分析只需几分钟到几十分钟。

5. 应用范围广　该法可分析气体、易挥发的液体或固体样品。沸点低于 500℃、热稳定性好的组分，条件选择合适，基本上可直接进行分析；受热易分解或挥发性低的物质，可通过化学衍生的方法实现分析。

第二节　气相色谱仪

一、气相色谱仪的构成

气相色谱仪的基本组件包括气路系统（气源、净化干燥管和载气流控制配件）、进样系统（进样器等）、分离系统（色谱柱、柱温箱）、控制系统及检测和记录系统（检测器、放大器和数据处理系统）等。配有热导检测器的常规气相色谱仪的基本构成见图 11-1。

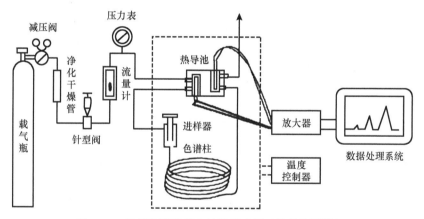

图 11-1　气相色谱仪基本结构示意图（热导检测器）

二、气相色谱仪的构件系统

（一）气路系统

气相色谱仪的气路系统包括各种气源、气体净化管（又称捕集器）和载气流速控制配件等。气相色谱仪主要有两种气路形式：单柱单气路和双柱双气路。采用毛细管柱气相色谱分析时，在毛细管柱的末端还需增加尾吹气。

载气是一类不与试样组分和固定相作用，专用来输送试样的惰性气体。气相色谱分析需使用高纯度的载气（纯度＞99.99%），同时仪器还需配备多种气体净化管，常用的载气有 N_2、H_2 和 He。N_2 分子量较大、扩散系数小，除热导检测器外的其他检测器多采用 N_2 作为载气；H_2 和 He 分子量小、热导系数大、黏度小，常用于热导检测器。

净化器串联在气路中可提高载气纯度，气体净化管内装有吸附剂（硅胶、分子筛、活性炭等）、催化剂（脱氧剂）等材料，以去除气体中可能存在的水分、烃类和 O_2 等杂质。

减压阀、稳压阀、针形阀和稳流阀等器件用来控制载气流量恒定（变化<1%），以保证气相色谱分析的准确性和重复性。目前气相色谱仪多采用电子压力控制（electronic pressure control，EPC）系统来准确控制和调节载气、燃气和助燃气的流量。

（二）进样系统

进样系统包括进样器、进样口等。

1. 进样器 气相色谱可采用微量进样器或自动进样器进样。手动进样常用 10 μl 微量进样器，进样量一般≥1 μl，如进样量<1 μl 则应采用 5 μl 或 1 μl 注射器。自动进样器可自动完成进样针清洗、润冲、取样、进样和换样等过程。气体样品常采用六通阀进样。

2. 进样口 常规气相色谱仪一般有填充柱和毛细管柱两个进样口，进样口内的衬管为气化室（组分瞬间气化的装置）。进样方式有填充柱进样、分流/不分流进样、冷柱头进样、程序升温气化进样、顶空进样、裂解进样、大体积进样、阀进样等。

（1）填充柱进样口：填充柱进样口简单、易于操作。填充柱分为玻璃柱和不锈钢柱，玻璃柱可直接插入气化室，用螺母和石墨垫密封；不锈钢柱柱端接在气化室出口处，用螺母和金属压环密封，这时应在气化室安装玻璃衬管，以避免极性组分的分解和吸附。日常分析工作中需注意及时更换和清洗衬管。

（2）毛细管柱进样口：由于柱内固定相的量少，毛细管柱对试样的容纳量低，为防止超载，毛细管柱进样口与填充柱进样口使用时差别较大。一般市售气相色谱仪均属于多用性毛细管柱进样口，通过更换气化室中内插玻璃衬管，可将进样口用于分流进样和其他方式进样，毛细管柱内径小于 0.5 mm 时，常采用分流进样。

1）分流进样口：分流进样是气相色谱普遍采用的进样方式，进样快速、起始谱带窄，柱效高，可控制进样量保证毛细管柱不超载，当分析一些较"脏"的样品时，还可防止柱污染。分流进样时，进入毛细管柱内的载气流量与放空的载气流量的比，称为分流比。分流比无须准确测量，常用整数之比表示，范围一般为 1：（10～100）。

2）不分流进样口：不分流进样与分流进样采用同一个进样口，进样时关闭分流放空阀，让试样全部进入色谱柱。不分流进样具有较好的定量准确度和精密度，大大提高分流进样的灵敏度，常用于痕量分析。

不分流进样的进样时间较长（30～90 s），导致初始谱带较宽（样品气化后的体积相对于柱内载气流量较大），气化后的样品中有大量溶剂，不能瞬间进入色谱柱，溶剂峰会严重拖尾，使先流出组分的峰被掩盖在溶剂拖尾峰中，此现象称为溶剂效应，必须采用冷阱或溶剂效应消除初始谱带的扩展。

3）冷柱头进样口：柱头进样口进样是分析较高沸点和热不稳定样品最常用的进样方式，可有效避免分流引起的分流歧视效应，适用于大口径毛细管柱。进样部分应低温，以防溶剂在进样针头处气化。

4）程序升温进样口：程序升温进样口通过进样器冷进样，以弹道式快速程序升温方式使样品在气化室内迅速气化，并可按分流、不分流、直接或冷柱头等方式进样，该方式可改善大体积进样的色谱峰形、改善分离。其中，冷柱头程序升温进样是样品失真较小的进样方式，可实现样品低温捕集和快速气化，有效避免分流/不分流进样带来的热降解、吸附及宽沸程样品的进样失真和分流歧视，并可实现样品浓缩，对多种类型的样品均能得到较好分析结果。

（三）分离系统

分离系统包括色谱柱和柱温箱。填充柱的柱管由不锈钢或玻璃材料制成，内径一般为 2～4 mm，长度为 0.5～6 m，大多弯制成 U 形或螺旋形，固定相被均匀且紧密地装入柱内。毛细管柱的中心是空的，内径一般为 0.2～0.5 mm，长度为 10～60 m，材质多为石英，弯成螺旋形。大口径柱一般为 0.53 mm 内径的毛细管柱。

（四）控制系统

控制系统包括仪器各部分的温度控制、进样控制、气体流速控制和各种信号控制等。柱温箱的温度直接影响色谱分离的选择性和柱效，检测器温度直接影响检测器的灵敏度和检测信号的稳定性，因此气相色谱仪必须有足够的温控精度。柱温箱有恒温和程序升温两种控温方式。气化室的温度应使试样瞬间气化但又不致分解，一般情况下气化室温度要比柱温箱高 10～50℃。

（五）检测和记录系统

检测和记录系统包括检测器、放大器和数据处理系统。检测器是将通过色谱柱分离后的各组分量转变为可测量的电信号的装置。记录系统由计算机和色谱工作站组成，检测器输出的电信号被送入记录仪记录，色谱工作站除能对色谱峰进行积分外，还有色谱定性、定量、绘制标准曲线、计算样品含量、计算柱效参数等功能。本小节重点介绍气相色谱常用检测器。

气相色谱检测器种类较多，包括热导检测器（thermal conductivity detector，TCD）、火焰离子化检测器（hydrogen flame ionization detector，FID）、电子捕获检测器（electron capture detector，ECD）、火焰光度检测器（flame photometric detector，FPD）、氮磷检测器（nitrogen phosphorus detector，NPD）、热离子检测器（thermionic detector，TID）、化学发光检测器（chemiluminescence detector，CLD）和氦离子化检测器（helium ionization detector，HID）等。常用检测器结构示意图见图 11-2。

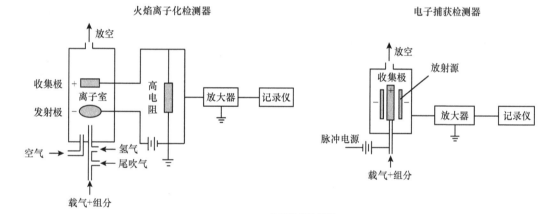

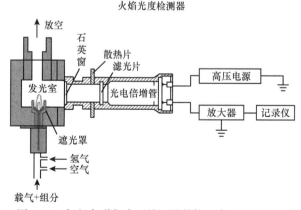

图 11-2　气相色谱仪常用检测器结构示意图

1. 热导检测器　热导检测器是基于被测组分与载气之间导热系数的差别来检测组分的浓度变化，结构简单、通用性强、稳定性好、线性范围宽和不破坏样品，但与其他检测器相比灵敏度较低和噪声较大。

热导检测器由池体和在不锈钢块的孔道中装入的热敏元件组成。热导池可分为双臂热导池和四臂热导池，当载气以恒定速度通入具有恒定电压的热导池，钨丝因通电升温，产生的热量被载气带走，并以热导方式通过载气传给池体。若测量臂只有载气没有试样气体通过，两个热导池钨丝温度和两池电阻变化相等，电桥处于平衡，检流计无电流通过，记录仪输出一条直线（基线）；若经色谱柱分离后的组分随载气进入测量臂，待测组分和载气组成的混合气与纯载气的导热系数不同，测量池和参比池中钨丝的温度和电阻产生不等值变化，电桥平衡被破坏，产生电位差，输出电压信号，记录仪输出色谱峰。

热导检测器为：①浓度型检测器，进样量一定时，色谱峰面积与载气流速成反比，用峰面积定量时需保持载气流速恒定；②通用型检测器，可测定不同种类的组分，特别是火焰离子化检测器不能直接测定的无机气体；③非破坏性检测器，可收集分离后组分，或再与其他仪器联用。

2. 火焰离子化检测器 火焰离子化检测器是利用有机化合物在氢火焰作用下，发生化学电离而形成离子流，通过测定离子流强度检测组分，可测定含碳有机化合物，不能检测永久性气体及 H_2O、H_2S 等，结构简单、性能稳定、响应迅速、灵敏度高和线性范围宽。

火焰离子化检测器主要部件是离子化室，由气体入口、喷嘴、发射极（负极）和收集极（正极）组成。发射极和收集极之间加直流电（100～300 V）构成外加电场，检测时组分被载气携带与 H_2 混合进入离子化室，在 H_2 与空气燃烧产生的高温火焰（约 2100℃）中电离成正离子和电子，在外电场作用下定向运动形成微电流，离子流电信号经转化处理后，得到各组分的色谱峰和色谱图。

火焰离子化检测器需使用三种气体，N_2 作载气，H_2 作燃气，空气作助燃气。为保证检测器灵敏度，三种气体之间需保持一定比例，一般情况下，N_2：H_2=1：（1～3）；H_2：空气=1：（5～10）。

火焰离子化检测器为：①质量型检测器，进样量一定时，流速对峰面积影响较小，可采用峰面积定量，用峰高定量时需保持载气流速恒定（峰高与载气流速成正比）；②专属型检测器，火焰离子化检测器产生的离子数目与碳原子数目成正比，对含碳有机物灵敏度高（检测下限达 10^{-12} g/s），而一些官能团如羰基、羟基、卤素和氨基不易被离子化，且对无机气体检测不灵敏；③破坏性检测器，检测后的样品不能再利用。

3. 电子捕获检测器 电子捕获检测器是对含电负性元素有机物具有高选择性、高灵敏度的检测器，适用于有机氯和有机磷农药残留量、金属有机多卤或多硫化合物的分析。

电子捕获检测器的池体中装有一个圆筒状的 β 射线放射源作为负极，以一个不锈钢棒作为正极，两极间施加适当电压，一般以 ^{63}Ni 作为放射源，当载气进入检测器时，受 β 射线辐射发生电离，生成的正离子和电子分别向两极移动，形成恒定的电流（即基流），含有电负性元素的组分随载气进入，会捕获慢速、低能量电子而产生负离子，并释放能量，生成的负离子与载气电离产生的正离子碰撞生成中性化合物，其结果使基流强度下降，产生负信号形成负峰（倒峰），经放大器放大，信号强度与进入检测器的组分量成正比。由于负峰不便于观察和处理，常通过极性转换使负峰变为正峰。

电子捕获检测器为：①浓度型检测器，组分浓度越高，组分中电负性元素的电负性越强，捕获电子的能力越大，色谱峰越大；②专属型检测器，对含卤素、硫、氰基、硝基和共轭双键的有机物、过氧化物等测定灵敏度高，但对胺、醇及碳氢化合物等测定灵敏度低；③非破坏性检测器。

4. 火焰光度检测器 火焰光度检测器也称硫磷检测器，是对含硫、磷化合物具有高选择性、高灵敏度的检测器，适用于 SO_2、H_2S、有机磷和有机硫农药残留量的分析，也可用于其他杂原子有机物和有机金属化合物的分析。

火焰光度检测器是一个简单的火焰发射光谱仪，含硫、磷的化合物在富氢焰（H_2 与空气中氧的比例>3：1）中燃烧，分解成有机碎片，分别发出 394 nm 和 526 nm 特征光谱，通过滤光片获得较纯的单色光，光电倍增管将光信号转换成电信号，经放大后由记录仪记录。

火焰光度检测器为：①质量型检测器；②专属型检测器，对硫、磷的检测限可达 10^{-11} g/s、

10^{-13} g/s，线性范围较宽。

第三节　气相色谱固定相及色谱柱

气相色谱的固定相可分为固体固定相和液体固定相，分别对应气-固色谱法和气-液色谱法。

一、固体固定相

固体固定相为多孔性的固体吸附剂颗粒，其分离主要基于样品中不同组分与固定相间吸附作用强度的差异，用于气体和低沸点化合物的分离。

固体固定相分为无机材料固定相（包括以其为基质用化学键合方法制备的键合固定相）和有机化合物聚合制成的固定相。固体固定相材料的化学结构（极性，即表面官能团的类型和数目）、几何结构（孔结构和分布，即比表面积）决定了固定相的保留和选择性。

（一）无机吸附剂

无机吸附剂是多孔、大表面积、具有吸附活性的固体物质，具有吸附容量大和耐高温等优点，适合永久性气体和低沸点物质的分离，但柱效低、柱寿命短。主要有分子筛、硅胶、氧化铝和碳素等。

1. 分子筛　分子筛为强极性吸附剂，是天然或人工合成的硅铝酸盐，主要组成为 $M_2O \cdot Al_2O_3 \cdot Si_2O_3$（M 表示 Na^+或 Ca^{2+}）。气相色谱中常用的分子筛为 5A 与 13X 型分子筛，前者由 Ca-Al-Si 的氧化物组成，有效孔径为 5 Å（1Å=0.1 nm）；后者由 Na-Al-Si 的氧化物组成，有效孔径为 10 Å。分子筛使用前必须在 550℃（或 350℃减压）活化 2 h，以除去吸附水，充分活化的分子筛在室温条件下可使 H_2、O_2、N_2、CH_4 和 CO 等气体得到较好的分离。

2. 硅胶　硅胶为强极性吸附剂，可用于痕量硫化物的分析，如硅胶在 40℃时，4 min 内可分离 CO_2、H_2S 和 SO_2。

3. 氧化铝　氧化铝为中等极性吸附剂，具有良好的热稳定性和力学强度，主要用于 C_1~C_4 烃类及其异构体的分析。氧化铝对极性化合物如醇、醛、酮等具有强保留，因此要防止高沸点化合物或极性不纯物进入色谱柱。氧化铝在使用前需使用水、液体固定相或无机盐（KCl、Na_2SO_4）失活，即使使用 KCl 失活，H_2O 和 CO_2 仍被氧化铝吸附导致保留时间减少。如样品中含水量＞1%，保留时间将减少，选择性发生变化，一般要求含水量＜1%。

4. 碳素　气相色谱适用的碳素主要有活性炭、碳分子筛和石墨化炭黑。

活性炭为非极性吸附剂，用于分析永久性气体及 C_1~C_2 烃类。由于宽的孔径分布和组成差异，制备重复性差导致色谱性能难重复，吸附性能强又使待测组分拖尾严重，活性炭不太适合做气相色谱固定相。

碳分子筛又称为碳多孔小球，由聚偏二氯乙烯小球经高温热解处理得到的残留物，是一种类似于分子筛孔结构的碳材料。碳分子筛孔径分布较窄，具有典型的非极性表面，可用于 O_2、N_2、CO、H_2O、SO_2 和 H_2S 等气体的分析，适于分析在有机物之前流出的微量水。

石墨化炭黑是炭黑置于惰性气体中于 2500~3000℃煅烧而成的结晶形碳，表面几乎完全除去了不饱和键、弧电子对、自由基和离子。吸附主要由色散力引起，其大小取决于吸附剂表面和被吸附分子间的距离，因此，石墨化炭黑适合于分离几何结构和极化率上有差异的分子，如醇、酸、酚和胺等多种极性化合物、某些异构体等。

（二）聚合物固定相

固体固定相常用的有机化合物吸附剂为多孔聚合物，是由苯乙烯或乙基乙烯苯与二乙烯苯交联共聚而成的高分子多孔微球，具有特殊的表面孔径结构、表面积大和一定的机械硬度，以微球形式使用。经活化可直接作为固定相使用，也可在其表面涂渍固定液作为载体使用。

高分子多孔微球分为极性（聚合时引入不同极性的基团）和非极性两种，具有耐高温（可达200~300℃），色谱峰形对称，无柱流失现象，柱寿命长的特点，一般按极性顺序分离化合物，极性大者先出峰。可用于分析极性的多元醇、脂肪酸、腈类、胺类或非极性的烃、醚、酮等化合物，且色谱峰拖尾小，峰形对称，尤其适合分析有机化合物中的微量水分。

另外，新型材料如纳米材料（如石墨烯、氮化碳等）、金属有机骨架材料（MOF）、葫芦脲、杯吡咯、环三藜芦烃、柱芳烃等应用于固体固定相。这些材料作为气相色谱固定相时，在操作条件下为固态，表现出良好的色谱分离性能。

二、液体固定相

液体固定相由载体和固定液组成。载体是用作支持物的一种惰性固体颗粒，固定液是涂渍在载体上的高沸点物质。

▋（一）载体

载体为化学惰性的多孔性固体颗粒，可为固定液提供惰性表面，使固定液能铺展成薄而均匀的液膜。载体分为硅藻土载体和非硅藻土载体两种。

玻璃微球、聚四氟乙烯载体属于非硅藻土载体，耐腐蚀、固定液涂量少，适用于分析强腐蚀性物质。

硅藻土载体为常用载体，是将天然硅藻土压成砖形，900℃煅烧后粉碎、过筛制成。天然硅藻土煅烧时，其所含铁会形成氧化铁而呈淡红色，称红色载体，其表面孔穴密集、孔径较小、比表面积大、机械强度大，吸附活性和催化活性强，适合涂渍非极性固定液，用于非极性组分的分析。硅藻土煅烧前在原料中加入少量助熔剂 Na_2CO_3，煅烧后铁生成无色的铁硅酸钠，硅藻土呈白色，称白色载体，其疏松颗粒、孔径较大、比表面积小、机械强度较差，吸附活性低，常与极性固定液配伍，用于极性组分的分析。

▋（二）固定液

1. 固定液的功能及种类 固定液一般是高沸点液体，在室温下呈固态或液态，在操作温度下呈液态。固定液种类繁多，可按照化学结构类型和相对极性分类。按化学结构可分为烃类、聚硅氧烷类、聚乙二醇类和酯类等类型，按相对极性可分为非极性固定液、中等极性固定液、强极性固定液和氢键型固定液。

2. 固定液的选择 固定液的极性决定了组分与固定液分子间作用力的类型和大小，分为非极性、中等极性、强极性和氢键型固定液，可根据相似相溶性原则选择，一般分离非极性和极性混合物选用极性固定液；分离沸点差别较大的混合物选用非极性固定液。

对于较难分离的组分，也可用两种或两种以上的固定液，采用混涂、混装或串联方式进行分离。

（1）非极性固定液：非极性固定液主要是一些饱和烷烃和甲基硅油，常用角鲨烷、阿皮松等，适用于非极性和弱极性化合物的分离。待测组分与非极性固定液之间的作用力以色散力为主，按沸点由低到高的顺序出峰；若样品中兼有极性和非极性组分，相同沸点的极性组分先出峰。

（2）中等极性固定液：中等极性固定液由较大的烷基、少量的极性基团，或者是可诱导极化的基团组成，常用邻苯二甲酸二壬酯、聚酯等，适用于弱极性或中等极性化合物的分离。待测组分与中等极性固定液之间的作用力以色散力和诱导力为主，组分若极性差异小而沸点差异大，则按沸点顺序出峰；组分若沸点相近极性差异较大，则极性小的组分先出峰。

（3）强极性固定液：强极性固定液含有较强的极性基团，氧二丙腈最常用，适用于极性化合物的分离。待测组分与强极性固定液之间的作用力以静电力和诱导力为主，组分按极性由小到大的顺序出峰。

（4）氢键型固定液：氢键型固定液极性较强，常用聚乙二醇和三乙醇胺等，适用于分析含F、

N、O 的化合物。待测组分与氢键型固定液之间以氢键作用力为主，组分依据形成氢键难易程度出峰，形成氢键能力弱的先出峰。

三、毛细管气相色谱柱

气相色谱柱分填充柱和毛细管柱两大类。填充柱气相色谱法的分离原理及提高色谱分离能力的途径如下：①根据塔板理论，可增加柱长，减小柱径，即增加塔板数；②根据速率理论，减小组分在柱中的涡流扩散和传质阻力，可降低塔板高度。

毛细管气相色谱柱与填充柱的分离原理相同，但由于毛细管柱本身的特点（纯度高、柔韧性好），理论模型中的一些影响因素与填充柱有些差异。1958 年戈雷（Golay）在 van Deemter 方程的基础上提出了毛细管柱的速率理论方程式，称为戈雷方程：

$$H = \frac{B}{u} + C_g u + C_1 u \tag{11-1}$$

式（11-1）中，各项的物理意义及影响因素与填充柱速率方程式相同。但由于毛细管柱为空心柱（固定液直接涂在毛细管壁上，又称开管柱），式中涡流扩散项 $A=0$；纵向扩散项中的弯曲因子 γ 为 1，$B=2D_g$；传质阻力项中液相传质阻力项 C_1 与填充柱相同，气相传质阻力在填充柱中可忽略，但在毛细管气相色谱中，气相传质阻力则较为重要。戈雷方程可如下表示：

$$H = \frac{2D_g}{u} + \frac{r^2\left(1+6k+11k^2\right)}{24D_g\left(1+k\right)^2}u + \frac{2kd_f^2}{3\left(1+k\right)^2 D_1}u \tag{11-2}$$

式中，r 为毛细管柱半径。纵向扩散项随载气线速度增加而很快下降；传质阻力项则随载气线速度增加而增加。对于高效薄液膜毛细管柱，液相传质阻力项较小，影响色谱柱效的主要因素是气相传质阻力项，为降低气相传质阻力，实验时最好采用高扩散系数和低黏度的 He 或 H_2 作载气。

与填充柱相比，毛细管柱具有以下特点：①分离效能高，毛细管柱液膜薄，传质阻力小，涡流扩散为零，无因涡流扩散引起的峰展宽，柱长可达几十米甚至上百米，每米塔板数 2000～5000，总柱效可达 10^4～10^6；②柱渗透性好，一般为开管柱，流动相阻力小，分析速度较快；③柱容量小，涂渍的固定液液膜薄，柱体积通常仅几毫升，进样时需采取特殊进样技术，多为分流进样；④易进行气相色谱-质谱联用；⑤应用范围广。

（一）毛细管气相色谱柱的分类

毛细管气相色谱柱主要为熔融二氧化硅空心柱（fused-silica open tubular column，FSOT），内径 0.1～1.0mm，可分为开管型毛细管柱和填充型毛细管柱。

开管型毛细管柱按内壁的状态，可分为四类：①涂壁开管柱（wall coated open tubular column，WCOT），固定液涂在毛细管内壁，目前较常采用；②多孔层毛细管柱（porous-layer open tubular column，PLOT），毛细管内壁附着一层多孔固体（如熔融二氧化硅或分子筛等），可涂或不涂固定液，柱容量大，柱效高；③载体涂渍开管柱（support coated open tubular column，SCOT），毛细管内壁黏附一层载体（如硅藻土载体）后再涂固定液；④交联或键合毛细管柱，固定液分子间交联成网状结构，或键合于毛细管壁上，柱效高，柱流失少。

毛细管气相色谱柱按毛细管内径又可分为三类：①常规毛细管柱，内径一般为 0.1～0.3 mm；②小内径毛细管柱，内径小于 100 μm，一般为 50 μm，用于快速分析，毛细管临界流体色谱、毛细管电泳中常用；③大口径毛细管柱，内径一般为 0.53 mm，其固定液液膜厚度可小于 1 μm，也可高达 5 μm。大口径、厚液膜毛细管柱，柱效和柱容量介于填充柱色谱法与毛细管柱色谱法，适用于复杂组分分析。

（二）毛细管气相色谱的仪器系统

与填充柱气相色谱相比，毛细管气相色谱的流路系统在进样部分增加了分流装置，在色谱柱后增加了尾吹气流路系统。分流进样和柱后尾吹可避免毛细管柱的超载及柱后组分因扩散引起的色谱峰展宽与柱效降低等问题，可提高柱效和分离效果。

填充柱一般流速大，柱外死体积对色谱峰展宽的影响可忽略不计。毛细管柱流速可低至 1 ml/min 甚至更低，柱外效应对分离效率和定量结果的准确度影响大，柱内径小、柱容量小，允许的进样量小，需采用分流技术以保证进样量的准确性。因此，进样部分需特殊的装置。毛细管柱色谱的进样系统包括进样口和分流器。进样口内插有衬管，在进样的同时完成样品的气化。分流器包括分流阀、针形阀和电磁阀等控制部件，用以完成气化后样品的分流。毛细管柱气相色谱常用的进样方式有分流进样和不分流进样。

尾吹气是从色谱柱出口直接进入检测器的一路气体。由于毛细管柱内载气流量低（常规为 1～3 ml/min），远低于检测器对载气流量的要求（一般检测器要求 20 ml/min 的载气流量），因此在色谱柱后需增加一路载气直接进入检测器，缩短馏分进入检测器所需时间，减小可能产生的扩散，以保证检测器在高灵敏度状态下工作。经分离的组分流出色谱柱后，可能由于管道体积的增大而出现体积膨胀，流速减慢，从而引起谱带展宽，尾吹气可消除检测器由于死体积较大而产生的柱外效应，以使柱后流出的组分尽快进入检测器。

（三）毛细管气相色谱条件的选择

1. 固定相选择 固定相主要选择种类和色谱柱长度。选择固定相种类需注意：①极性按相似相溶原则；②柱温不能超过色谱柱的最高使用温度。分析高沸点化合物时，需选择高沸点固定相。增加色谱柱长度可增加塔板数，使分离度提高；但柱长过长，色谱峰变宽，不利于组分分离。

2. 毛细管柱内径选择 毛细管柱的内径主要为 100～300 μm。由毛细管气相色谱速率理论可知，理论塔板高度与色谱柱半径平方成正比，即内径越小，柱效越高，但内径变细在实际应用时受仪器、操作等诸多条件的限制，一般内径为 250 μm 的柱容量约 100 ng，而 30 μm 柱的柱容量低于 1 ng。柱容量低对仪器要求比较苛刻，首先要求检测器的敏感度小于 10^{-11} g/s，同时要求检测器的死体积小。

3. 液膜厚度选择 通常增加液膜厚度会使色谱柱的柱效下降，实际工作中液膜厚度的选择取决于分析具体要求。分离挥发性低、热稳定性差的物质时，需用薄液膜柱；分离挥发性高、保留值小的物质时，要求液膜厚度大于 1 μm；快速分析时一般采用小内径和薄液膜柱。

柱内径和液膜厚度的选择需综合考虑色谱柱的柱容量和柱效，如果需要增加柱容量，可采用大口径和厚液膜柱。

4. 载气选择 气相色谱中常用的载气有 N_2、H_2 和 He。载气的选择需要从柱压降、对峰扩张及对检测器灵敏度的影响三个方面来考虑。首先，需考虑检测器的适用性，如热导检测器常用 H_2、He 作载气，火焰离子化检测器、火焰光度检测器和电子捕获检测器常用 N_2 作载气；其次，需考虑流速大小，载气流速影响分离效率和分析时长，当色谱柱和组分一定时，由速率方程可计算出最佳流速，此时柱效最高，但在此流速下，分析时间较长。一般采用稍高于最佳流速的载气流速，以加快分析速度。考虑到操作安全性，在毛细管气相色谱法的载气多采用 N_2 和 He。

5. 柱温选择 柱温对分离度影响大，是气相色谱条件选择的关键。柱温选择的基本原则是在使最难分离的组分有符合要求的分离度的前提下，尽可能采用较低柱温，但需要保留时间适宜和不拖尾为宜。较低的柱温使试样有较大的分配系数，选择性好，但分析时间延长，峰形变宽，柱效下降；柱温升高可改善传质阻力，提高柱效，缩短分析时间，但同时也将加剧纵向扩散效应，降低色谱柱的选择性。实际工作中，常通过实验来选择最佳柱温，既能分离各组分，又不使峰形扩张和拖尾。

对于宽沸程试样，选择一个恒定柱温常不能兼顾所有组分，需采取程序升温方法。程序升温按预定的程序连续或分阶段地进行升温，可兼顾高、低沸点组分的分离效果和分析时长，使各组分能在较佳的温度下进行分离。程序升温还能缩短分析周期，改善峰形，提高检测灵敏度。

第四节 气相色谱分析方法

一、定性分析方法

气相色谱分析能够分析复杂样品，但难以对未知物进行准确定性，需要依据已知纯物质或有关的色谱定性参考数据进行定性鉴别。

（一）保留值定性法

1. 保留时间定性法

（1）利用保留时间定性：根据同一种物质在同一根色谱柱和完全相同的色谱条件下，保留时间相同的原理进行定性。在相同的色谱条件下，待测成分的保留时间与对照品的保留时间应无显著性差异；两个保留时间不同的色谱峰归属于不同化合物，但两个保留时间一致的色谱峰有时未必为同一化合物，在作未知物鉴别时应特别注意。改变流动相组成或更换色谱柱的种类，若待测成分的保留时间仍与对照品的保留时间一致，可进一步证实该待测成分与对照品为同一化合物。

（2）利用标准加入法定性：如果试样复杂，保留时间的准确判定有一定困难，可在样品中加入待测组分（单一组分或多组分）的对照品，若待定性组分色谱峰峰高较之前增加，则表示原试样中可能含有该已知物的成分。

（3）双柱或多柱定性法：几种物质在同一色谱柱上有相同的保留时间，无法定性，则需采用性质差别较大的双柱或多柱进行定性。该法是实际工作中最常用、简便可靠的定性方法。

2. 利用相对保留时间定性法 当待测组分无对照品时，可用试样中另一成分或在试样中加入另一已知成分作为参比物，利用相对保留时间定性（或定位）。一般情况下，相对保留时间的数值与组分的性质、固定液的性质及柱温有关，与固定液的用量、柱长、流速及色谱柱填充情况等因素无关。

3. 利用保留指数定性法 保留指数又称 Kovats 保留指数（Kovats retention index），常以 KI 表示。保留指数定性是通过在给定色谱条件下测定待测组分的保留指数并与已知文献数据进行对比来定性，不需要对照品，但要求待测组分保留指数的测定条件与文献值的实验条件（如固定相、柱温等）一致。许多手册上收载有各种化合物的保留指数，只要固定液及柱温相同，就可以利用手册数据对未知物进行定性。保留指数的重复性及准确度均较好（RSD<1%），是气相色谱定性的重要方法。

4. 利用保留值经验规律定性法

（1）利用碳数规律定性法：在一定温度下，同系物的调整保留时间（或调整保留体积、比保留体积等）的对数值（$\lg t_R'$）与其分子中碳原子数 n 呈线性关系，即

$$\lg t_R' = A_1 n + C_1 \tag{11-3}$$

式中，A_1、C_1 为常数；碳原子数 $n \geq 3$。

如果已知某同系物中两个或更多组分的调整保留时间，则可根据式（11-3）推知同系物中其他组分的调整保留时间，并据此对组分进行定性。

（2）利用沸点规律定性法：在一定色谱条件下，同族具有相同碳数碳链的位置异构体，其调整保留时间的对数与其沸点呈线性关系，即

$$\lg t_R' = A_2 T_b + C_2 \tag{11-4}$$

式中，A_2、C_2 为常数；T 为组分的沸点。

根据同族同碳数碳链异构体中几个已知组分的调整保留时间的对数值，可推算出同族中具有相同碳数的其他异构体的调整保留时间，并可据此进行定性。

（二）检测器定性法

1. 联用技术定性法　气相色谱仪作为分离手段，将气相色谱与对未知物结构鉴别能力强的质谱、傅里叶变换红外光谱等技术作为鉴定工具进行联用，可提高样品组分定性的准确性和工作效率，已成为复杂样品组分定性的有效工具。

2. 检测器选择性定性法　不同类型的检测器对不同化合物具有不同的响应和灵敏度。例如，热导检测器对无机物和有机物均响应，但灵敏度较低；火焰离子化检测器对有机物灵敏度高，而对无机气体、H_2O 等几乎无响应；电子捕获检测器仅对含卤素、氧、氮等电负性强的化合物有高的灵敏度；氮磷检测器对含氮、磷化合物有强的响应；火焰光度检测器仅对含硫、磷化合物有响应等。利用不同检测器的响应选择性和灵敏度，可对样品中的未知组分进行分类定性。

（三）化学方法定性法

1. 化学试剂定性法　化学试剂定性法分为消去法和官能团法。消去法是用物理或化学的消除剂将样品中某种类化合物消除、减少或转移，样品与消除剂接触后，消除剂迅速与该类化合物发生不可逆吸附或化学反应，使其色谱峰消失、变小或发生位移，比较未通过和通过消除剂的色谱图，从而获悉样品中有无该类官能团的方法。官能团法是将色谱柱分离后的组分依次通入盛有特定试剂的试管中，观察这些特定试剂所发生的颜色变化、沉淀等情况，从而判定相应的组分具有何种官能团。

2. 化学反应定性法　化学反应定性法特指从样品经过反应后的组分推算原型组分的定性方法。主要有亚甲基插入反应法和氢化反应法。亚甲基插入反应法是利用重氮甲烷光解生成的亚甲基可与饱和烃、环烷作用，插入到 C—H 键中生成多一个碳数的烷烃、环烷异构物，根据反应产物的沸点和数量，推断原型烃为何种物质。

3. 热裂解定性法　大分子有机物在 300～600℃会发生热裂解，在一定的热解条件下，将热裂解后易挥发的小分子物质引入色谱仪，获得指纹热裂解图谱，有机物与其热解产物的组成、相对含量有对应关系，其指纹热裂解图各具有其特征，可作为定性的依据。热裂解色谱已广泛用于鉴别不同来源和结构的聚合物、类固醇、生物碱和生物样品等。

二、定量分析方法

气相色谱法对于多组分混合物既能分离，又可提供定量数据，具有快速、灵敏、定量准确度高和精密度好等优点。

（一）定量校正因子的测定

被测组分量与检测器的响应信号成正比，同一种物质在不同类型检测器及不同物质在同一种检测器上响应值不同，各组分峰面积或峰高的相对百分数并不等于样品中各组分的百分含量，因此不能用峰面积直接计算物质的量，需要引入定量校正因子的概念，校正后的峰面积或峰高可定量地代表物质的量。

定量校正因子分为绝对定量校正因子和相对定量校正因子。

$$f_i' = \frac{m_i}{A_i} \qquad (11\text{-}5)$$

式中，绝对定量校正因子 f_i' 为单位峰面积所代表的物质质量。

测定 f_i' 需要准确的进样量，且其数值会随色谱条件的改变而改变，测定困难，因此实际分析工作中，往往使用相对定量校正因子。

相对定量校正因子为某物质与所选定标准物质的绝对定量校正因子之比 f_i，使用热导检测器时，一般用苯作标准物质；使用火焰离子化检测器时，常用正庚烷作标准物质。分析工作中，一般所指的定量校正因子均为相对定量校正因子，其中最常用的是相对质量校正因子 f_g，即

$$f_g = \frac{f_i'}{f_s'} = \frac{A_s m_i}{A_i m_s} \tag{11-6}$$

式中，A_i、A_s、m_i、m_s 分别为物质 i 和标准物质 s 的峰面积及质量。

（二）定量分析方法

1. 内标法 气相色谱法由于进样量小，进样体积不易准确控制，多采用内标法定量。本法适用于试样中组分不能全部出峰，检测器不能对每个组分均响应，或只需测定试样中某几个组分质量分数的情况。根据实际操作不同，内标法可分为内标校正因子法、内标工作曲线法和内标对比法。

（1）内标校正因子法：以一定质量的纯物质作为内标物质，加入精密称（量）取的供试品中，根据供试品和内标物质的质量及其在色谱图上相应的峰面积比，计算出某组分的质量分数。如质量为 m 的供试品中，加入质量为 m_s 的内标物质，则

$$m_i = \frac{A_i f_i}{A_s f_s} m_s \qquad w_i(\%) = \frac{m_i}{m} \times 100\% = \frac{A_i f_i m_s}{A_s f_s m} \times 100\% \tag{11-7}$$

（2）内标工作曲线法：在一定操作条件下，配制一系列不同浓度的对照品溶液，分别加入相同质量的内标物质，测定不同浓度对照品溶液及内标物质的峰面积，以二者峰面积之比对对照品溶液浓度作图，求回归方程。供试品溶液中也加入相同质量的内标物质，根据供试品溶液与内标物质的峰面积比值，由工作曲线求得被测组分的质量分数。

（3）内标对比法：若内标工作曲线的截距近似为零，可用内标对比法定量。在对照品溶液与供试品溶液中分别加入相同质量的内标物质，按下式计算被测组分浓度：

$$\frac{(A_i / A_s)_{试样}}{(A_i / A_s)_{对照}} = \frac{c_{i试样}}{c_{s对照}} \qquad c_{i试样} = \frac{(A_i / A_s)_{试样}}{(A_i / A_s)_{对照}} \times c_{i对照} \tag{11-8}$$

内标法可消除操作条件变化而引起的误差，也可避免因样品前处理及进样体积误差对测定结果的影响。内标工作曲线法和内标对比法均不必测量校正因子。

2. 外标法

（1）工作曲线法：外标工作曲线法，除不加内标物质外，其他与内标工作曲线法相同。工作曲线的截距一般应接近零，截距大说明方法系统误差大。如工作曲线线性好，截距近似为零，则可采用外标一点法定量。

（2）外标一点法：外标一点法是测量供试品和对照品溶液中待测物质的峰面积（或峰高）。

$$m_i = \frac{A_i}{(A_i)_s} (m_i)_s \tag{11-9}$$

式中，A_i、$(A_i)_s$、m_i、$(m_i)_s$ 分别为供试品和对照品溶液中物质 i 的峰面积及质量。若进样体积相同，则公式中的质量可用浓度代替。

外标法计算方便，无须测定校正因子和加入内标物质，常用于日常分析工作。分析结果的准确度主要取决于进样的准确性和操作条件的稳定程度。

3. 归一化法 归一化法是样品中所有组分均能产生信号，并得到相应的色谱峰，待测物质 i 的质量分数等于它的色谱峰面积在总峰面积中所占的百分比。该法操作简便，定量结果与进样量无关，操作条件变化对结果影响小，供试品中所有组分对检测器的响应程度越相近，测定结果准确度越高。

4. 标准溶液加入法 标准溶液加入法是将适宜浓度的待测组分的对照品溶液，精密加入供试品溶液中，根据外标法或内标法测定该组分的质量分数，再扣除加入的对照品溶液质量分数，即得供试品溶液中待测组分的质量分数。

$$m_i = \frac{A_i}{\Delta A_i} \Delta m_i \tag{11-10}$$

式中，Δm_i 为对照品的加入量；ΔA_i 为峰面积的增加量。

由于气相色谱进样量小，为减小进样误差，手工进样时，留针时间和室温等对进样量均有影响，以内标法定量为宜；自动进样器进样时，进样重复性提高，在保证分析误差的前提下，可采用外标法定量；顶空进样时，供试品和对照品处于不完全相同的基质中，为消除基质效应，以标准溶液加入法定量为宜；标准溶液加入法与其他定量方法结果不一致时，应以标准溶液加入法的结果为准。

第五节　气相色谱分析法技术进展

一、全二维气相色谱法简介

常规气相色谱系统中使用一根色谱柱进行分离，属于一维气相色谱模式。传统多维色谱是在多柱和多检测器基础上，使用多通阀或通过改变串联双柱前后压力的方法，改变载气在柱内的流向，使待分析组分流过第二柱进行再次分离，样品中其他组分或被放空或也被中心切割，从而提高色谱的分离能力。例如，二维气相色谱（GC+GC）是将色谱柱 1 流出的部分馏分转移到色谱柱 2 进行再分离，第二维的分辨率低，分析速度较慢。

全二维气相色谱（comprehensive two-dimensional gas chromatography，GC×GC），是将分离机制不同、相互独立的两根色谱柱以串联方式结合成二维气相色谱，两根色谱柱之间装有调制器，经色谱柱 1 分离后的每一馏分，均进入调制器，在调制管中被厚液膜或低温保留，调制器根据设定的时间对馏分进行聚焦后，再以窄脉冲的方式快速传送入色谱柱 2 进行二次分离，具有快速响应和高频数据采集特质的检测器对色谱柱 2 流出的组分进行检测，信号经数据处理系统处理，得到以色谱柱 1 保留时间为第一横坐标，色谱柱 2 保留时间为第二横坐标，信号强度为纵坐标的二维轮廓图或三维色谱图，根据图中色谱峰的位置或峰体积（或总峰面积），对各组分进行定性和定量分析。

全二维气相色谱具有高分辨率、高灵敏度和峰容量大等优势，已被广泛应用于石油化工、环境科学、香精香料、中医药、烟草、法医和代谢组学等领域。

（一）全二维气相色谱系统

全二维气相色谱系统主要由一维色谱柱、二维色谱柱、调制器、检测器等构成，其核心部件是两维色谱柱之间的接口，即调制器。

1. 调制器　全二维气相色谱系统中，调制器起到对馏分捕集、聚焦、再传送的作用，相当于第二维色谱柱的连续脉冲进样器，其性能的优劣直接影响到全二维气相色谱分析优势的发挥。目前主要的调制方式有阀调制和热调制两类。热调制器是全二维气相色谱中最早出现的调制形式，采用厚液膜固定相对第一维色谱柱的流出物进行捕集，通过瞬时升温的方法使被捕集的馏分快速脱附并导入第二维色谱柱，达到再进样的目的。根据调制加热方式的不同，可分为脉冲电流加热的阻热式调制器和移动加热器加热的狭槽式调制器。

2. 色谱柱　全二维气相色谱系统中，为建立正交分离条件，必须使用具有独立分离机制的两维色谱柱。为获得正交分离，通常第一维色谱柱采用非极性色谱柱，且具有相对较大内径的厚膜固定相柱，从该柱中流出的每一小段馏分中所包含的组分都具有非常接近的挥发性，产生一个相对较宽的色谱峰。第二维色谱柱中常使用细孔径开管柱，使分析时间最短，并获得较大峰容量；同时由于组分的挥发性相当，在第二维分离中仅组分与固定相的相互作用影响保留，这就是正交分离。

全二维气相色谱中，若第一维柱采用非极性色谱柱，第二维色谱柱采用中等极性柱或极性柱，这种方式称为"正向搭配"，是常用的柱组合方式；相反，若第一维柱采用极性柱，第二维柱采用非极性柱，称为"反向搭配"。第一维典型的固定相为 100%甲基硅氧烷或 5%苯基甲基硅氧烷，第二维一般是 35%～50%甲基硅氧烷、聚乙二醇、各种环糊精或氰丙基甲基硅氧烷。

通常情况下，两根色谱柱被安装在同一个柱箱内，使用完全相同的温度程序。近年多使用双柱箱系统，使用各自独立的温度程序升温，增加分离的选择性，有利于获得更佳的分析效果。

3. 检测器　全二维气相色谱系统中，二维柱分离速度快，在第二柱的柱头，调制脉冲的典型宽度为 60 ms，检测如此窄的色谱峰，必须使用死体积小、信号响应快、数据采集频率足够高的快速检测器。火焰离子化检测器几乎没有死体积，采样速度在 50~200 Hz，是全二维气相色谱分析主要使用的检测器。微型电子捕获检测器（µECD）也被用于全二维气相色谱系统，但其内部体积为 30~150 µl，会引起一定的谱带展宽。上述两种检测器均可用于全二维气相色谱系统，但不能获得物质的结构信息。

质谱仪是气相色谱中最好的结构鉴定工具，能大幅度提高对分析物的定性能力。飞行时间质谱（TOF-MS）可提供高速扫描（每秒扫描≥100 次），能精确、快速处理全二维气相色谱获得的窄峰，是目前理想的全二维气相色谱检测器。

（二）全二维气相色谱特点

1. 分辨率和灵敏度高　全二维气相色谱中，因调制周期短，发送频率高，经聚焦调制后的馏分进入二维柱时相当于快速的塞式进样，消除了第二维谱带的展宽，再加上二维柱的分析速度快，使得出峰窄，峰形尖锐，大幅度提高了色谱分辨率和检测灵敏度。在一个正交全二维气相色谱系统中，分辨率为两根色谱柱分辨率平方加和的平方根，灵敏度比通常的一维色谱提高 20~50 倍。

2. 正交分离，峰容量大　全二维气相色谱中，正交分离能够充分利用两维的分离空间，使色谱分析的峰容量最大化。全二维气相色谱中各化合物首先在非极性色谱柱 1 上根据沸点不同进行第一维分离，在线性程序升温条件下，高沸点物质由于得到了温度补偿，且沸点越高获得的温度补偿越大，在色谱柱 1 上的保留值减小越多，会提早进入二维柱分离。而在色谱柱 1 中因沸点相近而未分离的化合物，再根据极性大小进行第二维分离，此时第二维的保留独立于第一维的保留，化合物彻底分离，消除了两维相关，两维分离实现正交分离，同时充分利用了二维分离空间。全二维气相色谱的峰容量为两维柱峰容量的乘积，这也是其重要优势之一。

3. 族分离特性和瓦片效应，定性可靠性强　全二维气相色谱独特的结构化色谱图上，组分的色谱峰按照同系物或异构体的不同，有规律地分布成容易识别的模式，整个谱图被明显地分割成不同的区带，每一区带代表特定的某一类化合物，不同类型的化合物分布在谱图的不同区域。具有相近的两维性质的化合物会在二维平面上聚成一族，即全二维气相色谱的族分离特性。

同系物在第二维具有类似的保留值，在水平方向按沸点由低到高的顺序从左至右依次排列成直线；不同的族在垂直方向按照极性由小到大排列成自下而上的平行线；异构体成员则排列成一条斜线，并且随碳数的增加斜线位置向右平移，呈瓦片状分布，即瓦片效应，同一瓦片内极性自下而上增强。图 11-3 可见全二维气相色谱图的特点。

全二维气相色谱中，大多数目标化合物和化合物组可基线分离，减少了干扰。同时，族分离特性和瓦片效应有助于推断分子的立体构型、挥发性和极性，且双保留值定性比单保留值定性的结果更加可靠，故全二维气相色谱图的定性可靠性大大增强。

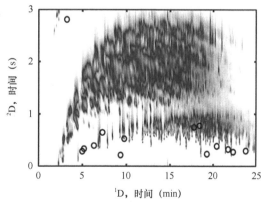

图 11-3　碳氢喷气燃料的总离子色谱全二维气相色谱-TOF-MS 色谱图

二、气相色谱联用技术简介

（一）气相色谱-质谱联用技术

气相色谱-质谱联用（gas chromatography-mass spectrometry，GC-MS）技术兼具气相色谱的高

分离效率和质谱的高选择性、高灵敏度，是复杂样品组分分离、定性和定量分析的有力工具。色质联用由色谱单元、接口系统及质谱单元三部分组成，色谱单元对试样进行有效分离；接口装置（直接导入型接口、开口分流型接口和浓缩型）将色谱单元馏分送入质谱单元（离子源、质量分析器）并保证色谱和质谱二者压力匹配，是实现联用的关键组件；质谱单元对从接口传入的各组分依次进行分析检测；同时，计算机系统交互式地控制气相色谱单元、接口装置和质谱仪，进行数据采集和处理，以获得色谱和质谱数据。GC-MS、GC-MS/MS 联用仪的质谱单元，详见本教材第十四章。

GC-MS 技术定性参数多，除能提供保留时间外，还能通过质谱图获取分子离子峰的准确质量、碎片离子峰强度比、同位素离子峰强度比等信息，定性结果更加可靠；检测灵敏度高，尤其是选择离子监测时的检测灵敏度优于所有的气相色谱检测器；能检测色谱未分离或无法分离的组分，用提取离子色谱图、选择离子监测色谱图可检出色谱未分离或被噪声掩盖的组分。

GC-MS 技术适用于分子量低的化合物（通常低于 1000）分离分析，尤其适用于挥发性组分和半挥发性组分的分析测定，在生命科学、资源环境、食品安全、现代农业等领域有广泛应用。

完善中药材农药残留控制标准，促进中药材产业高质量发展

中药材是我国中医药事业传承和发展的物质基础，是关系国计民生的战略性资源。党和国家一贯重视中药材的保护和发展，颁布了《中华人民共和国中医药法》《中药材保护和发展规划（2015—2020）》等系列政策法规，促进了中药材产业的快速健康发展。在大规模的中药农业生产中，农药残留是影响中药材质量安全的主要因素，同时也是严重制约我国中药产品走向国际市场的重要原因，直接影响了中药在国际市场上的竞争力。

应用于禁用农药残留的检测技术主要为气相色谱法、液相色谱法、GC-MS、LC-MS 和免疫分析法等。《中国药典》（2000 年版）首次对中药农药残留进行了规定，制定了甘草、黄芪中 9 种有机氯类农药限量标准。《中国药典》（2015 年版）规定了 22 种有机氯类农药的最大残留限量，在人参、西洋参、甘草、黄芪、人参茎叶总皂苷和人参总皂苷的标准正文中规定了相关农药残留限度。《中国药典》（2020 年版）收载的检测方法可对 526 种农药残留进行检测，并规定中药材、中药饮片中不得检出中药材种植过程中禁用的 33 种农药。

当前，我国中药材农药残留控制标准收载的品种偏少，且中药材农药残留的检测困难、复杂，针对中药材成分的复杂性和残留农药种类多样性，开发简单、快速、高灵敏度和高选择性的农药多残留检测方法，对提高中药材农药残留的监督管理水平，促进中药材产业高质量发展至关重要。

■（二）气相色谱-傅里叶变换红外光谱联用技术

红外光谱可提供极为丰富的分子结构信息，气相色谱-傅里叶变换红外光谱联用（gas chromatography-Fourier transform infrared spectroscopy，GC-FTIR）技术，是一种理想的定性分析工具。试样经气相色谱分离，馏分依次经过惰性加热传输线进入光管，干涉仪调制的干涉光通过光管，与光管内馏分作用后的干涉信号被汞镉碲低温光电检测器接收，所得数据以干涉图形式存储，经计算机处理后，得到重建色谱图。利用重建色谱图，得到色谱分离组分的流出示意图的同时，提取出相应组分的干涉图存储数据，经快速傅里叶变换得到组分的红外光谱图。商用 GC-FTIR 联用仪一般带有谱图检索软件，可将得到的组分气态红外光谱图与数据库内的标准谱图进行比较，即可对未知组分进行定性。

GC-MS 难以区分异构体，而红外光谱能够提供化合物完整的结构信息，可有效地区分异构体，在鉴定芳烃取代基异构体、顺反异构体及含氧萜类化合物等方面的可靠性明显优于质谱。因此，GC-FTIR 技术是 GC-MS 技术的重要补充，二者结合有助于提高组分定性结果的准确性。此外，红外光谱分析不破坏样品，组分可进行 GC-FTIR-MS 联用测定，进一步提高检测结果的可靠性。

思　考　题

1. 常见的毛细管柱进样口有哪些？比较分析其技术特点。
2. 常见的气相色谱检测器有哪些？比较不同检测器的特点和应用范围。
3. 气相色谱法的固定相有哪几类？实际分析工作中应如何选择固定相？
4. 采用毛细管气相色谱法分离复杂样品时，为改善分离效果，通常可采用哪些措施？

（广东药科大学　高晓霞）

第十二章 高效液相色谱法

本章要求

1. 掌握 高效液相色谱法的分离机制、保留行为和分离条件选择；流动相对色谱分离的影响；色谱分析方法的选择；定性和定量分析方法。

2. 熟悉 化学键合相的性质、特点和种类及使用注意事项；高效液相色谱仪的主要部件；紫外检测器和荧光检测器的检测原理和适用范围。

3. 了解 高效液相色谱法的分类；离子色谱法、亲和色谱法、手性色谱法、分子排阻色谱法及其常见固定相；溶剂强度和选择性及流动相最优化方法。

高效液相色谱法（high performance liquid chromatography，HPLC）是在经典液相色谱法的基础上发展起来的一种现代分离分析方法。20 世纪 60 年代末，由于气相色谱法不具有足够的热稳定性和对高沸点有机物分析的局限性，吉丁斯（Giddings）等将气相色谱的基本理论、方法和实验技术引入经典液相色谱，由于采用高压泵、高效固定相和高灵敏度的在线检测器等使其具有选择性好、分析快速、分离效率高和灵敏度高等优点。因此，高效液相色谱法又称高压液相色谱法、高速液相色谱法和高分离度液相色谱法等。

第一节 高效液相色谱法的特点

与经典液相色谱法相比，高效液相色谱法具有以下主要优点。①高效。由于应用了粒度极细的高效均匀固定相（一般 10 μm 以下）和高压匀浆填充技术，传质阻力小，分离效率高（理论塔板数一般可达 10^4 m^{-1}）；而经典液相色谱法所采用的固定相填料粒度一般为 50～500 μm。②高速。由于采用高压输液泵输送流动相，流速和分析速度快，一般分析仅数分钟、复杂试样分析在数十分钟内即可完成；而经典液相色谱法的分析时间较长，有的甚至需要数十小时。③高灵敏度。多种高灵敏度的检测器（紫外、荧光、电化学等）可供选择，如紫外检测器的检测限可达 1×10^{-9} g/ml，荧光检测器的检测限可达 1×10^{-12} g/ml，微升数量级的试样就足以进行全分析。④高度自动化。现代先进的高效液相色谱仪配有色谱工作站，可通过程序软件控制处理数据、绘图和打印分析，实现高度自动化的在线分离检测。

与气相色谱法相比，高效液相色谱法具有以下主要优点。①应用范围广。分析试样只要求能够制成溶液即可，不需要采取裂解、酯化、硅烷化等预处理方法，不受沸点、挥发性、分子量和热稳定性的限制；而气相色谱法应用范围受到一定限制，可直接采用气相色谱法分析的有机化合物仅占约 20%。②分离选择性高。可以选用不同性质的溶剂作为流动相，如离子型、极性、弱极性和非极性溶液等，具有更高的分离选择性；而气相色谱法中的载气种类少，选择余地小。③不需要高柱温。一般可在室温条件下进行试样分析，而气相色谱法柱温直接影响分离效能和分析速度。④流出组分易于收集，可用于制备色谱。流出组分在检测器内不会被破坏，可保持原有的结构和性质，适用于样品纯化和制备；而气相色谱法除了热导检测器外，通常会对试样造成破坏，不易复原。

第二节 高效液相色谱仪

尽管高效液相色谱仪的功能和结构各有差异，但主要组成部件基本相同，包括输液系统、进样系统、分离系统、检测系统和数据采集处理系统等五部分。

常见的高效液相色谱仪可分为分析型高效液相色谱仪、半制备型高效液相色谱仪和制备型高效液相色谱仪。按照分析对象的不同，高效液相色谱仪又可以分为凝胶色谱仪、离子色谱仪和氨基酸分析仪等专用型仪器。商品仪器有整机型和组合型。本节仅对高效液相色谱仪的主要部件进行简要介绍。

一、输 液 系 统

高效液相色谱仪的输液系统包括储液瓶、混合室、高压泵和梯度洗脱装置等，其中最重要的是输送流动相的高压泵。

（一）高压泵

高压泵的性能好坏影响高效液相色谱仪的质量和分析结果的可靠性，作用是将流动相以稳定的流速或压力输送到色谱系统，对于带有在线脱气装置的色谱仪，流动相先经过脱气装置再输送到色谱柱。输液泵的稳定性直接关系到分析结果的重复性和准确性，因此对输液泵有如下要求。①液流稳定：高压泵输出压力恒定无脉动或脉动小有利于减小检测器的噪声，或配套脉冲抑制器，提高检测器的灵敏度。②流量范围宽、准确可调且稳定：一般流动相的流速为 0.5～2 ml/min，最大流量为 5～10 ml/min；对于制备型色谱仪，流量应能达到 100 ml/min。流量精度通常要求 RSD 小于 0.5%。③耐高压：由于色谱柱内径很细，填充剂颗粒小，流动相在柱内流动时阻力很大，为了保证流动相以足够大的流速通过色谱柱，需要足够高的柱前压，通常要求输出压力达到 15～60 MPa。④输液泵的死体积要小：液缸容积小，密封性能好，泵体耐腐蚀，适用于各种溶剂及缓冲溶液，便于清洗，便于梯度洗脱。为了快速更换溶剂和适于梯度洗脱，输液泵的死体积通常要求小于 0.5 ml。⑤高压泵的结构材料耐腐蚀，密封性能好，保养维修简便。

高压泵按输出方式分为恒压泵和恒流泵。恒压泵的流量受柱阻的影响，流量不恒定，现多采用恒流泵。恒流泵又称机械泵，优点是输出流动相流量恒定，与压力变化无关。恒流泵按结构不同分为螺旋泵和往复泵两种，螺旋泵因缸体太大现已不用。往复泵又分为隔膜和柱塞往复泵，目前高效液相色谱广泛使用的是柱塞往复泵，其优点是流量准确且易调节、死体积小、清洗和更换流动相方便。

柱塞往复泵有许多优点，如流量不受流动相黏度和色谱柱渗透性等因素的影响，易于调节控制，液缸容积小可至 0.1 ml，容易清洗和更换流动相，特别适合再循环和梯度洗脱；流量不受柱阻的影响，泵压可高达 100 MPa 以上。缺点是输液脉动性较大，目前多应用双泵系统克服其脉动性，并配有电子反馈补偿功能。双泵的连接方式分为串联和并联两种，串联式双柱塞往复泵的两柱塞运动方向相反，因结构简单、价格低廉使用较多。连接方式见图 12-1。

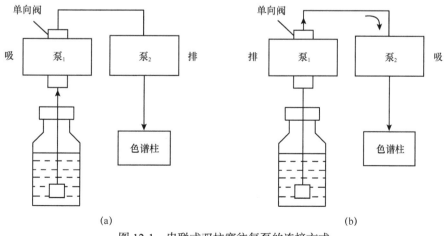

图 12-1　串联式双柱塞往复泵的连接方式

泵₁有一对单向阀，泵₂没有单向阀，泵₁的液缸缸体容量比泵₂大一倍。由图 12-1（b）可见，泵₁排液时，泵₂将泵₁所输出的流动相的一半吸入液缸内，泵₁所输出的另一半流动相直接由泵₁排出至色谱柱；图 12-1（a）所示，当泵₁吸液时，泵₂将所吸入液缸内的流动相排出至色谱柱。如此往复运动，泵₂弥补了在泵₁吸液时的压力下降，减小了输液脉冲。

（二）梯度洗脱装置

高效液相色谱洗脱方式通常有等度洗脱和梯度洗脱两种。同一分析周期内保持流动相组成不变的等强度洗脱称为等度洗脱，该法操作简单，柱易再生，仅适合于组分简单、性质差别不大的试样。但对于组分繁多、性质差异较大的复杂试样，等度洗脱往往不能兼顾某些性质相差较大组分的分离要求，此时需要采用梯度洗脱，使复杂组分中各个样品都能在各自适宜的条件下分离。

梯度洗脱又称梯度淋洗或程序洗脱，是指在一个分析周期内按一定的程序控制流动相的配比和极性，如溶剂的极性、离子强度和 pH 等，通过流动相极性的变化来改变被分离组分的分离效果。要完成梯度洗脱，要求仪器必须配有梯度洗脱装置解决溶液混合问题。根据溶液混合的方式将梯度洗脱装置分为高压梯度（又称内梯度）和低压梯度（又称外梯度）两类。高压梯度一般只用于二元梯度洗脱，即用两个高压泵分别按设定的比例输送两种溶液至混合器，混合器在高压泵之后，即两种溶液是在高压状态下进行混合，混合后进入色谱柱。高压梯度系统的优点是只要通过梯度程序控制器控制每台高压泵的输出，就能获得任意形式的梯度曲线，而且精度高，易于实现自动化控制，但其缺点是使用了两台高压泵，仪器价格变得更昂贵，故障率也相对较高，而且只能实现二元梯度操作。

二、进 样 系 统

进样系统是将待分析试样送入色谱柱的装置，具有取样和进样两种功能，有手动和自动两种方式，一般有注射器、进样阀和自动进样三种装置。进样装置要求密封性好，死体积小，重复性好，进样时引起色谱系统的压力和流量影响小，便于实现自动化。注射器进样装置是指使用注射器刺穿弹性隔膜后柱头直接进样，这种进样方式适用于较低压力，在现代高效液相色谱中已不用。现代的高效液相色谱所配置的手动进样器几乎都是耐高压、重复性好和操作方便的六通阀进样器，大数量试样的常规分析大都配置自动进样装置。

六通阀进样器具有结构简单、使用方便、寿命长、日常无须维修等特点，是高效液相色谱系统中最理想的进样器。它由圆形密封垫（转子）和固定底座（定子）组成，如图 12-2 所示。

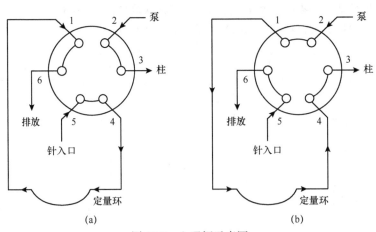

图 12-2　六通阀示意图
（a）装样位置；（b）进样位置

在图 12-2（a）装样位置，用微量注射器先将试样从进样孔充样进入定量环多余样品从放空孔排出；进样时，将六通阀转子转动 60° 至状态（b）进样位置，由高压泵输送的流动相冲洗定量环，储样管内的试样随流动相进入色谱柱。进样体积是由储样管的容积（一般在 1～100 μl 内，可按需选用）严格控制。六通阀进样具有进样量准确、重复性好和可带压进样等优点，缺点是阀有死体积，易引起色谱峰展宽。为了确保进样准确度，装样时注射器量取的试样体积必须大于储样管容积。正确的使用和维护将增加六通阀进样器的使用寿命。试样溶液要求经过 0.45 μm 的微孔滤膜过滤，以防止微粒阻塞注射器针头和进样阀从而减少对进样阀的磨损。为防止缓冲盐和其他物质残留在进样系统中，每次试验结束后应冲洗进样器，通常用不含盐的稀释剂、水或不含盐的流动相冲洗，进样阀的装样位置和进样位置要反复冲洗。

目前不同公司的高效液相色谱仪有各种形式的自动进样装置和各不相同的试样数，在程序控制器或微机控制下自动依次完成取样、进样、清洗等一系列操作，只需要将样品按顺序装入储样装置即可。

三、分 离 系 统

完整的色谱分离系统包括色谱保护柱、色谱柱的进出口接头及至检测器的导管和色谱柱等。色谱柱是实现色谱分离的核心部件，要求柱效高、柱容量大、选择性好、分析速度快和性能稳定。

（一）保护柱

为了保护色谱柱，延长其使用寿命，经常在色谱柱前装有和分析柱相同填料的保护柱（又称预柱），用于除去流动相中的颗粒或杂质，以避免分析柱被污染，同时又可使流动相预先被前置柱中的固定相所饱和，以减少流动相在流过分析柱时洗脱其中的键合相，防止键合相流失。为了调节柱温获得更好的分离，多数仪器配有柱温箱以达到加热和恒温的目的。

（二）色谱柱

1. 色谱柱的构造　色谱柱由柱管、压帽、卡套（密封环）、筛板（滤片）、接头、螺丝和固定相组成。柱管多为内部抛光的直形不锈钢管，也可在不锈钢柱内壁涂敷氟塑料以提高内壁的光洁度，其效果与抛光相同，还可使用熔融硅或玻璃衬里用于细管柱，使用玻璃柱要注意它的耐压强度，管内壁要求有很高的光洁度，柱两端装有烧结不锈钢或多孔聚四氟乙烯过滤片。

色谱柱几乎都是直形的，两端的柱接头内装有筛板，采用烧结不锈钢或钛合金材料，孔径为 0.2～20 μm，色谱柱填料的粒度一般为 2～10 μm，柱效可以达到 40 000～60 000 m^{-1}。色谱柱按主要用途分为分析型和制备型两类。实验室常规分析柱内径（I.D.）一般为 2～4.6 mm，柱长 10～50 cm，凝胶色谱柱内径为 3～12 mm；制备柱内径为 20～40 mm，柱长为 10～30 cm；生产用制备柱内径可达 25 mm。一般根据柱长、填料粒径和折合流速确定柱内径，目的是避免管壁效应。目前内径小于 2 mm 的色谱柱应用已越来越多，毛细管柱内径为 0.2～0.5 mm，柱长 30～75 cm；半微量柱内径为 1～2 mm，柱长 10～20 cm；细粒径的填料（如 1.7 μm）常用短柱（5～10 cm）。微径小柱发展又促进色谱仪器向更高压力、更加快速的方向发展，用于微径小柱的固定相颗粒与常规高效液相色谱柱的固定相颗粒相比要细而均匀得多，这对液相色谱仪器各个方面提出了更高的要求，从而产生各种超高压液相色谱仪器。

2. 色谱柱的填装　色谱柱的性能除了与固定相性能有关外，还与填充技术有关。填装色谱柱的方法有干法填充和湿法填充，一般粒度大于 20 μm 的填料采用干法填充，粒度小于 20 μm 的填料采用湿法填充，湿法填充需要专门的填充装置。填充方法一般有 4 种：①高压匀浆法，多用于分析柱和小规模制备柱；②径向加压法，属于 Waters 专利；③轴向加压法，主要用于装填大直径色谱柱；④干法。大多数实验室使用已填充好的商品色谱柱。

3. 色谱柱的性能评价　无论是自己装填的还是购买的色谱柱，初次使用前、使用期间或放置一段时间后都要对其性能进行考察。柱性能指标包括：在一定实验条件下（试样、流动相、流速、温度）的柱压、理论塔板高度和塔板数、对称因子、容量因子和选择性因子的重复性和分离度。一般地，容量因子和选择性因子的重复性在±5%或±10%以内。进行柱效比较时，要注意柱外效应是否有变化。一份合格的评价报告应给出色谱柱的基本参数，如柱长、内径、填料种类、粒度、柱效、不对称度和柱压等。

4. 色谱柱的使用和维护 正确使用和维护色谱柱十分重要，否则会使柱效降低、柱寿命缩短甚至损坏，因此在操作过程中应注意以下几点。①任何情况下都应避免色谱柱压力和温度的急剧变化及机械振动。②当色谱柱和色谱仪连接时，阀件或管路一定要清洗干净。③流动相溶剂的纯度要高、黏度不能过高、pH 适宜并且一定要过滤和脱气，一般任何浓度的卤化物都会腐蚀未经钝化的不锈钢材料，所以绝不能使用盐酸溶液。④流动相溶剂的组成须要逐渐改变。在反相色谱中，如果采用高浓度的盐或缓冲液作为洗脱剂，应先使用 10%左右的有机相洗脱剂过渡一下，否则缓冲液中的盐在高比例有机相中很容易析出，从而堵塞色谱柱。⑤进样样品要提纯，对于复杂基质的样品尤其是生物样品必须经过预处理或添加预柱作为保护柱。⑥每日分析测试结束后，要反复清洗进样阀中残留的样品。⑦每日分析测定结束后，要用适当的溶剂来清洗色谱柱。在反相色谱柱中如果使用缓冲液或含盐的流动相时，每日实验完成后应采用 10%的甲醇/水冲洗色谱柱 30 min，洗掉色谱柱中的盐，再用甲醇冲洗 30 min。⑧若分析柱长期不使用，应使用适当的有机溶剂保存并封闭。对于反相色谱柱可以储存于纯甲醇或乙腈中，正相色谱柱可以储存于严格脱水后的纯正己烷中，离子交换柱可以储存于水中，并将堵头堵上。

5. 色谱柱的再生 色谱柱的价格较贵，随着使用时间或进样次数增加，色谱柱会出现色谱峰高降低、峰宽增大或出现肩峰的现象，一般来说可能是柱效下降的原因，可将色谱柱按如下方法进行再生处理延长柱子的使用寿命。

（1）非极性键合相色谱柱：依次采用 20～30 倍色谱柱体积的甲醇：水（95：5，V/V）、纯甲醇、异丙醇等作为流动相冲洗色谱柱，完成冲洗后再以相反顺序的流动相冲洗色谱柱，每种流动相的冲洗体积约为柱体积的 20 倍。

（2）极性键合相色谱柱：依次以 20～30 倍色谱柱体积的正己烷、异丙醇、二氯甲烷及甲醇等为流动相，冲洗色谱柱。再以相反顺序依次冲洗，冲洗时顺序不得颠倒，每种流动相的冲洗体积约为柱体积 20 倍。注意上述溶剂必须脱水。

四、检 测 系 统

检测器是检测组分浓度随时间变化的装置，其作用是把洗脱液中组分的量转变为电信号。理想检测器应具有灵敏度高、噪声低、重现性好、响应快、线性范围宽、适用范围广等特性，还应对流动相的流量及温度变化不产生明显影响。

（一）检测器的类型

按检测原理检测器可分为光学检测器（如紫外、荧光、示差折光、蒸发光散射等）、热学检测器（如吸附热）、电化学检测器（如极谱、库仑、安培）、电学检测器（电导、介电常数、压电石英频率）、放射性检测器（闪烁计数、电子捕获、氦离子化）等。

按测量性质检测器可分为通用型和专属型（又称选择性）检测器。通用型检测器测量的是一般物质均具有的性质，它对溶剂和溶质组分均有响应，如示差折光、蒸发光散射检测器等，其灵敏度一般比专属型低。专属型检测器只能检测某些组分的某一性质，如紫外、荧光检测器，它们只对具有紫外吸收或荧光发射的组分有响应。

按检测方式检测器可分为浓度型和质量型检测器。浓度型检测器的响应与流动相中组分的浓度有关，质量型检测器的响应与单位时间内通过检测器的组分的量有关。另外，检测器还可分为破坏样品和不破坏样品两种。

（二）常用检测器简介

1. 紫外检测器（ultraviolet detector，UVD）　是高效液相色谱中广泛使用的检测器，它基于被分析试样组分对特定波长的紫外光的选择性吸收，且被测组分浓度与其吸光度之间符合朗伯-比尔定律。紫外检测器具有灵敏度高、噪声低、线性范围宽、对流速和温度均不敏感、使用面广、可梯度洗脱检测复杂样品及能用于制备色谱等优点，且不破坏样品，能与其他检测器串联用于制备色谱。但要注意流动相中各种溶剂的紫外吸收截止波长，如果溶剂中含有吸光杂质，则背景噪声高，灵敏度降低。此外，梯度洗脱时，还会产生漂移。

可变波长检测器是目前高效液相色谱仪器配置最多的检测器，一般采用氘灯为连续光源，能够按需要选择组分的最大吸收波长为检测波长，有利于提高检测灵敏度。但是，光源发出的光是通过单色器分光后再照射到流通池上，单色光强度相应减弱，因此，这类检测器对检测元件及放大器都有较高要求。

光电二极管阵列检测器是在20世纪80年代中期出现的一种新型光学多通道检测器，由光源、流通池、光栅、光电二极管阵列装置和计算机等部件组成。光电二极管阵列检测器与光电二极管阵列分光光度计相似，只是以流通池代替了吸收池。光源发出的复光透过流通池后，被组分选择性吸收，再进入单色器经光栅分光后，照射在光电二极管阵列装置上，每一个二极管相当于一个单色器的出射狭缝，二极管越多分辨率越高，一般由一个光电二极管对应光谱上$0.5\sim1$ nm谱带宽度的单色光。光波的光强度转变成相应的电信号强度，信号经多次累积，数据处理系统采集可获得组分的吸收光谱。利用光电二极管阵列装置可以同时获得样品的色谱图及每个色谱组分的光谱图。光谱图可用于定性，色谱图可用于定量。经过计算机处理，可将两图谱绘制在一张三维坐标图上（保留时间t、响应值A、波长λ分别为x、y、z轴），该三维光谱-色谱图简称为三维谱。

2. 荧光检测器（fluorescence detector，FD）　应用紫外光照射下组分发射出的荧光强度与荧光物质浓度间的线性关系进行检测，也是高效液相色谱仪中常用的检测器。目前使用的荧光检测器多是配有流通池的荧光分光光度计，荧光检测器的检测限可以达到10^{-12} g/ml，灵敏度比紫外检测器高$2\sim3$个数量级，所需试样量少，选择性高，是体内药物分析最常用的检测器之一。另外，许多药物和生命活性物质具有天然荧光，能直接检测，若利用荧光试剂进行柱前或柱后衍生化，可以使本来没有荧光的化合物转变为荧光衍生物。但荧光检测器仅适合于能产生荧光或其衍生物能发出荧光的物质，由于许多物质都不能产生荧光，其应用范围有限。

荧光检测器的原理与荧光分析法相同，试样受紫外激发后，荧光强度（F）和激发光强度（I_0）及荧光物质浓度（c）之间的关系为

$$F = 2.3QKI_0\varepsilon cl \qquad (12\text{-}1)$$

由式（12-1）可见，实验条件固定时，荧光强度F与组分的浓度c呈线性关系。一般地，激发波长（λ_{ex}）与化合物的最大吸收波长（λ_{max}）相近。选择波长时，把发射单色器固定在某一波长处，开大发射单色器的狭缝，改变激发波长进行扫描，得激发光谱，光谱上峰对应的波长即为激发波长。发射波长（λ_{em}）的选择是把激发单色器固定在λ_{ex}处，改变发射波长进行扫描，得荧光发射光谱，光谱上峰对应的波长即为发射波长。

3. 蒸发光散射检测器（evaporative light-scattering detector，ELSD）　是20世纪90年代出现的新型通用质量型检测器。不同于紫外和荧光检测器，蒸发光散射检测器的响应不依赖于样品的光学特性，任何挥发性低于流动相的样品均能被检测，不受其官能团的影响，但是其灵敏度较低。主要用于糖类、高级脂肪酸、磷脂、维生素、氨基酸、甘油三酯及甾体等。将流出色谱柱流动相及组分引入雾化器与通入的气体（常用高纯氮）均匀混合，形成均匀的微小雾滴，经过加热的漂移管，蒸发除去流动相，而样品组分则在蒸发室内形成气溶胶，被载气带入检测室，用激光或强光照射气溶胶，由于丁铎尔光效应而产生散射光，以光电二极管阵列检测散射光。散射光强度（I）与气溶胶中组分质量（m）的关系为

$$I = km^b \text{ 或 } \lg I = b \lg m + \lg k \tag{12-2}$$

式中，k、b 是两个常数，与蒸发室温度、雾化气体压力及流动相性质等实验条件有关，由此可以用于组分的定量测定。蒸发光散射检测器响应值与待测物的质量通常不呈线性关系，需要对响应值进行数学转换后方可进行计算。

4. 示差折光检测器（differential refractive index detector） 也称折射指数检测器，凡具有与流动相折光率不同的样品组分，均可使用示差折光检测器来检测。其工作原理基于样品组分的折光率与流动相溶剂折光率的差异，当组分洗脱出来时，会引起流动相折光率的变化，这种变化与组分浓度成正比。绝大多数物质的折光率与流动相都会有差异，所以示差折光检测器是一种通用型检测系统，适合于无紫外吸收的有机物，是凝胶色谱中必备检测器，制备色谱中也经常使用。其缺点：灵敏度比其他检测方法低 1～3 个数量级，不适用于痕量分析；流动相和温度的变化都会引起折光率的变化，因此，该检测器必须控制恒温，也不适用于梯度洗脱样品的检测。

5. 电化学检测器（electrochemical detector，ECD） 一般在特殊情况下使用。它是一种薄层电解池，电极活性组分流进检测器发生电解，通过检测电解产生的电流来进行定量。该类检测器主要用来测定化学性质不稳定的离子，如容易被氧化或还原的离子，其特性是选择性非常高，只有容易氧化或还原的电活性物质才可被检测，适用于生物试样中儿茶酚胺类及其代谢物，以及其他有还原基团的有机药物的检测。

6. 电导检测器（conductivity detector，CD） 基于离子性物质的溶液具有导电性，其电导率与离子的浓度相关进行检测。电导检测器对于分子不响应，主要用于离子的检测，因此它是离子色谱中必备的检测器。

7. 安培检测器（ampere detector，AD） 属于电化学检测器，是一种选择性检测器，应用较广，可用于检测有氧化还原性的物质，如活体透析液中的生物碱，还有酚、羰基化合物等，本身没有氧化还原性的化合物经过衍生化，也能进行检测。安培检测器的工作原理是利用组分氧化还原反应产生电流的变化进行检测，相当于一个微型电解池，在微型电解池的两电极间，施加一超过该组分氧化（或还原）电位的恒定电压，当被分析组分通过电极表面时，组分将被电解而产生电解电流。产生电量（Q）的大小符合法拉第定律：$Q = nFN$，因此，反应的电流（I）为

$$I = nF \frac{dN}{dt} \tag{12-3}$$

式中，n 为每摩尔物质在氧化还原过程中转移的电子数，F 为法拉第常数，N 为物质的摩尔数，t 为时间。当流动相流速一定时，其电流大小与组分在流动相中的浓度有关。安培检测器的灵敏度很高，其检测限可以达到 10^{-12} g/ml，特别适合痕量组分的分析。安培检测器有各种不同的构造，参比电极常用 Ag-AgCl 电极，辅助电极可以是碳或不锈钢材料，其作用是消除电化学反应产生的电流，维持参比电极和工作电极间的恒定电位，常用的工作电极是碳糊电极和玻碳电极。

8. 质谱检测器（mass spectrometric detector，MSD） 近年来在色谱技术中应用越来越多，这不仅是由于其对色谱被分离组分极强的定性鉴别功能，能够给出组分的分子量及结构信息，而且也可以作为一个通用型检测器提供精确的定量分析结果。LC-MS 技术不仅能给予被分析样品组分高分辨、高选择性的结果，而且提供色谱指纹，提供样品整体的信息。质谱技术发展迅猛，四极杆、飞行时间、离子阱等多种质谱仪器提供了不同性能的应用。

9. 化学发光检测器（chemiluminescence detector，CLD） 是应用化学发光技术的新型检测器，设备简单，选择性好，灵敏度高，检测限可达 10^{-12} g。当被分离组分由色谱柱流出后，与发光试剂反应，而产生光辐射，其光的强度与组分的浓度成正比。也有应用酶为催化剂，将酶标记在待测物上，进行抗原或抗体的免疫化学发光分析，在药学研究中已有较多研究。

五、数据采集处理系统

目前市场上销售的高效液相色谱仪基本上都配置数据处理系统（又称色谱工作站），是高效液相色谱仪使用的软件系统，其功能主要为采集和分析色谱数据，对来自检测器的原始数据进行分析处理，一般分为通用型和专用型两类。通用型工作站包括软件、数据采集装置和接口，具有数据采集、校正、计算、绘图、储存、管理等功能，可用于不同型号的仪器，完成一般仪器系统测试，测定柱效、峰不对称因子、记录峰高、峰面积和峰宽等参数，计算工作曲线和样品含量、绘制色谱图等；专用型工作站是指为一定型号仪器配套的工作站，包括了仪器参数的自动控制功能，如能储存和履行梯度洗脱程序和自动进样程序，进行各种数据校正，光电二极管阵列检测器的软件可进行三维谱图、光谱图、波长色谱图、比例谱图、峰纯度检查和谱图搜索等工作。

色谱数据工作站的计算机控制系统，既能做数据采集和分析工作，又能程序控制仪器的各个部件。为了满足 GMP/GLP 法规的要求，目前大多数色谱仪的软件系统具有方法认证功能，使分析测试工作更加规范化。

第三节　高效液相色谱法的固定相和流动相

高效液相色谱中用得最多的是键合相色谱法，色谱分离过程影响因素多，色谱优化的策略和方法亦比较复杂，本节重点讨论键合相色谱法中的固定相和流动相。

一、化学键合相色谱法的固定相

高效液相色谱法的固定相目前分为两大类，一类是液-固吸附色谱固定相，另一类是化学键合相色谱固定相，其中以化学键合相色谱固定相应用最多。

（一）液-固吸附色谱固定相

液-固吸附色谱法的固定相是具有吸附活性的吸附剂，常用的有硅胶、氧化铝、高分子多孔微球、分子筛及聚酰胺等。

1. 硅胶　硅胶是应用较广的固定相载体，主要用于分离极性至弱极性的分子型化合物，也可用于分离某些几何异构体。硅胶一般分为表孔硅胶、无定形全多孔硅胶、球形全多孔硅胶及堆积硅珠等类型。表孔硅胶因颗粒大、柱效低，目前已很少使用。

（1）无定形全多孔硅胶：虽无定形，但近球形，粒径一般为 5～10 μm，理论塔板数每米可达 20 000～50 000，载样量大，缺点是涡流扩散项大，柱渗透性差。

（2）球形全多孔硅胶：粒径一般为 3～10 μm，理论塔板数可达每米 80 000，除了具备无定形全多孔硅胶优点外，还具有涡流扩散项小及柱渗透性好等优点。

（3）堆积硅珠：亦属于全多孔形，与球形全多孔硅胶类似，常用粒径 3～5 μm，理论塔板数可达每米 80 000，由二氧化硅溶胶加凝结剂聚集而成，传质阻力小，样品容量大，是一种较好的高效填料。

2. 高分子多孔微球　也称有机胶，主要由苯乙烯与二乙烯苯交联而成，表面为芳烃官能团。大多数人认为其分离机制属于吸附作用，也有人认为是分配和空间排斥作用。这种固定相选择性和峰形好，但柱效低（理论塔板数 1000 m^{-1}），用于分离芳烃、杂环、甾体、生物碱、维生素、芳胺、酚、酯、醛、醚等化合物。

（二）化学键合相色谱固定相

化学键合相简称键合相（bonded phase），通过化学反应将有机官能团键合在载体表面形成。以化学键合相为固定相的色谱法称为化学键合相色谱法，简称键合相色谱法。其特点主要体现在：化学稳定性好，在使用过程中不流失，柱子寿命较长，有较强的稳定性；固定相颗粒细且均匀，传质快，柱效高；键合相种类多，流动相选择灵活，分离选择性高；均一性好，重现性高；载样量大。按照固定液官能团极性，键合相可分为非极性、中等极性与极性三种类型。

1. 非极性键合相 也称反相色谱键合相，载体表面键合非极性烃基，如十八烷基硅烷（C$_{18}$ 或 ODS）、辛烷基（C$_8$）、苯基、甲基（C$_1$）等，其中十八烷基硅烷键合硅胶 ODS 应用最广，由十八烷基硅烷试剂与硅胶表面的硅醇基键合而成，适合于分离非极性或弱极性的试样，常用于反相色谱。在键合相色谱法中，如果是典型的反相键合相色谱、反相离子抑制色谱或离子对色谱，都应选用非极性键合相。ODS 键合相是高效液相色谱中应用最为广泛的固定相。

2. 中等极性键合相 常见的有醚基和二羟基键合相，根据流动相极性，这种键合相可作为正相或反相色谱的固定相，目前这种固定相应用较少。

3. 极性键合相 也称正相色谱键合相，一般用于正相色谱，流动相选用极性较小的有机溶剂。常用的极性键合相是将极性基团键合在硅胶上制成。如氰基（—CN）、氨基（—NH$_2$）、氰乙硅烷基[≡Si（CH$_2$）$_2$CN]和氨丙硅烷基[≡Si（CH$_2$）$_3$NH$_2$]等。与硅胶相似，氰基键合相与双键化合物可能发生选择性作用，故对双键异构体或含双键数不同的环状化合物有较好的分离能力，一些在硅胶上不能分离的极性较强的化合物，可在氰基键合相上分离。氨基键合相与酸性硅胶具有完全不同的性能，其既能接受氢键，又能给于氢键，对多官能团化合物的键合相具有很好的分离选择性。极性键合相也可作为反相色谱的固定相，此时称为亲水相互作用色谱。例如，氨基可与糖类分子中的羟基发生选择性作用，可广泛用于糖类分离，糖不溶解于烷烃，故分析糖类时，不用烷烃为流动相，而常用乙腈-水为流动相。

化学键合相的性质取决于载体本身和键合基团的性质。一般地，键合相的形成必须具备两个条件：一是载体表面具有某种活性基团（如硅胶表面的硅醇基），二是固定液具有与载体表面发生化学反应的官能团。用硅胶作为载体，载体的比表面积决定键合基团的总量，总量越大，k 越大，保留时间 t_R 越长。涡流扩散项与柱渗透性取决于载体的形状，一般以球形为好。对硅胶载体进行改进可改良其性能，如在硅胶基质内键合桥式乙烷形成的 Si—C 杂化硅胶可显著提高键合相的机械强度和耐碱性能，提高柱效。另外，硅胶表面键合的官能团不同，形成的键合相性质不同，下面从键合反应、含碳量和表面覆盖度等三方面阐述。

1. 键合反应 根据硅胶表面键合的化学反应不同，键合相分为硅氧碳键型（≡Si—O—C）、硅氧硅碳键型（≡Si—O—Si—C）、硅碳键型（≡Si—C）和硅氮键型（≡Si—N）等四种类型。应用最多的是≡Si—O—Si—C 型键合相，以硅胶表面的羟基和有机氯硅烷在热盐酸中发生硅烷化反应制得。ODS 键合相由十八烷基（C$_{18}$）氯硅烷与硅胶表面硅醇基键合而成。C$_{18}$ 是最常用的键合相，其他如 C$_8$、苯基、—CN、—NH$_2$ 等键合相也较普遍。一般地，键合相代号的前部代表载体，后部为键合基团，如 YQG-C$_{18}$H$_{37}$ 为堆积硅珠上键合了十八硅烷基。

2. 含碳量 由于不同生产厂家所用的硅胶、硅烷化试剂和反应条件不同，因此键合相表面有机官能团的键合量往往差异很大，致其产品性能有很大差异。键合相的键合量可通过对键合硅胶进行元素分析，用含碳量（C%）来表示。如上述反应式中有 2 个—CH$_3$，构成含更高碳 ODS 键合相，其含碳量在 5%～40%。高碳 ODS 键合相的载样量大、吸附性能强。

3. 表面覆盖度 键合相的键合量既可用含碳量（C%）表示，也可以用表面覆盖度来表示。由于键合基团的立体结构障碍和其他因素，使载体表面的硅醇基不能全部参加键合反应，其中参加反应的硅醇基数目占硅胶表面硅醇基总数的比例，称为该键合相的表面覆盖度。硅胶表面的硅醇基密度约为 5 个/nm^2，有 40%～50%的硅醇基未参与反应。残余硅醇基不可避免，其对键合相特别是非极性固定相的性能影响很大，特别是对非极性键合相，它可以减弱键合相表面的疏水性，对极性溶质（特别是碱性化合物）产生次级化学吸附，从而使保留机制复杂化，既不全部是吸附过程，亦不是典型的液-液分配过程，而是双重机制兼而有之。覆盖度的大小，决定键合相是分配还是吸附占主导。例如，Partisil 5-ODS 的表面覆盖度为 98%，残存 2%的硅醇基，分配机制占主导；Partisil 10-ODS 的表面覆盖度为 50，既有分配又有吸附作用机制。

覆盖度变化是影响产品重复性性能的重要因素。为了减少残余硅醇基，一般在键合反应之后要用三甲基氯硅烷（TMCS）对键合相进行钝化处理，即封端（或称封尾，end-capping），封尾后的ODS柱吸附性能降低，稳定性增加。例如，国内封尾键合相YWG-FN是用氟酰胺遮盖了硅胶的吸附部位，表面覆盖度几乎为100%，只有分配作用，疏水性强，分离效果好。但在同样分离条件下，封尾键合相柱压高于普通键合相色谱柱。当然，也有些ODS填料是不封尾的，目的是使其与水系流动相有更好的"湿润"性能。

化学键合相色谱固定相使用过程中应注意：使用硅胶基质的化学键合相时，流动相中水相的pH一般维持在2~8，否则会引起硅胶溶解，但硅-碳杂化硅胶等为基质的键合相可用于很宽的pH范围，如pH 2~12。

（三）其他固定相

1. 手性固定相 根据固定相的化学结构，可将其分为刷型或称为 Pirkle 型、纤维素型、环糊精型、大环素型、蛋白质型、配位交换型、冠醚型等类型。

刷型手性固定相分为π电子接受型和π电子提供型两类。最常见的π电子接受 Pirkle 型固定相是以苯甘氨酸或亮氨酸的 3,5-二硝基苯甲酰衍生物等有光学活性的有机小分子键合在氨丙基硅胶上制得。此类手性色谱柱用来分离许多可提供π电子的芳香族化合物，或用氯化萘酚等对化合物衍生化后进行手性分离。常见的π电子提供型固定相是共价结合到硅胶上的萘基氨基酸衍生物，这种固定相要求被分析物具有π电子接受基团，如醇类、羧酸类、胺类等，可以用氯化二硝基苯甲酰、二硝基苯胺等进行衍生化后，用π电子提供型固定相达到手性分离。

纤维素型手性固定相的每个单元都为螺旋形，而且这种螺旋结构还存在极性作用、π-π作用及形成包埋复合物等手性分离因素。市售的手性色谱柱为微晶三醋酸基、三安息香酸基、三苯基氨基酸盐纤维素固定相。很多化合物可通过此类型色谱柱得到分离。这种类型的手性色谱柱种类也很齐全。

环糊精及其衍生物键合制成的环糊精手性固定相应用最多，是将环糊精及其衍生物通过环氧丙烷键合到硅胶表面制成，具有稳定性好、选择性高和应用范围广等特点。环糊精由 6~12 个D-（+）-吡喃葡萄糖单元通过α-（1,4）-苷键联结的环状低聚糖，含有 6、7、8 个单元的 CD 分别为α、β、γ-CD，其中，应用最多的是β-CD 及其衍生物，如羟丙基-β-环糊精（HP-β-CD）。CD 环结构中的葡萄糖单元结合成互为椅状构象，为中空的去顶锥形圆筒状结构，构成洞口外部亲水、内部疏水的洞穴，对手性分子有良好的拆分作用。

蛋白质手性固定相有键合的α_1-酸性糖蛋白（AGP）、清蛋白和卵类蛋白等。蛋白质的一级结构中有数百个手性中心，二级螺旋和三级结构亦使其具有很强的手性识别能力，通过疏水和极性相互作用拆分酸、碱和非离子型化合物的对映体，可以方便地通过改变流动相 pH、有机调节剂的类型和含量及离子强度等改善分离情况，缺点是载样量小，稳定性差，价格昂贵。

2. 亲和色谱固定相 由固体载体和键合在载体上的配基组成。理想载体应具有下列特性：①亲水但不溶于水；②呈疏松网状结构，容许大分子自由通过，渗透性好；③有一定硬度，最好为均一的珠状；④具有大量可供反应的化学基团，能与大量配基共价连接；⑤非特异性吸附能力极低；⑥能抗微生物和酶的侵蚀；⑦有较好的化学稳定性。应用较多的是琼脂糖凝胶载体，其结构开放，通过性好，酸碱处理时结构相当稳定，其羟基在碱性条件下极易被溴化氰活化成亚氨基碳酸盐，并能在温和的条件下与氨基等作用而引入配基。其他常用载体还有聚丙烯酰胺凝胶、葡萄糖凝胶和多孔玻璃等。高效亲和色谱固定相的载体是小粒径的刚性或半刚性的惰性物质，多孔硅胶是使用最广的惰性载体。

在生物体内，许多大分子具有与某些专一分子可逆结合的特性，如抗原和抗体、酶和底物及辅酶、激素和受体等。将具有特异性相互作用力的其中一种物质称为亲和物，另一种物质称为配基，也可彼此称为配基。配基的选择是亲和色谱分离的关键，通常有生物专一性配基和基团亲和配基等类别。生物专一性配基是利用生物相互作用的体系（如 RNA 和其互补的 DNA）的任何一方都可作为另外一方的配基，例如，胞嘧啶核苷酸（CMP）键合在氨丙基硅胶上组成的固定相可用于细胞色素 c、核糖核酸酶、溶菌酶等多种蛋白质的分析。基团亲和配基包括固定化金属离子配基、染料配基及天然基团配基。小分子配基由于离载体表面太近，易受载体空间障碍影响而丧失亲和力，为了避免其载体的空间立体障碍，在配体和载体之间连接适当长度的隔离臂（spacer arm），再将配基装配在隔离臂的顶端。

3. 生物色谱固定相　将具有生物活性的材料键合在载体上形成。根据生物活性材料可分为细胞膜、仿生物膜、酶、活细胞、植物细胞或细胞壁等固定相。

细胞膜固定相是以人或动物的活性细胞膜固定于载体表面（常用硅胶）制备而成，由组织细胞、原代培养细胞、分离细胞或细胞系等获得，常用受体或受体亚型高表达细胞，保持有细胞膜的整体性、膜受体的立体结构、周围环境的稳定性及酶活性，如红细胞膜、血小板细胞膜等。

仿生物膜固定相是以脂质体、蛋黄卵磷脂和大豆卵磷脂等为配基，模拟生物膜的脂质双分子层结构，或者在仿生物膜中嵌入各种配体。由天然磷脂形成的脂质体具有双层结构的囊泡，具有与细胞膜相似的脂质结构和生物膜的流动性特征，被视为最接近天然生物膜的理想模型。这种人工模拟的生物膜体系不仅可以精确地模拟生物膜的化学环境，也可以通过调节温度、pH、离子等物理性能有效地控制。

分子生物色谱固定相是以酶、受体、DNA、传输蛋白和其他具有重要生理功能的生物大分子作为配基，可以开展关于药物活性成分的研究。其中以血浆中的两种主要载体蛋白为固定相较为常用，即人血清白蛋白和 α-酸性糖蛋白（α-acid glycoprotein，AGP）。例如，以血液中的特异性运输蛋白为靶体，可以进行特定活性成分的筛选。

细胞生物色谱固定相是以人或动物的活细胞、植物的细胞或细胞壁构成，例如，由于肝细胞上有多种特异性受体，能够有选择性地与活性成分相结合，故采用肝细胞固定相色谱法可以进行中药多靶点活性成分的筛选，直接取用效应器官的细胞对效应成分进行特异性结合的相关研究。

二、化学键合相色谱法的流动相

高效液相色谱法的分离主要取决于固定相和流动相的相互作用，当固定相选定时流动相的种类、配比能显著地影响色谱分离效果。流动相选择的基本要求是使组分得到适宜分离，同时综合考虑峰形是否良好，拖尾因子是否符合要求。选择流动相时应考虑以下几个方面。①化学性质稳定，不与固定相发生化学反应，避免使用会引起柱效损失或保留特性变化的溶剂。②对试样有适宜的溶解度，若溶解度欠佳，样品会在柱头沉淀，不但影响纯化分离，且会使柱子恶化。③纯度要高，一般应使用色谱纯溶剂，以免其中杂质在色谱柱上积累，缩短色谱柱的寿命；若采用分析纯试剂，流动相在使用前必须过滤除去尘埃微粒以免堵柱，还应脱气除去溶解的气体，以免产生气泡影响分离和检测。④黏度低（<2 cp），流动性好，低黏度的流动相如甲醇、乙腈、四氢呋喃等可以降低柱压，提高柱效，高黏度溶剂会影响溶质的扩散系数，造成传质速率缓慢，柱效下降，还会使分离时间延长。⑤必须与检测器相匹配，如使用紫外检测器时，只能选用截止波长小于检测波长的溶剂，或吸收很小；当使用示差折光检测器时，应选择折光系数与样品差别较大的溶剂作流动相，以提高灵敏度。⑥毒性小、价格廉、易回收等。关于流动相对分离的影响详见第九章，下面重点介绍溶剂的强度和选择性。

（一）纯溶剂的极性和强度

在化学键合相色谱法中，流动相对组分的洗脱能力（即溶剂强度）直接与它的极性有关。可用于高效液相色谱流动相的溶剂有 80 多种，描述溶剂极性强弱的方法有数种，最实用的是斯奈德（Snyder）提出的溶剂极性参数（solvent polarity parameter）P'描述，它是根据罗尔施奈德（Rohrschneider）溶解度数据推导出来的，可度量溶剂强度。Snyder 以溶剂和溶质间的作用力作

为溶剂选择性分类的依据，将选择性参数定义为

$$X_e = \frac{\lg(K_g'')_e}{P'}, \quad X_d = \frac{\lg(K_g'')_d}{P'}, \quad X_n = \frac{\lg(K_g'')_n}{P'} \tag{12-4}$$

式中，X_e、X_d 和 X_n 反映溶剂与乙醇（质子给予体）、二氧六环（质子受体）和硝基甲烷（强偶极体）三种参考物质之间相互作用的强度，即 X_e、X_d 和 X_n 分别表示溶剂分子接受质子的能力、给予质子的能力和偶极作用力的相对大小，其数值的大小，表示作用力的强弱，三者之和为 1。将罗尔施奈德提供的极性分配系数（K_g''）以对数的形式表示，纯溶剂的极性参数（P'）定义为

$$P' = \lg(K_g'')_e + \lg(K_g'')_d + \lg(K_g'')_n \tag{12-5}$$

式中，K_g'' 是根据溶剂的溶解度推导出来的极性分配系数，$\lg(K_g'')_e$、$\lg(K_g'')_d$ 和 $\lg(K_g'')_n$ 与选择性参数 X_e、X_d 和 X_n 之间的关系见式（12-4）。常用溶剂的极性参数 P' 和选择性参数列于表 12-1 中。P' 越大，溶剂的极性就越强。

表 12-1　常用溶剂的极性参数和选择性参数

溶剂	P'	X_e	X_d	X_n	溶剂	P'	X_e	X_d	X_n
正戊烷	0.0	—	—	—	乙醇	4.3	0.52	0.19	0.29
正己烷	0.1	—	—	—	乙酸乙酯	4.4	0.34	0.23	0.43
苯	2.7	0.23	0.32	0.45	丙酮	5.1	0.35	0.23	0.42
乙醚	2.8	0.53	0.13	0.34	甲醇	5.1	0.48	0.22	0.31
二氯甲烷	3.1	0.29	0.18	0.53	乙腈	5.8	0.31	0.27	0.42
正丙醇	4.0	0.53	0.21	0.26	乙酸	6.0	0.39	0.31	0.30
四氢呋喃	4.0	0.38	0.20	0.42	水	10.2	0.37	0.37	0.25
三氯甲烷	4.1	0.25	0.41	0.33					

根据溶剂的 X_e、X_d 和 X_n 这三种作用力的相似性，Snyder 将常用溶剂分为 8 组（表 12-2）。比较表 12-1 和表 12-2 可见，正相色谱法中由于固定相是极性的，溶剂极性越大，洗脱能力越强；反之，反相色谱法中由于固定相是非极性的，溶剂的极性越弱，其洗脱能力越强。如图 12-3 所示，按数值点在三角坐标纸的相应位置将相邻溶剂圈成一组，共分为 8 组，称为溶剂选择三角形（SST）。

表 12-2　部分溶剂的选择性分组

组别	溶剂
Ⅰ	脂肪醚、三烷基胺、四甲基胍、六甲基磷酰胺
Ⅱ	脂肪醇
Ⅲ	吡啶衍生物、四氢呋喃、酰胺（甲酰胺除外）、乙二醇醚、亚砜
Ⅳ	乙二醇、苄醇、乙酸、甲酰胺
Ⅴ	二氯甲烷、二氯乙烷
Ⅵ（a）	三甲苯基磷酸酯、脂肪族酮和酯、聚醚、二氧六环
Ⅵ（b）	砜、腈、碳酸亚丙酯
Ⅶ	芳烃、卤代芳烃、硝基化合物、芳醚
Ⅷ	三氯甲烷、氯代醇、间苯甲酚、水

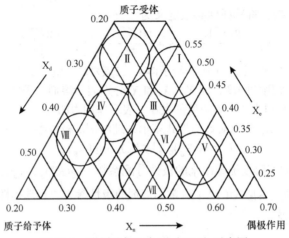

图 12-3　溶剂选择三角形（SST）示意图

从图 12-3 中可见，第 I 组溶剂的 X_e 值较大，处于三角形顶部，属于质子受体溶剂，以脂肪醚为代表；第 V 组溶剂的 X_n 较大，处于三角形的右下角，属偶极作用力溶剂，以二氯甲烷为代表；VIII 组溶剂的 X_d 值较大，处于三角形的左下角，属质子给予体溶剂，以三氯甲烷为代表。选择不同组别的溶剂，分子间作用力不同，容易造成组分间的分配系数的差别，以利于分离。处于同一组中的溶剂的作用力类型相同，在色谱分离中具有相似的选择性，而处于不同组别中的溶剂，分子间作用力不同，其组分间的分配系数因差异较大而便于分离，故采用不同组别的溶剂为流动相，能够改变色谱分离的选择性。Snyder 建立的溶剂选择性三角形至今仍对选择溶剂有一定的参考价值。

非极性键合相色谱法中溶剂的极性常用另一个强度因子 S 表示。S 越大，其洗脱能力越强，常用溶剂的 S 值见表 12-3。

表 12-3　反相色谱法常用溶剂的强度因子（S）

水	甲醇	乙腈	丙酮	二噁烷	乙醇	异丙醇	四氢呋喃
0	3.0	3.2	3.4	3.5	3.6	4.2	4.5

比较表 12-1 和表 12-3 的数据和顺序可见，在正相色谱法中水的洗脱能力最强（P' 值最大，为 10.2），但反相色谱洗脱时，水的洗脱能力最弱（S 值最小，为 0）。由此说明，在正反相色谱中溶剂的洗脱能力正好相反。

（二）混合溶剂的极性和强度

常采用混合溶剂作洗脱剂改善分离效果。混合溶剂的极性参数（或强度因子）为各组成溶剂的极性参数加权和：

$$P'_{混} = \sum_{i=1}^{n} P'_i \varphi_i \text{ 或 } S_{混} = \sum_{i=1}^{n} S_i \varphi_i \tag{12-6}$$

式中，P'_i 和 φ_i 分别为纯溶剂 i 的极性参数及该溶剂在混合溶剂中的体积分数，S_i 为纯溶剂 i 的强度因子。

正相色谱法中，多元混合溶剂用极性参数 $P'_{混}$ 来表示极性强弱，其值为各组成溶剂极性参数的加权和：

$$P'_{混} = \sum_{i=1}^{n} P'_i \varphi_i \tag{12-7}$$

反相色谱法中，多元混合溶剂的强度因子$S_混$用类似方法计算：

$$S_混 = \sum_{i=1}^{n} S_i \, \varphi_i \tag{12-8}$$

（三）流动相中常用溶剂

正相色谱法流动相使用最多的是正己烷加适量极性调节剂，如三氯甲烷或二氯甲烷，虽然价格昂贵，但大多数顺、反和邻位、对位异构体仍然要用正相色谱来进行分离。各种反相色谱法中，流动相首选水或一定 pH 的缓冲溶液，通常向流动相中加入少量弱酸、弱碱或缓冲盐作为抑制剂可以有效改善峰形，抑制拖尾，加入甲醇、乙腈或四氢呋喃作为极性调节剂。在分离含极性差别较大的多组分样品时，为了使各组分均有合适的 k 并分离良好，需采用梯度洗脱技术，提高分离效率，改善峰形，加快分析速率。

第四节　高效液相色谱法的主要类型

高效液相色谱法分类方法类似于经典液相色谱法，是溶质在固定相和流动相之间进行的一种连续多次的分配过程，根据不同组分在两相间亲和力、吸附能力、离子交换和分子排阻作用等的差异进行分离的方法。目前最常用的高效液相色谱是在高效液-液分配色谱法的基础上发展起来的化学键合相色谱法及其衍变和发展而来的离子抑制色谱法和离子对色谱法，现已广泛应用于分离几乎所有类型的化合物。本章重点讨论化学键合相色谱法的原理及其分离条件的选择。

一、化学键合相色谱法

化学键合相色谱法简称键合相色谱法（bonded phase chromatography，BPC），是采用化学键合相为固定相的液相色谱法。利用化学反应将有机分子键合在载体表面，通过共价键形成均一牢固的单分子薄层而构成的固定相称为化学键合相（chemically bonded phase）。常以微粒多孔硅胶为载体，常见的化学反应有酯化键合（Si—O—C 型）、硅烷化键合（Si—O—Si—C 型）和硅氮键合（Si—N 型）等。硅烷化键合反应获得的化学键合相具有一定的耐热性和化学稳定性，耐溶剂冲洗，可通过改变键合相有机官能团的类型改变分离选择性，兼有吸附和分配两种分离机制，是目前应用最为广泛的键合相。根据流动相和键合相的极性相对强弱不同，化学键合相色谱法分为极性键合相色谱法、非极性键合相色谱法及由其衍变和发展起来的离子抑制色谱法和离子对色谱法。该类键合相的优点：①稳定性好，使用过程中不易流失，色谱柱使用周期长；②柱效高，分离选择性好；③均匀性和重现性好；④流动相和键合相种类多，适于梯度洗脱；⑤载样量大。

（一）极性键合相色谱法

极性键合相色谱法又称正相键合相色谱法，采用极性键合相为固定相、非极性或弱极性溶剂作流动相。极性键合相是将全多孔或表面多孔微粒硅胶载体经酸活化处理后制成表面含有大量硅羟基的载体，再与极性较强的硅烷化试剂反应的化学键合相，如氨基（—NH$_2$）、氰基（—CN）、醚基（—O—）或二羟基等，流动相由烷烃加适量极性调节剂组成，如正戊烷-二氯甲烷，正己烷-正丙醚等，还可以加入少量乙酸或丙胺、乙二胺等调节流动相的酸碱性和极性，以提高分离效率，改善峰形。氰基键合相与硅胶相似，但极性小于硅胶，属于相对较弱极性键合相，当流动相及他条件相同时，同一组分在氰基键合相上的保留时间小于硅胶，故许多需用硅胶柱分离的试样亦可采用氰基键合相色谱柱、非极性流动相来完成。氨基键合相的性质与硅胶差异较大，前者为碱性，后者为酸性，正相洗脱时其表现出不同的选择性，它是分析糖类最重要的色谱柱，也称为碳水化合物柱。

极性键合相色谱法的分离机制通常认为是吸附过程，即溶质的保留主要靠其与极性键合基团之间的范德瓦耳斯定向作用力、诱导作用力或氢键作用力。氨基键合相具有较强的氢键结合能力，对甾体、强心苷等某些多官能团化合物有较好的分离能力。例如，用氨基键合相色谱分离极性化合物（如糖类）时，因其氨基能与糖类分子中的羟基产生选择性相互作用，主要靠被分离组分与键合相形成的氢键作用力强弱差别而实现分离；若分离的是含有芳环等可诱导极化的非极性试样，主要靠被分离组分分子与键合相的诱导作用力；氨基键合相广泛用于糖类的分析，但不能用于分离羰基化合物，如甾酮和还原糖，因为它们之间会发生反应生成席夫（Schiff）碱。氰基键合相对双键异构体或含双键数不等的环状化合物的分离有较好的选择性。二羟基键合相适用于分离有机酸、甾体和蛋白质。

极性键合相色谱法的分离选择性与试样的性质、键合相种类、流动相极性和强度有关。一般地，极性强的组分，在固定相上保留因子 k 大，在同一流动相条件下保留时间也多，故分离结构相近的组分时，极性弱的先洗脱出柱，极性大的组分后流出色谱柱。流动相的极性增强，洗脱能力增加，k 值减小，保留时间减小；反之，k 与保留时间增大，因此可通过调节流动相极性来改善分离度。极性键合相的极性大于流动相的极性，主要适用于分离中等极性和极性较强的分子型化合物，如糖类、甾体、苷、氨基酸、酚、胺类或羟基类等。

（二）非极性键合相色谱法

非极性键合相色谱法又称反相键合相色谱法，采用非极性键合相为固定相，极性溶剂作流动相。常用的非极性键合相是表面键合了非极性烃基官能团，主要有各种烷基（$C_1 \sim C_{18}$）、苯基和苯甲基等，键合相表面键的官能团不易流失，以十八烷基硅烷与硅胶表面的硅醇基经多步反应生成的键合相（ODS 或 C_{18}）是最常用的非极性键合相。流动相是以水作为基础溶剂，再加入一定量与水相溶的极性调整剂，如甲醇、乙腈、四氢呋喃或无机盐缓冲溶液等，极性可以在很大范围内调整，常用甲醇-水或乙腈-水体系。

非极性键合相色谱法的分离机制通常认为是吸附色谱，把非极性的烷基键合相看作是硅胶表面键合了一层十八烷基的"分子毛"，这种"分子毛"有强疏水特性，溶质在固定相保留是疏溶剂作用的结果（即疏溶剂理论）：采用水与有机溶剂组成的极性流动相来分离组分时，一方面，由于疏溶剂作用，被分离非极性组分或组分的非极性部分和极性流动相之间的斥力造成它会从流动相中被"挤"出来，与固定相上的疏水烷基之间产生缔合作用；另一方面，被分离组分的极性部分受到极性流动相的作用，使它离开固定相，减少保留值，此即解缔过程。缔合和解缔这两种作用力之差，决定了被分离组分的保留行为。一般地，固定相的烷基配合基或被分离组分非极性部分的表面积越大，或者流动相表面张力及介电常数越大，则缔合作用越强，k 也越大，保留时间越多；反之，k 和保留时间减小。

典型的非极性键合相色谱法主要用于分离非极性至中等极性的分子型化合物，保留行为主要与被分离组分的分子结构、流动相和固定相等因素有关。

1. 被分离组分的分子结构 被分离组分极性越弱，与非极性固定相的相互作用越强，k 越大，保留时间也越大。同系物中含碳数目越多，则其极性越弱，k 越大，保留时间越多。被分离组分分子中若引入极性基团，则极性增强，k 值减小，保留时间越小。反之，若引入非极性基团，其极性减弱，与非极性固定相的相互作用增强，k 值增大，保留时间增大。故分离结构相近的组分时，极性大的组分先流出色谱柱，极性小的组分则后流出。

2. 流动相的极性 水的极性最强，故当被分离组分和固定相不变时，增加流动相中水的比例，流动相极性增大，洗脱能力降低，k 和保留时间值增大；反之，有机溶剂比例增大，k 和保留时间值减小。

3. 键合相的种类 键合烷基的极性随碳链的延长而减弱，样品容量随烷基链长增加而增大，与非极性溶质的相互作用增强，溶质的 k 值增大，保留时间也增大，可改善分离的选择性。短链烷基键合相具有较高的覆盖度，分离极性化合物时可得到对称性较好的色谱峰，苯基键合相与短链烷基键合相的性质相似。当链长一定时，硅胶表面键合烷基的浓度越大，溶质的 k 值越大。

（三）离子抑制色谱法

在典型的反相键合相色谱基础上，在以水作为基础溶剂的极性流动相中加入少量弱酸、弱碱或缓冲盐（常用磷酸盐或乙酸盐）作为抑制剂，流动相的 pH 发生变化时，溶质的解离程度将随之发生改变，从而抑制待测组分弱酸、弱碱的离解，增加溶质与固定相之间的缔合作用。溶质的解离程度越高，则分配比 k 越小，保留值保留时间就越少。一般地，对于弱酸，当流动相 pH 小于 pK_a 时，组分主要以分子形式存在，k 值增大，保留时间值增大；反之，当流动相 pH 大于 pK_a 时，组分主要以离子形式存在，k 值减小，保留时间值减小，但当 $pH-pK_a>2$ 时，进一步降低 pH 对 k 值的影响很小。对于弱碱，情况相反，需要提高流动相 pH，才能使 k 和保留时间值增大。若流动相 pH 控制不合适，溶质以分子状态和离子状态共存，则可能使色谱峰变宽和拖尾。另外，离子抑制色谱法特别适用于分离弱酸（$pK_a=3\sim7$）和弱碱（$pK_b=6\sim7$），要注意流动相的 pH 不能超过键合相的允许范围，如以硅胶为基质的色谱柱填料一般在 pH 2~8 内使用，超出此范围可能使键合基团脱落或硅胶基质溶解。

（四）离子对色谱法

离子对色谱法可分为正相和反相离子对色谱法，前者少用，故只介绍反相离子对色谱法。与离子抑制色谱法类似，反相离子对色谱法也适用于离子型或可离子化的化合物的分离分析，当溶质属于较强电解质时，单靠离子抑制其保留值并不能获得显著提高，此时就需采用离子对色谱法。反相离子对色谱法由典型的反相键合相色谱法衍生而来，其固定相与非极性键合相色谱相同，常用 ODS 柱（即 C_{18} 柱），流动相为甲醇-水或乙腈-水，只是将离子对试剂加入极性流动相，如常在流动相中加入 0.003~0.01 mol/L 的离子对试剂，以磷酸盐缓冲液调节流动相至一定 pH 以促使酸性或碱性的溶质分子完全解离并与反离子缔合。因为离子对试剂中的反离子（counterion）可与待测组分离子在流动相中生成不带荷电的中性离子对，增加了溶质与非极性固定相之间的相互作用，从而使 k 和保留时间值增大，分离度提高。

分析碱类常用的离子对试剂为烷基磺酸盐，如正戊烷磺酸钠（$PICB_5$）、正己烷磺酸钠（$PICB_6$）、正庚烷磺酸钠（$PICB_7$）、正辛烷磺酸钠（$PICB_8$）。另外，高氯酸、三氟乙酸等也可与碱性样品形成很强的离子对。分析酸类常用四丁基季铵盐，如四丁基溴化铵、四丁基铵磷酸盐（TBA）为离子对试剂。

二、其他高效液相色谱法

高效液相色谱法中除了常见的化学键合相色谱法外，还有离子色谱法、生物色谱法、亲和色谱法和手性色谱法等。

（一）离子色谱法

离子色谱法（ion chromatography，IC）常用于检测在可见或近紫外光区没有吸收的可解离性（离子性）化合物，通常以低交换容量离子交换树脂为固定相，用含有合适淋洗离子的电解质溶液为流动相，通用型电导检测器连续测定流出物的电导变化。离子色谱法的发明开创了离子化合物分离分析的新局面，目前已广泛用于无机阴离子、无机阳离子、有机酸、糖醇类、氨基糖类、氨基酸、蛋白质、糖蛋白、核酸水解产物等物质的定性和定量分析。

离子色谱法的分离机制有离子交换、离子对色谱、离子排阻色谱、离子抑制色谱和金属离子配合物色谱等。其中主要为离子交换，即离子交换树脂上可解离的离子与流动相中的溶质离子（具有相同电荷）之间进行的可逆交换。离子色谱法分为抑制型（双柱型）和非抑制型（单柱型）两大类。

1. 抑制型离子色谱法（双柱）　使用两根离子交换柱串联在一起，前一根作为分离柱，填充低交换容量的离子交换树脂；后一根作为抑制柱，填充电荷与分离柱相反的高交换容量的离子交换树脂，洗脱液经分离柱进入抑制柱，除去洗脱剂离子最后进入检测器。

（1）阴离子分析：分离柱填充 OH^- 型阴离子交换树脂（低交换容量），抑制柱填充 H^+ 型强酸性阳离子交换树脂（高交换容量），洗脱剂是 NaOH、$NaHCO_3$、Na_2CO_3 等稀溶液。现以阴离子 X^- 的分析为例，分离柱中的被测阴离子 X^- 因与阴离子交换树脂发生交换反应的选择性不同得以分离。

分离柱　交换反应：$R^+\text{-}OH^- + NaX \longrightarrow R^+\text{-}X^- + NaOH$

　　　　洗脱反应：$R^+\text{-}X^- + NaOH \longrightarrow R^+\text{-}OH^- + NaX$

抑制柱　被测阴离子反应：$R^-\text{-}H^+ + Na^+X^- \longrightarrow R^-\text{-}Na^+ + HX$

　　　　与洗脱剂的反应：$R^-\text{-}H^+ + Na^+OH^- \longrightarrow R^-\text{-}Na^+ + H_2O$

式中，R 代表离子交换树脂，NaOH 为阴离子分析中最简单洗脱液。

可见，从抑制柱流出的洗脱液中，洗脱液 NaOH 已经被转化成难解离的电导值很小的 H_2O，随着被测离子交换出来的 H^+ 淌度是 Na^+ 的 7 倍，消除了本底电导对测定的影响，很容易检测出具有较大电导率的 HX，大大提高了所测阴离子 X^- 的检测灵敏度。

（2）阳离子分析：以阳离子交换树脂作分离柱，无机酸 HX 为洗脱液，洗脱液进入阳离子交换分离柱洗脱分离阳离子后，进入填充有 OH^- 型高容量阴离子交换树脂的抑制柱，将洗脱液中的 HX 转变为 H_2O，同时将被测阳离子转变为相应的碱，抑制反应降低了洗脱液的电导值，提高了待测阳离子的检测灵敏度。

2. 非抑制型离子色谱法（单柱）　仅用一根离子交换柱，不用抑制柱。采用更低交换容量的固定相，浓度和电导率很低的流动相，电导检测器。相较于抑制型离子色谱法，非抑制型离子色谱法减少了抑制柱带来的死体积，分离效率高，可通过普通的高效液相色谱仪改装。但是经分离柱直接进入电导检测器的是高电导的洗脱剂及被测组分，为了降低洗出液本底水平，常采用低浓度、低电导率的洗脱剂，由于流动相本底电导较低，试样离子被洗脱后可直接被电导检测器所检测。测定阴离子时，采用更低容量、大孔径阴离子交换树脂做固定相，用低浓度的苯甲酸盐（如 0.1～1 mmol/L）或邻苯二甲酸盐等作洗脱剂。测定阳离子时，采用低容量表面轻度磺化的聚苯乙烯做固定相，用低浓度的硝酸或乙二胺盐作洗脱剂。

（二）手性色谱法

手性色谱法是分析和直接拆分对映体的重要手段，包括直接法和间接法。直接法是采用手性固定相（chiral stationary phase，CSP）或手性流动相添加剂（chiral mobile phase additives，CMPA）对手性化合物的对映异构体进行分离分析的方法。间接法是将手性化合物与适当的手性选择剂发生衍生化反应，使对映体转化为非对映体，然后采用常规的高效液相色谱进行分离分析的方法。无论是直接法还是间接法，其基本原理都是将一对物理性质和化学性质几乎没有差别的对映体，通过与手性选择剂发生作用形成有稳定性差别的非对映体而实现分离。实现手性拆分的基本原理是对映异构体与手性选择剂（固定相或流动相添加剂）形成瞬间非对对映异构体，由于对映异构体的稳定性不同而得以分离。

手性固定相种类繁多，一般根据键合的手性选择物的结构特征和分离机制，分为蛋白类、多糖类、环糊精、π-氢键型、大环抗生素类、配体交换及其他类型。它们与对映体（试样）的作用力各不相同，一般认为手性化合物分子与手性固定相之间的作用力主要有 π-π 作用、氢键缔合作用、偶极-偶极作用、静电作用、疏水作用和空间位阻等，二者之间如果"配对"则相互作用力强，分配系数 k 大，保留时间 t_R 长，反之，则作用力弱，k 小，保留时间短。

手性色谱法在手性药物制备和分离分析上发挥重要的作用。大多数手性药物对映体都存在不同药理活性，有的对映体甚至有毒性。例如，沙利度胺，R-异构体是优良镇静剂，而 S-异构体则具有致畸作用。故开发单一对映体药物代替外消旋体用于临床已成为当今制药业发展的趋势。手性色谱法既可用于单一对映体药物的含量、绝对构型和光学纯度测定，又能用于对映体药物的手性拆分，采用大容量手性色谱柱亦可拆分制备单一对映体。

（三）亲和色谱法

亲和色谱法是依据生物分子间亲和吸附和解离的原理建立起来的色谱法，基于样品中的各组分与固定在载体上的配基间亲和作用的差别而实现分离。生物分子能够区分结构和性质非常接近的其他分子，许多大分子具有与某些专一分子可逆结合的特性，如抗原和抗体、酶和底物及辅酶、激素和受体、RNA 与和其互补的 DNA 等，生物分子之间这种特异性的相互结合能力称为亲和作用。具有特异性相互作用力的其中一种物质称为配基，另一种物质称为亲和物，也可彼此称为配基。

将配基生物分子（如酶或抗原）固定在载体表面构成固定相，当含有亲和物的流动相流经固定相时，亲和物就与配基（如该酶的底物或抗体）结合形成亲和复合物，被保留在固定相上，而试样中其他组分被洗脱直接流出色谱柱。改变流动相的 pH 或组成条件可降低配基与亲和物之间的亲和作用，亲和物以很高的纯度得以洗脱。亲和色谱法是各种分离模式的色谱法中选择性最高的方法，其回收率和纯化效率都很高，是生物大分子分离分析的重要手段，可用于酶、酶抑制剂、抗体、抗原、受体及核酸等的分离分析与纯化。现代亲和色谱填料将坚固的耐碱填料与增强的柱床稳定地结合，实现将粗提样品从毫克至克级的高通量制备纯化分离。

（四）生物色谱法

由色谱分离技术与生命科学交叉形成的生物色谱法是一种新兴的色谱技术，用来测定生物活性化合物和生化参数，可研究生物活性物质与细胞膜、膜受体和酶的特异性、立体选择性的相互作用。将具有生物活性的材料（如酶、细胞膜、仿生物膜、活细胞和细胞壁等）键合在载体上形成固定相。根据固定相不同可分为生物膜色谱法、仿生物膜色谱法和分子生物色谱法等。

生物膜色谱法（biomembrane chromatography）是将人或动物的活性生物膜固定于活化的硅胶载体表面制备成固定相。由于细胞膜是生物效应靶点最集中的部位，故细胞膜为固定相的细胞膜色谱法（cell membrane chromatography, CMC）实质上就是一种新型的具有生物活性的亲和色谱系统，将溶有待测生物活性化合物的流动相注入固定相，通过待测活性物质在细胞膜固定相内的保留特性，可估算二者之间的亲和力，这是一种受体与药物相互作用的新型亲和色谱技术，对复杂体系（特别是中药提取液的分离和活性筛选）分离具有独特优势，有望实现药物的高通量筛选。

仿生物膜色谱法（biofilm-like chromatography）是以脂质体、蛋黄卵磷脂和大豆卵磷脂等为固定相配基，通过模拟生物膜的脂质双层结构以分离酶和蛋白质，研究药物透过生物膜的动力学过程，预测药物的活性参数。也可以在仿生物膜中嵌入各种配体以实现特定的分离目的。

分子生物色谱法（molecular biochromatography）是一种基于生物大分子（酶、受体、DNA、通道、传输蛋白和肝微粒体等）特异性相互作用的生物色谱技术，尤其适合于药物活性成分筛选和研究。

生物色谱法具有如下特点：①生物膜色谱法用于新药筛选的速度快，效率高；②药物在生物固定相的保留直接与一些药理学参数相关，如活性或者结合强度，具有一定的药理学或生理学意义；③固定相能够特异、选择性地与活性成分结合；④可以将复杂样品直接进样，无须预处理和纯化等多个分离步骤。

第五节　高效液相色谱法分析条件的选择

高效液相色谱法要实现理想的分离分析，必须选择最佳色谱操作条件，主要以固定相和流动相的选择和优化为主，故必须充分认识被分离组分、流动相和固定相的种类、性质和特点等。

（一）极性化学键合相色谱法的分离条件

极性化学键合相色谱一般以极性键合相为固定相，如氰基、氨基键合相。分离含有双键的化合物常用氰基键合相，分离多基团化合物（如甾体、强心苷及糖类）常用氨基键合相。

　　流动相通常采用烷烃加适量极性调节剂，极性调节剂常从Ⅰ、Ⅱ、Ⅴ、Ⅷ组（表 12-2）选择。首先选择二元流动相，一般以正己烷作为基础溶剂、异丙醚（Ⅰ组溶剂）作为极性调节剂组成二元溶剂系统，通过调节异丙醚的浓度改变流动相极性 P'，使试样组分的 k 值在 1～10 内；如果极性调节剂的选择性不好，可以改用其他组别的溶剂如三氯甲烷（Ⅷ组）或二氯甲烷（Ⅴ组）作为极性调节剂，与基础溶剂正己烷组成具有相似 P' 值的二元流动相，以改善分离的选择性；若仍难以达到所需的分离选择性，还可以使用三元或四元溶剂系统。

▮（二）非极性化学键合相色谱法的分离条件

　　非极性化学键合相色谱法一般以非极性键合相为固定相，最常用的是十八烷基键合相，对各种类型化合物都有很强的适应能力，既可分离分子型化合物，也可用于分离离子型或可离子化的化合物。短链非极性键合相对于极性化合物可达到较好分离，苯基键合相则适合于分离芳香化合物及多羟基化合物。流动相一般以极性最强的水为基础溶剂，再加入一定量的能与水互溶的极性调节剂，如甲醇、乙腈、四氢呋喃等。极性调节剂的性质及其所占比例对溶质的保留值和分离选择性有显著影响。一般情况下，甲醇-水体系已能满足多数样品的分离要求，且流动相黏度小、价格低，是反相色谱最常用的流动相。乙腈的溶剂强度较高且黏度更小，其截止波长（190 nm）比甲醇（205 nm）短，可满足在紫外 190～205 nm 处检测的要求，更适用于利用末端吸收进行的检测。对于复杂的混合组分，也可用最优化三角形法，选甲醇、乙腈、四氢呋喃三个组别不同的溶剂，分别加水调节极性，确定三个基本二元溶剂体系作为三角形的三个顶点，然后由此选择三元及四元溶剂体系的组成。进行梯度洗脱时，逐渐增大极性相对较低的甲醇或乙腈比例。

▮（三）离子抑制色谱法的分离条件

　　在分离弱酸（$3 \leqslant pK_a \leqslant 7$）或弱碱（$7 \leqslant pK_a \leqslant 8$）样品时，通过调节流动相的 pH，以抑制样品组分的解离，增加组分在固定相上的保留，并改善峰形的技术称为离子抑制色谱。离子抑制色谱法是在反相色谱法的基础上，通过向流动相中加入少量弱酸（如乙酸）、弱碱（如三乙胺）或缓冲盐（常用磷酸盐或乙酸盐）为抑制剂，由于流动相 pH 对样品的电离状态影响很大，可抑制样品组分的解离，有效改善峰形，抑制拖尾，延长洗脱时间，提高分辨率和分离效果。

　　对于弱酸，流动相 pH 越小，组分的 k 越大，当 pH 远远小于弱酸的 pK_a 时，弱酸主要以分子形式存在；弱碱情况相反。分析弱酸样品时，通常在流动相中加入少量弱酸，常用 50 mmol/L 磷酸盐缓冲液和 1% 乙酸溶液；分析弱碱样品时，通常在流动相中加入少量弱碱，常用 50 mmol/L 磷酸盐缓冲液和 30 mmol/L 三乙胺溶液。流动相中加入有机胺可以减弱碱性溶质与残余硅醇基的强相互作用，减轻或消除峰拖尾现象。这种情况下有机胺（如三乙胺）又称为减尾剂或除尾剂。

▮（四）离子对色谱的分离条件

　　离子对色谱法根据固定相和流动相极性的相对大小可以分为正相离子对色谱（normal phase ion pair chromatography）和反相离子对色谱（reversed phase ion pair chromatography）。其中，反相离子对色谱法应用较广，常用表面覆盖度高的十八烷基键合相 ODS 为固定相，流动相也与反相键合相色谱相似，采用甲醇-水或乙腈-水体系，只是在流动相中加入了离子对试剂。故反相离子对色谱法中影响组分分离选择性的因素主要如下。

　　1. 离子对试剂　离子对试剂（ion-pair reagent）所带电荷与试样离子的电荷相反。分析酸类或带负电荷的物质时，一般选用带正电荷的季铵盐作离子对试剂，常用四丁基季铵盐，如四丁基铵磷酸盐（TBA）、溴化十六烷基三甲基铵（CTAB）等；分析碱类或带正电荷的物质时，一般选用带负电荷的烷基磺酸盐或硫酸盐作离子对试剂，如正戊烷基磺酸钠（$PICB_5$）、正己烷基磺酸钠（$PICB_6$）、正庚烷基磺酸钠（$PICB_7$）等。离子对试剂的浓度一般在 3～10 mmol/L。

　　2. 流动相 pH　流动相的 pH 对离子对的形成产生重要影响，调节流动相的 pH 可使试样组分与离子对试剂全部离子化，将有利于离子对的形成，改善弱酸或弱碱试样的保留值和分离选择性。

3. 有机溶剂及其浓度　与一般的反相高效液相色谱相同，流动相中所含的有机溶剂含量越高，流动相的极性越弱，其洗脱能力越强，k 越小，保留时间 t_R 越短。被测组分或离子对试剂的疏水性越强，需要有机溶剂的比例越高。

第六节　高效液相色谱法的应用

高效液相色谱法的定性、定量方法和气相色谱法有很多相似之处。对新建或使用的分析方法，首先要按照现行版《中国药典》的有关规定，进行色谱系统适用性试验，考察色谱柱的理论塔板数、分离度、进样精密度和拖尾因子等。定性分析采用的色谱信号以保留时间为主，定量分析可根据具体情况采用峰面积或峰高，但测定样品杂质含量时应采用峰面积。

第七节　高效液相色谱法的技术进展

目前，高效液相色谱仪器面临三大挑战：高速度、高灵敏度、高分离效率。近几年各国都很重视对高效液相色谱仪器的研发，我国在这方面也取得了令人瞩目的成就。例如，从高效液相色谱的色谱柱填料核心部件入手，成功研发了优质、新型的超高效液相色谱（ultra-high performance liquid chromatography，UPLC）。

UPLC 的原理与高效液相色谱（HPLC）基本相同，其突出的改变主要体现在固定相、输液泵、进样器和检测器等几方面。①小颗粒、高性能微粒的固定相。HPLC 的色谱柱，如常见的十八烷基硅胶键合柱的粒径为 5 μm，而 UPLC 色谱柱的固定相粒径小至 3.5 μm，甚至 1.7 μm，根据速率理论方程式，固定相粒径越小，涡流扩散越小，分离度越高。②超高压的输液泵。由于色谱柱粒径减小，使用时所产生的压力成倍增大，故必须配置超高压输液系统（超过 15 000 psi）。③高速灵敏的检测器。UPLC 采样速度快，能减少谱带扩展以保持高柱效，灵敏度比 HPLC 提高 2~3 倍。④低扩散、低交叉污染的自动进样器。进样范围 0.1~50 μl，压力辅助样品注入，采用针内针取样，减少死体积，降低谱带扩展。⑤整体系统的优化设计。配备多种软件平台的工作站，实现 UPLC 分析方法与 HPLC 分析方法的自动转换。

与传统的 HPLC 相比，UPLC 速度是 HPLC 的 9 倍、灵敏度是 HPLC 的 3 倍、分离度是 HPLC 的 1.7 倍，缩短了分析时间，减少了溶剂用量，分析成本大为降低。UPLC 可以更加快速和高质量地完成传统 HPLC 的工作，其高分离度特别适用于复杂组分（如天然产物、蛋白质与代谢组学等生化领域）的分离，其高灵敏度可用于检测更痕量的目标化合物，其快速分析可实现高通量。

多维液相色谱分离技术

《中国药典》（2020 年版）新增了多维液相色谱分离技术，它将不同性能或特点的色谱体系进行联用，具有高分离效果、高峰容量、高灵敏度和自动化等特点，常用于组织、细胞或亚细胞器的复杂蛋白质混合物和差异表达蛋白质的快速分离分析与收集。二维液相色谱是最常见的一种多维液相色谱，全二维色谱和中心切割色谱最为常用，广泛应用于分析食品、环境、中药和生物样本等复杂样品分离。

选择性全二维色谱（sLC×LC）是指一维色谱分离的全部馏分连续地、直接地通过八通或十通阀注入二维分离系统，每个馏分都经过两种不同的分离方法，且获得最佳二维分辨率的同时，第一维的分辨率维持不变。全二维色谱可以解决多个峰重叠的定量分析难题。例如，复杂生物样品（尿液、胆汁和血浆等）中不同极性的代谢物不可能在同一根 C_{18} 色谱柱上保留并完全分离，但基于高效液相色谱的代谢指纹采用多维液相色谱技术，不仅能分离纯化生物样本，而且可以结合质谱技术对代谢物成分进行可靠的鉴别。

思 考 题

1. 指出苯、甲苯、苯酚、硝基苯和苯甲酸在反相色谱中的洗脱顺序。

2. 用液-液分配色谱分离混合物，测得组分 A 的保留体积为 4.5 ml，B 的保留体积为 6.5 ml，已知固定相体积 V_s 为 0.50 ml，死体积为 1.5 ml，流动相流速 F 为 0.50 ml/min，计算 K_A、K_B、t_{RA} 和 t_{RB}。

3. 在 30 cm 的色谱柱上分离 A、B 混合物，A 物质的保留时间是 16.40 min，峰底宽 1.11 min，B 物质的保留时间是 17.63 min，峰底宽 1.21 min，不保留物 1.30 min 流出色谱柱，计算：①A、B 两峰的分离度；②理论塔板数和理论塔板高度；③分离度达到 1.5 所需的柱长。

4. 用长 15 cm 的 ODS 柱分离两种组分，已知实验条件下柱效 $n=2.84\times10^4\,m^{-1}$，用苯磺酸钠溶液测得死时间 $t_M=1.31$ min，两个组分的保留时间分别为 $t_{R1}=4.10$ min，$t_{R2}=4.38$ min，求：①k_1、k_2、α、R；②若增加柱长至 30 cm，分离度可否达到 1.5？

（山西医科大学　李云兰）

第十三章 高效毛细管电泳法

本章要求

1. 掌握 毛细管电泳法的基本理论和基本术语；毛细管区带电泳、胶束电动毛细管色谱和毛细管凝胶电泳的分离机制。

2. 熟悉 评价分离效能的参数及影响分离的主要因素；毛细管区带电泳、胶束电动毛细管色谱和毛细管凝胶电泳操作条件的选择。

3. 了解 毛细管电泳仪的基本构造、工作原理及各组成部件的性能和作用；毛细管电泳法的特点和应用；毛细管电泳法的技术进展。

第一节 高效毛细管电泳法的分类和特点

高效毛细管电泳（high performance capillary electrophoresis，HPCE）又称毛细管电泳（capillary electrophoresis，CE），它兼有电泳和色谱的原理，是以毛细管为分离通道，以高压直流电场为驱动力，依据样品的电荷、大小、等电点、极性和亲和行为等特性来实现液相分离分析的方法和技术。

一、高效毛细管电泳法的分类

经典的电泳技术如纸电泳、醋酸纤维膜电泳、琼脂糖凝胶电泳及聚丙烯酰胺凝胶电泳，其最大局限性是难以克服由高电压引起的焦耳热，只能在低电场强度下进行电泳操作，分离时间较长，分离效率低。由于毛细管散热效率高，可应用高电压，大大提高电泳分离效果。1981 年美国学者约根松（Jorgenson）和卢卡奇（Lukacs）使用 75 µm 内径的熔融石英毛细管进行区带电泳，采用激光诱导荧光检测器，在 30 kV 高电压下获得了 4×10^5 m^{-1} 的高柱效，被认为是毛细管电泳发展史上的一个里程碑。随着 1988 年毛细管电泳商品仪器的推出，毛细管电泳技术开始迅猛发展。

目前毛细管电泳法的种类很多，存在多种分类方法，如按操作方式不同可分为手动毛细管电泳法、半自动毛细管电泳法和全自动毛细管电泳法；按分离通道形状可分成圆形毛细管电泳法、扁形毛细管电泳法和方形毛细管电泳法等；若根据分离机制不同分为电泳类、电泳/色谱类。电泳类包括毛细管区带电泳、毛细管凝胶电泳、非胶毛细管电泳、毛细管等电聚焦和毛细管等速电泳；电泳/色谱类包括亲和毛细管电泳、胶束电动毛细管色谱、微乳液毛细管电动色谱、填充毛细管电色谱。

毛细管电泳技术的曲折发展历程——培养持之以恒的毅力和创新精神

毛细管电泳法源远流长。1927 年前后 Tiselius 发明了 U 形管移界电泳方法；20 世纪 60 年代，Tiselius 的学生用内径为 3 mm 的石英管来研究细胞的电泳分离，为锐化区带，他用甲基纤维素涂布管壁并令分离管绕轴旋转，该法构思奇巧，但操作麻烦且难以实用，然而这却是毛细管区带电泳的雏形。1974 年 Virtanen 认为使用孔径更小的毛细管可以提高分离效率，并被 Mikkers 于 1979 年报道的研究所证实，这是毛细管区带电泳发展史中的第一个重大突破。1981 年 Jorgenson 和 Lukacs 在 75 µm 内径的熔融石英毛细管柱上，成功实现毛细管区带电泳分离丹酰化氨基酸样品，在 30 kV 高电压下获得了 4×10^5 m^{-1} 的高柱效，被认为是毛细管电泳发展史上的一个里程碑。1988 年毛细管电泳商品仪器的推出，毛细管电泳技术开始迅猛发展。1990 年人类基因组学研究计划推出，基于毛细管电泳的 DNA 测序方法研究获得突破，并发展成高

通量的阵列毛细管 DNA 自动测序仪, 促成了人类基因组测序计划的提前完成。毛细管电泳目前已经成为一种相当普遍而经济的微量分离分析方法。

通过毛细管电泳技术的曲折发展历程, 说明建立任何一种仪器分析方法都不是简简单单可以完成的, 这需要几代科学家不懈地努力, 借此鼓励学生学习前辈们的执着、开拓进取、创新精神。

二、高效毛细管电泳法的特点

(一) 优点

1. **高效** 柱效一般可达到 $10^5 \sim 10^6\ \mathrm{m}^{-1}$ 理论板数。
2. **快速** 分离时间为几十秒至十几分钟。
3. **微量** 进样体积为纳升级, 消耗体积一般在 $1 \sim 50\ \mathrm{nl}$。
4. **多模式** 根据需要在同一台仪器上选择不同的分离模式。
5. **分析样品对象广** 小至无机离子, 大到整个细胞。
6. **经济** 运行成本低, 实验消耗只需几毫升缓冲溶液。
7. **自动** 为目前自动化程度最高的分离方法。
8. **洁净** 通常使用水溶液作为基质, 对人和环境危害小。

(二) 缺点

1. **制备能力弱** 仅能做微量制备或纯化工作。
2. **光路短** 需要高灵敏度的检测方法。
3. **填充难度大** 制备凝胶等不流动介质填充的毛细管需要专门的灌制技术。
4. **放大吸附作用** 侧面积/截面积比大, 增加吸附机会, 引起蛋白质等样品分离效率下降或无峰。
5. **电渗不稳** 吸附引起电渗变化, 进而影响分离重现性等。

第二节 毛细管电泳仪

毛细管电泳仪主要由高压电源、毛细管柱及冷却系统、电解质储液槽和进样系统、检测器、计算机管理和数据处理系统组成, 其基本结构如图 13-1 所示。

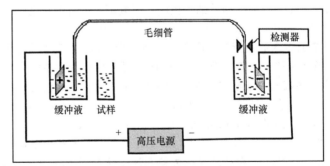

图 13-1 毛细管电泳仪示意图

一、高 压 电 源

毛细管电泳仪所用的高压电源包括电源、电极、电极槽等。高压电源一般采用 $0 \sim 30\ \mathrm{kV}$ 连续可调的直流电压。要获得迁移时间的高重现性，则要求电压输出精度应高于 1%。电极由铂丝制成，直径 0.5～1 mm，也可用注射针头代替铂丝。电极槽通常是带螺帽、便于密封的小玻璃瓶或塑料瓶（1～5 ml）。

二、毛细管柱

理想毛细管材料应具有化学和电学惰性，能透过紫外-可见光，有一定的柔韧性，耐用且价格便宜。毛细管柱可用聚四氟乙烯、玻璃或石英制成。石英因能满足以上要求而成为目前首选的毛细管材料，常用的是弹性熔融石英毛细管柱。石英表面有硅醇基且杂质极少，这种硅醇基是构成氢键吸附并使毛细管内产生电渗流的主要原因。

毛细管电泳通常使用内径为 25～100 μm 的聚酰亚胺涂层（弹性）熔融石英管，长度为 20～100 cm。标准毛细管的外径为 375 μm，也有些毛细管的外径为 360 μm 和 160 μm。

三、进 样 系 统

毛细管电泳采用无死体积的进样方法，让毛细管直接与样品接触，然后由重力、电场力或其他动力来驱动样品流入管中，可以通过驱动力的大小或时间长短来控制进样量。进样方法主要有三种。

（一）电动进样

当把毛细管的进样端插入试样溶液并加上电场 E 时，组分就会因电迁移和电渗作用而进入管内。电动进样量主要由电场强度和进样时间两个参数决定。电动进样对毛细管内的填充介质没有特别要求，可实现完全自动化操作，是商品仪器必备的进样方式。不过电动进样对离子组分存在进样偏向。

（二）压力进样

压力进样又称流体流动进样，它要求毛细管中的填充介质具有流动性。将毛细管的进样端插入试样瓶中，再在毛细管两端产生一定压差并维持一定时间，此时在压差作用下试样溶液进入毛细管。压力进样没有组分偏向问题，进样量几乎与试样基质无关，但选择性差。

（三）扩散进样

利用浓度差扩散原理亦可将试样分子引入毛细管。当将毛细管插入试样溶液时，组分分子因在管口界面存在浓度差而向管内扩散，扩散进样对管内介质没有任何限制，属普适性进样方法。扩散具有双向性，在溶质分子进入毛细管的同时，毛细管中的背景物质同时向管外扩散。由此能抑制背景干扰，从而提高分离效率。扩散也与电迁移速度和方向无关，可抑制进样偏向，提高定性定量的准确性。

四、检 测 器

在毛细管电泳中使用最广的检测器是紫外-可见光检测器和荧光检测器，采用柱上检测的方法。荧光检测器包括普通荧光和激光诱导荧光检测器。此外还有质谱检测器和电化学检测器等，但它们均采用柱后检测的方法。

（一）紫外-可见光检测器

与高效液相色谱中所用检测器相似，毛细管电泳仪中的紫外-可见光检测器有固定波长检测器、连续可变波长检测器和二极管阵列检测器。紫外-可见光检测器检测光程受毛细管内径的限制，检测光程短，灵敏度不高。

（二）荧光检测器

荧光检测器的灵敏度比紫外-可见光检测器的灵敏度高，尤其是激光诱导荧光（laser induced

fluorescence，LIF）检测器灵敏度高达 $10^{-19} \sim 10^{-12}$ mol/L，用于能产生天然荧光或易于用荧光试剂标记或染色的物质的检测。目前激光诱导荧光检测器是灵敏度最高的检测器，但大多数物质需要衍生。

（三）质谱检测器

质谱检测器是毛细管电泳法的所有检测器中最复杂和最昂贵的检测器。质谱检测器能弥补样品迁移时间重现性差的缺点，能给出分子量和结构信息，提高定性鉴别的准确度。

（四）电化学检测器

电化学检测器有三种检测模式：电导检测、电位检测和安培检测。安培检测器应用较广，要求被检测物质必须具有良好的电化学活性。电化学检测器避免光学检测器中遇到的光程太短的问题，具有灵敏度高、线性范围宽、选择性好及便宜等特点。

（五）化学发光检测器

化学发光检测器不用外加光源，可获得很高的灵敏度，仪器设备简单，但选择性差。毛细管电泳法与化学发光检测器在线联用结合了两者的优势，适用于复杂体系中微量活体代谢物的分离分析。

第三节 毛细管电泳法的基本原理

一、电泳和电泳淌度

电泳是在电场作用下带电粒子在缓冲溶液中定向移动的现象。电泳迁移速度用 u_{ep} 表示，其中下标 ep 表示电泳。

$$u_{ep} = \mu_{ep} E \qquad (13-1)$$

式中，E 为电场强度，μ_{ep} 为电泳淌度（electrophoresis mobility）或电泳迁移率。

电泳淌度是在给定缓冲溶液中，溶质在单位电场强度下单位时间内移动的距离，即单位电场强度下的电泳速度 u_{ep}/E，其单位为 $m^2/(V \cdot s)$。在空心毛细管中一个粒子的淌度可近似表示为

$$\mu_{ep} = \frac{\varepsilon \xi_i}{4\pi\eta} \qquad (13-2)$$

式中，ζ_i 是粒子的 Zeta 电势，它近似正比于 $Z/M^{2/3}$，Z 是净电荷，M 是摩尔质量，即表面电荷越大，质量越小，Zeta 电势越大。ε 和 η 分别为介质的介电常数和黏度。

在实际溶液中，离子活度系数、溶质分子的离解程度均对粒子的淌度有影响，这时其淌度称为有效淌度，用 μ_{ef} 来表示。

$$\mu_{ef} = \sum \alpha_i \gamma_i \mu_{ep} \qquad (13-3)$$

式中，α_i 为样品分子中的第 i 级离解度，γ_i 为活度系数或其他平衡离解度。

二、电渗和电渗淌度

（一）电渗和电渗流

电渗（electroosmosis）是一种液体相对于带电的管壁移动的现象。电渗的产生与固液两相界面的双电层有关。

熔融石英毛细管内壁的硅氧基在缓冲溶液中发生电离，使管壁带负电荷，并吸引溶液中的阳离子，在毛细管内壁形成了一个双电层。双电层包括紧密层和扩散层，在电场作用下，固液两相的相对运动发生在紧密层与扩散层之间的滑动面上，该处的电动电势为 Zeta 电势。由于这些离子是溶剂化的，当扩散层的离子在电场中发生迁移时，它们将携带毛细管中溶剂一起移动而形成电渗流（electroosmotic flow，EOF）。因此，电渗流是指管内溶液在电场作用下整体朝一个方向移动的现象。

（二）电渗淌度

电渗流的大小可以用速度或淌度来表示：

$$u_{os} = \frac{\varepsilon \xi_{os}}{4\pi\eta} E = \mu_{os} E \qquad (13\text{-}4)$$

式中，u_{os} 为电渗速度，μ_{os} 为电渗淌度，ξ_{os} 为管壁的 Zeta 电势，ε 为溶液的介电常数，下标 os 表示电渗。因此，Zeta 电位越大，黏度越小，电渗流就越大。

三、表 观 淌 度

在毛细管电泳中同时存在着电泳流和电渗流，若不考虑它们的相互作用，粒子在毛细管内的运动速度应当是两种速度的矢量和，即

$$u_{ap} = u_{ef} + u_{os} = (\mu_{ef} + \mu_{os})E \qquad (13\text{-}5)$$

或

$$\mu_{ap} = \mu_{ef} + \mu_{os} \qquad (13\text{-}6)$$

u_{ap} 为表观迁移速度，μ_{ap} 为表观淌度（apparent mobility）。当被分离样品从正极端加入毛细管内时，不同类型的组分以不同的速度向负极迁移。由于电渗的速度一般是电泳速度的 5～7 倍，故不管正离子、负离子或中性分子都将随着电渗流朝一个方向移动。组分被分离后出峰的顺序为正离子＞中性分子＞负离子。中性分子的迁移速度与电渗流速度相等，不能相互分离。

四、柱效及影响因素

（一）理论塔板数

因为毛细管电泳在功能和结果显示形式上，与色谱技术非常相似，所以在讨论毛细管电泳时引入与色谱相类似的处理和表达方法，沿用了色谱的塔板高度 H 和理论板数 n 的概念来表示柱效。

$$n = 5.54 \left(\frac{t_m}{W_{1/2}} \right)^2 \qquad (13\text{-}7)$$

式中，$W_{1/2}$ 为时间半峰宽；t_m 为流出曲线最高点所对应的时间，称迁移时间（migration time），可用它代替色谱中的保留时间。

设 L_d 为进样口到检测器的距离，对于柱上检测的毛细管电泳来说，这称为有效长度。按照吉丁斯（Giddings）的色谱柱效理论，理论板数可表示为

$$n = \frac{L_d^2}{\sigma^2} \qquad (13\text{-}8)$$

式中，σ^2 为以标准差表示的区带展宽，根据爱因斯坦（Einstein）扩散定律可得

$$\sigma^2 = 2Dt_m \qquad (13\text{-}9)$$

式中，D 为扩散系数，t_m 为迁移时间，它可用下式计算：

$$t_m = \frac{L_d}{\mu_{ap}E} = \frac{LL_d}{\mu_{ap}V} \qquad (13\text{-}10)$$

由式（13-8）～式（13-10）可得毛细管电泳分离柱效方程为

$$n = \frac{\mu_{ap}VL_d}{2DL} \qquad (13\text{-}11)$$

上式表明，理论塔板数与溶质的扩散系数成反比，扩散系数越小的分子的柱效越高。由于分子越大，扩散系数越小，故毛细管电泳法特别适合分离蛋白质、DNA 等生物大分子。

（二）柱效影响因素

在毛细管电泳中，管中液体在电渗流驱动下像一个塞子一样匀速向前运动，整个流型呈扁平型，

扁平型的塞流是导致毛细管电泳柱效高的重要原因。而在高效液相色谱中为泵驱动，整个流型呈抛物线型。两种流型的示意图如图 13-2 所示。

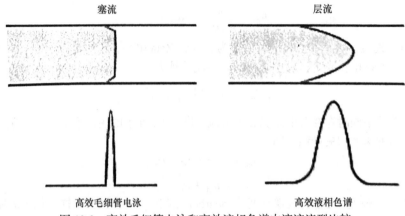

塞流　　　　　　　　　　　　层流

高效毛细管电泳　　　　　　　　高效液相色谱

图 13-2　高效毛细管电泳和高效液相色谱中溶液流型比较

　　尽管毛细管电泳的谱带较窄，但仍有两类因素引起谱带展宽，引起柱效下降，一类是柱内溶液和溶质本身，特别是自热、扩散和吸附；另一类是来源于系统，如进样和检测。

　　1. 纵向扩散　在毛细管电泳中，纵向扩散是影响柱效的主要因素，它由溶质的扩散系数和迁移时间决定。扩散系数一般随分子量的增大而降低；迁移时间则受多种分离参数的影响，如外加电压、毛细管长度等。

　　2. 焦耳热　因电流通过缓冲溶液时产生的热称为焦耳热。当产生的焦耳热经管壁向周围环境扩散时，在毛细管内形成抛物线型的径向温度梯度。径向温度梯度引起缓冲溶液的径向黏度梯度，因而产生离子迁移速度的径向不均匀分布，破坏了扁平流流型，导致区带展宽，柱效下降。

　　3. 毛细管壁的吸附　被分离物质粒子与毛细管内壁的相互作用对分离不利，轻则使谱带展宽，重则使某些被测组分不可逆吸附。造成吸附的主要原因有两个，一是溶质阳离子与带负电的管壁的静电相互作用，二是疏水作用。细内径毛细管柱，一方面有利于散热；另一方面比表面积大，又增加了溶质吸附的机会。

　　4. 进样体积　由于毛细管很细，进样体积太大时，引起的峰展宽大于纵向扩散，分离效能显著下降。毛细管电泳进样量一般为纳升级，这有利于提高灵敏度。

　　5. 检测器的死体积　柱上直接检测时不存在该问题，但对于柱后检测则应当考虑检测池死体积的影响。因为毛细管很细，很小的死体积都会造成区带展开。

五、分离度及其影响因素

　　分离度是指将淌度相近的组分分开的能力，毛细管电泳仍沿用色谱分离度 R 的计算公式来衡量两组分程度：

$$R = \frac{2(t_{m_2} - t_{m_1})}{W_1 + W_2} = \frac{t_{m_2} - t_{m_1}}{4\sigma} \tag{13-12}$$

式中，下标 1、2 分别代表相邻两个组分，W 为以时间表示的峰宽。两种组分的分离度还可以用塔板数来表达：

$$R = \frac{\sqrt{n}}{4} \cdot \frac{\Delta u}{\bar{u}} \tag{13-13}$$

式中，Δu 为相邻两组分的迁移速度差。用 μ_{ap} 或 $(\mu_{ef} + \mu_{os})$ 代替 $\bar{u}$，将式（13-11）代入得

$$R = \frac{1}{4\sqrt{2}} \Delta\mu_{ef} \left[\frac{VL_d}{DL(\mu_{ef} + \mu_{os})} \right]^{\frac{1}{2}} \tag{13-14}$$

上式表明，影响分离度 R 因素：①外加电压 V；②有效柱长与总长度之比（L_d/L）；③有效电泳淌度差（$\Delta\mu_{ef}$）；④电渗淌度（μ_{os}）。此外，组分的扩散、对流、焦耳热等柱内在因素和检测器尺寸等柱外因素均能影响分离效率。

第四节　毛细管电泳法的分离模式

毛细管电泳法根据分离机制的不同而具有不同的分离模式，包括毛细管区带电泳、胶束电动毛细管色谱、毛细管凝胶电泳、毛细管电色谱、毛细管等电聚焦电泳、毛细管等速电泳、亲和毛细管电泳和微乳液毛细管电动色谱等。下面对毛细管电泳的主要分离模式进行讨论。

一、毛细管区带电泳

（一）基本原理

毛细管区带电泳（capillary zone electrophoresis，CZE）也称毛细管自由溶液区带电泳，是毛细管电泳中最基本和应用最广的一种分离模式。在充满缓冲溶液的毛细管中，具有不同质荷比离子在电场的作用下，由于迁移速度的不同而进行分离。

（二）影响因素

1. 分离电压　分离电压是控制柱效、分离度和分析时间的重要因素。使用尽可能高的分离电压可达到最大柱效、最高分离度和最短分析时间，但焦耳热是其限制因素。因而优化 CZE 分离条件时，还要选择合适的条件，满足使用较高电压而不致产生过高的电流，以免产生过多的焦耳热。

2. 缓冲溶液　缓冲溶液的种类、浓度和 pH 不仅影响电渗流，也影响样品组分的电泳行为，决定着 CZE 的柱效、选择性和分离度的好坏、分析时间的长短，它们对于 CZE 分离条件的优化具有重要意义。缓冲溶液在所选的 pH 范围内应有较强的缓冲能力，同时缓冲液的 pH 至少比被分析物质的等电点高或低 1 个 pH 单位。例如，pH=8.6 的缓冲溶液可以用来分析等电点低于 7.6 或高于 9.6 的蛋白质。

若使用紫外检测器，缓冲液应在检测波长处无紫外吸收或紫外吸收很小；自身淌度要低，即离子大而电荷小，以减少电流的产生；在配制毛细管电泳用的缓冲溶液时，必须使用高纯蒸馏水和试剂，用 0.45 μm 的滤器滤过以除去颗粒等。

3. 添加剂　表面活性剂是 CZE 中使用最多的一种缓冲溶液添加剂，有阴离子型、阳离子型、两性离子型和非离子型几种类型。表面活性剂除与溶质相互作用外，许多表面活性剂被吸附到毛细管壁上，改变了电渗又抑制其他溶质的吸附。CZE 主要用于能解离物质的分离，尤其是带正电荷的阳离子的分离。而对于解离后的阴离子，CZE 模式分离时在中性成分后出峰，分析时间较长，若在电解质溶液中加入阳离子表面活性剂，电渗流的方向则反转，负离子最先出峰，然后是中性分子和阳离子，分析时间大大缩短。

缓冲溶液中加入甲醇、乙腈、异丙醇等有机改性剂常会使电渗流变小而改善分离度，缓冲溶液中还可加入一些手性试剂如环糊精、冠醚、胆酸盐、大环抗生素及其他糖类、苷类等用来分离手性物质。

（三）应用实例

CZE 的应用范围很广，分析对象包括氨基酸、多肽、蛋白质、有机酸和无机离子等。此外，在药物对映异构体的分离分析方面，CZE 也已经成为强有力的手段。例如，刘力宏等通过优化缓冲液的浓度、酸度及采用羟丙基-β-环糊精作为手性选择剂对佐米曲坦对映体的手性分离和光学纯度控制进行了研究，建立的方法简便、快速、准确，可有效控制本品中 R 对映体杂质含量的方法。马里（Marie）等发展了一种高灵敏度的 CZE-MS 方法能定性和定量评价三种血液分离物如血浆、总血清免疫球蛋白 G 和全血胞外小囊泡中的聚糖谱。氨基酸是不同的生物化学通路失衡的有价值的标志物，Piestansky 等应用 CZE-MS/MS 定量检测炎症肠病患者尿液中 20 种蛋白氨基酸，该方法简单、快速、可靠、所需样品量少。周天舒等以毛细管区带电泳安培检测法，对大鼠血清中班布特罗及其活性代谢特布他林的浓度水平和药物代谢状况进行了检测，该法灵敏度高、简便、易操作且无须样品预处理，在临床检验和药物动力学研究中具有很好的应用前景。Li 等建立了一种新颖、准确、灵敏、快速的 CZE 方法用于三种不同剂型的螺内酯含量测定，该方法还可同时测定尿液样本中的螺内酯和主要代谢物坎利酮。近年来毛细管电泳发展成为一种有用的血浆蛋白质组分变化检测诊断的工具，如 Leineweber 等应用 CZE 和溴甲酚绿染料结合法分别检测了同样的赫尔曼乌龟血浆中的白蛋白和 β-球蛋白，并用 CZE 对溴甲酚绿染料结合法检测结果的参考范围进行了校正；另外毛细管电泳法常用于鸟类的感染性疾病如曲霉素的诊断，如 Leineweber 等利用 CZE 建立两种不同类型的火烈鸟及其杂交后代的血浆蛋白含量的参考范围。

二、胶束电动毛细管色谱

（一）基本原理

胶束电动色谱是电泳技术与色谱技术的结合，是以胶束为假固定相的一种电动色谱。因其在毛细管中进行，故又称为胶束电动毛细管色谱（micellar electrokinetic capillary chromatography，MECC）。MECC 是向操作缓冲溶液中加入表面活性剂，当溶液中表面活性剂浓度超过临界胶束浓度时，表面活性剂分子之间的疏水基团聚集在一起形成胶束（假固定相），溶质不仅可以由于淌度差异而分离，同时又可基于溶质在水相和胶束相之间的分配系数不同而得到分离。因此，在 MECC 中可以分离 CZE 中无法分离的中性化合物。

MECC 比起 CZE 来说，增加了带电的离子胶束这一相，是不固定在柱中的载体（假固定相），但它与周围介质有不同的淌度，并且可以与溶质相互作用。另一相是导电的水溶液相，是分离载体的溶剂。在电场作用下，水相溶液由电渗流驱动流向阴极，离子胶束依据其电荷不同，移向阳极或阴极。在多数情况下，电渗流速度大于胶束电泳速度，所以胶束的移动方向和电渗流相同，都向阴极移动。若选用阴离子表面活性剂 SDS 胶束，因其表面带负电荷，泳动方向与电渗流相反，而向阳极方向泳动。中性溶质在水相中电渗流移动，进入胶束中则随胶束泳动，根据其与胶束作用的强弱，因在两相间分配系数不同而得到分离。

（二）胶束假固定相

胶束是表面活性剂的聚集体，表面活性分子通常由亲水和疏水基团组成，疏水部分是直链或支链烷烃，或甾族骨架；亲水部分则较多样，可以是阳离子、阴离子，也可以是两性离子的基团。常用的阳离子表面活性剂有季铵盐，如十二烷基三甲基溴化铵（DTAB）、十六烷基三甲基溴化铵（CTAB）等。阳离子表面活性剂分子易吸附在石英毛细管壁上，常可使电渗流转向或减慢电渗流速度，称为电渗流改性剂。常用的阴离子表面活性剂有十二烷基硫酸钠（SDS）、N-月桂酰-N-甲基牛磺酸钠（LMT）、牛磺脱氧胆酸钠（STDC）等。表面活性剂在低浓度时，以分子形态分散在水溶液中，当浓度超过某一数值时，分子缔合而形成胶束。表面活性分子开始聚集形成胶束时的浓度，称为临界胶束浓度。临界胶束浓度一般小于 20 mmol/L。多个分子缔合成胶束，一个胶束所含的分子数称作聚集数（ n ）。典型的胶束一般由 40～140 个分子组成，如 SDS 聚焦数为 62，DTAB 聚焦数为 56 等。

（三）流动相

在 MECC 中可以通过改变流动相来调节选择性。因溶质在胶束相和流动相之间进行分配，所以改变缓冲体系将会影响溶质的分配系数，进而对容量因子和迁移产生影响。可以从缓冲溶液种类、浓度、pH 和离子强度等方面改变流动相。以阴离子表面活性剂为例，尽管它向正极迁移，但由于电渗流的存在，使胶束最终从负极即检测器端流出。这时缓冲液的 pH 应在 6~9，pH 过低，胶束向正极迁移的速度可能超过电渗流。相反，过高的 pH 可能增大电渗流，导致溶质还未完全分离却已被洗脱出系统。

向缓冲溶液中加入有机添加剂可提高 MECC 的分离选择性。有机添加剂的加入，会改变水溶液的极性，调节被测组分在水相和胶束相之间的分配系数，从而提高分离选择性。常用的添加剂有甲醇、乙腈、异丙醇等。

（四）应用实例

目前 MECC 已经成功用于生物、药物、环境、化工、食品等领域，如氨基酸、小肽、维生素、各种药物及代谢物、环境污染物等的分离分析。例如，顺铂、卡铂和奥沙利铂是常用的抗肿瘤药物，人们曾用电感耦合等离子体质谱检测抗肿瘤制剂中的顺铂、卡铂和奥沙利铂，由于毛细管电泳法的检测样品量只需纳升级，产生环境毒性更小，因此 Nussbaumer 等发展了 MECC 测定抗肿瘤制剂中的顺铂、卡铂和奥沙利铂的分析方法。大量的研究表明咖啡因和它的三个主要的下游代谢物可以作为早期帕金森病的诊断标志物，Han Y 等对帕金森病患者的血浆通过固相萃取法进行前处理后，应用 MECC 同时检测血浆中的咖啡因和它的三个主要的下游代谢物副黄嘌呤、可可碱和茶碱，该方法检测限分别为 7.5 ng/ml、4.0 ng/ml、5.0 ng/ml 和 4.0 ng/ml，因此 MECC 有望发展为诊断早期帕金森病的方法。Semail 等将人血浆进行预浓缩前处理，通过电动进样进行 MECC 结合二极管阵列检测抗癌试剂氟尿嘧啶和其代谢物 5-氟-2'-脱氧尿核苷，检测结果表明该方法的灵敏度得到显著提高，且线性范围宽，准确度高。Theurillat 等建立了 MECC 法对人血清和血浆中的头孢吡肟进行治疗药物监测，在 pH=4.5 和 pH=9.1 时用十二烷基硫酸盐沉淀蛋白后，检测方法的分辨率得到显著提高，有利于用药的质量保证，增加了用药的安全性。

三、毛细管凝胶电泳

（一）基本原理

毛细管凝胶电泳（capillary gel electrophoresis，CGE）是在毛细管中充填多孔凝胶作为支持介质进行电泳。凝胶起着类似"分子筛"的作用，小分子受到的阻碍较小，从毛细管中流出较快，大分子受到的阻碍较大，从毛细管中流出较慢，因此分离主要是基于组分分子的尺寸，即筛分机制。常用的 CGE 凝胶介质有交联聚丙烯酰胺、线性聚丙烯酰胺、葡聚糖和琼脂糖凝胶等。凝胶黏度大，能减少溶质的扩散，因此能限制谱带的展宽，使峰形尖锐，达到毛细管电泳的最高柱效。由于溶质和凝胶或加在凝胶基质中的添加剂生成配合物，又能使分离度增加，同时还能减小电渗流，因此可使组分在短柱上也能实现分离。

（二）毛细管凝胶色谱柱的制备

CGE 的关键是毛细管凝胶色谱柱的制备。在毛细管内灌入选定的缓冲溶液，然后将线性非交联丙烯酰胺加入毛细管内，用过硫酸铵引发，四甲基乙二胺催化完成聚合。常用介质除聚丙烯酰胺凝胶外，还可选用聚乙烯吡咯烷酮、聚二甲基丙烯酸酯或聚环氧乙烷，它们在毛细管内交联成凝胶，也可将水溶性的线性高分子聚合物如甲基纤维素、葡聚糖、支链淀粉等加在缓冲液中用压力压入毛细管，依靠线性分子间的相互缠绕成网状结构。在制备过程中通过加压减压、逆向电泳法、加入消泡剂等方法减少柱内气泡的产生。

（三）影响因素

凝胶的组成决定其孔径大小。随着凝胶浓度降低，孔径增大，溶质迁移速度更快，分离时间越短。选择合适的凝胶浓度外，还应尽量保持凝胶缓冲溶液与操作缓冲溶液的 pH 相同，否则平衡时间较长。分离度、出峰顺序和迁移时间均随 pH 变化而变化。随着凝胶的温度升高，凝胶柱电阻降低，电导增加。因而在恒压模式下，电泳电流随温度升高而升高；在恒流模式下，电压随温度升高而降低。

（四）应用实例

CGE 在蛋白质、多肽、DNA 序列分析中得到了成功的应用，成为近年来在生命科学基础和应用研究中极为重要的分析工具。如张丽霞等建立的 CGE 可以很好地将质粒 DNA 的超螺旋、线性及开环这 3 种构象分离，各构象分离度良好，可准确定量不同构象相对百分含量，线性相关系数高（不低于 0.99），灵敏度高，可重复性好，且可灵敏地反映出质粒 DNA 构象的变化，可用于质粒 DNA 构象纯度检测的质量控制。Geurink 等建立的 CGE 能有效对病毒疫苗的蛋白质进行分析。Cianciulli 等采用动力进样比电动进样，更有利于提高 CGE 定量测定蛋白质的方法的精密度。

四、毛细管电色谱

（一）基本原理

毛细管电色谱（capillary electrochromatography，CEC）将液相色谱的固定相填入毛细管中，以样品和固定相之间的相互作用为分离机制，以电渗流或电渗流结合压力为流动相驱动力完成分离过程。原理上相当于液相色谱与毛细管电泳的结合，这种结合相对于毛细管电泳而言，因为固定相的引入大幅拓展了可分离物质的范围；相对于液相色谱而言，避免了因机械力驱动流动相带来的柱压问题和信号峰展宽问题。CEC 具有选择性好或分离柱效高等特点，被用于手性化合物的拆分。CEC 的手性分离既有高效液相色谱固定相的多样性、高手性选择性、毛细管电泳的高效性等优点，同时克服了 CZE 选择性差、分离中性化合物困难和 MECC 胶束选择有限的弱点，大大提高了液相色谱的分离效率，开辟了高效微柱手性分离的新途径。

（二）制备方法

根据固定相的存在形式不同，CEC 可分为填充毛细管柱和开管毛细管柱。开管毛细管柱常用包括涂布聚合物固定相、表面粗糙后键合固定相，以及溶胶-凝胶技术等制备方法。尽管开管毛细管柱没有柱塞，但是由于它的固定相比例相对小，限制了它的进一步发展和使用。而单层毛细管柱在毛细管中植入了十二烷基甲基丙烯酸酯和乙烯基丙烯酸酯的异分子聚合物，它的固定相直接以共价键与毛细管柱内壁相聚合，不需要塞子，且在分析肽类和蛋白质的时候还可以调整固定相的孔径达到最优分离。

（三）应用实例

CEC 具有选择性好和分离柱效高等特点，常被用于手性化合物的拆分、多肽和蛋白质的分离。例如，唐艺旻等利用实验室自制的 β-环糊精衍生物电色谱整体柱，在优化的 CEC 分离条件及质谱检测条件下，两种混合手性药物盐酸地尔硫䓬和盐酸维拉帕米中的 4 个组分在 18 min 内实现基线分离并被检测。Mikšík 对近十年间利用颗粒填充毛细管柱、毛细管整体柱、开管毛细管柱的毛细管电色谱分离的大量多肽和蛋白质进行了描述。

五、毛细管等电聚焦电泳

（一）基本原理

等电聚焦是根据等电点差别分离多肽或蛋白质的高分辨电泳技术，在毛细管中进行的等电聚焦就是毛细管等电聚焦电泳（capillary isoelectric focusing，CIEF）。它是将两性电解质在毛细管内建立 pH 梯度，当被测组分进入毛细管后，施加电场，两性电解质和被测组分在介质中迁移，直到到达不带电的区域（即等电点 pI 处），这一过程称为"聚焦"。最后将聚焦的区带推出毛细管进入检测器，依据推动速度就能计算出区带在毛细管中的聚焦位置，从而得到它们的等电点数据。利用 CIEF 可测定多肽和蛋白质的等电点，也可依据等电点不同来分离蛋白质和多肽。

（二）毛细管等电聚焦电泳的运行过程

CIEF 的运行操作可分为三个步骤：进样、聚焦和迁移。

1. 进样 预先将脱盐样品以 1%～2% 的浓度与两性电解质混合。阳极槽装满稀释的磷酸，阴极槽装满稀释的氢氧化钠，用压力将样品和两性电解质的混合物压入毛细管。由于样品和两性介质一起进入毛细管柱，因此等电聚焦的进样量远远大于毛细管电泳的其他操作模式。

2. 聚焦 施加高压 3～5 min，电场强度 500～700 V/cm，直到电流降到很低的值。该过程中在毛细管的整个长度范围内建立了一个 pH 梯度，然后蛋白质在毛细管中向各蛋白质的等电点聚焦，并形成一个非常明显的带，等电聚焦实际是一个样品浓缩的过程。

3. 迁移 加入盐类于阴极槽中，施加高压，阴离子进入毛细管，在近阴极端引起 pH 降低，使蛋白质依次通过检测器，在这一过程中电流上升。

（三）应用实例

蛋白质电荷的不均一性是由蛋白质翻译后修饰产生。CIEF 是一项依据等电点进行多肽或蛋白质分离分析的高分辨率电泳技术，它是检测蛋白质电荷不均一性的主要手段。李响等采用优化的 CIEF 方法分析叶酸受体 α 单抗的电荷不均一性，具有更高的分离度，更好的重现性，为质量控制提供了更准确的手段。Zhu 等采用连续进样方式、CIEF-MS 联用技术对细胞色素 c、肌红蛋白、β-乳球蛋白和碳酸酐酶进行了良好分离。

第五节 毛细管电泳法的应用

一、氨基酸分离分析

氨基酸是肽、蛋白质、酶等生物大分子的基本单元。除了芳香族氨基酸具有紫外吸收特性外，其他氨基酸在可见光和近紫外区均没有光吸收，光发射或电化学活性，因此需要通过柱前或柱后衍生技术使其具有光活性或电活性。

1. 氨基酸紫外标记衍生分析 常用的氨基酸紫外标记衍生试剂有异硫氰酸苯酯（PITC）、4-（二甲氨基）偶氮苯-4'-磺酰氯（DABSYL）和 2,4-二硝基氟苯（DNFB）等，它们与氨基酸的衍生物具有较强的紫外吸收，毛细管电泳法分离后，采用紫外检测器进行检测。

2. 氨基酸荧光标记衍生分析 常用的氨基酸分析的荧光衍生试剂主要有以下几类：芳香邻二醛类，如邻苯二甲醛（OPA）等；异硫氰酸酯类，如异硫氰酸荧光素（FITC）等；酰氯类，如丹磺酰氯（DNS-Cl）等。它们与氨基酸的衍生物具有较强的荧光，毛细管电泳法分离后，采用荧光检测器进行检测。

二、肽和蛋白质分离分析

1. 肽分离分析 毛细管电泳法在肽分析中的应用，已从小分子量的合成肽和低分子蛋白酶消化产物的分离分析，发展到大的重组肽和样品的酶消化产物的分析。毛细管电泳法的另一个重要作用是肽图分析，肽图是蛋白质测序工作的第一步，能得到用于进一步测序的肽片段，也能通过比较分析得到蛋白质变种和改性的信息。蛋白质测序的第二步是测定蛋白质中氨基酸的组成及实际顺序，需要非常纯的单一肽馏分，因此，毛细管电泳也被用来进行微量多肽测序样品纯度检查与纯化制备。

2. 蛋白质分离分析 由于肽和蛋白质在结构上仅是氨基酸数目存在差异，因此适用于肽的分析方法一般也适用于蛋白质。但在蛋白质分析中,仍需注意存在的几个问题:一是蛋白质之间的相互作用;二是蛋白质的吸附-管壁电荷的静电作用及其亲、疏水性质,是引起蛋白质分子吸附的重要原因;三是稳定性。

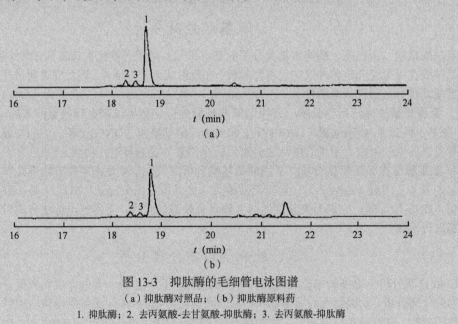

抑肽酶中去丙氨酸-去甘氨酸-抑肽酶和去丙氨酸-抑肽酶的检测

抑肽酶是一种提取于动物脏器的蛋白酶抑制剂,产品中可能含有有效成分序列相近的蛋白质类杂质如去丙氨酸-去甘氨酸-抑肽酶和去丙氨酸-抑肽酶。参照《中国药典》(2020 年版)四部收录的具体分析流程:"照毛细管电泳法(通则 0542)测定"。

供试品溶液:取本品适量,加水溶解稀释成每 1 ml 中约含 5 单位的溶液。

对照品溶液:取抑肽酶对照品,加水溶解稀释成每 1 ml 中含 5 单位的溶液。

电泳条件:用熔融石英毛细管为分离柱(75 μm×600 mm,有效长度为 50 cm);以 120 mol/L 磷酸二氢钾缓冲液(pH 2.5)为操作缓冲溶液;检测波长为 214 nm;毛细管温度为 30℃;操作电压为 12 kV。进样端为正极,1.5 kPa 压力进样,进样时间为 3 s。每次进样前,依次用 0.1 mol/L 氢氧化钠溶液、去离子水和操作缓冲液清洗毛细管柱 2 min、2 min 和 5 min。

系统适应性要求:对照品溶液电泳图中,去丙氨酸-去甘氨酸-抑肽酶峰相对抑肽酶峰的迁移时间为 0.98,去丙氨酸-抑肽酶相对抑肽酶峰的迁移时间为 0.99;去丙氨酸-去甘氨酸-抑肽酶和去丙氨酸-抑肽酶的分离度应大于 0.8,去丙氨酸-抑肽酶和抑肽酶峰间的分离度应>0.5。抑肽酶峰的拖尾因子不得>3。

测定法:取供试品溶液进样,记录电泳图。限度:按公式 $100(r_1/r_2)$ 计算,其中 r_1 为去丙氨酸-去甘氨酸-抑肽酶或去丙氨酸-抑肽酶的校正峰面积,r_2 为去丙氨酸-去甘氨酸-抑肽酶、去丙氨酸-抑肽酶与抑肽酶的校正峰面积总和。去丙氨酸-去甘氨酸-抑肽酶的量不得大于 8.0%,去丙氨酸-抑肽酶的酶的量不得大于 7.5%(图 13-3)。

图 13-3 抑肽酶的毛细管电泳图谱
(a)抑肽酶对照品;(b)抑肽酶原料药
1. 抑肽酶;2. 去丙氨酸-去甘氨酸-抑肽酶;3. 去丙氨酸-抑肽酶

三、核酸分离分析

1. 核酸成分分析 核酸成分分析常用分离模式为 CZE 和 MECC。通过优化 pH 或使用涂层毛细管,可以改进核苷酸的分离度,使十几种常见的核苷酸得到良好的分离。就分离而言,MECC 可能优于 CZE,因为它多了一个调控手段即胶束相,但检测灵敏度会降低。

2. 核酸片段分析 常用 CGE 分离核酸片段,凝胶筛分效应使核酸片段分离具有很高的分辨能力,甚至可以达到单碱基分辨。琼脂糖为凝胶基体时,适于分离碱基小于 1000 的核酸片段。聚丙烯酰胺凝胶、短链聚丙烯酰胺分子适用于短链 DNA 片段的分离,长链凝胶分子适用于长链 DNA 片段的分离。

3. 核酸序列分析 毛细管电泳法能实现快速的 DNA 自动测序,且可利用阵列毛细管实现批量化操作。正是这种阵列式毛细管电泳测序法促成了人类基因组测序计划的提前完成,现已取代传统的平板凝胶电泳测序仪,成为 DNA 自动测序的主力工具。

四、细胞及微生物分离分析

1. 红细胞分离分析 细胞之所以能在电场中迁移,是因为其膜上存在带电基团。血红细胞的带电基团主要是唾液酸,不少疾病如肿瘤、风湿或某些炎症,可以引起患者的血红细胞电迁移速度变大,由此可做临床诊断。红细胞离开血液后,要马上固定或放入等渗溶液,以防止溶血破裂。溶液的渗透压可以通过调节离子或中性分子的浓度来维持。由于高价离子溶液不利于毛细管电泳法的高电压操作,所以一般采用中性分子如葡萄糖、蔗糖等来配制等渗溶液。红细胞颗粒大且密度比多数水溶液大,易在重力场中沉降。由于毛细管孔径较小,这种沉降会使细胞停附在检测窗口之前出不来,检测不到相应峰。解决办法是将毛细管立起来并增加溶液密度、黏度,以减缓降沉。

2. 微生物分离分析 目前与细菌相关的分析与鉴定方法并不多,尤其缺乏快速方法,所以开发快速的毛细管电泳法用于微生物鉴定,很有现实意义。细菌比较稳定,能生存于非生理条件下,不须考虑等渗问题。细菌颗粒比红细胞小,更容易被毛细管电泳法分离。但细菌分离也有诸多区别于一般分子的独特要求,细菌样品的制备包括培养、离心清洗、悬浮储存等步骤。细菌培养过程严格按照标准方法操作防止污染,另培养细菌在冰箱中储存时间不宜超过一个月,否则表面会发生很大变化,测不到正常的峰。电泳缓冲液对细菌峰分布影响复杂,应综合考虑缓冲液种类、pH、浓度等因素。此外,还要在缓冲液中加入合适的添加剂,以克服细菌叠连和对毛细管壁的吸附。多数情况下选择 CZE 模式对细菌进行分析,当 CZE 不能满足要求时,可选择其他自由溶液分离模式,如非胶毛细管电泳和毛细管等电聚焦电泳等。

五、对映体分离分析

手性毛细管电泳是最简单高效的分离手性化合物的分析方法,常用的操作模式一般有 CZE、MECC、CGE 等。构建手性环境有三种方法:①使用手性添加剂;②使用手性填充毛细管;③使用手性涂层毛细管。其中手性填充或手性涂层毛细管需要特别的制作技术,推广有一定难度,而添加剂法只需向电泳缓冲液中加入合适的手性试剂,经过一定的分离条件优化即能实现手性分离,是一种简单实用的方法。环糊精及其衍生物是毛细管电泳法手性分离中应用最多的一种手性试剂,金属手性螯合物、胆酸盐、皂苷、糖蛋白和冠醚等也是毛细管电泳中常用手性试剂。

六、中医药领域的分离分析

中药品种繁多,药材产地广泛,成分复杂。毛细管电泳法已在中药的定性定量检测方面有广泛的应用,如用于生物碱、黄酮类、苷类、有机酸类、醌类、酚类和香豆素类等多种中药有效成分的分离和含量测定;毛细管电泳法非常适合水溶性或醇溶性成分的分离分析,是中药质量控制的绿色分析方法,如孙国祥等建立了复方丹参滴丸的毛细管电泳指纹图谱,结果表明毛细管电泳法灵敏度高,适用于中成药中多种有效成分的同时测定;由于毛细管电泳法对 DNA、RNA 等生物大分子具有快速分析的优势,因此利用毛细管电泳技术测定用药后相关组织 DNA、RNA 所出峰的数目、相对含量及区间指纹图谱,探讨中药对调节特异性基因的影响及肌体自身 DNA 修复机能的作用,从中筛选出疗效确切、针对性强、有应用前景的中药,这对于提高我国中药药理及新药研制水平将有积极的意义。

第六节 毛细管电泳法的技术进展

毛细管电泳法可上溯至 1927 年前后，Tiselius 以采用管式分离通道为起点，发明了 U 形管移界电泳方法；不过多数学者认为，20 世纪 60 年代中期 CZE 的发现和发展才是现代毛细管电泳法的直接源头，但此时的 CZE 操作麻烦，难以实用，无法推广。1981 年美国学者 Jorgenson 和 Lukacs 使用 75 μm 内径的熔融石英毛细管进行 CZE，获得了四十万理论塔板的高柱效，被认为是毛细管电泳发展史上的一个里程碑。随后关于毛细管电泳法的研究急速升温，许多大科学家和分析仪器厂商都进入该领域，随着毛细管电泳仪器在 1988 年成功推出，毛细管电泳法开始了迅猛发展。1990 年后，随着人类基因组计划的推出，基于毛细管电泳的 DNA 测序方法研究获得突破，并发展成了高通量的阵列毛细管 DNA 自动测序仪，促成了人类基因组测序计划的提前完成。该类 DNA 自动测序仪已成为目前 DNA 测序的主力工具。

毛细管电泳法比其他方法有更强大的分离分析复杂样品的能力，如在手性分离分析、细胞与颗粒物分析等方面，有其独特的优势，研究和拓展应用空间很大；在糖组学、蛋白质组学、代谢组学等研究中的优势，不仅在于其微量和高效，更在于高通量。芯片毛细管电泳（chip capillary electrophoresis）是微流控芯片的一种。它利用刻制在石英、玻璃或塑料等基片上的微通道或微道网络，来实施样品的处理、转移、分离及检测等任务。芯片毛细管电泳最大的特点是能实现高速分离，可用于各种离子和非离子组分的分离，如氨基酸、细胞及其代谢物、核苷酸和 DNA 等的测定，特别是它对蛋白质和核酸的高速和高通量分离引人注目。

毛细管电泳法与定性技术的联用仍在发展之中，其中发展较好的联用方法有 CE-MS、CE-NMR、CE-激光拉曼（LR）等，毛细管电泳与核磁共振的联用已研究多年，但发展能与毛细管完美匹配的通用高灵敏定性方法和检测手段，还是一个挑战性的基础研究课题，正期待新的突破。CE-MS 联用最早出现在 1987 年，目前已进入应用发展阶段，且 CE-MS 的检测灵敏度高，已达到 amol。原则上所有毛细管电泳模式都可能和任何质谱方法联用，但目前已探索过的毛细管电泳模式仅包括 CZE、CIEF、MECC、CGE 和 CEC 等，其中 CZE 与三重四级杆质谱的联用工作最多，它们两者的结构和操作都比较简单。CE-MS 可分为在线和离线联用两类。离线联用的核心在于样品分离区带的有效收集和随后引入质谱。在线联用需要对硬件重新进行排布，并对操作有新的要求。

在线 CE-MS 的差异仅在接口处，不同的离子化方法有不同的接口。目前已经研究过的有 ESI 或纳喷雾、热喷雾、连续流动快原子轰击、基质辅助激光解吸电离（MALDI）、快原子轰击等，其中 MALDI 和 ESI 都是软离子源，相比于 MALDI，ESI 更适合于毛细管电泳，其联用有鞘流和无鞘流两大类型。在线 CE-MS 有许多优势，如能减少样品的损失；易于自动化操作；能直接给出总离子流图或给出特定离子的电泳图和质谱数据。但在线 CE-MS 也有缺点，如离子源选择种类有限；多数毛细管电泳法不能采用最佳缓冲液条件，限制了毛细管电泳优势的发挥；多级质谱的速度与毛细管电泳法出峰速度不能很好地匹配，限制了质谱结构测定能力的发挥。

离线联用确能克服上述的问题，且操作更具能动性，毛细管电泳部分可根据需要优化其分离条件，且无须对毛细管电泳仪和质谱仪进行过多的改造。离线联用对离子化方法无限制，可根据需要选用，能有效发挥毛细管电泳法和质谱法各自的优势。与在线联用一样，离线联用的关键也是接口，所不同的离线接口其实是关于毛细管电泳法分离区带的收集技术。目前有直接利用商品仪器的出口电极槽来收集毛细管电泳分离峰，但稀释效应大，后续质谱测定可能需增加浓缩和除盐步骤；而应用更广的收集方法与技术是薄膜收集法，利用类似于无鞘流的电喷雾接口，将出口与收集介质接触，就能收集到较纯净的区带。

CE-MS 常用于蛋白质、糖、DNA 与 RNA、药物与天然产物、手性物质、环境污染物和代谢产物等的定量、定性、相互作用和测序等分析。如图 13-4 为 Giorgetti 等采用 CE-ESI-MS 获得的那他珠单抗的糖基化谱。

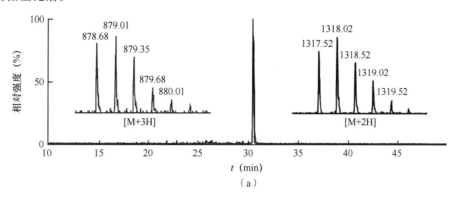

（a）

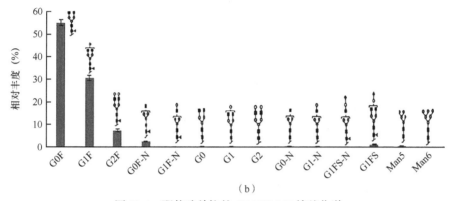

（b）

图 13-4 那他珠单抗的 CE-ESI-MS 糖基化谱

（a）质荷比为 878.68 和 1317.52 的离子电泳峰对应的 MS/MS 图谱；（b）采用 CE-ESI-MS 获得的那他珠单抗 Fc 段糖肽的多种糖形的相对丰度

思　考　题

1. 在毛细管电泳法中（阴极检测），阴阳离子和中性分子的表观淌度的规律是什么？

2. CZE 与 MECC 的主要区别是什么？

3. 从理论上说明为什么毛细管电泳法特别适合生物大分子的分离分析。

4. 请分析毛细管柱的柱效高的原因。

（陆军军医大学　张梦军）

第十四章 质 谱 分 析

本章要求

1. 掌握 质谱仪的基本结构和各组成部分的作用、主要离子类型。
2. 熟悉 质谱法定性分析和定量分析的方法、GC-MS、LC-MS 的应用。
3. 了解 质谱分析技术相关进展。

第一节 质谱分析概述

一、质谱法的定义

质谱法（mass spectrometry，MS）的概念最早由英国科学家约瑟夫·汤姆森（Joseph Thomson）于 20 世纪初提出，他在实验中发现离子在磁场中运动的方向和偏转半径与离子的质荷比相关，于 1912 年制备出第一台质谱仪，并预言质谱法将广泛地应用于分析领域。

质谱法是采用不同的离子化方法将被测分子电离生成气态离子，然后按照离子的质荷比（m/z）进行分离、分析的一种方法，主要用于物质的分子量测定、结构鉴定等。

质谱法分析得到的主要信息包括离子的质荷比及其强度，表示方法有质谱图（图 14-1）和质谱表（表 14-1）。质谱图是最常用的表示形式，横坐标为离子的质荷比，纵坐标一般为离子相对强度，即离子丰度。质谱图中离子强度最高的峰的被称为基峰，相对强度为 100，其他离子峰以相对于基峰的百分强度表示，如图 14-1 中的 m/z 57 为基峰。纵坐标也可以用离子绝对强度，表示每秒钟检测到的离子数目（counts/s）。

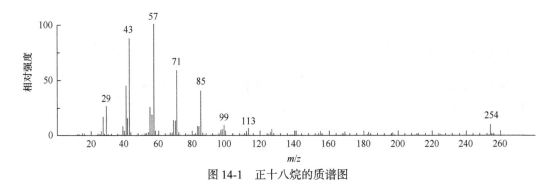

图 14-1 正十八烷的质谱图

表 14-1 正十八烷的质谱表

	m/z									
	27	29	41	42	43	55	56	57	71	85
相对强度	16.3	31.1	44.4	15.0	89.8	25.3	18.2	100	58.1	39.7

二、质谱仪的分类

根据分析对象不同，质谱仪可分为有机质谱仪、无机质谱仪及同位素质谱仪等。有机质谱仪既可以测定有机小分子化合物，也可以测定蛋白质和核酸等生物大分子，在药物分析、环境检测及生命科学等领域都有应用。无机质谱仪包括电感耦合等离子体质谱（inductively coupled plasma mass spectrometry，ICP-MS）仪、二次离子质谱（secondary ion mass spectrometry，SIMS）仪和辉光放电质谱（glow discharge mass spectrometry，GDMS）仪等，可测定元素组成和同位素比值等，可应用于地质学、环境科学和材料科学等领域。根据质量分析器的工作原理不同，质谱仪可分为双聚焦质谱仪、四极杆质谱仪、傅里叶变换离子回旋共振质谱仪和飞行时间质谱仪等，不同质量分析器的质谱仪应用范围有所不同。

三、质谱法的特点

质谱法自出现以来不断发展，已成为当今分析化学领域功能强大的设备，具有以下特点。①灵敏度高：质谱仪的检测限可达 10^{-14} g，甚至更低，可用于痕量物质分析，如农药残留和代谢产物测定等。②定性功能强大：质谱法可以提供化合物的分子量、裂解碎片及碎片相对强度等信息，化合物的质谱图都是特异性的，可利用质谱图的高专一性鉴定化合物，如中药中微量成分的定性鉴定和蛋白质结构确定等。③分析速度快：质谱仪的扫描速度非常快，可达到 10 000 amu/s 以上，分析样品所需时间短，易于实现高通量检测。④应用范围广：质谱仪具有强大定性和定量分析的功能，且可检测气体、液体和固体等不同类型样品，已被广泛应用于生命科学、医药学、材料学、环境科学和能源科学等领域。

第二节 质谱仪的基本构造与工作原理

质谱仪的种类虽然很多，但其基本构造相同，主要包括样品导入系统、离子源、质量分析器、离子检测器、数据分析系统和真空系统，如图 14-2 所示。

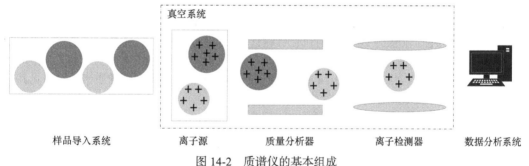

图 14-2 质谱仪的基本组成

一、样品导入系统

样品导入系统的功能是将样品引入离子源内部，且不造成真空度的降低。常见的进样方式分两类：直接进样和色谱联用导入进样。

1. 直接进样 将样品装于进样探针顶端，快速加热并依靠离子源附近的真空使样品挥发并导入离子源。本方法适用于热稳定性差、难挥发且成分简单的样品。

2. 色谱联用导入进样 当样品组成复杂时，可先通过气相色谱仪或液相色谱仪对样品进行分离后，再通过"接口"导入质谱仪进行分析。目前液相色谱-质谱联用仪的接口技术发展成熟，主要包括电喷雾接口、离子喷雾接口和离子束接口等。

二、离 子 源

离子源的主要功能为利用多种技术将被分析物转化为正离子或负离子。近年来，离子化技术发展迅速，出现多种新的离子化方法，目前较常用的离子源种类包括电子电离（electron ionization，EI）源、化学电离（chemical ionization，CI）源、激光解吸电离（laser desorption ionization，LDI）源、大气压电离（atmospheric pressure ionization，API）源等。

1. 电子电离源 电子电离技术是最早使用的离子化方法,目前依然有较广泛的应用。电子电离源是利用具有一定能量的电子使被分析物质转化为离子,其仪器的基本构造如图 14-3 所示,主要包括灯丝、电离室和磁极等。在电子电离源内,灯丝经加热后产生高能电子,高能电子受加速电压作用以螺旋状前进至正极,样品经气化后于电子的垂直方向引入电离室,样品分子与高能电子相互作用,当高能电子的波长符合电子能级跃迁所需的波长时,电子能量被样品分子吸收,将分子外层电子激发到高能级,进而离子化产生自由基阳离子。

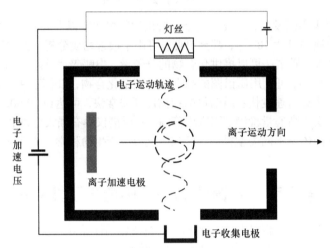

图 14-3 电子电离源的结构示意图(黑色虚线圆圈为样品分析引入口)

电子能量在 $50\sim100$ eV 时,离子化效率最高,过低或过高的电子能量都会降低离子化效率。电子电离源常用的电子能量为 70 eV,有机化合物分子可以失去一个电子生成分子离子,也可能发生化学键断裂产生碎片离子和重排离子等。分子离子的质荷比可确定化合物的分子量,丰富的碎片离子可以提供分子的结构信息,如图 14-1 为采用电子电离源获得正十八烷的质谱图,可见其分子离子峰 m/z 254 和一系列相差 14 的碎片峰。

电子电离源属于硬电离方法,电离效率高,只要样品可以气化即可。电子电离源产生的碎片离子重现性非常高,可以收集不同分子的质谱图建立标准谱图库,未知样品可与标准谱图进行比对鉴定具体成分。

电子电离源需要样品先气化再电离,主要应用于沸点低且热稳定性高的样品。热不稳定或分子量过高的分子,无法利用电子电离源分析,如多肽和蛋白质分子。另外电子电离源中电子的能量较高,导致有些化合物易碎裂,而看不到分子离子。

2. 化学电离源 化学电离法是软电离方法,离子化过程中给予样品分子的能量较小,常生成丰度较大的准分子离子,弥补了电子电离法不易检测到分子离子峰的不足。化学电离源的结构与电子电离源类似,区别为电子不是直接与样品分子作用,而是先和反应气体作用产生气体离子,再用反应气体离子与样品分子进行质子转移反应,从而使样品分子离子化成为带电离子。

甲烷是化学电离源常用的反应气体,在电离源内,CH_4 分子与高能电子流作用首先被电离生成 $CH_4^{+\cdot}$、CH_3^+、$CH_2^{+\cdot}$ 等初级离子,电离过程如下:

$$CH_4 + e \longrightarrow CH_4^{+\cdot} + 2e \text{ (或 } CH_3^+ + H^{\cdot} + 2e \text{ 或 } CH_2^{+\cdot} + H_2 + 2e)$$

$CH_4^{+\cdot}$、CH_3^+ 等初级离子再与 CH_4 发生分子离子反应,生成 CH_5^+、$C_2H_5^+$ 等二次离子,即

$$CH_4^{+\cdot} + CH_4 \longrightarrow CH_5^+ + CH_3 \qquad CH_3^+ + CH_4 \longrightarrow C_2H_5^+ + H_2$$

然后样品分子 M 与反应气体的二次离子发生分子离子反应,通过质子转移生成 $[M+H]^+$ 离子,即

$$M + CH_5^+ \longrightarrow [M+H]^+ + CH_4 \qquad M + C_2H_5^+ \longrightarrow [M+H]^+ + C_2H_4$$

$[M+H]^+$ 是比样品分子多一个 H 的准分子离子,可推测样品的分子量。化学电离源结构较密闭,

电离室的样品分子入口和离子出口均较小。电离室中被分析物的分压远小于反应气体的分压,因此电离源内的高能电子优先与反应气体作用,而不会直接与样品分子作用导致分子裂解,因此准分子离子峰通常为基峰。

化学电离源产生的质谱图与测定条件有关,不同条件采集的谱图相差较大,一般不能建立标准谱库。化学电离源产生的碎片离子少,提供的样品分子结构信息较少;另外同电子电离源一样,不适合分析热不稳定及难挥发的样品。

3. 激光解吸电离源和基质辅助激光解吸电离(matrix-assisted laser desorption ionization,MALDI)**源** 激光解吸离子化是现代质谱常用的一种离子化方法,以激光激发固态样品产生气态离子。激光解吸电离源可用于无机盐、燃料或其他具有强吸光特性的分子的分析,常用的激光器有铷钇铝石榴石(ND-YAG)激光(1.06 μm)和横向激发大气压二氧化碳激光(10.6 μm)。激光解吸电离源将激光聚焦到样品表面,在照射下样品温度急剧上升,使样品分子自表面解吸并离子化。但激光解吸电离源能够分析的生物分子通常限制在1000 Da左右,其他挥发性极低的生物大分子仅靠激光产生的热量难以解吸。如果使用高能量激光照射生物大分子,会产生剧烈的化学反应使样品分子裂解成碎片,无法获得完整的结构信息,这就促使了基质辅助激光解吸电离源的产生与发展。

基质辅助激光解吸电离源和激光解吸电离源相似,都是以激光激发固态样品产生气态离子,区别为MALDI源分析的样品为被分析物和基质混合共结晶产生的固态样品。图14-4为MALDI源的构造示意图,主要包括激光源、高电压金属样品板电极和上方的金属网电极。目前,MALDI源电离样品分子的详细机制还不是很清楚,其中"幸存者理论"和"气相质子化模型"占主导地位。一般认为待测物质分子分散在基质中,激光照射解吸时,基质吸收激光能量先被电离,然后通过离子分子反应使待测物质分子离子化。

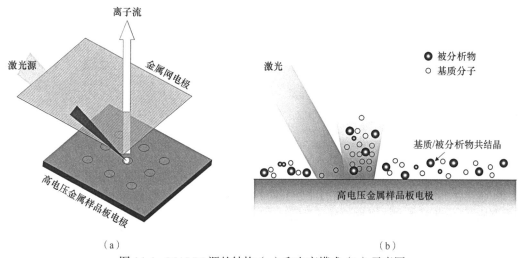

图14-4 MALDI源的结构(a)和电离模式(b)示意图

影响MALDI源电离效率的因素较多,主要包括如下。

(1)基质的选择:基质是影响MALDI源电离效果的最主要因素之一。基质的主要作用为吸收激光能量,然后将能量转移给待测物并使其离子化,良好的基质应具备下述条件:可强烈地吸收入射波长的激光;气化温度较低;与待测物有共同的溶剂等。目前常用的基质有1,8,9-蒽三酚、2,4,6-三羟基苯乙酮、2,5-二羟基苯甲酸等。

(2)基质与待测物的比例:基质与待测物的摩尔比也会影响MALDI源的离子化效率。一般来说,分子量小的待测物所使用的基质比例较低,如1000 Da以内的分子,基质与待测物的适宜比例约为300,而1000~6000 Da的分子,基质的适宜比例约为2000。

（3）基质与待测物共晶的制备方法：MALDI 样品的制备方法对仪器的灵敏度和重现性有很大的影响。基质溶液的溶剂常为含少量有机酸的 50%有机水溶液，浓度为 0.1~0.3 mol/L；待测物溶液溶剂可为纯水或有机水溶液，可加入少量有机酸提高待测物溶解度，浓度取决于样品分子离子化的难易程度。基质与待测物共晶最简单的制备方法为自然干燥法，将基质溶液和待测物溶液等量混合后，滴于样品板上，室温下静置待其自然干燥。自然干燥法简单快速，但结晶不均匀，具有明显的甜点效应，要求仪器最好有观察系统，可看到样品表面的结晶状况。也可采用薄层法制备共晶，先用基质溶液在样品板上形成晶种层，再将基质溶液和待测物溶液的混合液滴于晶种层上结晶。薄层法生成的结晶均匀，利于提高分析的重现性，但灵敏度低于自然干燥法。

MALDI 源不需要样品气化，适用于分析非挥发性的样品，如蛋白质、核苷酸和多糖等生物大分子。但一方面由于激光逐渐剥蚀样品共晶表面，造成样品损耗；另一方面由于甜点效应，MALDI 源的重现性较差，不适合于定量分析。

4. 快速原子轰击离子源（FAB） 快原子轰击源利用电场中的高能电子轰击惰性气体分子（Xe 或 Ar），以 Xe 为例，Xe 分子被电子轰击后失去一个电子而生成 Xe^+，Xe^+ 在加速电压作用下形成快速 Xe^+，快速 Xe^+ 再碰撞其他 Xe 原子，经过电荷转换后生成快速 Xe 原子，然后快速 Xe 原子流撞击样品板使待测物分子离子化，结构示意图和反应过程如图 14-5 所示。

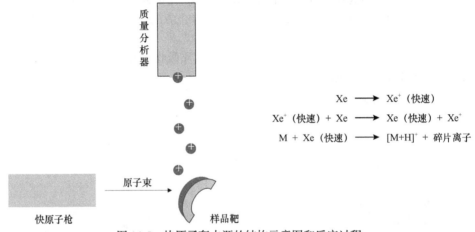

图 14-5 快原子轰击源的结构示意图和反应过程

FAB 的样品通常需要与液相基质混合后涂于样品靶上，常用的基质有甘油和 3-硝基苯甲醇等。FAB 为软电离技术，易得到丰度较高的准分子离子峰$[M+H]^+$或样品与基质的加合离子峰$[M+G+H]^+$（G 为基质），由此可得到待测物的分子量信息。FAB 离子化过程中待测物不需要加热气化，故适合于分析热不稳定及难挥发的样品，如生物大分子、配合物等。但 FAB 的图谱在低质量数区（m/z 低于 400）容易出现基质电离产生的团簇离子信号。

5. 大气压电离源 传统的电离源要在真空下对样品进行离子化，而大气压电离源是在常压下进行离子化的质谱技术。最常用的大气压电离源有电喷雾电离（electrospray ionization，ESI）源、大气压化学电离（atmospheric pressure chemical ionization，APCI）源和大气压光电离（atmospheric pressure photoionization，APPI）源等。ESI 和 APCI 即是离子化技术，也是色谱-质谱联用仪的接口技术，其原理详见本章的第八节。

6. 离子化方法的选择 在质谱分析中，选择合适的离子化方法非常重要。选择离子源时需要考虑待测物的物理化学性质，包括热稳定性、挥发性和极性大小等，还要考虑分析目的等，如 EI 和 CI 源适用于分析热稳定的、非极性的小分子化合物，而 MALDI 源适用分析沸点高、极性大的化合物，图 14-6 为常用离子源的适用范围。

三、质量分析器

质量分析器是质谱仪的核心部件，主要功能是将离子源产生的离子按 m/z 进行分离，目前质量分析器的主要类型有磁质量分析器（magnetic mass analyzer）、飞行时间质量分析器（time of flight mass analyzer，TOF）、四极杆质量分析器（quadrupole mass analyzer）和离子阱质量分析器（ion trap mass analyzer）等。不同的质量分析器分离离子的原理不同，详见本章第三节。

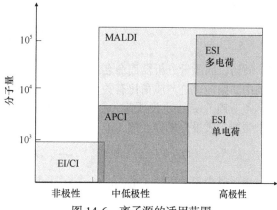

图 14-6　离子源的适用范围

四、离子检测器

离子检测器的作用是接收质量分析器分离的离子进行离子计数，并转换为电信号输出，再由数据采集系统处理产生质谱。离子检测器要求灵敏度高、反应时间短、信号稳定等，常用的离子检测器有电子倍增管、微通道板和闪烁计数器等。

电子倍增管的检测原理为离子撞击电极表面，引起二次电子的溅射，二次电子重复撞击连续放大，记录二次电子数量来达到检测目的，信号放大倍数约为 10^7。电子倍增管是四极杆质谱常用的离子检测器。微通道板由微小化的连续式电子倍增器组成，放大倍数可达到 10^8。

五、真 空 系 统

质谱仪内的气体分子可与待测离子碰撞，改变离子的飞行路径或使离子失去电荷，另外大量的气体也会对高电压元件造成破坏。因此质谱仪中离子源、质量分析器和离子检测器都要求在真空下工作，离子源真空度要求 $10^{-5}\sim10^{-4}$ Pa，质量分析器和离子检测器真空度要求 $10^{-6}\sim10^{-5}$ Pa。一般质谱仪都采用串联低真空和高真空两级泵，且须按照循序启动的方式来控制内部的真空度，即先采用机械泵预抽真空，然后用分子涡轮泵或扩散泵连续运行维持真空。

六、质谱仪的主要性能指标

1. 质量范围（mass range）　质量范围是指质谱仪能测定离子的质荷比最小到最大的范围，以原子质量单位 amu 进行度量，主要取决于质谱仪使用的离子源和质量分析器。

2. 分辨率（resolution，R）　分辨率是指质谱仪分离质荷比相邻离子的能力。若有质荷比相邻的两个离子峰强度相当，当两峰间的峰谷不高于 10% 峰高时（图 14-7），认为两个离子分离，则

$$R = \frac{m}{\Delta m} \qquad (14-1)$$

式中，m 为选定峰的质荷比；Δm 为两相邻峰的质荷比差值。目前常用的分辨率是基于 Δm 为质谱峰的半峰宽计算所得。

质谱仪的分辨率主要决定于质量分析器，一般四极杆质谱仪的分辨率在 1000 左右，属于低分辨质谱仪，只能给出离子的整数质量；若要测定分子量的精确值或同位素离子的精确质量，则需要使用高分辨质谱仪。

3. 灵敏度（sensitivity）　质谱仪的绝对灵敏度是指

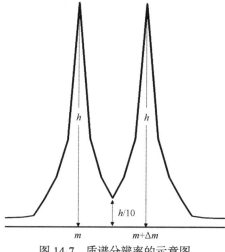

图 14-7　质谱分辨率的示意图

可以检测到的最小样品量。实际工作中常用分析灵敏度，是指一定条件下仪器产生的信号强度与注入的样品量的比值。

第三节　质量分析器

质谱仪因质量分析器而命名，而质量分析器最早源自 1906 年汤姆森（Thomson）发现离子在磁场中的偏转轨迹与质荷比有关，1912 年 Thomson 发明了早期质谱仪，并发现了氖同位素，1919年，阿斯顿（Aston）发明第一台速度聚焦质谱仪，自此各种质量分析器陆续被研发出来，并应用各个领域。质量分析器经过 100 多年的发展，其性能和功能都得到的大幅进步。

一、磁质量分析器

扇形磁质量分析器（magnetic mass analyzer）是发展最早的质量分析器，利用离子在磁场中的偏转路径与其质荷比有关进行分离，分为单聚焦质量分析器和双聚焦质量分析器。

1. 单聚焦质量分析器　图 14-8 为单聚焦质量分析器的结构示意图，离子源中产生的各种离子，被加速电压加速后，从入射狭缝飞入与其运动方向垂直的扇形磁场区，受磁场作用运行轨道弯曲做圆周运动，不同的离子运行轨迹不同，只有特定质荷比的离子可以通过出射狭缝到达离子检测器。

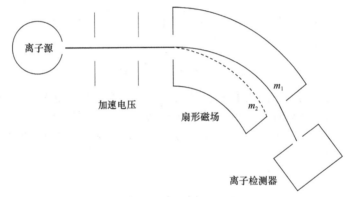

图 14-8　单聚焦质量分析器的结构示意图

离子在进入磁场前在高压电场作用下加速，其动能与加速电压的关系为

$$\frac{1}{2}mv^2 = zeV \tag{14-2}$$

式中，z 为离子电荷数；e 为荷电单位（电子的电荷量）；V 为加速电压；m 为离子质量；v 为离子运动速率。

离子在磁场中的运动受到磁场产生的向心力 $zevB$ 和离心力 mv^2/r 的作用，这两种力方向相反，大小相等，即

$$zevB = \frac{mv^2}{r} \tag{14-3}$$

$$v = \frac{zerB}{m} \tag{14-4}$$

式中，B 为磁场强度；r 为离子的运动半径。

为简化公式，以电子的电荷量作为离子的荷电单位，并将式（14-4）代入式（14-2），得

$$r = \frac{1.41}{B}\sqrt{\frac{mV}{z}} \tag{14-5}$$

由式（14-5）可见，当 B 和 V 固定时，离子在磁场中的偏转半径仅与离子的质荷比 m/z 相关，

总离子流按离子的质荷比分散为多个离子流，即磁场具有质量色散的作用。如图 14-8 所示，只有离子 m_1 能达到检测器，而其他离子与飞行导管的管壁碰撞。一般检测器的位置不变，即轨道半径 r 固定，连续改变磁场强度 B 或加速电压 V，可以使质荷比 m/z 不同的离子依序通过出射狭缝，到达检测器产生信号，从而实现质量分离，得到质谱图。由于改变离子的加速电压，会影响离子的传输和聚焦等，一般质谱仪都是在最佳加速电压下，进行磁场扫描。

由式（14-3）重排可得到下式：

$$r = \frac{mv}{zB}$$ （14-6）

由式（14-6）可见，离子的运动半径与其动量（mv）成正比，而在实际中，由于离子的初始动能不同、电场不均匀等，使得通过入射狭缝进入磁场的 m/z 相同的离子，其动量不完全相同。因此不同动量的 m/z 相同的离子，其运动轨迹不同，即磁场还具有能量色散的作用，造成了质谱峰宽度增加，质谱分辨率下降。仅有一个磁场的单聚焦质量分析器的分辨率约为 1000，可通过在磁场前加一个静电场分析器，提高质谱分辨率，即双聚焦质量分析器。

2. 双聚焦质量分析器（double-focusing mass analyzer）　常见的双聚焦质量分析器是在扇形磁场前加一个扇形电场（静电分析器），结构示意图见图 14-9，离子流首先进入静电场分析器，由于受到静电力的作用而进行圆周运动，离子所受的电场力与离心力相等，即

$$zE = \frac{mv^2}{r_e}$$ （14-7）

$$r_e = \frac{mv^2}{zE}$$ （14-8）

式中，E 为扇形电场强度；r_e 为离子在电场中的运动半径。由式（14-8）可见，当扇形电场强度一定时，r 仅取决于离子的速度（或动能），即只有速度（或动能）与半径相应的离子才能通过狭缝进入磁场分析器。静电分析场可调整电场强度，在离子进入磁场前实现能量聚焦，然后离子由电场进入磁场，实现方向聚焦，从而大大提供了分辨率。因此双聚焦质量分析器的分辨率远高于单聚焦仪器，缺点为价格贵，体积大。

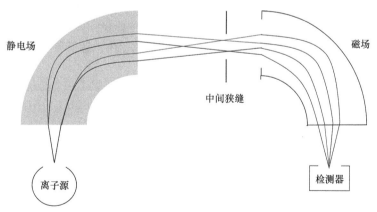

图 14-9　双聚焦质量分析器的结构示意图

电场在磁场前的双聚焦质量分析器称为 EB 式，又称尼尔-约翰逊（Nier-Johnson）式，磁场在电场前的反式结构称为 BE 式。

二、四极杆质量分析器和离子阱质量分析器

四极杆质量分析器（quadrupole mass analyzer，QMA）和离子阱质量分析器（ion trap mass analyzer，IT）的基本原理相同，让离子在特定空间内随着交、直流电场运动，差别在于结构上二

维与三维的设计。

　　QMA 是 20 世纪 50 年代由沃尔夫冈·保罗（Wolfgang Paul）及其同事发明的，由四根圆柱形电极组成，截面呈双曲线形，两个对角电极为一组，分为 x 与 y 两组电极，对称于一中心轴排列，如图 14-10（a）所示。在四极上加上直流电压 U 和射频交流电压 $V\cos\omega t$，在极间形成一个射频场，当 x 电极的电压为 $U+V\cos\omega t$，y 电极的电压为 $-(U+V\cos\omega t)$，被加速的离子流通过准直小孔进入电极中心空间时，受到电场力的作用，在 x 与 y 方向上简谐振荡，离子的运动规律遵循马蒂厄（Mathieu）方程。

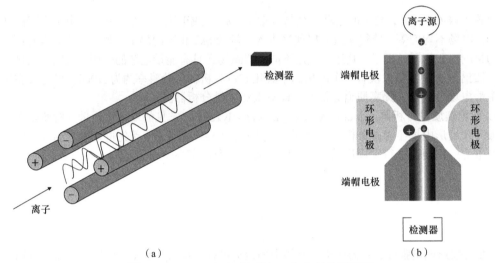

（a）　　　　　　　　　　　　　（b）

图 14-10　QMA（a）和四极 IT（b）结构示意图

　　离子在 z 轴方向具有初始速度，因此离子除了在 x 轴与 y 轴方向的简谐振荡外，也会沿 z 轴方向前进，而只有 m/z 合适的离子才可以通过稳定的振荡离开四极杆进入检测器产生信号，其他离子会在不稳定振荡过程中撞击电极杆而消失。这样，QMA 可通过改变 U 和 V 并保持 U/V 值不变，将离子按照 m/z 分离而实现质量扫描。当射频电压 V 连续改变时，可得到全扫描质谱图，当 V 间歇式改变时，只能检测到某些特定 m/z 的离子，即选择离子检测。

　　QMA 的结构紧凑，对真空度要求相对较低，且扫描速度快，易于和色谱联用，但其质量分辨率低，扫描范围一般为 10～2000 amu/s。

　　IT 和 QMA 的差别在于其在 z 轴方向加了一个束缚的场，形成了一个捕获离子的三维电场，结构上主要包括一对上下对称的端帽电极和一个环形电极，图 14-10（b）为结构示意图。工作时，环形电极上加射频场，上下端帽电极同时接地，离子阱捕获离子流后，离子在三维电场中旋转，然后通过扫描射频电压，较轻的离子先离开稳定区偏出轨道被抛出，到达检测器产生信号，较重的离子后产生信号，直到扫描到终止电压后完成一次质谱分析。

　　IT 可以储存离子，获得离子的多级质谱信息，有利于化合物的结构解析，分辨率和扫描范围和 QMA 类似。

三、飞行时间质量分析器

　　飞行时间质量分析器（time of flight mass analyzer，TOF）早在 1955 年就已问世，但质量分辨率和准确度较低，限制其发展。随着电子、计算机、多种电离技术等技术的不断发展，尤其是基质辅助激光解吸电离技术的出现，TOF 的应用进入了快速发展阶段。

　　TOF 的主要构成部分是一个离子漂移管，构成如图 14-11 所示，离子源中产生的离子流经过电场加速后，进入真空无场漂移区，离子通过漂移区后依次到达离子检测器（常为平面微通道板）产生信号。

图 14-11 TOF 的结构示意图

离子经电场加速后获得动能，其速度根据式（14-2）可得：

$$v = \sqrt{\frac{2zeV}{m}} \qquad (14-9)$$

由式（14-9）可见，较轻的离子运动速度较快，而较重的离子运动速度较慢，如果漂移区的长度为 L，离子到达检测的时间 t 为

$$t = \frac{L}{v} = L\sqrt{\frac{m}{2zeV}} \qquad (14-10)$$

由式（14-10）可见，在一定实验条件下，离子到达检测器的时间直接取决于质荷比 m/z，可通过检测离子到达检测器的飞行时间确定离子质量，分离不同离子。TOF 理论上检测离子的质荷比无上限，但对质量很大、速度很慢的离子的检测灵敏度低。

离子进入漂移区的初始动能分布、起始位置和离子的形成时间等多种差异都会降低 TOF 的质量分辨率，目前已有多种技术来提高这些差异，如离子起始位置的空间聚焦（两个相连的加速区）、离子的延迟引出和反射器的能量聚焦（检测器前加静电场反射器）等。

TOF 的仪器结构简单，易于维护，且离子质量的扫描范围广，且分辨率高，广泛应用于有机小分子和生物大分子化合物的结构分析。

四、傅里叶变换离子回旋共振质量分析器

傅里叶变换离子回旋共振质量分析器（Fourier transform ion cyclotron resonance，FT-ICR）的质量分辨率是目前所有质量分析器中最高的，检测原理是基于离子在均匀磁场中的回旋运动。

FT-ICR 的基本结构是将一立方离子池置于恒定的强磁场中，如图 14-12 所示。磁场中的离子受磁场作用，垂直于磁场方向作回旋运动，磁场力与离心力平衡，即

$$qvB = \frac{mv^2}{r} \qquad (14-11)$$

因为角速度 $\omega_c = \dfrac{v}{r}$，式（14-11）变为

$$\omega_c = \frac{qB}{m} \qquad (14-12)$$

由式（14-12）可见，在固定磁场中，离子的回旋频率与其质荷比成反比，这为 FT-ICR 的基本原理。离子的回旋频率与离子速度无关，因此离子的初始动能分布不影响质量检测。

为防止离子在平行于磁场方向（z 轴）上的逸出，在磁场垂直方向加上一对电极，即捕获电极，并在电极施加小的静电压，此时电极间的离子除了回旋运动外，还在两个捕获电极间振荡运动。另外，离子由于静电场和磁场的作用还会作磁控运动，但振荡频率与磁控频率通常远小于回旋频率。

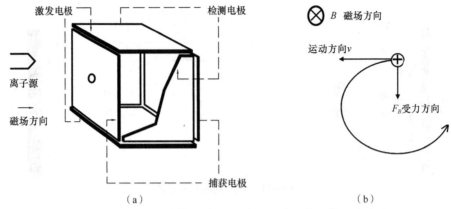

图 14-12　FT-ICR 的结构示意图（a）和正离子的回旋运动（b）

　　在捕获电极的垂直方向上分别有一对激发电极和一对检测电极,当离子在均匀磁场中做回旋运动时,激发电极进行射频扫描,当离子的回旋频率与激发频率相等时,离子将吸收射频的能量,离子运动半径会逐渐增大,直到在两个平行的检测电极上产生镜像电荷。因为激发频率包括相应质量范围的所有频率,各种离子被同时激发,产生复合的时域信号,傅里叶变换法解析时域信号成频域谱图。质量和频率的关系用标准化合物校正后,频域谱图可转换为质谱图,因此 FT-ICR 本身就是检测器,不需要外接离子检测器。

　　FT-ICR 的工作模式包括离子的形成、激发、检测和清除四个步骤。FT-ICR 的质量分辨率非常高,适合做准确分子量的测定,且可储存离子做多级质谱分析。但其对真空度的要求高,仪器价格昂贵,日常维护费用相对较高,普及率偏低。

五、静电场轨道阱质量分析器

　　轨道阱（orbitrap）技术的发展可追溯到 1923 年 Kingdon 阱,由圆筒状外电极和中心丝状电极构成。当在圆筒状外电极和中心丝状电极间加上电压后,强电场吸引离子移向丝电极,离子围绕丝电极做轨道运动,类似于太阳系中的行星绕太阳运动。2000 年,亚历山大·马卡罗夫（Alexander Makarov）提出了改良的静电场离子阱,正式定名静电场轨道阱质量分析器。

　　静电场轨道阱质量分析器如图 14-13 所示,由纺锤状电极和筒状外电极组成,在这两个轴对称电极间加一直流电压后,轨道阱内形成四级-对数场,使得离子在轨道阱内以环形轨道方式运动,运动轨迹如图 14-13 所示。离子的运动模式是周期性的简谐运动,沿 z 轴方向的简谐运动频率为 $\omega=\sqrt{\dfrac{q}{m}}k$,表明离子在轨道阱内,沿 z 轴方向的简谐运动频率与离子的质荷比有关,而与离子的动能和位置无关。离子的轴向运动在外电极中诱导产生镜像电荷,经傅里叶变换后可得到高分辨的质谱图。

　　静电场轨道阱质量分析器和 FT-ICR 都属于高分辨质量分析器,FT-ICR 使用的是稳定度高的超导磁场,价钱昂贵且维护成本高,而静电场轨道阱质量分析器使用的是直流电场,维护成本较低,对于大多数的分析,静电场轨道阱质量分析器的精密度和分辨率已经足够。

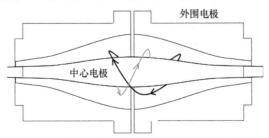

图 14-13　静电场轨道阱质量分析器的结构示意图

六、质量分析器的选择与应用

质量分析器的种类较多，且发展较快，但实际上没有一种理想的质量分析器适用于所有样品或课题的分析，每种质量分析器都有自己的优势和局限性，在选择质量分析器时要综合考虑其工作原理、质量分辨率、质量范围及仪器价格与维护成本等。表14-2总结了不同质量分析器的主要性能。

表14-2 常见质量分析器的主要性能指标

主要性能指标	双聚焦质量分析器	QMA	IT	TOF	FT-ICR	静电场轨道阱质量分析器
质量范围	$\sim 10^4$	$>10^3$	$>10^3$	$>10^5$	$>10^4$	$\sim 20\ 000$
分辨率	$\sim 10^5$	$\sim 10^3$	$\sim 10^3$	$\sim 10^4$	10^6	$\sim 10^5$
串联质谱功能	有	有	有	有	有	有
真空度要求	10^{-5}	10^{-4}	10^{-4}	10^{-5}	10^{-7}	10^{-5}

为设计性能更好的质谱仪，杂交质谱仪应运而生。杂交质谱仪是将不同类型的质量分析器串联起来，实现功能的取长补短，主要有四级-线性离子阱质谱仪（Q-q-LIT）、四级-飞行时间质谱仪（Q-TOF）和杂交静电场轨道离子阱质谱仪等。

第四节 质谱法中主要的离子类型

一、离子类型

分子在离子源可以发生多种电离反应，同一分子可能产生不同的离子；且不同类型的离子源离子化原理不同，产生的离子类型也有偏好差异，质谱中主要出现的离子类型有以下5种。

1. 分子离子 分子离子是指样品分子在离子化过程中失去一个电子形成的正离子或得到一个电子形成的负离子，以 $M^{+\cdot}$ 或 $M^{-\cdot}$ 表示。$M^{+\cdot}$ 或 $M^{-\cdot}$ 均含有未成对电子，又称奇电子离子，采用 EI 源时通常产生 $M^{+\cdot}$。分子离子的质荷比 m/z 与被测化合物的分子量相等，可用于推测化合物的分子式。

2. 准分子离子 准分子离子的类型较多，通常是指质子化离子 $[M+H]^+$、去质子化离子 $[M-H]^-$ 或各种加合物离子，如常见的有 $[M+Na]^+$、$[M+K]^+$、$[M+HCOO]^-$、$[M+Cl]^-$ 等。准分子离子的产生取决于被测化合物的性质或采用的离子源类型及条件，如电喷雾离子源或基质辅助激光解吸电离源等软离子化技术，主要产生准分子离子，且准分子离子峰通常为基峰，可用于确定被测分子的分子量和分子式。

3. 碎片离子 离子化过程中，分子离子由于能量较高会通过化学键断裂释放能量，断裂后产生的离子成为碎片离子。同一分子离子化学键断裂的位置不同，可产生不同质荷比的碎片离子，而碎片离子的产生与分子结构密切相关，研究碎片离子的种类和离子丰度，可推测出整个分子的结构信息。

4. 同位素离子 大部分元素在自然界中同时存在质子数相同但中子数不同的同位素，如碳原子有 ^{12}C、^{13}C 和 ^{14}C 三种同位素。元素形成化合物以后，其同位素也会以一定的丰度存在化合物里，当化合物被离子化时，质谱图中就会出现化学组成相同但质荷比不同的同位素离子团簇，通常把含有重同位素的离子称为同位素离子，常见 $M+1$、$M+2$ 等。有机化合物通常由 C、H、N、O、P、S 及卤素元素组成，表14-3为常见元素的天然同位素的丰度比。

表14-3 常见元素的天然同位素的丰度比

元素	原子	质量数	天然丰度（%）	相对最强同位素的丰度（%）
H	^1H	1	99.985	100
	^2H	2	0.015	0.015

元素	原子	质量数	天然丰度（%）	相对最强同位素的丰度（%）
C	^{12}C	12	98.900	100
	^{13}C	13	1.100	1.11
N	^{14}N	14	99.64	100
	^{15}N	15	0.36	0.36
O	^{16}O	16	99.76	100
	^{17}O	17	0.04	0.04
	^{18}O	18	0.20	0.20
S	^{32}S	32	95.00	100
	^{33}S	33	0.76	0.80
	^{34}S	34	4.22	4.44
Cl	^{35}Cl	35	75.77	100
	^{37}Cl	37	24.23	31.98
Br	^{79}Br	79	50.69	100
	^{81}Br	81	49.31	97.28

从表 14-3 可见 $^{13}C/^{12}C$ 的相对强度约为 1.11%，而 ^2H 和 ^{17}O 的丰度较低，可忽略不计。一个由 C、H、O 构成的有机物，其中的 C 均为 ^{12}C 时，其质量为 M，相对强度记为 100，那么 M+1 峰的相对强度等于 C 原子的数目乘以 1.11，因此可利用[M+1]/[M]的离子强度比推测化合物中 C 的数目。

^{34}S（4.40%）、^{37}Cl（32.5%）和 ^{81}Br（98.0%）的丰度比较大，因此含有 S、Cl 或 Br 的化合物质谱图中同位素峰[M+2]强度大，且特征性强，可根据[M+2]/[M]的值推测化合物中含 S、Cl 或 Br 的数目。化合物分子中含 1 个 Cl 时，[M]/[M+2]=100∶32.0≈3∶1；化合物分子中含 1 个 Br 时，[M]/[M+2]=100∶97.3≈1∶1；若化合物分子中存在多个 Cl 或 Br 时，其质谱图中会出现 M+2、M+4、…、等同位素峰。例如，$CHCl_3$ 的质谱图中会出现 M、M+2、M+4 和 M+6，峰强比可用二项式 $(a+b)^n$ 求出（其中 n 为含 Cl 或 Br 的数目，a, b 分别为轻质同位素和重质同位素的丰度比），即 $(3+1)^3$= 27+27+9+1，因此[M]∶[M+2]∶[M+4]∶[M+6]=27∶27∶9∶1。

同位素离子峰的存在对化合物的定性研究有极大的帮助，可提供化合物分子的元素组成信息。

5. 亚稳离子　在离子源内生成的离子 m_1^+，若在离子源内进一步裂解生成离子 m_2^+，即

$$m_1^+ \longrightarrow m_2^+ + 中性碎片$$

一般 m_1^+ 称为前体离子或母离子（parent ion），m_2^+ 称为产物离子或子离子（daughter ion）。母离子 m_1^+ 在离开离子源进入质量分析器的飞行过程中，由于碰撞等原因，可能发生裂解形成低质量离子，一部分能量被中性碎片带走，此时生成的离子比离子源中生成的 m_2^+ 能量小，且很不稳定，称为亚稳离子。

$$m_1^+ \longrightarrow m^*（亚稳离子）+ 中性碎片$$

亚稳离子峰 m/z 不是整数，峰钝且丰度低，在质谱图中易识别。亚稳离子的表观质量以 m^* 表示，m_1、m_2 分别表示母离子与子离子的质量，有

$$m^* = \frac{m_2^2}{m_1} \tag{14-13}$$

由式（14-13）可确定离子的"母子关系"，有助于解析复杂质谱。

图 14-14 为苯甲酸甲酯的质谱图，出现两个亚稳峰 33.8 和 56.5，代入式（14-12），可得：

$$\frac{77^2}{105} = 56.5 ; \quad \frac{51^2}{77} = 33.8 。$$

分析苯甲酸甲酯的裂解过程如下。

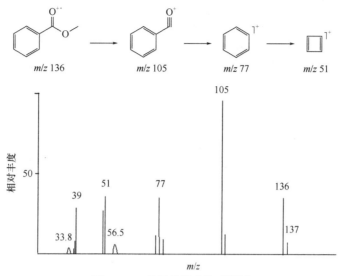

图 14-14　苯甲酸甲酯的质谱图

二、阳离子的裂解反应和机理

质谱分析过程中，分子离子可以裂解成不同的碎片离子，而有机化合物分子的裂解有一定的规律性，了解基本裂解规律有利于质谱解析和推测被测物的结构。

裂解过程通常都伴随有电子转移，通常用鱼钩"⌢"表示单电子转移，用箭头"⌢"表示双电子同向转移。含偶数个电子的离子用"+"表示，含奇数个电子的离子具有未配对电子，用"+·"表示。

1. 共价键断裂方式

（1）均裂：化学键断裂后，每个碎片各保留一个成键电子。

$$A \overset{\frown}{—} B \longrightarrow A· + B·$$

（2）异裂：化学键断裂后，一对成键电子都归属于某一个碎片。

$$A \overset{\frown}{—} B \longrightarrow A^+ + B·$$

（3）半异裂：已离子化的 σ 键断裂后，剩余的一个电子保留在某一个碎片上。

$$A \overset{+}{·} B \longrightarrow A^+ + B·$$

2. 离子的裂解类型

（1）简单裂解：简单裂解是指裂解过程中只有一个键断裂，分为 α 裂解、i 裂解和 σ 裂解。

1）α 裂解：α 裂解是自由基中心引发的裂解。在奇电子离子中存在一未成对电子，即自由基中心。未成对电子具有强烈的成键倾向，可诱导相邻的 α 原子的外侧键断裂提供一个电子形成新的共价键。

自由基位于饱和原子上时，α 裂解的基本过程为

$$R \overset{\frown}{—} CH_2 \overset{+}{—} \overset{\frown}{Y}R \xrightarrow{\alpha} H_2C = \overset{+}{Y}R + R·$$

自由基位于不饱和原子上时，α 裂解的基本过程为

$$R \overset{\frown}{—} CH = Y^{+·} \xrightarrow{\alpha} HC \equiv Y^+ + R·$$

2）i 裂解：i 裂解又称诱导裂解，是由正电荷引发的裂解。与正电荷中心相连的化学键上的电子被正电荷吸引，诱发化学键断裂，两个电子同时转移到带正电荷的碎片上，正电荷位置发生转移。i 裂解主要发生在含杂原子的化学键上，如 Cl、Br、O、S、N 等。

$$R \overset{\frown}{\longrightarrow} X \longrightarrow R' \xrightarrow{\ i\ } R^+ + XR'$$

3）σ裂解：σ裂解是饱和烃类化合物的裂解方式，分子中σ键在电子轰击下裂解生成碎片离子和游离基。饱和烃的取代基越多，σ键越容易断裂。

（2）重排开裂：重排开裂是指裂解过程中断裂两个或两个以上的化学键，分子内的原子重新排列生成碎片离子，并脱去一个中性分子碎片的过程。重排开裂产生的离子称为重排离子，重排离子的稳定性高。重排开裂的类型很多，其中比较常见和重要的是麦氏（McLafferty）重排和RDA重排。

1）麦氏重排：当有机化合物结构中含有不饱和基团C＝X（如C＝O、C＝N、C＝S、C＝C等），且与不饱和基团相连的链上有 γ-H 原子时，可发生麦氏重排。重排时，分子可通过六元环过渡态，γ-H 转移到 X 原子上，同时β键发生断裂，脱去一个中性分子，形成一个质量数为偶数的离子。麦氏重排规律性很强，对解析质谱非常意义，基本重排过程如下：

丙酸乙酯的质谱中出现丰度很高的 *m/z* 74 离子峰，就是麦氏重排形成的。

2）RDA重排：这种重排是第尔斯-阿尔德（Diels-Alder）反应的逆向过程。质谱分析中，具有环己烯结构的化合物可发生RDA重排，形成一共轭二烯阳离子和一个中性烯烃碎片，如1,8-萜二烯可通过RDA重排生成一丁二烯离子：

第五节　质谱定性分析及谱图解析

质谱图中的分子离子峰（或准分子离子峰）能提供化合物的分子量，碎片离子峰及亚稳离子峰能提供化合物的结构信息，因此质谱对化合物的结构解析具有重要的作用。利用质谱只能确定简单化合物的结构，结构复杂的化合物还需要质谱与其他手段（如氢谱、红外光谱、紫外光谱）联用才能推测其结构。

一、确定分子量

在质谱图中，分子离子峰的质荷比即为化合物的分子量。因此，辨认出了分子离子峰即确定了分子量。但质谱图中质荷比最大的峰不一定是分子离子峰（同位素离子峰除外）。如何准确地辨别分子离子峰，可从以下几点出发：

1. 分子离子必须是一个奇电子离子　由于有机化合物分子都含有偶数电子，失去一个电子生成的分子离子一定是含有奇数电子的离子。

2. 分子离子峰的质量数应符合氮律规则　凡不含氮或含偶数个氮原子的化合物，其分子离子峰的质荷比应为偶数；凡含奇数个氮原子的化合物，其分子离子峰的质荷比应为奇数，如甲苯的分子离子峰的质荷比为92，而苯胺的分子离子峰的质荷比为93。

3. 分子离子峰与其他碎片离子之间的质量差要合理　分子离子在发生裂解时，会失去游离基或中性小分子，导致碎片离子峰的质量比分子离子峰小一定质量。丢失的质量具有一定的规律，如分子量丢失15时对应失去一个甲基，分子量丢失17时对应失去一个羟基。如果丢失的分子量在3～

14 是不合理的。

二、确定分子式

在质谱分子中，确定化合物分子的常用方法有同位素丰度法[包含查贝农（Beynon）表法和计算法]和高分辨质谱法。目前最常用的是高分辨质谱法。利用高分辨率质谱仪，可精确测定小数点后四位的分子离子的质荷比。同时配合其他信息，确定化合物的最合理分子式。

例：用高分辨质谱测得某有机物的分子量为 100.0524，质量测定误差为±0.006，试求该有机物的分子式。

解：当质量测定误差为±0.006 时，分子量应在 100.0464～100.0584。查 Beynon 表，质量在该范围内的分子式有四个，分别是 $C_4H_7NO_2$（100.0476）、CH_4N_6（100.0497）、$C_3H_6N_3O$（100.0510）、$C_5H_8O_2$（100.0524）。其中 $C_4H_7NO_2$ 和 $C_3H_6N_3O$ 不服从氮律规则，CH_4N_6 不符合有机化合物的价键规律，所以分子式应为 $C_5H_8O_2$。

目前，商用高分辨质谱仪附带的软件能根据分子离子峰、准分子离子峰及碎片离子峰的分子量给出分子式。

三、谱图解析

在一定的实验条件下，各种化合物都按照一定的规律进行裂解而形成各种碎片离子峰。根据碎片峰的信息可以推断化合物的组成与结构。

（一）解析程序

（1）通过正确辨认分子离子峰来确定分子量。

（2）通过分子量确定分子式。

（3）通过分子式计算化合物的不饱和度，来初步判断化合物类型。

（4）推测特征碎片峰对应的结构，确定化合物中含有的取代基。

（5）计算剩余结构单元的元素组成。

（6）推断可能的结构式。

（7）验证结构式的正确性。

（二）解析示例

例：某化合物的分子式为 $C_9H_{10}O_2$，质谱如图 14-15 所示，试确定其结构式。

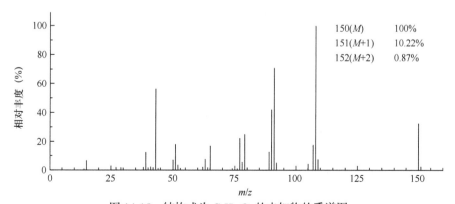

图 14-15　结构式为 $C_9H_{10}O_2$ 的未知物的质谱图

解析：（1）根据分子式计算不饱和度：Ω=（2+2×9-10）/2=5，提示该化合物中含有一个苯环和一个双键。

（2）m/z 150 为分子离子峰，由氮律可知不含 N 或含偶数 N；由[M+2]/[M]的比例获知该化合物不含 S、Br、Cl。

（3）特征离子峰与对应单元：①m/z 51、65、79 为苯环特征离子峰；②m/z 43 为 $CH_3C\equiv O^+$ 特征离子峰；③m/z 91 为草鎓离子峰，说明含有苄基；④m/z 150→m/z 108，重排裂解，Δm=42。

（4）该化合物结构可能为乙酸苄酯。

（5）结构验证：

（6）结果与讨论：图谱中各峰由以上裂解式给予了合理解释，所以该未知物的确是乙酸苄酯。

第六节　质谱定量分析

质谱检出的离子流强度与离子数目成正比，因此可以通过离子流强度进行定量分析。当使用质谱法进行混合物组分分析时，应满足一些条件。

（1）组分中应至少有一个与其他组分有显著不同的峰。

（2）各组分的裂解形式具有重现性。

（3）组分的灵敏度具有一定的重现性（要求大于 1%）。

（4）每种组分对峰强度的贡献具有线性加和性。

对于含有 n 个组分的混合物应满足以下公式：

$$i_{11}p_1 + i_{12}p_2 + \cdots + i_{1n}p_n = I_1$$
$$i_{21}p_1 + i_{22}p_2 + \cdots + i_{2n}p_n = I_2$$
$$\vdots$$
$$i_{m1}p_1 + i_{m2}p_2 + \cdots + i_{mn}p_n = I_m$$

式中，I_m 为在混合物的质谱图上于质量 m 处的峰高，i_{mn} 为组分 n 在质量 m 处的峰高或离子流，p_n 为混合物中组分 n 的分压强。故以纯物质校正 i_{mn}、p_n，测得未知混合物 I_m，通过解上述多元一次联立方程组即可求出各组分的含量。

第七节　气相色谱-质谱联用

气相色谱-质谱联用（GC-MS）技术是以气相色谱作为混合物分离、制备的手段，以质谱对其分离和制备出的物质进行检测，实现对物质进行定性、定量分析的一种分析技术。

一、气相色谱-质谱联用仪器组成

GC-MS 仪器由四部分组成：气相色谱、接口、质谱和计算机系统，如图 14-16 所示。混合试样首先经过气相色谱柱分离，分离后的组分依次经过气相色谱和质谱之间的接口，最后到达质谱仪进行分析，实现对物质的定性、定量和结构分析目的。气相色谱和质谱已分别在第十一章和本章作过详细介绍，因此本节着重介绍接口技术和质谱中用于 GC-MS 中的接口技术和质谱单元。

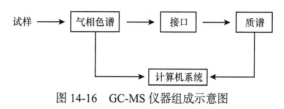

图 14-16　GC-MS 仪器组成示意图

（一）接口技术

接口是将气相色谱流出的各组分送入质谱仪进行检测，起着气相色谱和质谱之间适配器的作用，具体表现为两方面：一方面是匹配压力——质谱离子源的真空度在 10^{-3} Pa，而气相色谱色谱柱出口压力高达 10^5 Pa，接口的作用就是要使两者压力匹配。另一方面是组分浓缩——从气相色谱色谱柱流出的气体中有大量载气，接口可以排除载气，使被测物浓缩后进入离子源。一般分为喷射式分子分离器接口、直接导入型接口和开口分流型接口。

1. 喷射式分子分离器接口　喷射式分子分离器接口工作原理是根据气体在喷射过程中不同质量的分子都以超音速的同样速度运动，不同质量的分子具有不同的动量，如图 14-17 所示。动量大的分子，易保持沿喷射方向运动，而动量小的易于偏离喷射方向，被真空泵抽走。分子量较小的载气在喷射过程中偏离接受口，分子量较大的待测物得到浓缩后进入接受口。喷射式分子分离器具有体积小、热解和记忆效应较小、待测物在分离器中停留时间短等优点。

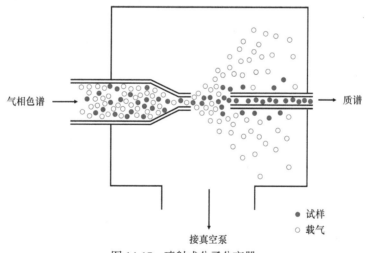

图 14-17　喷射式分子分离器

2. 直接导入型接口　内径在 $0.25\sim0.32$ mm 的毛细管色谱柱的载气流量在 $1\sim2$ ml/min。这些柱通过一根金属毛细管直接引入质谱仪的离子源，如图 14-18 所示。这种接口方式是迄今为止最常用的一种技术。毛细管柱沿图中箭头方向插入，直至有 $1\sim2$ mm 的色谱柱伸出该金属毛细管。载气和待测物一起从气相色谱柱流出立即进入离子源的作用场。由于载气氦气是惰性气体不发生电离，而待测物却会形成带电粒子。待测物带电粒子在电场作用下加速向质量分析器运动，而载气却由于不受电场影响，被真空泵抽走。接口的实际作用是支撑插入端毛细管，使其准确定位。另一个作用是保持温度，使色谱柱流出物始终不产生冷凝。

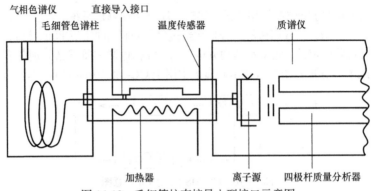

图 14-18　毛细管柱直接导入型接口示意图

3. 开口分流型接口　色谱柱洗脱物的一部分被送入质谱仪，这样的接口称为分流型接口。在多种分流型接口中开口分流型接口最为常用。气相色谱柱的一段插入接口，其出口正对着另一毛细管，该毛细管称为限流毛细管。限流毛细管承受将近 0.1 MPa 的压降，与质谱仪真空泵相匹配，把色谱柱洗脱物的一部分定量地引入质谱仪的离子源。内套管固定插色谱柱的毛细管和限流毛细管，使这两根毛细管的出口和入口对准。内套管置于一个外套管中，外套管充满氦气，当色谱柱的流量大于质谱仪的工作流量时，过多的色谱柱流出物和载气随氦气流出接口；当色谱柱的流量小于质谱仪的工作流量时，外套管中的氦气提供补充。这种接口结构也很简单，但色谱仪流量较大时，分流比较大、产率较低，不适用于填充柱的条件。

（二）质谱单元

质谱仪主要由真空系统、电离源、质量分析器、检测器及数据处理系统组成。由于本章已对各部分做了详细介绍，本节只简要介绍 GC-MS 中常用的电离源和质量分析器种类。GC-MS 中最常用的离子源为电子轰击源（EI）和化学电离源（CI）。GC-MS 中最常用的质量分析器有四级杆质量分析器、磁式扇形质量分析器、双聚焦质量分析器、离子阱质量分析器等。

二、气相色谱-质谱联用的定性定量分析

（一）定性分析

目前 GC-MS 的数据库中，储存有近 30 万个化合物的标准质谱图。因此，任一组分的质谱图可以在数据库中进行检索，可以得到化合物的名称、分子式、分子量及可靠度。常用的质谱谱库主要有 NIST 库、NIST/EPA/NIH 库、Wiley 库、农药库（standard pesticide library）、药物库（pfleger drug library）以及挥发油库（essential oil library）。利用计算机进行库检索是一种快速、方便的定性方法，但也存在一些问题：第一，数据库的谱图数量有限，如果未知物是数据库中没有的化合物，就没法对未知物进行定性；第二，一些结构相近的化合物其谱图可能相似，可能会造成检索结果不可靠；第三，色谱分离差、本底高使得质谱图质量不高，干扰大，造成检索结果不可靠。因此，得到检索结果后，还应该综合考虑样品的物理、化学性质及色谱保留时间等因素，必要的时候还需采用红外光谱、核磁共振等手段核实。

（二）定量分析

定量方法与色谱法相类似，可以采用归一化法、外标法以及内标法等。通常情况下选择总离子色谱图（TIC）定量。但为了提高复杂体系中待测物的检测灵敏度并减少其他物质的干扰，在 GC-MS 的定量分析中经常采用质量色谱图进行定量，即选择离子监测（SIM）和选择反应监测（SRM）模式。选择离子监测是针对一级质谱而言只扫待测物的离子，其他离子不被记录，提高检测灵敏度。

选择反应监测是针对二级质谱或多级质谱，即只选择一级质谱中的一个离子作为母离子，然后从该母离子经碰撞后的子离子中选择一个子离子，组成的离子对进行检测。因为选择反应监测中两次都只选单离子，所以噪声和干扰被排除得更多，灵敏度信噪比会更高，尤其对于复杂的、基质背景高的样品。

三、气相色谱-质谱联用的应用

随着 GC-MS 技术的不断发展和完善，GC-MS 在药学、环境分析、食品化工、临床医疗等领域获得广泛应用。

1. 在中药分析中的应用 GC-MS 检测灵敏度高，分离效能好，其在中药研究领域的应用越来越受到重视。GC-MS 常用于中药中挥发油、生物碱、糖类、脂肪酸类、甾类化合物的检测和分析，并用于中药的药效学及药代动力学等多方面的研究。GC-MS 也是优化中药生产工艺、建立中药质量控制标准、提高中药复方的质量水平的有效手段之一。

2. 在食品安全方面的应用 由于 GC-MS 具备灵敏度高、定性准确、多种残留可同时检测等优点，在食品安全中农残检测中得到了广泛的应用。

3. 在兴奋剂检测中的应用 根据国际奥林匹克委员会医学委员会的要求，GC-MS 被认定为体育运动中的兴奋剂检测的唯一能用作确认的仪器。一般先用 GC-MS 中选择离子检测（SIM）模式对兴奋剂做初筛，再对初筛有存疑的样品进行定性分析。

第八节 液相色谱-质谱联用

液相色谱-质谱联用（liquid chromatograph-mass spectrometer，LC-MS），其中液相色谱作为分离系统能够有效地将待测样品中的特定有机物成分分离，质谱作为检测系统对分离开的有机物逐个分析，从而对有机物进行准确的定性、定量和结构分析。

一、液相色谱-质谱联用仪器系统

LC-MS 仪器由液相色谱、接口、质谱及计算机四个部分组成。其中 LC-MS 中关键的技术是液相色谱仪与质谱仪的接口装置，而液相色谱、质谱部分已分别在第十二章和本章做过详细介绍，因此本节着重接口装置。

1. 电喷雾离子化接口 电喷雾离子化接口又称电喷雾电离（electrospray ionization，ESI）源，如图 14-19 所示。ESI 主要是一个同轴层套管组成的电喷雾雾化器，内层是一个输送液相色谱流出物的毛细管喷针，外层是用于通喷雾气体（一般使用氮气做喷雾气体）。电喷雾过程中大致可以分为三个阶段：液滴的形成、去溶剂化及气相离子的形成。ESI 具有如下特点：①是一种非常温和的软电离技术，一般只形成准分子离子 $[M+H]^+$，若溶液中含有 Na^+、K^+、NH_4^+ 等，还会形成$[M+Na]^+$、

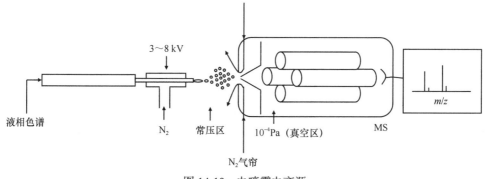

图 14-19 电喷雾电离源

[M+K]⁺、[M+NH₄]⁺簇离子；②多种离子化模式可供选择：正离子模式 ESI（＋），负离子模式 ESI（－）；③适合分析极性分子和大分子化合物；④可与多种色谱有效结合，用于复杂系统的分析。

2. 大气压化学离子化接口 又称大气压化学电离（atmospheric pressure chemical ionization，APCI）源，如图 14-20 所示。在气体辅助下，液相色谱流出物流过毛细管形成微小液滴，在毛细管外有一加热器使液相色谱流出物加热汽化。在加热器端有一电针，通过电针电晕放电，使空气中某些中性分子电离，产生 H_3O^+、N_2^+、O_2^+ 和 O^+等离子，液相色谱流出物中溶剂分子也会被电离。这些离子与分析物分子进行离子-分子反应，使分析物分子离子化。APCI 具有如下特点：①适合分析中等极性和弱极性的化合物，当分析物极性弱，无法利用 ESI 产生足够强的离子时可采用 APCI 增加离子产率；②主要产生单电荷离子，分析的化合物分子质量一般小于 1000 Da；③APCI 产生的质谱很少有碎片离子，主要是准分子离子；④与 ESI 相比，APCI 的流动相适应范围更广。

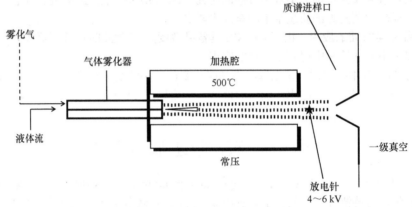

图 14-20　大气压化学电离源

3. 大气压光离子化接口 又称大气压光电离（atmospheric pressure photoionization，APPI）源，如图 14-21 所示。2000 年 Robb 等第一次在液相色谱-质谱联用中使用了 APPI，它是取消了 APCI 的电晕放电针，增加了一个紫外灯（或激光灯），利用光子将气相中的样品电离的离子化技术。主要原理是：在雾化气的作用下，来自液相色谱的流出物流经毛细管并形成微小液滴被喷射蒸发，由光源发射的光子与气态分析物碰撞产生离子,产生的分子离子经过一系列分离器和静电透镜进入质谱的质量分析器进行质量分析。APPI 具有如下特点：①特别适合分析弱极性和非极性的化合物，

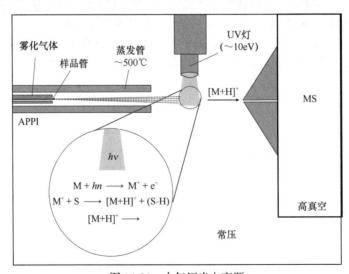

图 14-21　大气压光电离源

当分析物极性很弱无法利用 APCI 产生足够强的离子时可采用 APPI 增加离子产率；②添加甲苯和甲苯/苯甲醚混合液（体积比为 95/5）等助离子化剂可提高离子化效率；③APPI 与 ESI 或 APCI 联用，能大大扩大 LC-MS 的检测范围。

二、液相色谱-质谱联用分析条件的选择

LC-MS 分析过程中要考虑液相色谱的条件（如流动相种类和流速）、接口的选择及质谱条件（如正、负离子模式）等。

（一）流动相的选择

在液相分析中应考虑流动相的种类及流速大小。ESI 和 APCI 中通常使用甲醇、乙腈、水及其混合物作流动相，必要时可在流动相中添加甲酸铵、乙酸铵等易挥发盐的缓冲盐或加酸、乙酸、氨水等挥发性酸、碱调节流动相的 pH。

选择合适的流动相流速应兼顾色谱的分离效率和质谱的离子化效率。在液相色谱中，需要适当的流速方可保证分离效率；在质谱分析中，一般是流速越低，离子化效率越高。因此，为了既保证液相的分离效果又保证质谱的离子化效率，在条件运行的情况下，尽量采用低流速、细内径的色谱短柱。

（二）接口的选择

LC-MS 中常使用 ESI 和 APCI 两种接口。由于电离方式不同，ESI 和 APCI 各有优缺点，在使用过程中可以将这两种接口成为相互补充的分析方法。表 14-4 从不同方面对二者进行了比较，便于根据不同样品和分析目的选择相应的接口。

表 14-4　ESI 和 APCI 的比较

比较项目	ESI	APCI
适用范围	极性的大分子，如蛋白质、多肽	中等极性和弱极性的小分子
分析物电荷	形成单电荷和多电荷的分子离子峰	形成单电荷的分子离子峰,不能生产一系列多电荷离子
基质	对样品的基质的敏感度比 APCI 更强；使用缓冲盐时要求挥发性的低浓度盐	对样品的基质的敏感度比 ESI 要弱;可使用稍高浓度的挥发性盐
流动相的影响	对流动相组成的敏感度比 APCI 更强；在低流速下工作更好	对流动相组成的敏感度比 ESI 要弱;不适合在小于 100 μl/min 流速下工作
溶剂	溶剂种类和 pH 大小对分析物的离子化效率影响较大	溶剂种类对分析物的离子化效率影响较大;溶剂 pH 大小对分析物的离子化效率有一定影响

（三）正负离子模式的选择

对于 ESI 和 APCI 接口，一般商品仪器都有正、负离子模式可供选择。正离子模式和负离子模式下设备上加的电场方向相反。①正离子模式下收集带正电荷的离子,适合检测容易结合氢的样品,如碱性样品、带有仲氨或叔氨的样品。②负离子模式下收集带负电荷的离子,适合检测容易失去氢的样品分子，如酸性样品分子、含有谷氨酸和天冬氨酸的肽类。如果样品分子中含有较多氯、硝基等强负电性基团，首先考虑使用负离子模式。对于酸碱性不能确定的化合物分子要采用两种模式兼顾。

三、液相色谱-质谱联用的应用

经过不断的发展，近年来 LC-MS 以其高灵敏度、高准确性和多通道检测成为分析检测领域核心的技术之一，在药物分析、临床检测、食品安全、环境分析等多领域得到了广泛的应用。

1. 在中药研究中的应用　LC-MS 因其高灵敏度、高选择性和快速的特点，已广泛被应用于中

药中化学成分的定性和定量分析、中药代谢和药代动力学及药效学等中药方面的研究，推进了中药现代化的进程。

2. 在食品安全中的应用　在食品中发现了数量众多的有毒有害化合物，如抗生素、杀虫剂、毒素等，对公众健康造成了潜在威胁和现实危害。如使用 LC-MS 能很好地检测牛奶中微量的光引发剂、苹果中的农药残留量、牛肝中兽药的残留量。LC-MS 在食品安全分析领域得到了广泛的应用和发展。

3. 在代谢组学及药物代谢中的应用　近年来，代谢组学作为一种新的系统生物学研究方法得到了飞速发展。使用 LC-MS 能很好地分析猪血浆中胺类代谢物、抑郁症患者晨尿中 9 种氨基酸类内源性物质、小鼠肿瘤中犬尿氨酸和色氨酸的含量及浓度变化。药物代谢是指药物经过体内吸收、分布之后，在药酶的作用下经历化学结构变化的过程。LC-MS 是药物代谢产物研究的重要工具，已被用于研究五味子醇甲的药代动力学、人参皂苷 CK 在正常大鼠和大脑中动脉阻断模型大鼠体内药物代谢、人血浆中阿莫西林克拉维酸的药代动力学等。

第九节　电感耦合等离子体质谱

电感耦合等离子体质谱（inductively coupled plasma mass spectrometry，ICP-MS）是 20 世纪 80 年代发展起来的无机元素和同位素分析测试技术，它以独特的接口技术将电感耦合等离子体的高温电离特性与质谱的灵敏快速扫描的优点相结合而形成一种高灵敏度的分析技术。该技术提供了极低的检出限、极宽的动态线性范围、谱线简单、干扰少、分析精密度高、分析速度快及可提供同位素信息等分析特性。

一个标准的 ICP-MS 仪器分为四个基本部分：ICP（样品引入系统、离子源）、接口（采样锥、截取锥）、质谱仪（质量分析器、离子检测器、真空系统）、计算机系统，如图 14-22 所示。待测试样经试样引入系统的喷雾器形成气溶胶进入高温等离子体焰炬；试样分子与高温等离子体发生碰撞，失去电子而形成离子；通过 ICP-MS 接口将各种离子流传输到质谱仪的质量分析器，使不同质核比的离子得以分离；最后经过离子检测器及计算机处理系统分析某个离子的强度，再计算出某种元素的数目。该技术可利用质谱图中的质荷比对试样组分进行定性分析，利用离子信号强度进行定量分析。

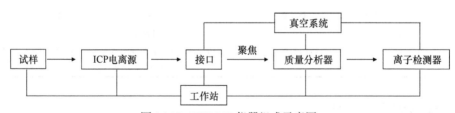

图 14-22　ICP-MS 仪器组成示意图

1. 样品引入系统　ICP 要求所有样品以气体、蒸气和细雾滴的气溶胶或固体小颗粒的形式进入中心通道气流中，分析之前还需要将样品消解后再分析。试样的引入方式有很多种，使用最多的是溶液雾化法。基于 ICP-MS 主要用于分析痕量元素，因此在试样制备过程中避免样品受到污染和损失。液相色谱、气相色谱、毛细管电泳均可作为 ICP-MS 的试样引入方法，这些技术与 ICP-MS 的联用技术在元素形态分析方面得到了广泛的应用。

2. 离子源　以电感耦合等离子体为离子源。ICP 火焰的形成有三个条件：高频电磁场、工作气体、能维持气体稳定放电的石英炬管。

3. 接口　接口是 ICP-MS 系统关键的部分，其功能是将等离子体中的离子有效传输到质谱。在 ICP 和质谱之间存在压力和温度的巨大差异，ICP 要求在常压和高温（约 7500 K）下工作，但质谱要求在高真空（～10^{-5} Pa）和较低温（约 300 K）下工作。采用双锥体可以有效将高温、常压下 ICP 中的离子有效地传输到高真空、较低温的质谱中。双锥体的结构示意图如图 14-23 所示，其由采样锥（孔径 0.8～1.2 mm）和截取锥（孔径 0.4～0.8 mm）两部分组成。两个锥体之间为第一级真空，离子束以超音速通过采样锥孔并迅速膨胀，形成超声射流通过截取锥。中性粒子和电子在此处被分离掉，而离子进入离子透镜系统被聚焦，并传输至质量分析器。

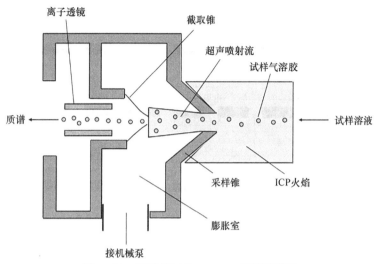

图 14-23　双锥接口的 ICP-MS 仪器示意图

第十节　质谱分析技术进展

一、离子淌度质谱法

（一）概况

离子淌度谱（ion mobility spectrometry，IMS）又称为离子迁移谱，是根据气相离子的大小、形状和电荷分离离子的一种分析技术。离子淌度质谱法（ion mobility mass spectrometry，IMMS），是离子淌度谱技术与质谱的联用，飞行时间质谱、四极杆质谱、傅里叶变换离子回旋共振质谱等均有与离子迁移谱联用的应用报道，这是一种新型的二维分离质谱技术。对于用常规质谱方法不能区分的异构体或复合物等分析时，采用这种分离手段尤为重要，它既突破了离子迁移谱独立使用的局限性，又拓展了质谱的性能和应用范围。离子淌度在经预分离后，可通过每一组分质荷比求得质量数，便可获得离子淌度质谱二维图谱或三维图谱。

（二）工作原理

IMS 仪器的核心原理是在电场的影响下分离惰性气体（缓冲气体）中的离子，离子在一定电场强度（E）作用下，在惰性载气介质中的移动速度（V_d），与场强成正比，其比例常数特定分析物迁移率（K）即为离子淌度，如图 14-24 所示。

（三）分类

按工作原理，离子淌度技术可以分为时间扩散、空间扩散、限制和选择性释放 3 种形式。

1. 时间扩散型　漂移时间离子迁移谱（drift-time ion mobility spectrometry，DTIMS）是最基础且概念上最简单的离子淌度形式。最初由一系列堆叠的电极组成 DTIMS 电池，每个电极产生一个弱的均匀电场（5～100 V），能够驱动离子通过漂移管运动，该漂移管充满惰性气体（如氮气或氦气），即为缓冲气体。当离子进入漂移管中，激发静态均匀电场（5～100 V），离子将会沿着电场方向移动。迁移率高的离子先通过漂移管而得到分离，从而实现不同离子的分离，影响分辨率的主要因素为漂移管内气压、气体的温度和流速、电场强度。

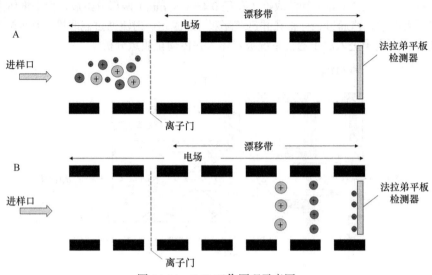

图 14-24　IMS 工作原理示意图

行波离子迁移谱（travelling wave ion mobility spectrometry，TWIMS），与 DTIMS 类似，是一种时间扩散方法。它由一个堆叠环形离子导向器（SRIG）组成，其中正负射频（RF）电压周期性地施加到相邻的环电极上，径向限制离子的迁移，直流（DC）电压从装置的一端到另一端连续向每个电极施加轴向推动离子，施加到每个电极的直流电压脉冲又产生"行波"，离子在淌度池内形成类似行波的运动轨迹。

2. 空间扩散型　差分淌度迁移谱（differential mobility analyzers，DMA）是一个基于平面设计的系统，由两个平行金属板构成两个平面电极产生电场，并具有流通的缓冲气体，离子通过其中一个电极进入装置，沿着电场方向穿过气流到达另一个电极出口，并流向质谱分析仪，改变电场强度可以传输不同淌度的离子，在大气压条件下运行，具有串联质谱的所有扫描方式。

场不对称性离子迁移谱（field asymmetric ion mobility spectrometry，FAIMS）作为 IMS 的一种，同样是大气压下痕量物质检测技术，其不同之处就在于，FAIMS 并不直接根据离子的迁移率来分离离子，而是根据低场和高场的迁移率来分离离子。

3. 限制和选择性释放型　捕集离子淌度迁移谱（trapped ion mobility spectrometry，TIMS）是最新的 IMS 方法之一，由一组电极组成，形成三个区域：入口漏斗、TIMS 迁移区（离子迁移分析仪）和出口漏斗。入口和出口都控制离子偏转和聚焦，迁移区则是通过气流和电场反向作用力相互作用的结果来捕集离子。

（四）应用

随着商业化 IMMS 仪器使用的普及，该技术在中药分析、小分子代谢物及其代谢组学、大分子代谢物、临床医学等中得到广泛应用。

1. 在中药化学成分分析中的应用　IMMS 提供了新的分离维度，中药及天然药物化学成分研究中的应用也逐步受到关注。例如，Wang 等在利用 LC-MS 法分析栀子藏红花素类成分发现西红花苷Ⅲ在总离子流图中为单峰，进一步通过使用 LC-TWIMS-MS 技术不仅实现了顺、反西红花苷Ⅲ异构体的快速拆分，还发现了新的潜在异构体。其次，IMMS 可通过引入金属离子、含金属离子手性选择剂（如环糊精）或其他衍生化试剂以提高分离选择性。例如，（−）-α-红没药醇和（＋）-α-红没药醇是一对手性半萜异构体，直接利用 TWIMS-MS 无法实现分离，研究报道可通过引入 Ag^+ 增加样品中 α-红没药醇对映异构体的分离度。此外，Feng 等在对茯苓提取物进行成分表征时，利用 LC-TWIMS-MS 结合 HDMS^E 采集模式，在低碰撞能时获取离子一级质谱信息，在高碰撞能时获取碎片离子信息，通过相同保留时间和漂移时间实现母离子及其碎片离子的快速准确匹配，进而对未知化合物进行结构推测。

2. 在小分子代谢物分析中的应用　采用 IMMS 技术可快速的分离、分析小分子代谢物如氨基酸、脂质、蛋白质等，实现高通量测试。唐科奇课题组利用寡糖作为手性选择剂，采用 TIMS-MS 鉴别了 21 种手性氨基酸。Chen 等使用 TWIMS-MS 研究了 β-胡萝卜素的热降解，并推测出了几种分解产物。

Reading 等利用 TWIMS-MS 研究了药物代谢物的气相构象，重点是将实验数据与药物结构表征的计算模型相关联。Lee 等研究了抗癌药物紫杉醇的代谢物，利用 TWIMS-MS 研究了不同位点的羟基化作用，并用理论计算支持了他们的实验结果。Cheng 等在利用 LC-TWIMS-MS 法分析顺/反双咖啡酰奎宁酸（m/z 为 515.1190）异构体时，发现异构体母离子特征无法区分，而碎片离子（m/z 为 353.0880）则具有不同的 AT 值，可实现异构体的有效拆分。朱正江课题组详细全面地探讨了 CCS 值在代谢物鉴定中的用途和优势，整合了 296 663 个脂质分子的多维信息，开发了脂质组学鉴定分析软件 Lipid 4D Analyzer，实现了脂质的高覆盖、高准确的化学结构鉴定，CCS 值数据库具有高覆盖、高准确的优点，可为鉴定缺少标准二级质谱图的未知代谢物提供了新途径。

3. 在糖类研究中的应用　聚糖的结构表征是理解其生物活性的第一步。Clemmer 及其同事利用自制的漂移管仪器首次发表了带负电荷的三糖及其碎片的迁移率降低。2003 年，Hill 及其同事也使用非商业离子迁移仪分离了 21 种不同的碳水化合物标准，显示了 IMMS 分析糖类的能力和潜力。

4. 在临床分析中的应用　通过使用 IMS 和 IMMS 分析临床样本证实了技术在此类应用中的潜力。Vautz 等首先通过得出的离子迁移谱分析出健康者呼出的气体成分，测定出主要成分为氨、乙醇和丙酮；同时还对糖尿病患者的呼气检测，发现丙酮含量远高于健康者。相关文献还报道 IMS 可快速检测哮喘及通过检测异戊二烯识别肺癌等。使用 IMMS 进行 DESI 或 MALDI 结合 IMMS 的成像，集中在通过添加 DMS 来提高组织成像的对比度，通过肽和蛋白质鉴定来确定癌症肿瘤的定位，以及脑组织中的脂质成像。

二、质谱成像

（一）概述

质谱成像（mass spectrometry imaging，MSI）是一种新兴的间接可视化图像技术，通过获取生物组织的多点质谱数据来提供分子分布信息。自 20 世纪末引入生物医学领域以来，MSI 得到了高度重视，并经历了快速发展。利用 MSI，科学家已经获得了许多生物活性分子的分布特征，如脂肪酸、磷脂、碳水化合物、神经递质、腺嘌呤核苷酸、内源性代谢物、内源性多肽，甚至完整的蛋白质，MSI 在临床诊断学、肿瘤学、病理学和药理学等领域显示了广阔的前景。

（二）工作原理

一般过程如图 14-25 所示。将待分析样品的薄片切割并放置在靶板上（对于 MALDI 成像，需再将基质应用到样品上）。样品被引入质谱仪的离子源区，其表面受到离子、光子或原子或分子束的轰击。对样品中的化合物进行解吸、电离和质量分析。然后根据需要在给定样品区域重复这一过程，覆盖样本表面的选定区域，直到所需区域被采样。任何给定离子的强度都可以绘制为位置的函数，从而生成该样品的特定分子离子图像。

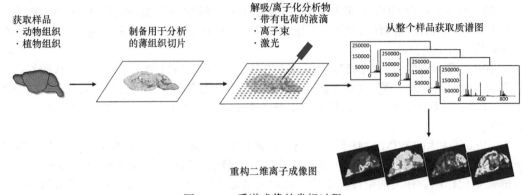

图 14-25　质谱成像的常规过程

（三）分类

在过去几十年的不断发展中，已经涌现出多种质谱成像技术。但到目前为止，使用最多质谱成像技术主要有基质辅助激光解吸电离质谱成像（matrix-assisted laser desorption ionization mass spectrometry imaging，MALDI-MSI）、二次离子质谱（secondary ion mass spectrometry，SIMS）成像和解吸电喷雾电离质谱成像（desorption electrospray ionization mass spectrometry imaging，DESI-MSI）。

1. MALDI-MSI　该成像方法是于 1997 年被 Caprioli 提出，使用激光探测组织表面的特定位置。MALDI-MSI 方法实现了低于 20 μm 的空间分辨率。MALDI-MSI 需要应用有机基质作为激光能量和分析物之间的中介，并促进分析物的电离。蛋白质是 MALDI-MSI 第一类可视化的分子。通过改变基质的种类，MALDI-MSI 也可用于其他类别的分子的成像分析，如内源性的多肽、脂类和小分子，外源性的药物等。

2. SIMS　在 SIMS 中，使用脉冲离子束穿过样品表面，在脉冲离子束的作用下，样品表面的分析物与脉冲离子发生离子分子交换反应带上电荷，成为二次离子，然后被质谱检测。该技术已用于亚细胞级别的空间分辨率的成像分析，分析金属表面元素和分子的组成。因为该技术可以用亚微米的横向分辨率分析样品表面以下几纳米的分子层，所以被广泛用于相关行业的测量，如由无机材料制成的半导体薄膜的深度剖析。然而，该技术对分析完整的生物分子比较困难，因为二次离子的产率低及在高能量的离子束作用下会导致分子离子的大量碎裂。

3. DESI-MSI　DESI 是第一个在环境条件下运行的常压解吸电离技术，并从 2006 年开始在 MSI 中使用。DESI 是一种具有代表性的一步电离源，其表面的分析物分子通过电喷雾电离产生的高速带电微滴进一步内被解吸和电离。DESI 在无须任何样品预处理的常压条件下对生物组织中的脂类、代谢物等化合物进行分析具有很大的优势。

（四）应用

MSI 作为一种重要的分子成像技术，具有样品前处理简单、灵敏度高、无须标记等优势。近年来，MSI 技术在医学、药学、植物学等领域得到广泛应用。

1. 质谱成像技术在中医药学中的应用　植物不同器官中积累的植物化学物质是中药治疗的物质基础。中药成分的含量及分布不同时，对药材的品质会产生较大影响。近几年 MSI 技术已成为一种快速简便鉴别与查验药用植物的技术手段，且获得了良好效果。有学者利用 MALDI-MSI 技术研究了甘草中黄酮类和三萜皂苷的分布规律。MSI 技术还被用于药用植物鉴定、有效成分的合成途径、药用安全性及植物防御等方面的研究。

2. 质谱成像技术用于癌症研究　几十年来，癌症一直是世界范围内死亡的主要原因。了解肿瘤及其环境的各种特性对癌症和药物研究至关重要。近年来，成像技术的应用为癌症的诊断、治疗和预后方面的研究提供了新的见解，如 MALDI-MSI 已被用于垂体腺瘤的诊断，细针穿刺活检中甲状腺癌的分类，以及使用脂质组特征确定组织学分级。

3. 质谱成像技术在食品科学领域的应用 食品组成成分的分布会影响食品稳定性和感官特性，MSI 已经被广泛用于食品组成成分的分析及组分在食品中的分布，这有助了解食品中物质的代谢过程。Zaima 等利用 MALDI-MSI 发现 LPC（16：0）普遍存在于水稻胚乳中，而 LPC（18：0）则定位于胚乳核心。Nakamura 等利用 MALDI-MSI 研究了番茄果实组织切片内 30 种代谢物的空间分布，并分析了不同成熟表型（绿色和红色番茄）中代谢物的时空变化。

4. 质谱成像技术在环境分析中的应用 环境是关系着人类生存的关键因素，高效率地解决现有环境问题，成为当下环境科学的热门话题。研究持久性有机污染物在水生生物体内的分布，对于探索环境污染物的生物毒性和健康风险具有重要意义。质谱成像技术已成功应用于生物体中污染物监测，且可以对污染物胁迫的生物（如斑马鱼）进行脂质空间组学研究，用于研究污染物对生物生理状态的影响。

思 考 题

1. 适用于生物大分子电离的离子源的类型有哪些？其对应的特点是什么？
2. 简述质谱分析法中常见的离子及各自的作用。
3. 怎样利用质谱法确定未知样品的分子量和分子式？
4. 在医药研究中，LC-MS 可以应用于什么方向？

（安徽中医药大学 汪电雷；滨州医学院 赵娟娟）

第十五章 其他分析技术

本章要求

1. **掌握** 微流控芯片技术及表面等离子技术的基本原理。
2. **熟悉** 热分析技术的组成和技术应用要求。
3. **了解** X射线衍射分析法、生物传感器、流动注射分析技术的发展和特点。

第一节 热分析技术

一、热分析技术的概述

热分析（thermal analysis，TA）技术是在程序控制温度下测量物质的物理性质（如质量、热量等）与温度关系的一种技术。程序控制温度一般指线性升温或降温，当然也包括恒温、非线性升温、降温或以上几种情况的任意组合。物质在温度变化过程中，常常伴随着微观结构和宏观的物理、化学等性质的变化。通过测量物质在升温或降温过程中的物理、化学性质的变化，可以获取更加有效的热力学特性数据和精细结构信息，实现对物质的定性、定量分析。热分析技术的核心就是研究物质在受热或冷却过程中产生的物理和化学的变迁速率、温度及所涉及的能量和物质的变化。国际热分析联合会（International Confederation for Thermal Analysis，ICTA）按照测定的物理量，如质量、温度、热量、尺寸、力学量、声学量、光学量、电学量和磁学量等参数，对热分析技术加以归纳分类，共有9类17种，在这些热分析技术中热重法（thermogravimetry，TG）、差热分析法（differential thermal analysis，DTA）、差示扫描量热法（differential scanning calorimetry，DSC）应用最为广泛，如表15-1所示。热分析技术是现代结构分析方法中常用的技术之一，广泛应用于化学、物理学、材料科学、地球科学、医学和食品科学等各学科和行业领域。

表15-1 几种主要热分析技术应用比较

热分析法种类	测量物理参数	温度范围（℃）	应用范围
热重法（TG）	质量	20～1500	沸点，热分解反应，过程分析与脱水量测定等生成挥发性物质的固相反应分析，固体与气体反应分析等
差热分析法（DTA）	温度	20～1600	熔化及结晶转变，氧化还原反应，裂解反应等的分析研究，主要用于定性分析
差示扫描量热法（DSC）	热量	−170～1500	研究范围与DTA大致相同，但能定量测定多种热力学和动力学参数，如比热容反应热，转变热反应速度和高聚物结晶度等

二、热分析常用方法

（一）热重法

1. 热重法的基本原理 许多物质在受热或冷却过程中常伴随蒸发、升华、吸附、脱附等物理现象，以及物质的脱水、解离、氧化、还原等各种化学变化，致使物质的质量发生变化。热重法是在程序控制温度下测量物质的质量与温度（或时间）关系的一种技术。检测质量变化最常用的方法是用热天平，即热重分析仪，它测量的是物质随温度变化发生化合、分解、失水、氧化还原等反应而引起的质量变化情况，据此研究物质的物理化学过程。当样品在升温过程中发生质量变化，天平失去平衡，由安装在热天平中的光电位移传感器及时检测出失去平衡的信号，测重系统将自动调整平衡线圈中的平衡电流，使天平恢复平衡。平衡线圈中电流的改变量与样品的质量变化成正比，测量并记录电流的变化便可获得质量变化的曲线，即得到热重曲线（TG 曲线，图 15-1）。热重曲线是程序控制温度下物质质量与温度变化关系的曲线，是温度变化过程中样品失重累积量，为积分型曲线，其纵坐标为质量（余重，mg）或失重率（余重百分数，%），向下表示质量减少，反之为质量增加；横坐标为温度（T）或时间（t）。由于试样质量变化的实际过程不是在某一温度下瞬间完成的，因此热重曲线不是呈直角台阶状，而是形成带有过渡和倾斜区段的曲线。在热重曲线中，如果反应前后均为水平区段，表示反应过程中试样质量没有发生变化；若曲线发生倾斜形成台阶状，则相邻两个水平线段之间在纵坐标上的距离所代表的质量即为该步反应的质量损失。图 15-1 中热重曲线呈现三个倾斜区段表示试样存在三个失重阶段。m_0、m_1 和 m_2 代表试样在不同阶段的质量，m_0 表示试样原始质量，m_1 和 m_2 分别表示第一失重阶段和第二失重阶段结束时的质量；T_1 表示试样第一失重阶段开始时的温度，T_2 和 T_3 分别表示，第二失重阶段开始和结束时的温度，T_4 和 T_5 分别表示第三失重阶段开始和结束时的温度。热重法的主要优势在于能够测定多个连续反应的质量变化特征，并通过特定的化学计量方法进行统计分析，具备对样品组成进行定量分析的能力。

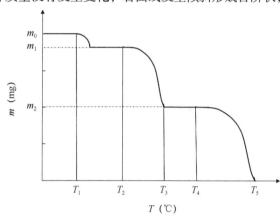

图 15-1 典型的热重曲线

2. 热重分析仪 热重分析仪由精密天平、线性程序控温的加热炉、数据工作站等几个主要部分构成。

天平是热重分析仪的核心组成部分，主要有立式和卧式两种结构，必须具备仪器结构坚固、准确度高、重现性好和抗震性能佳等基本要求，同时需要确保仪器对环境温度变化有较强的适应能力，以保证天平在过高或过低的温度或急剧变化的温度条件下能够获得精确的数据信息。样品检测过程中，将测量到的质量变化转换成与其成比例的电信号，并将得到的连续记录转换成其他方式，如原始数据微分、积分、对数或者其他函数等，对数据进行各种热分析统计。

加热炉是热重分析仪的主要部分，试样盛放在耐高温的坩埚中置于支撑架上，试样的质量变化由天平来测量，当样品因发生物理或化学反应导致质量变化时，天平梁发生偏转，梁中心的纽带同时被拉紧，光电检测元件的偏转输出变大，导致吸引线圈中电流的改变，在天平一端悬挂着一根位于吸引线圈中的磁棒，能通过自动调节线圈电流，使天平保持平衡，线圈中的电流变化与样品的质量变化成正比，由计算机自动采集数据即可得到热重曲线。

热重分析仪的工作方式可分为偏移式和回零式。对于偏移式天平，样品质量的大小直接与天平的偏移量成正比，偏移量的大小通常由位移传感器转变成电信号，经放大后通过计算机采集和输出。回零式是采用差动变压器法、光学法测定天平梁的倾斜度，然后调整安装在天平系统和磁场中线圈的电流，使线圈转动以恢复天平的平衡。

热重分析仪主要适用于研究物质相变、分解、脱水、吸附解吸、熔化凝固、升华蒸发等现象，以及鉴定物质的组分，测定热力学参数和动力学参数等，可以与其他分析技术联用，组成热重-质谱、热重-差热分析等，获得更丰富的物质组成和结构信息，广泛地应用于食品资源开发、蛋白质分析、有机物及聚合物的热分析等领域。

（二）差热分析法

1. DTA 的基本原理 物质在加热或冷却过程中发生物理化学变化的同时，往往伴随吸热或放热现象。DTA 是指在程序控制温度下，测量物质和参比物间的温度差与温度或时间关系的一种分析方法，使用的仪器称为差热分析仪。DTA 以某种在一定实验温度下不发生化学反应和物理变化的稳定物质作为参比物，将等量的被测物质在相同环境中等速变温的情况与之对比，被测物质任何化学和物理上的变化，与处于同一环境下的参比物相比，都会出现暂时的温度升高或降低，升高表现为放热反应，降低则表现为吸热反应。被测物质在加热或冷却过程中的热效应，通过示差热电偶闭合回路中温差电动势的变化而反映出来。温差电动势的大小取决于物质本身的热特性，与温差（ΔT）成正比。差热分析时，将被测物质和参比物放置在相同的热条件下，在这个过程中，被测物质在某一特定温度下发生物理或化学变化而引起热效应的变化，此时被测物质释放或吸收的热量使其温度高于或低于参比物的温度，被测物端与参比物端之间就会出现一个温度差，记录温度差 ΔT 与温度（T）或时间（t）的关系曲线称为差热曲线（DTA 曲线）。DTA 曲线以温度（T）或时间（t）

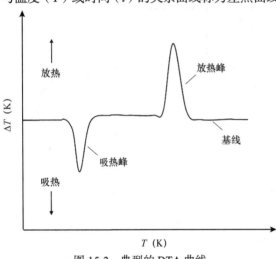

图 15-2 典型的 DTA 曲线

为横坐标，试样与参比物的温度差 ΔT 为纵坐标，如图 15-2 所示。当样品没有热效应发生时，即 $\Delta T=0$，热量和温度的变化状态对应在 DTA 曲线上表现为水平直线，称为基线。若样品有热效应发生时，即 $\Delta T\neq0$，记录器上就会出现差热峰。当 $\Delta T<0$，热效应表现为吸热，吸热峰向下；当 $\Delta T>0$ 时，热效应表现为放热，放热峰向上。当样品的热效应结束后，ΔT 恢复为零位，曲线又重新回归基线。在 DTA 曲线中，物质发生物理变化，常得到尖峰，而化学变化则峰形较宽。DTA 可用来测定物质的熔点，根据吸热峰或放热峰的数目，形状和位置还可以对样品进行定性分析，并估测物质的纯度。吸热峰和放热峰面积的准确积分也可以用于定量分析，解析反应级数及活化能。

2. 差热分析仪 差热分析仪是一种在程序控制温度下，测量物质与参比物之间的温度差与温度或时间函数关系的仪器，一般由加热炉、程序温控系统、差热系统及信号记录系统等部分组成。

差热分析仪的加热炉的结构应该对热电偶不产生干扰，多采用样品和参比物的内金属室模式，以便将电瓶臂和热波动的影响降低到最小限度。根据炉温可分为低温炉（$<250℃$）、普通炉、超高温炉（可达 2400℃）；根据结构形式，可分为微型、小型、立式和卧式。差热分析仪的加热炉体内有两个小坩埚，分别为放置样品 S 和参比物 R，下面有一个被陶瓷壁包裹着的热电偶，且分别被焊接在样品和参比物支架底部的传感器上，二者相互反接，形成回路。将样品和参比物同时升温到某一温度时，样品发生放热或吸热反应，样品温度 T_S 高于或低于参比物温度 T_R 而产生温度差 ΔT。该温度差就由上述两个反接的热电偶以微弱的差热电势形式输出，并由记录系统记录。

热电偶是 DTA 中检测温度的常用装置，和热重分析法一样，其热平衡非常重要。样品的内部和外部之间总会存在一定的温度差，实际上反应往往只发生在样品的表面，而样品内部仍未有反应，因此，在检测时应尽可能减少样品的用量，并且颗粒大小和填装尽可能均匀，这样就可以将上述效应减少到最低程度。

DTA 广泛应用于测定物质在热反应时的特征温度及吸收或放出的热量，包括物质相变、分解、化合、凝固、脱水、蒸发等物理或化学反应，是无机、有机，特别是食品添加剂原料、高分子聚合物、玻璃钢等方面热分析的重要手段，广泛应用于无机陶瓷、矿物、金属、航天、耐温材料等领域的研究。

（三）差示扫描量热法

1. DSC 的基本原理 DSC 是在程序控制温度下，测量整个分析过程中维持样品与参比物的温度相同条件所需的能量差的一种分析方法。当样品发生吸热反应时，样品端温度下降，必须供给比参比物更多的能量，才能使其温度与参比物相同。反之当样品发生放热反应时，样品端温度升高，则供给比参比物更少能量才能使其温度仍与参比物相同。DSC 和 DTA 相似，将样品和在所测温度范围内不发生相变且没有任何热效应产生的参比物，在相同的条件下进行加热或冷却，当样品发生相变时，样品与参比物之间就会出现温度差 ΔT，从而在温差测量系统中产生电流，此电流又触发另一补偿装置使温度较低的样品（或参比）得到功率补偿，使样品和参比物之间的温差趋于零，两者的温度始终维持相等。补偿的能量就是试样吸收或放出的热量。当样品发生热反应产生热量变化时，记录样品及参比物之间在 $\Delta T=0$ 时所需的能量差与时间（或温度）变化关系的曲线称为差示扫描量热曲线（DSC 曲线），如图 15-3 所示。DSC 曲线的纵坐标为反映样品吸热或放热速度的热流量差或热功率差，横坐标为温度或时间。曲线离开基线的位移代表样品吸热或放热的速率，峰面积代表热量的变化，即热焓变化 ΔH，其表达式为

$$\Delta H = m\Delta H_m = KA \qquad (15\text{-}1)$$

式中，ΔH_m 为单位质量试样的焓变；m 为试样质量；A 为峰面积；K 为修正系数，也称为仪器常数，可由标准物质试验确定。

DSC 常用于测量物质在物理变化或化学变化中焓的改变，与 DTA 非常相似。与 DTA 相比，DSC 具有如下的优点：①克服了 DTA 中样品本身的热效应对升温速率的影响；②能进行精确的定量分析；③DSC 技术通过对样品因发生热效应而产生的能量变化进行及时的补偿，始终保持样品与参比之间的温度相同，无温差、无热传递，热量损失小，信号检测大，在灵敏度和精确度方面都有了大幅度的提高。

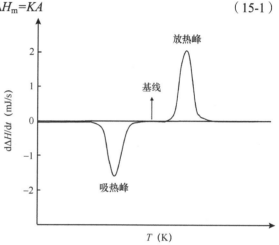

图 15-3　典型的 DSC 曲线

2. 差示扫描量热仪　差示扫描量热仪一般由温度控制装置、炉体、温度传感检测器、冷却气氛控制装置、数据工作站等几部分组成。根据所用测量方法的不同可分为功率补偿型 DSC 和热流型 DSC，其中后者为主流产品。

（1）功率补偿型 DSC：功率补偿型 DSC 测量时，使样品和参比物始终保持在相同的温度下，测定为满足此条件样品和参比两端所需的能量差，并直接作为信号 ΔQ 输出，其主要特点是样品与参比物分别具有独立的加热器和传感器。整个仪器在两个控制系统的监控下运行，一个控制温度，使样品与参比在预定的速率下升温或降温；另一个用于补偿样品和参比物之间因热效应所产生的温差（ΔT）。对于功率补偿性 DSC，要求样品和参比物的 ΔT 始终处于动态零位平衡状态，即 $\Delta T=0$，这是 DSC 与 DTA 最本质的区别。

（2）热流型 DSC：热流型 DSC 测量时，在给与样品和参比物相同的功率下，测量样品和参比物两端的温差 ΔT，然后根据热流方程，将 ΔT（温差）转换成 ΔQ 作为信号输出，其主要特点是采用 DTA 的原理进行量热分析（因此也称为定量 DTA）。仪器内置炉子的中央设有样品承载器，样品和参比物分别被放在承载器的两端，两者之间的温差与炉温由紧贴在承载器底部的热电偶来测量。当给予样品和参比物相同功率，测定样品和参比物两端的温差 ΔT，即可得到输出信号 ΔQ（热量差）。

DSC 克服了 DTA 以温度差间接表达物质热效应的缺陷，可直接定量测定多种热力学和动力学参数，且可进行物质的细微结构分析。DSC 因其在分辨率、重复性、准确性及极限稳定性方面的卓越表现，更适合有机和高分子材料的测定，非常适合材料分析，如熔点、结晶度、纯度、玻璃态转化点及比热等特性的研究，广泛地应用于塑料、橡胶、纤维涂料、黏合剂、医药、食品、生物无机材料、金属材料与复合物材料等各领域。

第二节 X射线衍射分析法

一、X射线衍射分析法的概述

1895年德国物理学家伦琴在研究阴极射线时，发现了一种肉眼看不见，穿透力很强的射线，由于当时对此射线的本质并不了解，故采用了数学里常用的未知数X命名即X射线。伦琴因此于1901年获得了首届诺贝尔物理学奖。X射线发现后不久即被应用于医学透视探伤。1912年德国物理学家劳厄利用晶体作为衍射光栅，成功观察到X射线衍射（X-ray diffraction，XRD）现象，证实了X射线具有波动特性，是波长很短的电磁波，并具有衍射能力，因此，劳厄获得了1914年的诺贝尔物理学奖。X射线具有波动性的发现对于X射线衍射学研究具有里程碑意义：一是证明了X射线是波长比可见光小的电子波；二是证实了晶体由原子点阵构成，从实验上证明了原子存在的真实性。劳厄发表了关于X射线衍射的论文后，引起了英国物理学家布拉格的关注，并提出了著名的布拉格方程$2d\sin\theta=n\lambda$（其中d为衍射面的间距，λ为X射线波长，θ为布拉格衍射角，n为整数），证明了能够用X射线衍射来获取关于晶体结构的信息，标志着X射线晶体学的诞生。布拉格因在创立X射线晶体结构分析方法方面做出的奠基性工作，获得了1915年诺贝尔物理学奖。1916年，拜德和谢乐采用底片记录多晶粉末的衍射花样，首次提出X射线多晶衍射技术。X射线衍射作为重要探测手段，在人们认识自然、探索自然方面有着非常广泛的应用，包括物理学、材料科学、生命医学、化学化工、矿物学、环境科学、考古学、历史学等各个学科领域。

二、X射线衍射分析法的基本原理

（一）X射线物理学基础

X射线是波长介于伽马射线和紫外线之间的电磁波，其中用于衍射结构分析的X射线波长一般为$0.05\sim0.1$ nm。在真空玻璃或陶瓷管中，利用高速运动电子流轰击金属靶材，电子的运动受阻，失去动能，其中小部分能量转变为电磁波，形成X射线，用于产生X射线的真空管称为X射线管，如图15-4所示。X射线管包含阳极和阴极两个电极，阴极一般为发射电子的钨丝，被绕成螺旋形，阳极为接受高速运动电子流轰击的金属靶材。当阴极的钨丝被加热到白热化即会放射出电子，在数万伏高压电场的作用下，高速运转的电子和金属靶材碰撞发生能量转换，其中大部分转变成热能，使靶材温度升高，小部分转化为辐射能，以X射线的形式放出。改变灯丝电流的大小可以改变灯丝的温度和电子的发射量，从而改变管电流和X射线强度。改变X射线管激发电位或选用不同的靶材改变入射X射线的能量。由于受高能电子轰击，X射线管工作时温度很高，为了避免靶材过度受热融化，必须在阳极通冷却水对其进行降温。

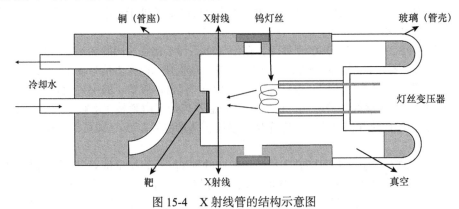

图15-4 X射线管的结构示意图

X射线管会产生两种不同的X射线谱，即连续X射线谱和特征X射线谱。连续X射线谱也称

白色 X 射线，是由一系列波长不同的 X 射线组
成。特征 X 射线谱是指波长特定的电磁波谱，
对于特定靶材，其特征谱的波长为定值。只有
当管电压高于某特定值时，才会在连续谱上出
现特征谱，通常将开始产生特征谱线的临界电
压称为激发电压，低于激发电压则只有连续谱
没有特征谱。

原子中的电子按照能量不同，依次位于能
量逐步升高的 K、L、M、N 等不连续能级上，
如图 15-5 所示。当 X 射线管中灯丝发出的电子
达到一定能量时，将靶材原子中的 K 层电子击
出，靶材原子处于 K 激发态，其外层电子跃迁
至 K 层，以降低原子能量，此时辐射出的光子

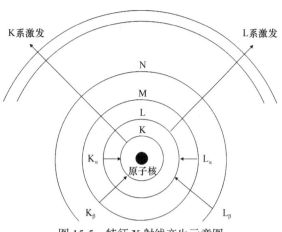

图 15-5　特征 X 射线产生示意图

形成特征 X 射线。电子由 L 轨道跃迁至 K 轨道形成 K_αX 射线，由 M 轨道跃迁至 K 轨道形成 K_βX
射线。同理，L 层电子被击出时，会产生一系列 L 系辐射。

（二）晶体 X 射线衍射

晶体 X 射线衍射是 X 射线在晶体中发生的衍射现象。晶体是内部质点在三维空间呈周期性重
复排列的固体。X 射线晶体结构分析是根据 X 衍射线的方向和强度，结合晶体学理论来推导晶体
中原子的排列及分子的空间结构。当 X 射线穿过晶体的原子平面层时，只要原子层的距离 d 与入
射角的 X 射线波长 λ、入射角 θ 之间的关系满足布拉格方程式，则反射波可以互相叠加而产生衍射，
形成复杂的衍射图谱。不同物质的晶体形成各自独特的 X 射线衍射图。具体来说，原始 X 射线射入
晶体时，其电场分量能够引起晶体中原子的电子振动，振动的电子由于相干散射会发出 X 射线，这
样每个原子实际上就成为一个向四周发射 X 射线的新 X 射线源。由于晶体中的原子是周期性排列的，
各原子发射的次生 X 射线之间会发生相互干涉作用，干涉的结果可以使次生 X 射线因相互叠加而增
强，或者因相互抵消而减弱或消失，这种次生 X 射线干涉的总结果即为晶体 X 射线衍射现象。

X 射线与晶体发生衍射作用时，参与衍射的晶体可以是单晶体也可以是多晶体，相应的衍射作
用分别称为单晶 X 射线衍射和多晶 X 射线衍射。单晶 X 射线衍射主要用于测定晶体的晶胞参数和
空间群及结构解析等。多晶 X 射线衍射可以根据图谱的衍射峰峰位、峰强和峰形，进行定性物相
分析、定量物相分析、结晶度分析、晶粒度计算、晶胞参数精测等。

三、X 射线衍射仪

（一）单晶 X 射线衍射仪

单晶 X 射线衍射仪分析的对象是单晶体，主要由 X 射线发生器、测角器、辐射探测器和自动
控制单元等部件组成。X 射线发生器的主要作用是产生特定波长和强度的特征 X 射线，常用的 X
射线管阳极为 Mo 靶，波长 λ_{K_α} =0.710 730 Å。测角器是单晶 X 射线衍射仪的核心部件，由光源臂、
检测器臂和狭缝系统组成，主要用于安置晶体并通过一定的运动方式使晶体发生 X 射线衍射。辐
射探测器用于记录 X 射线衍射的信号强度。单晶 X 射线衍射仪主要用于在化学结晶学领域准确、
快速测定晶体结构；精确地进行物相分析，定性定量分析，广泛应用于冶金、石油、化工、航空航
天、材料生产等领域。单晶 X 射线衍射仪的工作内容和主要步骤：晶体的培养、选择及在测角器
上的安装；晶胞参数取向矩阵的获得；衍射强度数据收集；衍射强度数据的还原和吸收校正，结构
解析和精修；晶体结构的表达与解释。

（二）多晶 X 射线衍射仪

多晶 X 射线衍射仪又称粉末 X 射线衍射仪，它的基本组成与单晶 X 射线衍射仪相似，常以

Cu 靶为 X 射线管阳极，波长 λ_{K_a} =1.541 84 Å；辐射探测器有闪烁探测器、能量色散探测器、阵列式探测器等。多晶 X 射线衍射仪已经成为固态物质分析鉴定不可或缺的基本分析仪器，扫描多晶样品可以获得 X 射线衍射图谱。由于每种物质的晶体都有特定的晶体结构和晶胞尺寸，而衍射峰的位置及衍射强度完全取决于该物质的内部结构特点，因此每一种结晶物质都有自己独特的衍射花样，即"指纹"谱。晶体的粉末 X 射线衍射图谱上各个衍射峰的强度和对应的衍射角是由晶体内部结构决定的，通常衍射峰取决于晶胞的大小和形状，由此可以对样品的组成进行定性物相分析。X 射线定性物相分析是将所测得的未知物相的衍射图谱与粉末衍射卡片（powder diffraction file，PDF）中已知晶体结构物相的标准数据进行比较，以确定所测试样中所含物相。PDF 的主要内容：样品来源制备和化学分析等数据；物质的化学式和英文名称；获得衍射数据的实验条件；物质的晶体学数据；物质的晶面间距、衍射强度及对应的晶面指数；卡片号和质量标记。采用 X 射线衍射进行定量相分析时，在混合物中某一相的衍射强度由其相对含量决定，因此可以根据 X 射线衍射强度与所含物质的质量分数的对应关系进行定量分析。常用的定量分析方法包括外标法和内标法。外标法是通过对比试样中待测相的某条衍射线与其外标物质的同一条衍射线的强度，以获得待测相的含量。内标法是向样品中加入某种标准物，根据待测相与标准物的衍射线强度的比值来确定待测相含量。X 射线衍射定量分析受外界和特定条件及晶体的条件限制，分析误差较大，一般仅用于粗略分析参考。

第三节　微流控芯片分析法

微流控技术（microfluidics）是指在微升或者纳升尺度上对流体进行操控的技术。瑞士科学家曼茨（Manz）和同事首先提出微全分析系统（micro total analytical system，μTAS），该系统集成样品预处理、分离和检测等分析化学领域通常采用的各种操作单元。随着微流控技术在化学和生命科学领域的发展，微流控技术不仅能够实现分析检测工作，还可以将化学和生命科学等领域中所涉及的样品制备、反应、分离检测、细胞培养、分选和裂解等基本操作单元集成到一块很小的芯片上，即芯片实验室（lab-on-a-chip）。微流控芯片已广泛应用于化学、生物学和医学等多个领域，实现了对微量检测对象的低成本和快速检测。微流控芯片组成见图 15-6。

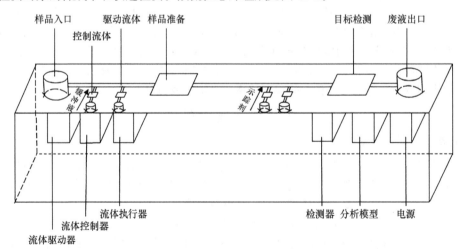

图 15-6　微流控芯片组成

（一）微流控芯片的材料

微流控芯片的材料有无机物、高分子聚合物、水凝胶和纸材料。每种材料都有其特殊的物理和化学特性。

1. 无机材料　单晶硅或者玻璃是微流控芯片常用的无机材料。单晶硅及玻璃有良好的化学惰性和热稳定性，耐强酸碱腐蚀，主要使用光刻技术加工。然而，单晶硅及玻璃材料加工困难，微加工设备昂贵，芯片的制备需要超净环境。

2. 高分子聚合物材料　聚合物材料种类多，可供选择范围大，加工成型方便。可用于微流控芯片高分子聚合物主要有热塑型、固化型和溶剂挥发型。聚合物如聚甲基丙烯酸甲酯（polymethylmethacrylate，PMMA）、聚碳酸酯（polycarbonate，PC）和聚乙烯等为热塑型材料。聚二甲基硅氧烷（poly-dimethylsiloxane，PDMS）、环氧树脂和聚氨酯等属于固化型材料。丙烯酸、橡胶和氟塑料等是常用的溶剂挥发型聚合物材料。其中，以 PDMS 为基体材料的微流控芯片较为常见。它具有可见光透性，较好的生物兼容性，无毒、耐用等特点。

3. 水凝胶材料　具有亲水性的疏松多孔材料，生物大分子能够通过其疏松的多孔结构。因此，水凝胶材料广泛应用于分子生物学和细胞生物学等领域。水凝胶为基体材料的微流控芯片主要使用激光直写或者 3D 打印技术加工。

4. 纸基微流控芯片　以滤纸为基体材料，通过蜡印、等离子体处理、喷墨打印和喷墨蚀刻等技术加工而成。纸基微流控芯片成本低、工艺简单、后处理简单无污染、生物兼容性强，在临床诊断、环境检测及食品质量检测等领域应用前景广阔。

（二）微流控芯片加工技术

1. 硅芯片、玻璃芯片和石英芯片的制作　制作硅、玻璃和石英芯片一般需要在洁净室中采用特定的光刻（photolithography）和刻蚀（etching）微加工技术完成，这些技术已经广泛用于半导体和集成电路芯片的制作。光刻和刻蚀技术由薄膜沉积、光刻及刻蚀和封接三个工序组成。

光刻前先要在干净的基片表面覆盖一层薄膜，即薄膜沉积。薄膜按性能不同可分为器件工作区的外延层，限制区域扩张的掩蔽膜，起保护、钝化和绝缘作用的绝缘介质膜，用作电极引线和器件互连的导电金属膜等。膜材料常见有二氧化硅、氮化硅、硼磷硅玻璃、多晶硅、电导金属、光刻抗蚀胶、难熔金属等。制造加工薄膜的主要方法有氧化、化学气相沉积、蒸发、溅射等。在薄膜表面均匀地覆盖上一层光胶，将掩膜上微流控芯片设计图案通过曝光成像的原理转移到光胶层上的工艺过程称为光刻。在光刻过的基片上可通过湿刻和干刻等方法将阻挡层上的平面二维图形加工成具有一定深度的立体结构。湿法刻蚀采用化学刻蚀液，大多为各向同性刻蚀，其选择性高、均匀性好，几乎适用于所有金属、玻璃和塑料等材料，但图形的保真度不高，刻蚀图形的最小线宽受限制。干法刻蚀利用高能束，能实现各向异性刻蚀，图形保真度高，但设备价格昂贵，较少用于微流控芯片的制造。封接通常采用热封接、阳极键合、低温黏接等方法。对玻璃和石英材质刻蚀的微结构一般使用热键合方法，将加工好的基片和相同材质的盖片洗净烘干对齐紧贴后平放在高温炉中，在基片和盖片上下方各放一块抛光过的石墨板，在上面的石墨板上再压一块重 0.5 kg 的不锈钢块，在高温炉中加热键合。但热键合不能用于含温度敏感试剂、含电极和波导管芯片，也不能用于不同热膨胀系数材料的封接。在玻璃、石英与硅片的封接中已广泛采用阳极键合的方法，即在键合过程中施加电场，使键合温度低于软化点温度。

2. 高分子聚合物芯片的制作　聚合物芯片的制作方法可分为直接加工和基于微模具的复制技术。其中微模具多为直接加工法制备。对于聚合物芯片，直接加工法在批量生产中成本较高。因此，多采用微模具的复制技术。该方法主要有模塑法、热压法、LIGA 技术等。

模塑法是先利用光刻和蚀刻的方法制作出通道部分突起的阳模，然后将聚合物单体与固化剂混合，倒在阳膜上，将固化后的高分子材料脱模而得微流控芯片。此方法简单易行，不需要高技术设备。热压法同样需要先获得阳模。聚合物基片放置在热压装置中并与阳模紧贴在一起，当基片加热到软化温度后，对阳模施加压力，可在基片上印制出相应的微结构，降温后再进行分离，得到制品。热压法不需要复杂的模具，设备成本低，但其制作过程需升温和降温，从而耗费较多时间。LIGA 是德文 lithographie（X 射线深层光刻）、galanoformung（微电铸）和 abformung（微复制）的缩写，即通过 X 射线深刻及电铸制作精密模具，再大量复制微结构的工艺流程。

3. 水凝胶芯片的制作　　水凝胶是一种三维亲水性网络状聚合物，因其具有高含水量及灵活多变的柔性结构，并易于模拟活体组织而被广泛应用于生物医学工程领域。水凝胶基质在光引发剂和紫外光作用下迅速聚合成水凝胶芯片材料。其具有较好的生物相容性，在生物学定义特别是细胞培养过程控制方面具有良好的应用前景。

4. 纸芯片的制作　　纸芯片制作通常是采用能固化的疏水性材料形成通道来限制和引导流体，这些材料包括蜡、聚二甲基硅氧烷（PDMS）、SU-8、聚苯乙烯、烷基烯酮二聚体（AKD）、聚甲基丙烯酸甲酰胺（PoNBMA）等。方法有光刻、手绘、打印等。也有的采用等离子体、激光等对纸质材料处理后形成特殊的亲、疏水通道。

（三）微流控分析系统中微流体的驱动和控制

微流控需要对微尺度下的流体进行驱动和控制。在芯片实验室中微流体驱动和控制一般有微泵机械驱动控制及非机械驱动控制两类。

1. 机械驱动控制　　目前机械微泵主要有活塞式、隔膜式和齿轮式。活塞直接和流动相相接触，含动态密封和单向阀，主要由往复泵和注射泵组成。基于该原理的泵压力和流量波动是不可避免的。隔膜式驱动力通过某种介质推动隔膜，隔膜再压缩或吸入流动相。隔膜式含单向阀，主要由隔膜泵和蠕动泵组成。齿轮式是用行星齿轮压缩流动相，含动态密封。

2. 非机械驱动控制　　非机械微型泵技术主要通过把光、电、磁、热等能量形式转化或施加到被驱动流体而直接驱动流体的动态连续流泵，适用于微系统的流体驱动与控制，主要包括电驱动泵技术、光驱动泵技术、磁驱动和基于表面张力的微型泵技术。

（四）微流控芯片中的试样引入与试样预处理

通常样品来自分析对象或样品存储器。微流控芯片分析系统的尺度微小，内部微流体在皮升至纳升体积下操作。而其外部样品处理的操作通常是以微升、毫升甚至升级液体体积为单位。因此，为实现微流控芯片内部和外部的衔接，需要特殊的样品引入技术。目前，按样品引入批次的不同，可分为一次性和多次性样品引入。后者按引入装置的不同又分为静止和流通式样品引入方法。

1. 一次性样品引入　　一次性样品引入方法主要用于单次使用的芯片。这类芯片可以进行单一试样的测定，但也可进行多试样的测定。一种方法是在一块芯片上加工多个分析单元，测定时一次性引入多个样品，每个单元分析一个样品。另一种方法是在一个芯片上加工多个样品储液池，测定前一次性手工加入多个样品。测定时通过各通道间液流的切换在芯片上实现换样，而无须由外界引入样品。

2. 静止式样品引入　　静止式样品引入能够在固定的样品池中进行间歇换样。当芯片样品池中的一个样品测定完成后，更换液池中的样品，可重新开始新样品的分析。

3. 连续样品引入系统　　微流控芯片上的连续样品引入技术能够提供高效率的换样方法。在芯片上实现连续引入样品通常需采用流通式样品引入技术，即在芯片上分析分离通道旁设置专用的样品引入通道。外界样品首先通过取样导管进入样品引入通道内后进入分析系统。样品的换样时间、样品量及是否干扰芯片系统运行都影响样品引入系统的性能。

（五）样品处理系统

传统样品处理方法（液-液萃取、固相萃取、过滤和膜分离等）在微流控芯片分析系统上的实现，能够提高分析效率，降低样品消耗，利于在线串联后续分析系统单元。

1. 液-液萃取　　利用分析物与干扰物的分配系数不同而进行的液相分离技术。在微流控芯片上，利用两相在微通道内的"反向层流"可以实现高效的液-液萃取。

2. 固相萃取法　　分析物与不同填料的固定相相互作用，分析物及干扰物被保留在固定相，选择适当溶剂洗掉干扰物，选择适当溶剂洗脱分析物。芯片固相萃取有开管柱、填充柱和整体柱三种不同的形式。开管柱是将固定相（聚硅氧烷）键合、交联或物理吸附到微通道内侧。填充柱采用原位加工法，将固定相以微颗粒的形式填充到微通道。填充柱的强度、流阻和化学稳定性是影响填充柱柱效的主要因素。整体柱可直接在微通道内加工含有氧化硅涂层的方形微柱阵列或原位合成多孔有机聚合物。

3. 过滤和膜分离　过滤是将滤头置于微通道前，对液体样品过滤，除去液体样品中不溶解的干扰物。膜分离是通过选用不同孔径的不对称性微孔膜，按照截留分子量的大小对物质进行分离。其可通过控制膜孔的大小实现分子水平的分离。

（六）微反应器

微反应器是微流控芯片实验室中重要的操作单元。通过微反应器可实现化学和生物反应的规模放大、快速和高通量筛选等。微反应器主要分为微化学反应器和微生物反应器。

1. 微化学反应器　通过化学衍生化法，在分析物分子中引入特征属性官能团（生色基团或电化学活性基团），可以提高检测灵敏度，满足检测的要求。在微流控芯片实验室中，这些化学反应可在微化学反应器中进行。

按样品衍生和分离的顺序可将微反应器分为柱前反应器和柱后反应器，以柱前反应器居多。在柱前衍生化反应器中，样品和衍生化试剂在电渗流驱动下在反应器的上游通道汇合，进入反应器进行衍生化反应，产物在电场力的驱动下进入下游分离通道实现分离和检测。柱后衍生化反应是样品经过分离后，进入反应器发生衍生化反应，从而提高检测灵敏度。此外，还有一些特殊微化学反应器，如电化学反应器、光化学反应器、高温氢燃料电池反应器和高通量微反应器等。

2. 微生物反应器　主要在聚合酶链反应（PCR）、免疫反应、各类酶反应及 DNA 杂交反应中应用。

PCR 是一种用于放大扩增特定的 DNA 片段的分子生物学技术，它可看作是生物体外的特殊 DNA 复制，PCR 的最大特点是能将微量的 DNA 大幅增加。在微反应器实现快速、自动、高通量的 PCR 扩增，为后续检测工作提供足够的拷贝数。

免疫反应指由抗原、抗体或半抗原参加的反应。生物样品（血液、尿样等）中痕量物质的分析，可在微流控芯片上发生免疫反应检测。微流控芯片上的免疫反应分为均相免疫反应和非均相免疫反应。电泳分离型免疫反应和扩散型免疫反应都属于均相免疫反应。酶联免疫吸附分析（ELISA）是最常见的非均相免疫分析方法。

（七）芯片微分离系统

目前，微流控芯片实验室的分离模式主要以电泳为主。另外，部分色谱分离模式也可在芯片上实现。

1. 微流控芯片电泳　和传统毛细管电泳相似，微流控芯片电泳可以看成因微通道内分离介质不同而造成分离机制和对象的不同。区带电泳是在开管柱中直接利用物质的质荷比不同实现分离的一种电泳模式。它是各种电泳分离中最基本的一种，影响因素相对较少，容易在芯片上实现。各种材料的芯片均可用于各种生物小分子、糖和多肽、氨基酸等的电泳分离。介质筛分芯片电泳是利用生物大分子和筛分介质之间的动态交缠作用，根据分子量的大小不同将被分离物质分开的一种技术，称为筛分电泳，这种电泳分离模式可应用于基因、PCR 产物等的分离和分析。

2. 芯片液相色谱　可用于一些强疏水物质的分离。芯片色谱柱包括开管柱、填充柱床、整体柱床和柱阵列柱床。开管柱床的制备是在色谱柱通道内壁上修饰硅烷、凝胶、聚合物等作为固定相。开管柱因其中空的柱床结构而具有最小的分离阻抗，开管柱可以相对容易地在芯片孔道内实现。填充柱床是将预先制备好的固定相填料颗粒通过流体带动填装进色谱柱管形成色谱柱床。填充柱具有显著优于开管柱的比表面积。整体柱床是一种通过聚合反应在色谱柱管内原位合成的固定相结构。相比于填充柱，整体柱的流阻较小，且不需要柱塞结构来固定柱床。相比于开管柱，整体柱具有更高的比表面积和柱容量。柱阵列柱床是芯片色谱独有的柱床结构。柱阵列柱床的原型是一种被称为 COMOSS（collocated monolithic support structure）的微流控芯片结构。这种结构由大量规则排列的微柱组成，通常是通过光刻结合深反应离子刻蚀（DRIE）技术加工制成。基于物理加工手段的制造方法使得柱阵列柱床具有极高的重现性，并且可以批量复制。单纯的 COMOSS 结构比表面积较低，样品载量低，作为色谱柱床使用需要对微柱阵列进行额外的修饰。

（八）微流控芯片检测器

和传统的检测器相比，微流控芯片对检测器的要求更加严格，这主要体现在以下三个方面：灵敏度高、响应速度快和体积小。在微流控芯片检测技术中，可以采用光学检测、电化学检测、质谱检测等。其中光学检测器是通过检测光的各种参量来确定样品的各项指标，其在微流控芯片的信号检测系统当中应用较为广泛。

1. 光学检测　常用的光学检测主要有激光诱导荧光检测（laser induced fluorescence，LIF）、紫外吸收光检测和化学发光检测。激光诱导荧光检测是利用分析物在激光照射下能发出特有的荧光，是较为灵敏的检测方法。检测限一般可达到 $10^{-13} \sim 10^{-9}$ mol/L。激光诱导荧光检测需分析物具有荧光性质，其应用受到一定的限制。而紫外吸收光检测则更为通用。由于紫外吸收对芯片材料有一定要求，并且灵敏度一般，其在微流控芯片中的应用也受到一定限制。可通过采用紫外吸收干扰小的材料，样品处理预富集等方法提高其检测的灵敏度。化学发光检测的灵敏度和激光诱导荧光相当，而且不需要光源也不需要复杂的分光和滤光设备，仪器设备简单，更易于微型化和集成化，比较适于用作微流控芯片的检测器。

2. 电化学检测　电化学检测是测量分析物的电信号变化，对具有氧化还原性质的化合物进行检测，如含硝基、氨基等有机化合物及无机阴、阳离子等分析物可采用电化学检测器。电化学检测灵敏度高、选择性好、装置简单、成本低，在微流控芯片检测具有应用前景。电化学检测主要有安培法和电导法。

3. 质谱检测　质谱检测同时具备高特异性和高灵敏度，它不但能提供试样组分中分子的基本结构，而且兼具定量的能力，在微流控芯片检测方面显示出的巨大应用前景。与 LC-MS 和 GC-MS 需要通过接口串联相似，微流控芯片质谱检测系统中芯片和质谱之间的接口装置至关重要。电喷雾电离（ESI）和基质辅助激光解吸电离（MALDI）成为微流控分析系统中主要用到的质谱检测器。其中 ESI-MS 因其与芯片的接口相对简单，可以在芯片出口处外接一段毛细管作为喷头或直接在芯片通道末端加工喷头结构，应用更为广泛。

4. 其他类型检测　在微流控芯片实验室研究中，除上述几种检测器外，等离子体发射光谱检测器、热透镜检测器、核磁共振及各种生物传感器等也获得了一定的应用。

（九）微流控芯片的应用

目前，用于体外生化诊断检测的微流控芯片已经实现商品化。其可以将生物化学检测中所涉及的全血、血清或血浆标本加样、分离、定量、稀释、反应、检测等基本操作步骤集成在微流控芯片上，以微通道网络连接各反应室，通过离心力、毛细管及虹吸阀等实现对流体的精确控制。所需样品量少（约 100 μl），检测时间短（约 10 min）。

第四节　生物传感器分析技术

生物传感器（biosensor）由生物敏感元件与换能器件构成的分析设备。1962 年，克拉克（Clark）及其同事将葡萄糖氧化酶和氧电极表组合起来，并发现氧浓度的下降和溶液中葡萄糖浓度具有相关，由此成为生物传感器的雏形。随后，微生物、免疫、细胞和组织等传感器的相关报道快速增长。生物传感器具有选择性好、灵敏度高、分析速度快、成本低等特点，能在复杂的体系中进行在线监测，应用前景广阔。目前，生物传感器广泛用于临床检验、药物发现、环境监测、工农业生产等领域。

（一）生物传感器的组成和原理

生物传感器是由感受器、换能器和检测器组成。感受器上固定的生物敏感材料可以是酶、抗原、抗体、核酸、细胞和适配体等。生物传感器的选择性来源于感受器的分子识别功能。分析物与感受器中的生物敏感材料发生反应，产生光、热、pH 或质量变化等信号。换能器将这些信号转换成光信号或电信号，再经信号处理装置转换和放大为数字信号，显示在仪器上。生物传感器的组成和原理见图 15-7。

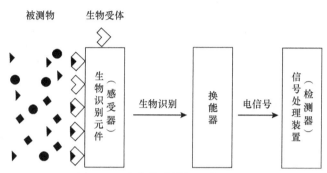

图 15-7　生物传感器的组成和原理

（二）生物分子识别与敏感材料固定化技术

生物传感器的分子识别依靠敏感物质与分析物的特异性结合。这些生物分子识别通常是生物体进行各种简单或复杂的反应，主要包括酶反应、微生物反应和免疫学反应。为了将生物活性物质附着在一定的空间结构内，同时又不能影响底物的自由扩散及反应，需要采用固定化技术。固定化技术能够提高生物敏感材料稳定性，使其长期保持活性并可以重复使用。因此，固定化技术的发展是生物传感器研究和开发的关键。各种生物敏感材料的固定化方法有以下几种。

1. 夹心法　将生物活性材料封闭在双层滤膜之间。依据生物活性材料的不同，选择不同孔径的滤膜。这种方法的特点是操作简单，不需要任何化学处理，固定生物量大、响应速度快、重复性好，尤其适用于微生物和组织膜的制作。

2. 吸附法　用非水溶性固相载体物理吸附或离子结合使蛋白质分子固定化的方法，主要通过极性、氢键、疏水力或电子的相互作用将生物组分吸附在不溶性的惰性载体上，是操作简单、条件温和的固定化方法。但是此法对溶液的 pH 变化、温度、离子强度和电极基底状况较为敏感，生物分子容易脱落，因此常与其他固定方法联合使用。

3. 包埋法　把生物活性材料包埋并固定在高分子聚合物三维空间网状结构基质中。此方法可以采用多种高聚物（聚丙烯酰胺、醋酸纤维等）将生物组分包埋其中，对生物分子活性影响较小，膜的孔径和几何形状可任意控制。

4. 共价键合法　生物活性分子通过共价键与固相载体结合固定的方法。蛋白质分子中能与载体形成共价键的基团有氨基、羧基、巯基、酚基和羟基等。此方法的结合牢固，生物活性分子不易脱落，使用时间长。但固定化过程复杂，化学修饰可能影响生物活性。

5. 交联法　采用双功能试剂，将生物材料结合到惰性载体上的方法。常用的交联剂有戊二醛、双环乳乙烷等。这种方法广泛应用于酶膜和免疫分子膜制备，操作简单、结合牢固。

（三）信号转换

生物敏感材料和分析物发生反应，产生光、热、pH 或质量变化等信号。这些信号与分析物浓度呈相关性。换能器将信号转换成电信号或光信号，经过信号处理后显示在仪器。目前，多数生物传感器都是将化学反应所产生信号转换为电信号。

（四）生物传感器分类

生物传感器通常依据生物识别元件的敏感材料和换能器的种类进行分类。根据生物敏感材料的不同，可以分为酶传感器、微生物传感器、免疫传感器、组织传感器、细胞器官传感器等。根据换能器的不同，则可以分为电化学传感器、温度传感器、压电传感器等。以下介绍酶传感器、微生物传感器和免疫传感器。

1. 酶传感器 利用酶与分析物的特异性结合发生酶促反应，产生或消耗电活性物质，经过换能器的转换和收集变成可检测的电化学信号，实现分析物的检测。酶传感器主要由感受器酶膜和换能器基础电极组成，如氧电极、过氧化氢电极和二氧化碳电极等。商业化的葡萄糖传感器已广泛用于食品中葡萄糖含量的检测和临床血糖、尿糖的检验。葡萄糖被感应器上的葡萄糖氧化酶催化氧化为葡萄糖酸内酯，同时消耗氧气并产生过氧化氢。氧还原电流的降低可被换能器氧电极检测，从而得出葡萄糖的浓度。

2. 微生物传感器 微生物传感器是利用微生物膜上的识别物质与分析物发生反应形成复合物，产生化学、光、热等信号，经换能器转换，这些信号被处理、放大，从而实现分析物的检测。微生物具有多种酶、辅酶再生系统、微生物的呼吸及新陈代谢等多种生理功能。因此，微生物传感器和酶传感器相比较，具有更为复杂的生物学功能。

生化需氧量（BOD）微生物传感器在水质环境检测领域得到了快速的发展。BOD微生物传感器采用易与水体中有机污染物发生反应的微生物菌群（单一微生物、微生物混合体、微生物酶等）制备感应器。常用的换能器为溶解氧电极。利用微生物在同化底物时消耗氧所产生的信号进行检测。

3. 免疫传感器 利用抗原与抗体结合而成的免疫复合物构建传感平台，从而进行信号转导。抗原与抗体之间的特异性识别，可用于检测生物大分子（病毒、肿瘤标志物、核酸等）及其他小分子化合物。

人绒毛膜促性腺激素（HCG）是由胎盘的滋养层细胞分泌的一种糖蛋白，可作为妊娠早期的诊断。将电极固定上兔抗人HCG抗体，制备HCG电极。当待测样品中含有HCG抗原时，发生抗原与抗体特异性结合反应，电位逐渐下降，根据下降的电位，可以计算出HCG的浓度。

生物传感器的应用前景广泛，应用潜力巨大。随着生命科学、信息科学等研究不断进步，极大推动了生物传感器技术的发展。未来生物传感器会向微型化、便捷化、增强选择性、提高灵敏度、增加稳定性等方面发展。

第五节 流动注射分析

流动注射分析（flow injection analysis，FIA）的概念来源于1975年鲁日奇卡（Ruzicka）和汉森（Hansen）提出的一种新型的连续流动分析技术。这项技术是将液体样品间歇地注入连续流动的载流中，被注入的液体样品流入反应器中，形成一个区域，并与载流中的试剂混合、反应，再进入流通检测器进行测定分析及记录。流动注射分析可在非平衡的动态条件下进行，即不需要反应完全可进行在线混合、反应和检测。因此，流动注射分析技术具有测定速率快、试剂消耗量少、操作简便、仪器简单、容易实现自动化与其他分析技术联用的优点。已在农业和环境监测、发酵过程监测、药物研究、禁药检测、食品分析等领域得到应用。

（一）流动注射分析仪

典型的流动注射分析仪由泵、进样阀、反应器、检测器等组成（图15-8）。

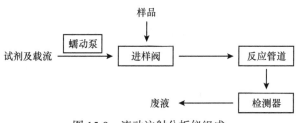

图 15-8 流动注射分析仪组成

1. 泵　常用蠕动泵驱动载流。蠕动泵可以提供多个通道，并通过调节泵速和泵管内径控制载流的速度。泵管采用耐腐蚀性的材料，如氟塑料或聚氯乙烯等。为避免泵管老化，影响载流控制，须及时更换。

2. 进样阀　进样可采用注射器和阀切换。阀切换类似于高效液相色谱的旋转式阀。

3. 反应器　流动注射分析的反应器包括空管式反应器、填充床反应器和单珠串反应器。空管式反应器可分为直管和盘管两种。直管式的内径为 0.3～0.5 mm，常以聚乙烯、聚丙烯或聚氯乙烯等制成。载流在管内的流动属层流，"样品塞"在迁移过程中的展宽是纵向扩散和径向扩散的综合结果。盘管式又称螺旋式。当载流在螺旋形管道内以较高速度流动时，由于离心力的作用，使"试样塞"的纵向扩散减小，展宽程度下降，因而提高了进样频率。展宽程度下降，检测灵敏度自然提高。当盘管圈直径与盘管内径之比为 10 时，"样品塞"的展宽程度是直管的 1/3。盘管材料可用聚四氟乙烯、聚乙烯或聚丙烯等，内径在 0.5 mm 左右。内径过大，展宽加剧；内径过小，易堵塞。填充床反应器类似于色谱分析中的填充柱。管中填充惰性颗粒填料，如玻璃珠，一般说，填料直径越小，"试样塞"展宽程度越小。采用填充床反应器的优点：在反应器内接触充分，反应时间延长，易获得较高灵敏度，但是载流通过的阻力大，需采用高压泵。单珠串反应器是在管内填充颗粒直径为管子直径 60%～80% 的大粒填料，因此极易得到规则的填充结构。这种反应器的展宽程度是空管式的 1/10，进样频率高。反应器内径约 0.5 mm。单珠串反应器中的载流流动阻力大，仍可采用普通蠕动泵作载流动力。

4. 检测器　流动注射分析仪中常用的检测器包括光学检测器（如紫外-可见分光光度检测器和荧光检测器等）和电化学检测器（如离子选择电极和安培检测器等）。

（二）流动注射分析实验技术

1. 正流动注射及反相流动注射　正流动注射是指将样品注入阀内，样品与试剂汇合。反相流动注射则将样品与试剂位置互换，试剂由阀注入与流动的试样汇合。待测样品在反相流动注射中稀释度较小，灵敏度高于正流动注射，且节约试剂。

2. 合并带技术　将一定体积的试剂与待测样品分别注入两个不同通道的载流中，再汇合成一个反应带。这种方法可以避免载流中试剂不断流动产生不必要的消耗，有利于节约试剂。

3. 停流技术　在待测样品与试剂汇合时，停止泵转动，使待测样品与试剂充分反应。这种方法可以保证慢化学反应充分进行，从而提高待测样品信号响应。

（三）流动注射分析应用

维生素 B_6 是一种应用较为广泛的维生素类药物。其含量测定可以用非水滴定法、紫外光谱法、比色法、色谱法和流动注射分析法，其中流动注射分析法操作简便、快速（每小时可测定 150 个样品）。这种方法是将维生素 B_6 与乙酸钠和氯亚氨基-2,6-二氯醌显色剂，分别由进样阀和试剂管导入，50% 乙醇溶液为载流，流速为 1.5 ml/min，样品与试剂在反应管（内径 0.8 mm，长度 400 cm）反应后显色，在 650 nm 波长处检测。

第六节　表面等离子体共振技术

一、表面等离子体共振分析技术的概述

1902 年，伍德（Wood）等在研究金属光栅衍射时首次发现了表面等离子体共振（surface plasmon resonance，SPR）现象，他们观察到当电磁波射向金属表面时，在特定角度下其反射光强度明显下降，光谱上出现明显的暗带，并且金属膜表面折射率的变大会导致暗带位置发生变化。当时 Wood 等简单记录了这一现象，直到 1941 年，一位名叫法诺（Fano）的科学家才真正解释了 SPR 现象，SPR 现象来源于消逝波和金属表面等离子波的共振。1983 年，利德贝里（Liedberg）首次将 SPR 用于 IgG 与其抗原的反应测定并取得了成功，引起了科学家们极大的关注。1971 年克雷奇曼（Kretschmann）为 SPR 传感器结构奠定了基础，也拉开了应用 SPR 技术进行实验的序幕。1987 年，科尔（Knoll）等开始研究 SPR 的成像。到了 1990 年，Biacore AB 公司开发出了首台商品化 SPR 仪器，为 SPR 技术更加广泛的应用开启了新的篇章。

SPR 可以用来实时分析和监测 DNA 与蛋白质之间、蛋白质与蛋白质之间、药物与蛋白质之间、核酸与核酸之间、抗原与抗体之间、受体与配体等生物分子之间的相互作用。SPR 技术因无须标记，样品用量少，灵敏度高，能够实时、连续监测反应动态过程，广泛地应用于生命科学、医疗检测、药物筛选、食品检测、环境监测、毒品检测及法医鉴定等各科学和领域的生物分子相互作用研究。

二、表面等离子体共振分析技术的基本原理

（一）表面等离子体及表面等离子体共振现象

根据经典的金属电子理论，金属晶体是由很多金属原子有规则的排列构成的，绝大多数的金属原子失去外层电子呈现为正离子形态，在其相对固有的位置上做高频振动，形成空间点阵的网格结构；而最外层电子与原子的结合力相对较弱，因此很容易脱离原子核的束缚变成自由电子。自由电子可以像气体分子那样自由运动，为整个金属体所有，总的自由电子密度与正离子密度是相等的，整个金属体所带的电荷总量为零，呈现电中性，可以认为是一种等离子体。绝大多数研究的表面等离子体是发生在金属和介质交界面处的自由电子集体振动，使电子横向运动受到金属表面的阻止，随之在表面附近产生一种沿着金属和电介质的界面传播的电荷密度波，称为表面等离子体波（surface plasmon wave，SPW），如图 15-9 所示。在连续的金属介质界面，表面等离子体波的波矢量大于光波，所以不可能直接用光波激发出沿界面传播的表面等离子体波。为了激发表面等离子体波，需要引入一些特殊的结构达到波矢匹配，包括棱镜耦合、波导结构、关栅耦合等，其中棱镜耦合是应用最广泛的一种方法。棱镜是 SPR 研究中非常重要的光学耦合器件，一般由高折射率的非吸收性光学材料构成。当光波从光密介质射向光疏介质时，在入射光满足一定条件时会发生全反射现象。从波动光学的角度来研究全反射时，光波不是绝对在界面上被反射回第一介质的，而是透入第二介质大约一个波长的深度，并沿着界面流过波长量级距离后重新返回第一介质，沿着反射光方向射出，此处沿着第二介质表面流动的波称为消逝波，如图 15-10 所示。全反射的消逝波可能实现与表面等离子体波的波矢量匹配，当调整光波的入射角，使得其在传播方向上的波矢相等，光的能量能有效地传递给表面等离子体，从而激发出表面等离子体波，产生 SPR 现象。金属表面等离子体波与消逝波发生共振时，检测到的反射光强度会大幅度地减弱。当入射光波长固定时，反射光强度是入射角的函数，其中反射光强度最低时所对应的入射角为共振角（resonance angle）。表面等离子体共振对附着在金属薄膜表面的介质折射率非常敏感，当表面介质的属性改变或者附着量改变时，共振角也会随之发生变化。

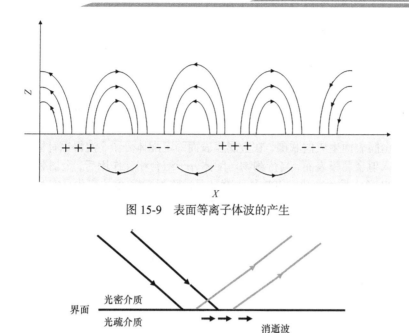

图 15-9　表面等离子体波的产生

图 15-10　消逝波的产生

（二）表面等离子体波激发方式及表面等离子体共振技术检测过程

20 世纪 60 年代末，Kretschmann 和奥托（Otto）采用棱镜耦合的全内反射方法实现了光波激发表面等离子体共振，为 SPR 技术的广泛应用起到了极大的推动作用。棱镜耦合是一种巧妙而有效的引发表面等离子体共振的方法，结构简单且灵敏度高，它有两种激发方式，分别以 Kretschmann 和 Otto 命名，其中 Kretschmann 结构激发方式应用最为广泛，它是直接将金属薄膜镀在棱镜表面，入射光在金属-棱镜界面处发生全反射，全反射的消逝波可能实现与表面等离子体波的波矢量匹配，光的能量便能有效地传递给表面等离子体，从而激发出表面等离子体波。在棱镜与金属薄膜界面上产生的消失波，透过金属薄膜并在金属薄膜与样品层界面处引发表面等离子体共振，如图 15-11 所示。SPR 现象发生在金属与样品层介质的表面，所以仪器能够很灵敏地检测出金属薄层上介质折射率的变化，在一定条件下发生共振，反射光能量会急剧变弱，即使贴敷在金属薄膜表面的介质折射率有微小的改变，反射光的相位和强度都会发生明显变化。所有材料都具备固有的折射率，这样就能够通过检测生物样品微小的折射率变化来进行生化分析。另一种是 Otto 结构，它与 Kretschmann 结构的主要区别在于棱镜底面与金属存在狭缝，狭缝的宽度大约几十到几百纳米，在仪器制作上和使用上对此狭缝的取值都有严格的要求，所以运用较少。

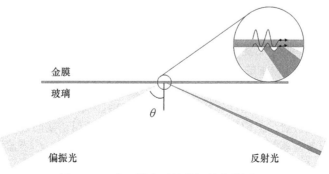

图 15-11　表面等离子体共振的光学原理

SPR 可以为生物分子间的相互作用提供多种形式的有效信息,包括分子间结合的特异性和选择性(特异性信息)、结合的强度(亲和力信息)、结合或解离的速率及复合物的稳定性(动力学信息)、目标活性分子的含量测定等。进行生物分子相互作用分析时,使用的 Kretschmann 装置结构中一般含有未经修饰的金属薄膜的传感器,不具有任何选择性,只能用于简单体系的测定,因而一般都要进行修饰,以获得对被测对象的选择性识别能力。通常是在金属膜芯片上用共价交联法固定一种相应的配体探针反应物,由于金膜是疏水性的,探针无法直接固定在金膜上,因此通过自组装分子层的方式在金膜表面生成偶联层,在金属膜表面固定配体分子,使得探针固定在金属膜上,固定波长的偏振光入射金属膜表面,当待测物与配体分子结合相互作用后,金属膜表面折射率将会发生变化,进而 SPR 角也发生变化,SPR 技术就是通过监测 SPR 角的变化来实时动态监测待测物与配体分子的结合情况.

三、表面等离子体共振分析仪

表面等离子体共振分析仪是基于 SPR 原理检测生物传感器芯片上配位体与分析物之间相互作用的超高灵敏度生化分析仪器。当样品与芯片表面的生物分子相互作用时,会引起金膜表面折射率的变化,导致 SPR 角发生变化;通过检测 SPR 角的变化,可以获得被分析物的特异性、亲和力、动力学常数和浓度等信息,其工作原理如图 15-12 所示。仪器的主要部件包括光学系统、传感系统、数据采集和处理系统。

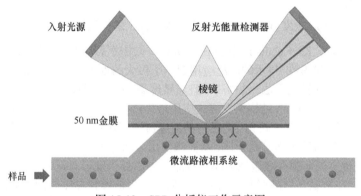

图 15-12　SPR 分析仪工作示意图

光学系统:光学系统主要包括光源、光学耦合器件、角度调节部件及光检测元件,用于激发表面等离子波,产生 SPR 并检测 SPR 光谱的变化。

传感系统:传感系统的核心部件为传感器的生物芯片,在 SPR 技术中首先有一个生物分子偶联在传感芯片上,然后用它去捕获可与之进行特异反应的生物分子。该生物芯片主要由生物膜和分子敏感膜组成。将一对亲和分子中的一个(靶分子)键合在生物传感器表面,另一个(分析物)置于溶液中,当含有分析物的溶液流经有靶分子键合的生物传感器表面时,生成亲和性复合物。SPR 光谱随金属表面的折射率变化而变化,而折射率的变化又与结合在金属表面的靶分子的质量成正比,因此可以对生物反应过程中的 SPR 光谱的动态变化获取生物分子相相互作用的特异信号。

数据采集和处理系统:主要用于采集和处理光检测器产生的电子信号。

多年来的研究表明,与传统相互作用技术的生物传感形式如荧光法、热量测定法相比,SPR 技术具有检测过程方便快捷、灵敏度高、样品无须标记、高通量、实时连续检测等特点,广泛应用于生物医药的发现与检测蛋白质组学研究、食品分析、临床诊断、环境监测和病原微生物检测等领域。

SPR 技术可以在天然状态下反映蛋白质-蛋白质、药物分子-疾病靶蛋白等生物分子的相互作用,近年来在蛋白质组学、受体配体垂钓、抗体-抗原识别、基于分子靶点特异性新药筛选等生命科学研究领域具有全新的应用。中药是我国的民族瑰宝，中药成分多样，与疾病的相互作用复杂，难以分析其有效成分及作用机制，极大地限制了中药走向世界。SPR 技术由于其研究分子互作的实时性、超高灵敏度、高专一性等特点在重要在中药活性成分的表征鉴定、分子靶标的筛选、候选药物分子的改造及药物质控等方面，发挥了巨大的作用。北京大学的研究团队将传统中药苏木的活性成分苏木酮 A 改造成活性分子探针，从神经小胶质细胞中垂钓到其抗炎靶点蛋白为 IMPDH2，并利用 SPR 分析确认了苏木酮 A 与靶点蛋白 IMPDH2 之间具有较强的结合能力，阐明了苏木抗神经炎症的直接靶点。此外，基于 SPR-MS 的垂钓技术在天然产物药物的发现和鉴定方面也为中药现代化的推进作出了重要贡献。将"靶点蛋白"固定在芯片表面，当被检测样品流过芯片表面时，未知的互作成分与"靶点蛋白"相结合而被俘获，然后结合质谱等技术鉴定出未知成分的结构。

思 考 题

1. 简述 DTA 和 DSC 分析法的不同之处。
2. X 射线管可发射哪两类 X 射线？各有什么特点？
3. 简述生物传感器的组成。
4. 简述流动注射分析法基本原理。
5. 简述 SPR 的优缺点。

（海军军医大学　李　玲；潍坊医学院　程忠哲）

第十六章 样品制备技术

本章要求

1. **掌握** 样品制备的目的、重要性与原则
2. **熟悉** 常用样品制备技术的原理、操作与应用
3. **了解** 样品制备的前沿技术与发展方向

　　随着科学技术的不断发展，分析化学通过与化学、物理、生物、数学、材料、信息等相关学科不断交叉与融合，逐渐过渡为化学测量学，研究内容从传统的容量分析过渡到现代仪器分析，从普通的光谱、色谱、电化学拓展到成像分析、纳米分析等，从常量、微量、痕量分析到单颗粒、单细胞、单分子和活体分析。为适应分析化学的这种快速发展，如何提高灵敏度、选择性及分析速度；如何应用物理及化学中的理论来发展新颖的分析方法与技术，以满足高新技术对分析化学提出的新目标与高要求；如何采用高新技术的成果改进分析仪器的性能、速度及自动化的程度，这些分析方法研究在过去几十年中得到了高度关注和广泛重视。

　　一个完整的样品分析过程，从采样开始到给出分析报告，大致包括以下4个步骤：①样品采集；②样品前处理；③分析测定；④数据处理与报告结果。统计结果表明：这4个步骤中各步所需的时间相差很大，其中样品采集约占全部分析时间的6%，样品前处理约61%，分析测定约6%，数据处理与报告结果约27%。样品制备（含采集和前处理）所需的时间最长，约占整个分析时间的2/3。花在样品制备上的时间，几乎是样品本身的分析测试所需时间的十倍。通常分析一个样品只需几分钟至几十分钟，而分析前的样品制备却要几小时甚至几十小时。随着医药、生命、环境、材料、食品等相关科学的快速发展，分析化学所面临的样品多样性和复杂性前所未有，待测组分含量低且随时空变化，使样品制备成为整个分析过程中的关键环节，甚至已制约分析化学发展。因此，样品制备方法与技术的研究引起了高度关注，发展快速高效、高选择性、高通量、环境友好、自动化的样品制备技术对于提高分析的选择性、灵敏度及分析速度具有十分重要的科学意义，已成为分析化学的前沿研究方向。

第一节　样品制备的目的

　　目前定量分析和大多数定性分析都是对清洁样品进行湿法分析，气体、液体或固体样品几乎都不能未经处理直接进行分析测定。特别是许多待分析样品基体复杂，待测组分含量极低，其结构性质多变，甚至以多相非均一态的形式存在，如天然产物中的有效成分、药物药剂中的杂质或变质产物、血液和体液中的各种代谢组分、蛋白质等，更是必须经过样品制备后才能进行分析测定。

　　样品制备的目的如下。

　　（1）采集代表性样品，这是样品制备和分析检测的基础。

　　（2）浓缩痕量的被测组分，提高方法的灵敏度，降低检出限。很多样品中待测组分的浓度很低，难以直接测定，经过分离富集，可以浓缩待测痕量组分，容易用各种仪器分析测定。

　　（3）除去样品中基体与其他干扰物。基体产生的信号可部分或完全掩盖痕量待测组分的信号，不但提高了分析方法最佳操作条件选择的要求，而且增加了测定难度，容易带来较大的测量误差。消除或减少基体对测定的干扰后，可以提高方法的灵敏度。

　　（4）通过衍生化与其他反应使待测组分转化为检测灵敏度更高的物质，提高方法的灵敏度。衍

生化还可以改变待测组分的性质,提高待测物与基体或其他干扰物质的分离度,达到改善方法选择性的目的。

（5）缩减样品的质量与体积,便于运输与保存,提高样品的稳定性,使其不受时空的影响。

（6）保护分析仪器及测试系统,以免影响仪器的性能与使用寿命。通过样品制备可以去除对仪器或分析系统有害的物质,如各种色素、强酸或强碱性物质、生物大分子等,保护并延长仪器的使用寿命,使分析测定能长期保持在稳定、可靠的状态。

第二节　样品制备的原则

有人说"选择一个合适的样品制备方法,等于完成了分析工作的一半",这恰如其分地道出了样品制备的重要性。但对于一个具体样品,该如何从众多的样品制备方法中去选择合适的呢? 事实上,迄今为止,没有一种样品制备方法能适应所有样品或所有待测组分。即使同一种待测组分,其所处样品与条件不同,可能采用的制备方法也不尽相同,所以需要针对不同样品的不同分析对象具体分析,找出最佳方案。一般来说,评价样品制备方法选择是否合理,需要考虑下列准则。

（1）能否最大限度地去除影响测定的干扰物,这是衡量样品制备方法是否有效的重要指标,否则即使方法简单、快速也无济于事。消除干扰既可以是将待测组分从样品基体中分离出来,也可以是将主要干扰组分从样品中分离出去。干扰消除得越彻底,越有利于提高后续分析测定的准确度。大多数样品净化方法都不是专一性的,测试试样带有少量基体和共存组分是不可避免的,只要将干扰组分控制在可接受的范围内即可。

（2）待测组分是否完全回收。除了固相微萃取和液相微萃取不需要将待测组分全部转移至萃取相外,其他分离技术都需要将目标组分全部转移至样品溶液中。样品制备步骤越多,待测组分损失的可能性越大。越是痕量组分样品,实现完全回收越难。回收率不高通常伴随测定结果的重复性差,不但影响方法的灵敏度和准确度,最终使低浓度的样品无法测定,因为浓度越低,回收率往往也越差。一般常量分析要求回收率在 95%以上;而对于复杂样品的痕量组分分析,有时可以容许回收率在 80%左右甚至更低的回收率。

（3）操作是否简便、省时。样品制备方法的步骤越多,多次转移引起的样品损失也越大,最终的误差也越大。

（4）成本是否低廉,或者性价比是否足够高。尽量避免使用昂贵的仪器与试剂。当然,对于目前发展的一些新型高效、快速、简便、可靠且自动化程度高的样品制备技术,尽管有些仪器价格较高,但是与其所产生的效益相比,性价比足够高,这种投资还是值得的。

（5）是否绿色环保。应尽量少用或不用污染环境或影响人体健康的试剂,即使不可避免必须使用时也要回收循环使用,使其危害降至最低限度。

（6）应用范围广。适合各种分析测试方法,甚至联机操作,便于分析过程自动化。目前分析仪器的进样方式大多数为溶液进样,固体样品需要通过分解或者溶剂提取等技术将待测组分转移至溶液中,而气体样品需要适当的溶液吸收。气体直接进样只适合气相色谱法等少数分析方法,而固体直接进样也只适合红外光谱或具有特殊进样口的质谱等少数分析方法。

（7）适用于野外或现场操作,以适应量大面广或分散性样品的快速检测。

第三节　样品采集方法

样品采集（sample collection）是指从大批物料中采取少量样本作为原始试样,原始试样再经过样品处理后,用于后续分析检测,其分析结果视为反映该原始物料的实际情况。因此,所采集的样品必须具有高度的代表性、时效性和完整性,也就是采的样品应能代表全部物料的平均组成,否则后续分析检测工作将毫无意义,而且这些无代表性的分析结果可能严重干扰实际工作甚至带来灾难性后果。

典型的样品采集程序通常包括制订样品采集计划、采集方法和样品容器、样品保存和运输、样品标记和记录等内容。根据分析目的和现场状况确定和制订具体的样品采集程序，填写样品采集表格，依次标记样品并防止样品混淆和交叉污染，确定采集后样品的运输和保存措施，保证采集到的样品具有完整性和代表性。

根据待测目标物质选择合适的样品采集方法和技术，其中挥发性和半挥发性样品通常使用气密性的容器采集，如金属罐、气体袋、棕色的玻璃采样瓶等容器；液体和固体中的难降解有机样品通常使用干净的玻璃瓶或不锈钢容器直接采集，而气体样品中的难降解有机物样品需要通过聚氨酯泡沫或者树脂充填的采样管与石英玻璃滤膜串联采集。

根据采集样品中待测组分的浓度水平，决定采用直接采集方法或浓缩采集方法。如果样品浓度较高或者适合直接进行分析检测，可采用直接采集方法；如果浓度较低，低于分析方法的检出限，必须采用适当的制备方法进行富集浓缩。样品制备过程可以在样品采集现场完成，也可以在实验室进行。

根据样品的物理状态和化学性质选择样品的采集方法及容器。如果样品是气体或蒸气，通常直接采集即可，采用的样品容器有气密性的金属罐、气体袋、玻璃或金属采样瓶等；如果样品是液体（包括黏稠的样品），如水体样品，通常采用可遮光的玻璃采样瓶、金属采样袋等密闭性容器；如果样品是固体，通常采用广口玻璃采样瓶和铝箔包装的方法。

1. 气态样品　气态样品主要有动物/人体体味或口气、药物中有机溶剂残留、天然产物的挥发性成分、汽车尾气、工业废气等。最常用的气体样品采集方法是用泵将气体充入采样容器中，一定时间后将其封好即可，但应注意容器对微量成分的影响。由于气体储存困难，大多数气体样品采用装有吸收液、固体吸附剂或过滤器的装置收集。吸收液用于采集气态和蒸气状态物质，常用水溶液或有机溶剂；固体吸附剂用于挥发性气体（蒸气压大于 0.1 Pa）和半挥发性气体（蒸气压为 $10^{-7}\sim$ 0.1 Pa）的采集，许多无机物、有机聚合物、碳材料等都可用作吸附剂。传统的气体样品制备方法有固体吸附剂法、全量空气法、吹扫-捕集法等。

固体吸附剂法是应用最广的气体样品制备方法，一般根据分析物的极性差异，选择不同吸附剂或混合吸附剂。全量空气法包括聚合物袋、玻璃容器和不锈钢采样罐捕集法。而吹扫-捕集法具有快速准确、灵敏度高、富集效率高和不需要有机溶剂的优点，能够与气相色谱、GC-MS、GC-FTIR和高效液相色谱等仪器联用，实现吹扫、捕集、色谱分离全过程的自动化，常用于色谱分析的气体样品制备。

气体样品的化学成分一般比较稳定，不需要特别的保存措施，也不需要特别制备即可用于后续分析检测。

2. 固态样品　固态样品种类繁多、形态各异，物料的性质和均匀程度差别较大。由于固体物料的成分分布不均，为保证采样代表性，需按一定方式选择在不同点采样，然后混合（或分步处理和分析）。采样点的选择方法有多种，如随机选择采样点的随机采样法；根据有关分析组成分布信息并结合一定规则选择采样点的判断采样法；根据一定规则（如同平面均匀布点、间隔深度布点等）选择采样点的系统采样法等。

理论上来说，采样点越多，所得试样的代表性越强，但相应的人力、物力消耗也越来越大。采样单元数与采样准确度要求有关，也与物料的均匀性、颗粒大小、分散程度等相关。可用以下公式来评估：

$$n=(t\sigma/E)^2 \tag{16-1}$$

式中，n 为采样单元数，t 为与采样单元数和置信度有关的统计量，σ 为各个试样单元含量标准偏差的估计值，E 为分析试样中某组分含量和整批物料中该组分平均含量的差。由此可见，分析结果的准确度要求越高，E 越小，采样单元数 n 就越大；物料越不均匀、分散度越大，σ 越大，采样单元数 n 也会相应增大；置信度要求越高，t 值越大，采样单元数 n 越大。

减少试样颗粒粒径，加大物料均匀性可以减少满足试样代表性所需的采样量。一般可通过切乔特经验公式来估算试样采集量的最小值。

$$Q \geqslant Kd^2 \qquad （16-2）$$

式中，Q（kg）为平均试样采集量的最小值；d（mm）为试样中最大颗粒的直径；K为反映物料特性的系数，一般由相关部门根据物料种类和性质不同及采样经验来确定，通常为 0.05～1。

采集到的原始试样一般远远大于实际实验所需的最小采集量，因此，采集到的试样经破碎、过筛、混匀和缩分等步骤，最终得到满足试样代表性的最小采集量的实验室试样（laboratory sample）。

试样一般采用机械或人工方法逐步破碎，包括粗碎、中碎和细碎等阶段。其中通过 4～6 目筛为粗碎，通过 20 目筛为中碎，细碎根据具体分析要求而定，一般要求通过 100～200 目筛。需要注意的是，每一次过筛时，需要将未通过筛孔的粗颗粒进一步破碎，直至全部过筛为止，不可随意舍弃未过筛的粗颗粒，否则会影响试样的代表性。

缩分可减少试样量，它是在试样破碎后，取出一部分有代表性的来继续破碎。常用的缩分方法为四分法（quartering），每次试样仅取对角线部分，即试样减少一半，称为一次缩分。经过多次缩分后，原始试样即可减少到最小采集量。

3. 液态样品　水、饮料、溶剂等液体样品一般比较均匀，其采样相对简单。对于体积较小的液体样品，通常可在搅匀后用瓶子或取样管采一份样用于分析。但对于量较大的液体样品，尤其是较难混合均匀的样品，应在不同位置和深度分别采样后混合，以保证它们的代表性。

液体样品的采样器常为塑料或玻璃瓶，一般情况下两者均可使用。但为了减少容器吸附及容器释放微量待测组分影响，有机物分析时宜采用玻璃器皿，而测定微量金属元素时宜采用塑料采样器。

液体样品中待测组分，尤其是微痕量待测组分的化学组成容易因化学、生物、物理作用而发生变化。当采集的液体样品不能马上进行分析测试时，需采取适当保存措施，以防止或减少存放期间的样品变化，保证分析样品的代表性。常用的保存措施有控制溶液的 pH、加入化学稳定剂、冷藏和冷冻、避光和密封等，这些措施有利于减缓生物降解、分析物水解、氧化还原作用及组分挥发等不利因素。保存期长短与待测组分稳定性及保存方法相关，具体可根据样品和待测组分查阅相关文献。

4. 生物样品　生物样品不同于一般的无机和有机样品，其组成因部位和时间不同有较大差异，基体极其复杂、干扰组分多、分子量范围分布广、含量差异大，有些生物分子还需要考虑生物活性等问题。因此，采样时应根据研究或分析所需选取适当部位和生长发育阶段进行，也就是说，采样除了需注意有群体代表性以外，还需要有适时性和部位典型性。

对于植物类样品，采集后需用清水洗净，并及时用滤纸吸干或置于通风干燥处晾干，也可用干燥箱低温烘干。用于鲜样分析的样品，应立即进行切割、捣碎、研磨等处理和分析检测。当天未分析完的样品，应置于冰箱中暂存。生物样品中酚类、亚硝酸盐、有机农药、维生素、氨基酸等待测组分，容易在生物体内发生转化、降解等不利反应，一般应采用鲜样分析检测。若需要进行干样分析，可先将风干或烘干后的样品粉碎，并过 40～100 目筛备用。

对于动物类样品，例如，尿液、血液、唾液、乳汁、脏器等，采集后需根据分析要求进行相应的处理。例如，测定血液中氧或 CO_2 含量时，应采集动脉血。玻璃试管先用稀硝酸或稀乙酸浸泡，用蒸馏水洗净后烘干；然后用注射器或毛细管抽取血样放入试管中，此时血液中的细胞仍呈活性，化学成分随时会变，因此抽血采样的同时一般需进行抗凝等处理。原则上抽血后应马上分析检测，不能立即分析的样品应妥善保存，但一般不可长期储存。

5. 样品采集的质量控制　样品采集过程中合适的质量控制程序是非常重要和必要的。因为对所采集样品的每一项研究或者测试的情况都是唯一的，必须对采用任何已知方法的所有过程进行质量控制。也就是质量控制体现在采样准备过程、现场采样过程、试样运输过程（到现场和从现场出来）、试样分析过程、数据分析与结果报告等。

采样准备过程的质量控制：由于潜在的样品收集介质污染，必须对玻璃器皿、吸附材料和回收装置等进行仔细的清洗和保护。清洗、冲洗、烘烤、选择干净和惰性的密封材料、添加合适的填充物用于储存和运输等都是需要考虑的内容。

现场采样过程的质量控制：须采取措施减少现场条件下样品的潜在损失和污染风险，以便成功完成采样工作。收集平行样品、使用现场空白、控制样品、样品标记、处理和储存等都是现场质量控制的内容。

试样运输中质量控制：为了保证样品容器到测试现场或返回实验室过程中安全运输，在样品收集前后的所有样品容器必须进行全面的、全过程的监管。使用监管的运输方式必须是明确无误地写明监管位置、运输方法、运输时间、运输简述（包括日期、数目、尺寸、类型、是否需要温度控制等）。为了保证样品不会与其他样品或空白混淆，应使用明显的样品标记系统。样品容器的装卸泄漏问题也需监管，以保证运输的样品具有足够的与原始样品一样的数量。另一个质量控制测定是使用运输过程的空白样品，这样可对潜在污染进行进一步的检查，诸如可能发生样品的处理、装填和运输等情况。

实验室质量控制：包括三个方面，样品的处理和储存、样品制备、样品分析等。与现场质量控制一样，应使用实验室或方法空白评价污染，它们可能是由于器皿、试剂、样品处理方法引进的。为了保证样品制备中合适的质量控制，使用二次方法空白，还可使用替代物质标准评价样品的回收率。其他质量控制检查包括在样品分析的前后进行实验室之间验证或平行样品（在样品数量允许的条件下）测定、内标使用、分析仪器的校正等。

第四节　样品制备技术

一、试样的分解

现有定性定量分析，尤其是定量分析中，除了少数为干法分析外，绝大部分都是湿法分析，即要求试样为溶液。因此，若试样不是溶液，则需要通过适当方法将其转化为溶液，这一过程称为试样的分解。试样的分解是分析方法的重要组成部分，它不仅关系到待测组分是否转变为合适的形态，也关系到后续的分离和分析。

在分解试样时，必须分解完全，得到的溶液不应残留原试样的细屑或粉末；若为部分分解试样，则应确保待测组分完全转入溶液中。分解试样的方法很多，需根据试样的组成和特性、待测组分性质和分析目的，选择合适的方法进行分解。

1. 溶解法　溶解法是采用适当的溶剂将试样溶解成溶液，这种方法简单、一般速度较快。水是重要溶剂之一，可溶解水溶性的碱金属盐、铵盐、硝酸盐及大多数碱土金属盐和部分有机物。对于不溶于水的试样，可用酸、碱或混合酸等溶解。其中，盐酸是分解试样的常见强酸；硝酸兼具酸性和强氧化性，溶解能力强且速度快，除铂族金属、金和某些稀有金属外，浓硝酸几乎能溶解所有的金属试样。硫酸可以溶解铁、钴、镍、锌等金属及矿石。同时，硫酸的沸点高（338℃），不仅可以在高温下分解矿石，也可用于除去挥发性酸（如盐酸、硝酸、氢氟酸）和水分，或除去有机物。磷酸虽然是中强酸，但它具有很强的配位能力，可以溶解很多其他酸不能溶解的矿石和许多硅酸盐矿物，含高碳、高铬、高钨的合金钢用磷酸溶解的效果很好。高温（接近沸点203℃）下的浓高氯酸是一种强氧化剂和脱水剂，但热浓高氯酸与有机物接触容易爆炸，一般需先在加热条件下用硝酸破坏有机物。氢氟酸是较弱的酸，但具有很强的配位能力。它主要与硫酸混合使用，用于分解硅酸盐，使其生成挥发性的 SiF_4。使用氢氟酸应在铂皿或聚四氟乙烯器皿中进行，以免腐蚀器皿。

混合酸比单一酸具有更强的溶解能力，如王水（1份浓硝酸+3份浓盐酸），单一酸中不能溶解的金、铂等贵金属及 HgS 等，都可溶于王水。硫酸-磷酸混合酸结合了硫酸的强酸性和磷酸的配位能力，沸点高，可用于分解高/低合金钢、铁矿、钒铁矿，以及含铌、钨、钼的矿石。硫酸-硝酸具有强氧化性，常用于钢铁分析中。浓硫酸-高氯酸也具有强氧化性，主要用于分解金属镓、铬矿石等。盐酸-过氧化氢（双氧水）具有氧化性，过量的双氧水可简单通过加热除去，主要用于分解铜和铜合金。

除了酸和混合酸外，氢氧化钠和氢氧化钾常用于溶解两性金属铝、锌及其合金，以及它们的氧化物、氢氧化物等。一些酸性氧化物也可以用稀 NaOH 和 KOH 溶液来溶解。

2. 熔融法　熔融法（fusion）是将试样与酸性或碱性固体熔剂在高温下反应，使待测组分转变为可溶于水或酸的化合物，如钠盐、钾盐、硫酸盐或氯化物等。熔融法分解能力强，但需要大量熔剂（一般为试样量 6～12 倍），且熔融时容易腐蚀坩埚，带来杂质离子。一般先用酸等溶剂将大部分试样溶解，少量不溶的试样再采用熔融法分解。熔融法可分为酸熔法和碱熔法，其中酸熔法适合分解碱性试样如钛铁矿、镁砂等，碱熔法适用于酸性试样，如酸性炉渣、矿渣和酸不溶试样等。

$K_2S_2O_7$ 或 $KHSO_4$ 在 300℃以上可与碱或中性氧化物作用，生成可溶性硫酸盐。铵盐混合熔剂熔解能力强、分解速度快，试样一般在 2～3 min 内即可分解完全。KHF_2 为弱酸性、配位性熔剂，一般在铂皿中低温熔融硅酸盐、稀土和钛的矿石。Na_2CO_3 或 K_2CO_3 常用于分解硅酸盐和硫酸盐等，将它们与 KNO_3 或 S 混合后可增强其熔解性。Na_2O_2 是强氧化、强碱性熔剂，能分解难溶于酸的铁、铬、镍、钼、钨和铂合金等。与 NaOH 混合可降低其熔融温度，与 Na_2CO_3 混合可降低其氧化作用的剧烈程度。氢氧化物熔剂（NaOH 或 KOH）熔融速度快、熔块容易溶解，而且熔点低，常用来分解硅酸盐、磷酸盐矿物、钼矿石和耐火材料等。

3. 烧结法　烧结法也叫半熔法（semi-fusion method），是在低于熔点温度下让试样与熔剂反应。与熔融法相比，烧结法在较低温度下反应较长时间，通常采用瓷坩埚即可，不需要贵金属器皿。

采用熔融法和烧结法分解试样后，用水或酸浸取熔块，然后根据需要制成试液，用于后续分析。

4. 干灰化法　干灰化法（dry ashing）一般用于测定有机和生物试样中的金属、硫及卤素元素的含量。一般将试样在坩埚中灰化后，转至马弗炉中 400～700℃焖烧，残渣用浓盐酸或热浓硝酸溶解，定量转移到玻璃容器中进行后续分析。为了提高灰化效率，有时也可加入硝酸镁等助剂。另外，氧瓶燃烧法操作简便、快速，适用于少量试样分解，也常用于干灰化。

低温灰化法通过射频放电产生的强活性氧自由基破坏有机物质，其温度一般保持在 100℃以下，可以最大限度地减少挥发损失。

干灰化法简单方便，不需要加入或只需要加入少量试剂，大大减少了外部引入干扰杂质的风险，但也容易因少数元素挥发及器皿壁黏附而造成样品损失。

5. 湿式消化法　湿式消化法是在样品中加入硝酸、高氯酸、过氧化氢、高锰酸钾等氧化剂，在克氏烧瓶中加热消煮一定时间，使有机质完全分解、氧化，呈气态逸出收集于消化液中，供后续分析测试用。它是一种常用的样品无机化法，具有分解速度快、时间短，加热温度低、可减少金属挥发逸散损失等优点。但消化时易产生大量有害气体，需在通风橱中操作；且消化初期会产生大量泡沫外溢，需随时照看；因试剂用量较大，空白值偏高，应尽可能使用高纯试剂。

凯氏定氮法（Kjeldahl determination）是测定有机化合物中氮含量的重要方法，它是在有机试样中加入浓硫酸和硫酸钾溶液进行消化，其中硫酸钾可提高酸溶液的沸点。通常还会加入硒粉（或汞、铜盐）作催化剂来提高消化效率。

根据所用氧化剂不同，湿式消化法可分为硫酸-硝酸法、高氯酸-硝酸-硫酸法、高氯酸（过氧化氢）-硫酸法、硝酸-高氯酸法等。

6. 微波辅助消解法　除了前述的常温和常规加热条件下的试样分解方法外，也可采用微波辅助消解法（microwave-assisted digestion，MAD）。微波加热不同于常规加热方式，后者是由外部热源通过热辐射由表及里的传导式加热，而微波加热是材料在电磁场中由介质损耗而引起的"体加热"或"内加热"。微波具有加热速度快、加热较均匀，高效节能的特点。同时，微波在传输过程中遇到不同物料时，会产生反射、吸收和穿透现象，这主要取决于物料的介电常数、介质损失因子等。而介质损失因子与介质的介电常数比值耗散因子（$\tan\delta$）的大小，反映了介质将吸收的微波能转化成热能后释放热量能力的强弱，因此微波加热又具有一定的选择性。MAD 是利用试样和适当溶（熔）剂吸收微波产生热量加热试样，同时，微波的交变磁场使介质分子极化，极化分子在高频磁场交替排列导致分子高速振荡，使分子获得高能量。由于这两种作用，试样表层不断被搅动和破裂，因而迅速溶（熔）解。

根据微波样品消解罐不同，MAD 主要分为开罐常压微波辅助消解法和密闭高压微波辅助消解法两种。开罐常压微波辅助消解法主要采用敞口容器进行样品消解。敞口容器的材料主要是玻璃、石英和聚四氟乙烯（PTFE）等微波绝缘体材料，微波可透过容器直接作用于样品溶液，而容器几乎不消耗微波能。这种开罐常压微波辅助消解法既可实现常规的溶解、湿法消解或高温熔融，还能实现大样品量处理、自动试剂添加、自动消解、酸雾自动排除、自动浓缩、自动冷却、自动定容，使操作人员无须频繁接触试剂便可灵活的进行全自动实验室日常操作。

密闭高压微波辅助消解法是将样品和试剂置于密闭的样品消解罐中，然后将样品罐用微波加热。在微波加热的过程中，样品罐内的温度和压力急剧上升，试样在高温高压下很快被消解，可以减少溶剂用量和易挥发组分的损失。但耐高温高压的金属材料会与微波作用产生火花且不能被微波穿透，不能用作罐体材料，常用 PTFE、高温玻璃、石英、特氟龙（PFA）或航空材料（TFM）等作为密闭样品罐材料。此外，还需注意实时控制密闭消解罐内的温度和压力，以防发生意外。目前微波消解罐的结构设计一般同时具备两种泄压方式，即防爆膜和自动压力片排气，这种双保险式设计使得即使防爆膜通道阻塞，还有自动压力片启动排气释放高压，确保消解过程安全。

微波辅助消解技术主要用于无机、有机和生物试样中阴阳离子的快速处理和光谱/离子色谱分析等方面。自 1975 年阿布-萨姆拉（Abu-Samra）等首次用微波炉消解了生物样品以来，微波辅助消解技术已经广泛应用于医药、食品、环境、生物、农产品、中草药、纺织品、合金、化妆品及矿物质样品中的金属/重金属元素的分析，现已成为很多标准方法的指定样品前处理技术。

二、样品的分离富集

试样经分解后有时还需要进一步分离富集等处理后才能用于后续分析检测。处理的方法应根据样品的组成和拟用的分析测定方法而定，不同分析方法和分析项目对试样的要求不一样。

（一）场辅助样品前处理技术

基于浓度扩散方式或传统加热强化等方式的样品前处理技术，如索氏抽提、液液萃取等，对于扩散能力强、易于通过化学势控制分析物相对迁移和平衡的气体或液体样品来说，多数时候能满足其基本需求。但固体/半固体样品中待测组分的浸出、分离和富集多数时候不是由浓度扩散或化学势控制的自发过程，这些样品的处理不仅异常缓慢，待测组分从固体样品中转移到与之接触的气体或液体中也是相当耗能的过程。借助一些物理场的作用力，如热、力、声、微波、电场、磁场等外场作用，强化样品处理过程中传热和传质过程、加快样品的处理速度，可以提高样品处理效率。目前广泛应用或具有良好发展前景的基于不同场（协同）作用的样品前处理技术主要有超声波辅助萃取（UAE）、超临界流体萃取（SFE）、加速溶剂萃取（ASE）、微波辅助萃取（MAE）及电分离、磁分离技术等，这些新的样品前处理技术已在食品、生物、医药、环境等领域展现了良好的应用前景。

1. 微波辅助萃取（microwave-assisted extraction，MAE）**技术**　微波辅助萃取技术是一种通过微波加热效应和微波场作用强化传热及传质的样品萃取技术，它可利用物质吸收微波能力的差异实现被萃取物质快速、选择性地从不同基体中分离，将样品萃取时间由几小时缩短至几分钟到几十分钟，且其萃取效果与索氏抽提相当。与色谱、光谱等高灵敏分析检测技术结合，在化工、环境、食品、医药、生命等复杂基体微痕量有机化合物的分离富集中得到了广泛应用。

微波加热时溶剂可被加热到超出大气压下沸点的温度。聚四氟乙烯（PTFE）或石英几乎不吸收微波能，适合作为试样器皿。水溶液和一些极性溶剂（如甲醇、乙醇、正丙醇、乙二醇等）的 tanδ 值较大，吸收微波能的能力较强，是很好的微波溶样用溶剂；同时水溶液中溶质的浓度增大时，吸收微波能的能力增强。

采用微波处理样品时，微波能量可直接进入样品内部，样品吸收微波能并将其转换成热能，微波场的场强将随样品厚度逐渐衰减，直至完全被吸收。所以，微波辐射进入样品有一定穿透深度。当微波频率为 2450 MHz、其半功率穿透深度为 2.4 cm。

微波加热与微波频率及样品组成、温度、形状有关，样品的组成既影响取向极化，又影响空间电荷极化。很多固体物质在室温下吸收的微波能很小，而随温度升高，吸收的能量迅速增加。微波加热不需要热传导的中间介质，而是将能量直接引入样品内部，样品形状对样品内部的温度分布有很大的影响。同时，微波在样品与周围物质界面处的弯曲和样品中的反射，使样品内部的温度分布更加复杂，为使样品各处均匀升温，一般需要转动样品。

影响微波辅助萃取的因素包括萃取溶剂、萃取温度、萃取时间、溶剂用量、微波功率、试样含水量及试样粒度等。通过优化微波辅助萃取的参数，可有效加热目标组分，以利于它们与样品基体分离而被萃取。

早期的微波辅助萃取主要借鉴微波辅助消解的方式，采用密闭样品罐进行，其发展经历了无温度、压力监控的固定功率方式，有温度、压力监控的固定功率方式，以及温压实时可控传感的专业变频功率控制方式等三个阶段。这种密闭式微波辅助萃取技术萃取速度快，但装置设计复杂，操作不便，且高温高压容易导致对热敏的待测组分分解损失。

由于萃取相对消解而言是一种更温和的处理方式，常压下开放式微波辅助萃取法无须高温高压、装置简单，且易于与其他处理方法或分析检测技术联用，成为最主要的微波辅助萃取方式。在这种方式下，样品萃取一般采用玻璃或 PTFE 材质的敞口容器，其中长颈烧瓶较常用，通过搅拌和回流使萃取体系的溶剂和温度保持相对均匀。但是，由于微波加热具有的体加热和选择性加热特点，萃取体系中样品和溶剂等因素的不均匀容易带来温度的不均衡性，即出现局部温度过高而产生"热点"。同时，开放体系中富氧和高温的环境，也容易造成热敏性和易氧化组分的损失。在负压状态下进行的真空微波辅助萃取（VMAE）（图 16-1），兼具负压和少氧的特点，可减少和避免热敏性和易氧化化合物的被降解和氧化损失，在天然产物有效成分尤其是热敏性化合物的萃取中具有优势。

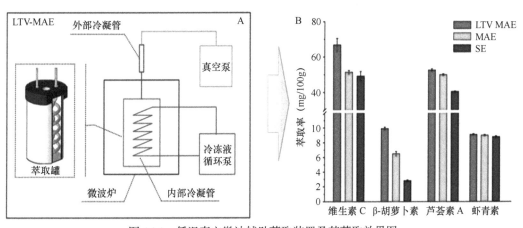

图 16-1　低温真空微波辅助萃取装置及其萃取效果图
LTV-MAE. 低温真空微波辅助萃取；MAE. 微波辅助萃取；SE. 溶剂回流萃取

动态微波辅助萃取（DMAE）通过将新鲜的萃取溶剂连续不断通入萃取容器中，不断流动的溶剂将萃取分析物移出萃取容器，避免了不稳定的目标分析物在微波长时间照射下的分解并减少对目标物的污染；同时，新鲜的萃取溶剂保证了溶剂的最佳萃取状态，提高了萃取效率，萃取目标物还可实现在线过滤。

微波辅助萃取技术可方便地和其他方法联用，如利用微波场和热场、超声场、压力场等不同场的协同作用，发展超声-微波辅助萃取技术、微波辅助-索式萃取技术、微波辅助-超临界流体萃取或亚临界水萃取等，进一步加快萃取速度，提高萃取效率；微波辅助萃取和固相萃取、固相微萃取、液-液萃取等富集方法协同，可实现复杂样品中痕量待测组分的分离和富集一体化。此外，微波辅助萃取也可通过固相萃取或固相微萃取捕获作为接口与液相色谱或气相色谱在线联用，实现天然产物、环境污染物等复杂样品的快速高灵敏分析。

2. 超声波辅助萃取（ultrasonic-assisted extraction，UAE）**技术**　是利用超声波的空化作用产生瞬时高温高压，在溶剂内部产生强烈冲击波或速度极快的微射流，增加溶剂进入样品的渗透性，增大传质速率，加快待测组分溶出。与常规的煎煮法、水蒸馏法、溶剂浸提法相比，超声波辅助萃取法具有萃取温度低、适用性广、能耗低等优点，其萃取效率通常大于常规萃取方法，在天然产物、环境、食品、生物、医药和石油化工等领域得到了广泛应用。

作为一种相对温和的物理方法，影响超声波辅助萃取萃取效率的因素主要有萃取溶剂、液固比、萃取温度、超声波功率、时间和超声波处理次数等。一般以单因素试验为基础设计正交试验、响应面分析或回归分析，以确定其最佳萃取条件。频率和功率是超声波辅助萃取的两个主要参数，实验室一般采用不同规格的超声波清洗器来进行萃取分离，其频率在 20～40 kHz。增大超声波功率，有利于缩短萃取时间。但当物质溶解达到平衡时，超声波功率继续增大时物质也难以溶解。超声波辅助萃取对萃取溶剂几乎没有特别要求，它只需根据待测组分极性和相似相溶原理选择合适的萃取剂，但要考虑成本、环境污染等因素。

超声波辅助萃取技术仪器简单、使用便捷，也便于与其他样品前处理或分析检测技术联用，如超声波与微波、压力等场协同作用，发展了超声波-微波辅助萃取、超声波-超临界流体萃取技术等。超声场作用与微萃取方法结合，可加快萃取平衡，提高萃取效率。直接将磁性固相萃取或分散固相萃取等在超声波作用下操作，可实现超声波辅助-磁性固相萃取或超声波辅助-分散固相萃取的无缝结合，这些方法在医药、环境、生物等领域中都有成功的应用。

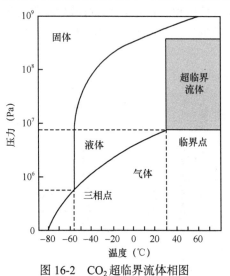

图 16-2　CO_2 超临界流体相图

3. 超临界流体萃取（supercritical fluid extraction，SFE）**技术**　常温常压下纯净物质一般呈现液体、气体或固体状态，当提高温度和压力使其达到特定值时，液体与气体的界面将消失，这一特定的温度和压力点称为临界点。在临界点附近，物质的密度、黏度、溶解度、热容量、介电常数等性质均发生急剧变化，这种温度及压力均处于临界点以上的液体即超临界流体（图 16-2），其兼具液体与气体性质。

它是一种稠密的气态，其密度比一般气体大 2～3 个数量级，与液体相近；它的黏度比液体小，但扩散速度比液体快 2～3 个数量级，具有较好的流动性和传递性能；它的介电常数随压力而急剧变化，这些物性会根据压力和温度不同而发生变化。因此，超临界流体具有良好的溶解性、扩散性和可操控性，是一种理想的萃取溶剂。

超临界流体萃取法是采用超临界流体作为萃取溶剂，通过调控压力场和温度场相互作用以强化样品分离萃取的方法。其装置主要有四部分：高压泵、萃取池、收集罐和控制器。当需要在超临界流体中加入改性剂时，还需要一台改性剂发送泵和一个混合室。

超临界流体萃取法的操作步骤一般有 3 步：①待测组分从基体中脱离，溶解于超临界流体中；②待测组分通过超临界流体的流动被送入收集系统；③通过升温或者降压，除去超临界流体，收集纯的目标物。以 CO_2 超临界流体为例，由钢瓶放出的高纯 CO_2 经高压柱塞泵压缩形成 CO_2 液体，经阀门进入载有萃取物的高温萃取仪中，在超临界温度和压力下的 CO_2 流经样品进行超临界萃取。萃取池是超临界流体萃取发生的主要场所。在萃取池中，待测组分通过 CO_2 的流动和渗透，从基体中脱离并溶解于超临界 CO_2 中，进行扩散分配。然后，随超临界 CO_2 一起流出萃取池，经阻尼器减压后（或升温后）进入收集器。随后，CO_2 携带萃取物经节流管一同从萃取池（样品管）流出并进入收集管内的回收液中。萃取物被收集在少量溶液内，CO_2 自然挥发。当超临界 CO_2 与萃取物的极性差异较大而不能有效对其进行萃取时，可利用另一个泵加入改性剂（夹带剂）以增强超临界 CO_2 的极性，提高极性分析物的萃取效率。多余的超临界 CO_2 将排空或循环使用。

根据超临界流体萃取法操作方式的不同，可分为静态萃取、动态萃取和循环萃取 3 种模式。静态萃取系统又称闭合回路系统。它是固定超临界流体的用量，维持一定的压力和温度，将待萃取样品在超临界流体中浸泡，使待测组分从基体中分离转移到超临界流体中，从而达到萃取的目的。动态萃取系统也称开口回路系统，超临界流体单向、不循环地流经装样品的萃取池，萃取后直接送入收集器。循环萃取法兼具静态萃取和动态萃取的优点，超临界流体不断重复流经萃取池进行萃取，然后送入收集器中。

影响超临界流体萃取法萃取效率的主要因素包括流体种类及流体流速、萃取压力和温度、萃取时间、夹带剂种类及用量、样品颗粒度等。其中流体种类、萃取压力和温度、夹带剂等因素尤为重要。

超临界流体作为萃取溶剂不仅需要对分析物有良好的溶解能力和较高的选择性，还须考虑操作的安全性和便利性。综合考虑物质的临界温度（T_c）、临界压力（P_c）及极性等参数，实际使用最多的是 CO_2。它临界值较低、易于操作、价格适中；化学性质不活泼，不易与被萃取溶剂起反应；无毒、无嗅、无味，不会有二次污染；沸点低，容易从萃取后的组分中除去，后处理简单，不用加热，适用于萃取热敏性化合物。除了 CO_2 外，氧化二氮（N_2O）也是一种常用的超临界流体，其临界温度、临界压力和溶剂性能与 CO_2 接近；氧化二氮分子中存在永久偶极，属于中等极性的超临界流体，对极性物质的萃取效果优于 CO_2；但是氧化二氮是一种易燃易爆的有毒气体，使用安全性成为限制其应用的一个重要因素。水在超临界状态下具有很强的腐蚀性，多在处理有毒污染物时使用，由于水在临界点附近对有机化合物也有较好的溶解性能，通过调整临界参数，可在较大范围内调整流体极性，对有机化合物具有良好萃取效果。此外，氮气、氩气、氙气和丙烷等也是常见的超临界流体物质。

为解决极性物质的萃取问题，一般有两种普遍采用的方法：一种方法是在非极性 CO_2 超临界流体中加入极性有机溶剂作极性改良剂，提高 CO_2 超临界流体的极性，使得极性物质在 CO_2 超临界流体中溶解度增加，常见的改良剂有乙醇、甲醇、正丙醇、四氢呋喃（THF）、三氯甲烷、二硫化碳等；另一种方法是选择或开发其他适用的极性超临界流体，如氨气和 $CHClF_2$ 等。

与微波辅助萃取、超声波辅助萃取等场辅助样品前处理方法一样，超临界流体萃取也可与固相（微）萃取、液相（微）萃取等前处理技术结合使用，进一步去除基体干扰、提高目标组分的富集效率。同时，由于 CO_2 等超临界流体在减压时变成气体，容易从分离系统中除去，萃取所得到的是干净待测组分，有机溶剂残留量少，而且在待测组分进入色谱分析前不需要再浓缩，所以超临界流体萃取系统非常适合与色谱技术在线联用。

4. 加速溶剂萃取技术 加速溶剂萃取（accelerated solvent extraction，ASE）技术是在压力场和温度场（热场）综合作用下，通过加压（10.3～20.6 MPa）在高于正常溶剂沸点的温度（50～200℃）下进行萃取，适用于固体和半固体样品的前处理技术。影响加速溶剂萃取技术萃取性能的主要因素包括萃取温度、萃取压力、溶剂种类及使用量，以及萃取循环数等。提高压力一般有利于萃取，但温度升高，在提高萃取率的同时，也容易带来分析物的分解损失。此外，合适的分散剂和吸附剂，不仅可使溶剂和样品更容易接触和萃取，也能在一定程度上起到净化萃取液的作用，有利于后续分析检测。

加速溶剂萃取突出的优点是整个操作处于密闭系统中，减少了溶剂挥发对环境的污染，有机溶剂用量少、快速、回收率高，并能以自动化方式进行萃取。因此，尽管加速溶剂萃取技术出现不到 30 年，但发展速度很快，已被美国环境保护局（EPA）用于 SW-846 方法的 3545A 号标准，可被用在应用标准 3540、3541 方法的地方，并在环境、药物、食品和聚合物工业等领域得到了广泛应用。

5. 其他场辅助萃取技术　电场辅助萃取（electric-assisted extraction，EAE）技术是一种利用电场作用提高痕量待测组分萃取效率和选择性的技术，包括电场辅助膜萃取、电场辅助固相（微）萃取、电场辅助液相（微）萃取等技术。其中，电场辅助膜萃取技术主要包括电渗析法和电膜萃取法，它能克服传统膜萃取技术中溶解-扩散传质过程耗时长的不足，有效缩短萃取时间。电场辅助液相（微）萃取法既保留了液相（微）萃取操作简单、富集效果好的优点，又能发挥电场加速迁移、增强方法选择性的特点。根据该技术发展顺序先后，主要分为液-液电萃取，电化学液-液萃取法和微电膜萃取 3 种。而电场辅助固相（微）萃取技术将电场作用与固相（微）萃取相结合，既保留了固相（微）萃取技术萃取效果和方法重现性好的优点，又发挥了电场可增强选择性、加速萃取的优势。电场对于固相（微）萃取主要有两种作用方式：一是直接作用于萃取介质中，即电化学固相萃取法；二是加速带电物质迁移到分离介质上或促进分析物洗脱。

磁分离（magnetic separation，MS）技术是借助磁场力作用进行分离富集的技术，与传统的离心分离、过滤等方法相比，其分离效率更高、操作更简便，且材料易于回收再利用。它主要有直接磁分离、加入絮凝剂的磁分离和磁固相萃取等形式。

与传统的以热场、浓差力场为基础的溶剂提取方法相比，以化学势场传质驱动为基础，结合热、声、电、磁、力、光及微波场等外场作用发展起来的新型场辅助样品前处理技术，在省时、高效、节能及自动化等方面有极大的提高，符合当今低碳节能环保的需求。尤其是对于固体或半固体样品而言，一个准确灵敏的分析方法，要求复杂基质样品的前处理技术具备三个基本要求：高效、高通量和高选择性。场辅助提取技术不仅高效、快速，而且可以避免样品污染、损失和变质，缩短制备时间、强化传质过程、提高萃取效率。

> ### "青蒿一握，以水二升渍，绞取汁"
> #### ——屠呦呦、青蒿素与天然产物提取技术的发展
>
> 疟疾仍在全球范围内流行，约有 40%的世界人口生活在疟疾流行区域，而青蒿素，是屠呦呦和中国中医药献给人类征服疟疾进程的一份礼物。
>
> 20世纪 60 年代，在氯喹抗疟失效、人类饱受疟疾之害的情况下，屠呦呦等临危受命，开始了中医药抗疟之旅。在传统乙醇（沸点 78.3℃）回流提取得到的青蒿提取物药效不稳定的情况下，屠呦呦受东晋葛洪《肘后备急方》青蒿截疟所记——"青蒿一握，以水二升渍，绞取汁，尽服之"的启发，改用低沸点溶剂乙醚（沸点 34.5℃）为提取溶剂，减少了含过氧键（—O—O—）的青蒿素在高温回流过程中的损失，顺利得到药效稳定的青蒿提取物，彻底打开了青蒿素抗疟特效药研制的大门。
>
> 时至今日，各种低温、低温真空提取技术，以及以超声波辅助提取、超临界流体萃取和加速溶剂萃取为代表的高温高压提取技术迅猛发展，既可以满足热敏性和易氧化物质，也可以为不同结构类型的有效成分提供丰富多样的选择，为中医药及相关产业的发展壮大提供了良好的技术支撑。

（二）相分配样品前处理技术

液体试样的处理可通过两相分配或吸附的形式进行分离富集。待测组分在萃取溶剂和样品溶液间根据分配系数的不同进行液-液分配，属于液-液两相间的传质过程，即物质从一种液相转入另一液相的过程。常见的相分配样品前处理技术包括液-液萃取、液相微萃取及其衍生出来的各种形式。经典的液-液萃取中一相为水相，另一相是与水不互溶的有机相。为了减少有机相溶剂的使用，增加生物相容性，可采用双水相萃取技术。液相微萃取技术包括单滴液相微萃取、中空纤维液相微萃取和分散液-液微萃取等形式，是将液-液萃取技术微型化，减少了有机溶剂使用的绿色样品前处理技术，近年来发展迅速。

1. 液-液萃取 液-液萃取（liquid-liquid extraction，LLE）是最常用的萃取技术之一，它利用物质在两种互不相溶（或微溶）的溶剂中溶解度或分配系数不同，使物质从一种溶剂内转移到另外一种溶剂中的过程，其过程由萃取、洗涤和反萃取组成。

对于生物样品来说，有机相容易使蛋白质等生物活性物质变性，因此常规的液-液萃取方法多数时候使用会受限制。双水相液-液萃取技术是一种高效而且温和的生物分离新技术，它是把两种聚合物或一种聚合物与一种盐的水溶液混合在一起，通过聚合物与聚合物之间或聚合物与盐之间的不相溶性形成两相。由于在两相中水都占有较大的比例（70%~95%），活性蛋白或细胞不易失活。可形成双水相的体系很多，如聚乙二醇/葡聚糖、聚丙二醇/聚乙二醇、甲基纤维素/葡聚糖等双聚合物体系。此外，聚合物与无机盐的混合溶液也可以形成双水相，如聚乙二醇/磷酸钾、聚乙二醇/磷酸铵、聚乙二醇/硫酸钠等也常用于双水相液液萃取。离子液体等新型材料的应用，更是将双水相液-液萃取技术从生物样品拓展到食品、环境等其他复杂样品的分离富集中。

2. 液相微萃取 液相微萃取（liquid-phase micro-extraction，LPME）技术集萃取、净化、浓缩、预分离于一体，具有萃取效率高、消耗有机溶剂少等优点，是一种环境友好的萃取技术。从单液滴微萃取技术开始，逐渐发展了液-液-液三相微萃取、顶空液相微萃取等静态萃取及动态液相微萃取等多种模式。

静态液相微萃取技术包括直接液相微萃取、液-液-液微萃取、顶空液相微萃取和载体转运模式液相微萃取。单液滴微萃取（single drop micro-extraction，SDME）是将有机液滴悬挂在微量进样针头或特氟龙（teflon）顶端来进行待测组分萃取，适合比较简单洁净的液体样品。这种方法萃取效率高，但悬挂的液滴在搅拌时容易脱落。采用中空纤维作为萃取液滴载体的中空纤维液相微萃取技术（hollow fiber-based liquid phase micro-extraction，HF-LPME），通过纤维的多孔性增加溶剂与试样溶液的接触面积，避免萃取溶剂损失，同时大分子和杂质不能进入纤维孔，使该方法还具备了一定的样品净化功能。液-液-液微萃取技术（liquid-liquid-liquid micro-extraction，LLLME）将料液（donor phase）中的待测组分先萃取到有机溶剂中，然后再萃取到接受相（acceptor phase），这种三相微萃取技术虽然富集倍数不如两相微萃取技术，但它具有很好的富集和净化功能，萃取液可以直接用于后续分析检测。对于挥发性或半挥发性有机化合物，可以采用顶空液相微萃取（headspace liquid phase micro-extraction，HS-LPME），即将有机溶剂悬挂于微量进样针头或置于一小段中空纤维内部，在待测溶液上方富集待测组分。这种方法不仅可以缩短萃取平衡时间，还可消除样品基质的干扰。

液相微萃取也可以在动态模式下进行，这种动态模式在微量注射泵、三相液相微萃取或顶空液相微萃取中都可以实现。与静态的液相微萃取比较，有机相的可更替性使萃取效率与重现性大大提高。

液相微萃取萃取过程中，待测组分的萃取效率受有机溶剂、液滴大小、搅拌速度、盐效应、pH及温度、萃取时间等因素的影响。有机溶剂的选择是液相微萃取技术的关键，而液滴大小对待测组分的检测灵敏度影响很大。目前，液相微萃取技术已在生物、医药、环境、食品等复杂样品分离分析中得到了广泛应用。

3. 分散液-液微萃取 分散液-液微萃取（dispersive liquid-liquid micro-extraction，DLLME）技术的原理与传统的液-液萃取相同，也是基于待测组分在样品溶液和小体积萃取剂之间的两相分配，来实现待测组分的分离富集。DLLME 是将分散剂和萃取剂快速注入到样品溶液内部，通过振荡形成含有许多萃取剂小液滴的乳状液，使待测组分从样品溶液萃取到萃取相中；待萃取结束后，收集萃取相进行分析测定。DLLME 的影响因素主要包括萃取剂的种类和用量、分散剂的种类和用量、溶液 pH、萃取时间、离子强度等。DLLME 技术不仅有效增大了两相传质的接触面积，使待测组分在样品溶液和萃取剂间快速转移，而且操作简便、成本低，富集倍数高且环境友好，因此在分析化学领域具有广阔的应用前景。

（三）相吸附样品前处理技术

相吸附样品前处理方法使用固体分离介质，包括固相萃取、固相微萃取、基质分散固相萃取、搅拌棒吸附萃取和磁性固相萃取等。由于印迹材料、碳材料、多孔材料等新型材料的研究发展迅速，尤其是可以针对复杂体系分离分析的需要而进行针对性的开发和研制，已发展了不同系列的新型分离富集介质，使相吸附样品前处理技术得到了迅速发展。

1. 固相萃取 固相萃取（solid phase extraction，SPE）技术是利用固体吸附剂将待测组分吸附，与样品基质及干扰物分离，然后用洗脱液洗脱或加热解脱，从而达到分离和富集目标化合物的目的。其洗脱模式有两种，一种是待测组分比干扰物与吸附剂之间的亲和力更强，因而被保留，洗脱时采用对待测组分亲和力更强的溶剂；另一种是干扰物比待测组分与吸附剂之间亲和力更强，则待测组分被直接洗脱，通常采用前一种模式。

与液-液萃取相比，固相萃取具有如下优点：①高回收率和富集倍数；②有机溶剂消耗量低，减少了对环境的污染；③采用高效、高选择性的吸附剂，能更有效地将分析物与干扰组分分离；④无相分离操作过程，容易收集分析物；⑤能处理小体积试样；⑥操作简便、快速，费用低，易于实现自动化及与其他分析仪器的联用。

影响固相萃取效率的主要因素是吸附剂种类及各类溶剂的选择。主要吸附剂包括键合硅胶吸附剂、石墨碳、离子交换树脂、金属配合物吸附剂、聚合物吸附剂、免疫亲和吸附剂、分子印迹聚合物等。

固相萃取技术因萃取效率高且操作简便，在环境、生物、食品及药物等诸多领域应用广泛。尤其是全自动固相萃取可避免重复的人工操作及人为误差，确保良好的重现性和精确性，使固相萃取逐渐成为很多地方标准、团体标准或国家标准中的样品处理方法。

2. 固相微萃取 固相微萃取（solid phase micro-extraction，SPME）是一种无溶剂的微型化样品处理技术，其设备携带方便，操作简单、快速，样品用量少、富集效率高、分析时间短，可实现样品的吸附、富集和解吸、进样于一体，几乎不产生二次污染，特别适合现场分析，可满足不同基质样品中挥发性与非挥发性物质的分离富集需求。经典的固相微萃取装置类似于色谱微量注射器，由手柄和萃取头两部分构成。萃取头是一根长约 1 cm、涂有不同固相涂层的熔融石英纤维，石英纤维一端连接不锈钢内芯，外套有细的不锈钢针管，以保护石英纤维不被折断。手柄用于安装和固定萃取头，通过手柄的推动，萃取头可伸出不锈钢针管。纤维针式固相微萃取（fiber-SPME）是最早的固相微萃取技术形式，之后又相继出现管内固相微萃取技术（in-tube-SPME）、搅拌棒式固相微萃取技术（stir bar sorption extraction，SBSE）、膜式固相微萃取（membrane-based-SPME）等。

目前固相微萃取主要是利用气相色谱、高效液相色谱等作为后续分析仪器，实现不同样品和不同待测组分的分离分析。

3. 搅拌棒吸附萃取 搅拌棒吸附萃取技术（stir bar sorptive extraction，SBSE）是从固相微萃取发展起来，同样是依赖于目标物在样品基质和萃取相中的分配进行萃取分离的一种微萃取技术。它既具有固相微萃取集萃取、浓缩、解吸、进样于一体的优点，也能在萃取的过程中自身完成搅拌，无须外加搅拌磁子，避免了竞争性吸附，加快了萃取速度。同时搅拌棒吸附萃取的萃取量远大于固相微萃取的萃取量，非常适用于痕量物质分析。搅拌棒吸附萃取技术已经广泛应用于药物分析、环境分析、食品分析、生物分析等领域。

搅拌棒吸附萃取的萃取模式主要有直接吸附萃取和顶空吸附萃取两种。直接吸附萃取是直接将搅拌棒吸附萃取搅拌棒浸入试样溶液中，在萃取过程中自身完成搅拌，避免了外加搅拌磁子的竞争吸附。顶空吸附萃取适用于复杂基体中挥发性物质的萃取分离，可避免基体对搅拌棒吸附萃取搅拌棒的污染，但也舍弃了搅拌棒吸附萃取的自身搅拌功能。

搅拌棒吸附萃取的解吸也主要有两种方式，热解吸和溶剂解吸。热解吸常与气相色谱热解吸系统联用（thermal desorption unit，TDU），通过程序升温进样口连接在气相色谱上。溶剂解吸一般在样品瓶的内插管中完成，并通过自身搅拌、超声波辅助等手段加快解吸速度。

4. 磁性固相萃取 磁性固相萃取（magnetic solid-phase extraction，MSPE）技术是一种将传统的固相萃取技术与磁性功能材料相结合而发展起来的样品前处理技术。它是以磁性功能材料作为吸附剂，将其添加到试样溶液或其悬浮液中，超声或振荡处理，使吸附剂充分分散到试样溶液中，待测组分被吸附到磁性吸附剂表面；待萃取完成后，通过外加磁场迅速地将吸附剂与样品基质分离，将富集有待测组分的吸附剂淋洗后，用洗脱剂对吸附剂中待测组分进行洗脱；再利用外加磁场将吸附剂与洗脱液分离，洗脱液用于后续分析测定。磁性固相萃取技术简单地利用外加磁场即可实现待测组分分离，不需要昂贵设备也能在短时间内分离富集大体积复杂样品中痕量物质。相比于传统吸附材料，磁性吸附材料在富集倍数、萃取速率、可重复使用方面都具有明显的优势，且避免了分离过程中离心、过滤等耗时步骤，降低了待测组分的损失。

5. 分散固相萃取 分散固相萃取技术（dispersive solid-phase extraction，DSPE）是直接将固相吸附材料加入到试样溶液中，通过吸附杂质而达到净化试液的目的；或利用固相吸附剂吸附待测组分，然后进行解吸而达到净化目的，最后通过离心分离，吸取上清液直接进行后续分析。

QuEChERS 法是最经典的分散固相萃取法，它相当于将振荡萃取法、液-液萃取法初步净化、分散固相萃取净化相组合，具有快速（quick）、简单（easy）、经济（cheap）、高效（effective）、可靠（rugged）和安全（safe）特点。其原理是样品均质化后，使用乙腈提取，经萃取分层；然后利用基质分散萃取机制，采用吸附介质与基质中大部分干扰物结合，并通过离心方式去除，起到净化作用，获得纯度较高的待测组分。

6. 基质分散固相萃取技术 基质分散固相萃取（matrix solid-phase dispersion，MSPD）是在固相萃取基础上，将 C_{18} 等固相萃取材料与固体、半固体或黏稠性样品混合研磨，得到半干状态的均匀混合物作为填料装柱，填入注射器针筒或萃取柱中并压实，再使用不同极性的溶剂淋洗柱子，将杂质和待测组分依次洗脱下来。

基质分散固相萃取是一种简单高效的样品前处理技术，它只需通过研磨将试样及待测组分溶解和均匀分散固定相表面，即可直接从黏稠性、固态和半固态基质样品中萃取一种或多种痕量目标物，避免了组织匀浆、沉淀、离心等操作造成样品的损失。具有样品和溶剂用量少、分析时间短、高效及一步完成萃取和净化等优势。

（四）色谱分离法

色谱分离又称层析分离，是一种分离复杂混合物中各个待测组分的有效方法。它利用不同物质经过固定相时，与固定相（stationary phase）发生作用（吸附、分配、离子吸引、排阻、亲和）的大小、强弱不同，在固定相中的滞留时间不同，先后从固定相中流出而实现分离。色谱分离既可以作为一种分离技术应用于色谱分离领域中，也可以作为有效去除干扰物、富集待测组分的样品制备技术应用于样品前处理领域中。常用于前处理领域的色谱分离技术主要有凝胶渗透色谱、离子交换色谱和萃取色谱等，这些技术的基本原理、分类等在前述章节已有详细介绍，此处不做赘述。

（五）其他分离富集技术

1. 衍生化技术 衍生化法是采用衍生反应把待测组分转化成含有特定基团的类似化学结构物质，使其有更好分离效果和检测灵敏度的化学转换样品前处理方法。待测组分参与衍生反应并生成新的衍生物，其溶解度、沸点、熔点、聚集态等理化性质均会发生变化，使其更容易被分离富集或更适合于分析检测，在色谱分析中比较常用。

2. 膜分离法 膜分离技术是一种高效、经济和简便的分离技术，它是利用膜的选择透过性，以外界能量或化学位差（浓度、温度、压力或电位等）为驱动力，对两组分以上的溶质和溶剂进行分离富集和提纯。以浓度差为驱动力的有渗透法、液膜法和渗透蒸发法等；以压力差为驱动力的有反渗透法、微滤和超滤等；以电位差为驱动的主要是电渗析法。其中液膜法是样品前处理中常用的膜分离法。

3. 气浮分离法 气浮分离法（flotation separation）也称浮选分离，它是采用气泡富集分离原理，在一定条件下，溶液中的待测离子形成配离子或生成沉淀后，加入适量表面活性剂和气体，形成电中性物质的待测组分吸附或黏附在微小气泡表面并浮升到液面,进而聚集成泡沫与母液分离或溶于有机溶剂而被分离富集。主要包括离子气浮分离法、沉淀气浮分离法和溶剂气浮分离法三大类。

尽管不同类型气浮分离法的主要影响会有差异,但溶液酸度、表面活性剂种类及浓度和气泡大小等主要因素是共同的。气浮分离法富集速度快、富集倍数大且操作简便,已在环境治理、水净化和工业废水处理领域应用广泛。

(六)样品制备及分析检测联用技术

不同样品制备技术在线联用或样品制备-分析检测联用技术是实现快速高效样品分离分析的手段,通过多组并/串联实现高通量样品制备、通过多步骤协同、在线联用等策略加速样品制备,或通过原位制样技术减少转移损失,采用智能机械实现操作自动化,都可以提高样品制备效率,并最大限度降低人为因素对分析结果的影响。

固相萃取、固相微萃取、液-液萃取等相吸附或相分配技术不仅容易与衍生化、场辅助等样品制备技术在线联用,也容易与色谱、光谱等分析检测技术联用,发展不同样品制备技术或样品制备-分析检测联用等自动化分离分析技术,中山大学李攻科课题组在此方面开展了较多工作。

天然产物中有效成分对照品是天然产物研究、药物开发的重要基础,但高纯度对照品的分离制备过程冗长烦琐、效率一般不太高。肖小华等集成微波辅助提取快速高效分离的优势和高速逆流色谱高效纯化制备的特点,研发了可用于 mg~g 级天然物质有效成分对照品提取分离、纯化制备的在线微波辅助提取-高速逆流色谱(MAE-HSCCC)联用装置,可直接从天然产物原料中分离制备得到 mg~g 级、纯度大于 90%的有效成分对照品。

第五节　样品前处理技术进展

随着生命、食品、环境等科学迅猛发展,分析化学面临的样品种类繁多、基体复杂且目标物含量水平低,样品制备成为分析过程的关键环节,是复杂样品快速检测技术发展的瓶颈。分离富集是熵减的非自发过程,是将热力学第二定律的自发过程以相反方向进行到最大限度,耗时费力。因此,高效、快速、环境友好的样品制备技术的研究无疑是现代分析化学的一个重要方向。

为了减少样品制备过程中大量有机溶剂的使用,无溶剂或少溶剂样品制备方法包括气相萃取、超临界流体萃取、膜萃取、固相萃取及固相微萃取等发展较快。固相微萃取、微波辅助萃取、超临界流体萃取技术等为代表的无(少)溶剂样品制备技术的推广使用,有效减轻了分析人员的劳动强度,减少了对人体的危害,实现了环境友好的样品制备过程。这些技术独特的优越性已显示出强大的生命力,对现代分析化学的发展及其广泛的应用起了积极的推动作用。因此,进一步提高与完善这些方法将有重要的学术意义与应用前景。

减少制样时间,发展快速样品制备技术是另一重要发展方向。场辅助技术通过热、声、电、磁、力、微波等外场强化样品制备过程中的传热和传质,加快样品制备速度、提高样品制备效率。新材料的合成与开发(如印迹材料、适配体功能化材料、超分子及其衍生材料、微孔聚合物等)为加速样品制备提供了物质基础。新型分离富集介可以为相吸附和相分配样品制备技术提供快速、高效的媒介;高性能的衍生化试剂通过快速的化学反应,将目标物转化成更易检测的化学形态;先进多孔材料的应用赋予基于尺寸识别的膜分离技术新的生机;通过定向流、剧烈搅拌、增大接触面积等加速传质手段进一步提高了材料在样品制备应用时的速度和效率。待测样品的体积、质量直接影响制备的所需的时间。减少样品用量可缩短样品制备时间,但需综合考虑检测灵敏度、准确度及样品代表性等问题。通过装置仪器微型化,固相微萃取、液-液微萃取、微流控萃取等技术不仅实现了微量样品的制备还能减少人为操作步骤。新兴的快速样品制备技术大大缩短了样品处理时间,提高了分析效率,降低了分析成本,同时可以防止人工操作无法避免的由于个体差异所产生的误差,提高分析测试的灵敏度、准确度与重现性。

随着科学技术的发展,需要分析的样品种类越来越多,分析物的含量越来越低,这就对分析样品制备与处理提出了新的挑战。此外,样品制备技术已不仅与色谱分析技术联用,也与诸多前沿的分析技术如分子光谱分析、传感分析、成像分析等相结合,有效提升了实际样品分析的可靠性及准确性,拓展了分析技术的实际应用范围。

思 考 题

1. 样品前处理的目的与重要性有哪些?
2. 样品前处理的基本原则有哪些?
3. 你认为样品前处理技术的发展方向有哪些?

（中山大学　肖小华）

参 考 文 献

蔡波太, 袁龙飞, 周影, 等. 2013. 基于1H-NMR指纹图谱结合多变量分析的地沟油检测方法. 中国科学: 化学, 43(5): 558-567.

柴逸峰. 2021. 分析化学. 8版. 北京: 人民卫生出版社.

陈浩, 汪圣尧. 2022. 仪器分析. 4版. 北京: 科学出版社.

陈曦, 李彤洲, 朱正江. 2022. 基于离子淌度质谱的代谢物碰撞截面积测量方法和数据库研究进展. 质谱学报, 43(5): 596-610, 525.

陈义. 2019. 毛细管电泳技术及应用. 3版. 北京: 化学工业出版社.

陈执中. 2002. 表面等离子共振检测系统的研究进展. 化学传感器, 22(1): 1-6.

陈志伟, 王永在. 2020. 生物仪器分析. 北京: 科学出版社.

邸欣. 2023. 分析化学. 9版. 北京: 人民卫生出版社.

丁黎. 2008. 药物色谱分析. 北京: 人民卫生出版社.

杜旭. 2011. 高效毛细管电泳在中医药领域的最新进展和应用研究. 天津药学, 23(5): 33-37.

方惠群, 于俊生, 史坚. 2002. 仪器分析. 北京: 科学出版社.

《分析化学》编委会, 《分析化学》编辑部. 2005. 中国色谱学研究基地的奠基人——热烈祝贺我国著名化学家卢佩章院士八秩华诞. 分析化学, (10): 1357-1360.

冯俊, 李清清. 2022. 微波消解-电感耦合等离子体质谱法测定根茎类中药材中多种重金属元素含量. 食品与药品, 22(5): 432-437.

冯卫生. 2016. 波谱解析技术的应用. 北京: 中国医药科技出版社.

傅强. 2017. 现代药物分离与分析技术. 2版. 西安: 西安交通大学出版社.

高向阳. 2021. 新编仪器分析. 5版. 北京: 科学出版社.

国家药典委员会. 2020. 中华人民共和国药典. 2020年版. 北京: 中国医药科技出版社.

胡坪, 王氢. 2019. 仪器分析. 5版. 北京: 高等教育出版社.

胡琴, 彭金咏. 2016. 分析化学. 2版. 北京: 科学出版社.

滑鹏敏. 2019. 电化学检测在环境监测及分析中的运用. 检验检疫学刊, 29(4): 114-115.

黄承志. 2017. 基础仪器分析. 北京: 科学出版社.

黄一石, 吴朝华. 2020. 仪器分析. 4版. 北京: 化学工业出版社.

霍学松, 陈瀑, 戴嘉伟, 等. 2022. 微小型近红外光谱仪的应用进展与展望. 分析测试学报, 41(9): 1301-1313.

江桂斌, 等. 2016. 环境样品前处理技术. 2版. 北京: 化学工业出版社.

蒋俊, 曾仪晨, 陈芷莹, 等. 2023. 基于太赫兹时域光谱技术的名贵动物药材龟甲的真伪品鉴别. 江苏大学学报(医学版), 33(2): 167-173.

康维钧, 毋福海, 孙成均, 等. 2016. 现代卫生化学. 3版. 北京: 人民卫生出版社.

孔继烈. 1999. 现代电化学分析技术在中药研究领域中的应用与前景. 化学进展, (3): 82-94.

孔令义. 2016. 波谱解析. 2版. 北京: 人民卫生出版社.

兰奋, 洪小栩, 宋宗华, 等. 2020. 《中国药典》2020年版基本概况和主要特点. 中国药品标准, 21(3): 185-188.

李春哲. 2017. 浅谈现代仪器分析的发展趋势和前景. 石化技术, 24(12): 280.

李磊, 高希宝. 2014. 仪器分析. 北京: 人民卫生出版社.

李启隆, 胡劲波. 2003. 电化学分析的发展及应用. 分析试验室, 22(6): 95-108.

李霞, 王仕宝. 2021. 化学发光分析法研究综述. 广州化工, 49(11): 18-20.

李响, 王兰, 陶磊, 等. 2011. 运用优化的毛细管等电聚焦电泳方法评价叶酸受体 α 单抗电荷不均一性. 药物分析杂志, 31(8): 1489-1491.

李赞忠, 乔子荣. 2011. 现代仪器分析及其发展趋势. 内蒙古石油化工, 37(21): 1-4.

梁生旺, 万丽. 2012. 仪器分析. 北京: 中国中医药出版社.

林建原, 金明, 冯敬妮. 2012. 浊点萃取-分光光度法测定水样中稀土元素镧和钕. 稀土, 33(3): 40-44.

刘国铨, 余兆楼. 2006. 色谱柱技术. 2 版. 北京: 化学工业出版社: 101-123.

刘娟, 陆颖洁, 黄益曼, 等. 2022. 基于离子淌度-质谱技术分析小分子代谢物的研究进展. 质谱学报, 43(5): 533-551.

刘力宏, 杜国华, 张淑珍, 等. 2006. 环糊精手性添加剂毛细管区带电泳手性分离佐米曲坦. 药物分析杂志, 26(1): 40-43.

刘约权. 2006. 现代仪器分析. 2 版. 北京: 高等教育出版社.

刘震. 2017. 现代分离科学. 北京: 化学工业出版社.

孟令芝, 龚淑玲, 何永炳. 2016. 有机波谱分析. 4 版. 武汉: 武汉大学出版社.

孟庆妍. 2018. 现代分析技术在药物分析中的研究与应用. 中国卫生产业, 15(30): 82-83.

宁永成. 2018. 有机化合物结构鉴定与有机波谱学. 2 版. 北京: 科学出版社.

潘坚扬, 赵芳, 李文竹, 等. 2022. 基于定量核磁共振技术的人参皂苷对照品质量评价方法研究. 中国中药杂志, 47(3): 575-580.

齐海燕, 秦世丽, 张旭男. 2021. 光谱分析法. 哈尔滨: 哈尔滨工业大学出版社.

齐美玲. 2012. 气相色谱分析及应用. 北京: 科学出版社.

乔奉华. 2013. 现代分析仪器及其进展. 现代企业教育, (10): 349-350.

宋协和, 陈中元. 1997. 谁执彩练当空舞——记中国色谱学科创始人卢佩章. 科学与文化, (2): 19.

苏明武, 黄荣增. 2017. 仪器分析. 北京: 科学出版社.

孙东平, 江晓红, 夏锡锋, 等. 2021. 现代仪器分析实验技术. 2 版. 北京: 科学出版社.

孙国祥, 宋宇晴. 2009. 复方丹参滴丸的毛细管电泳指纹图谱. 色谱, 27(4): 494-498.

孙一健, 王继芬. 2022. 太赫兹时域光谱技术在食品、药品和环境领域的应用研究进展. 激光与光电子学进展, 59(16): 22-31.

唐艺旻, 李英杰, 高立娣, 等. 2021. 毛细管电色谱-电喷雾电离-飞行时间质谱分离分析盐酸地尔硫卓和盐酸维拉帕米混合手性药物. 分析科学学报, 37(3): 336-340.

屠一锋, 严吉林, 龙玉梅, 等. 2011. 现代仪器分析. 北京: 科学出版社.

王海军, 宁新霞. 2012. 紫外可见分光光度技术的应用进展. 理化检验-化学分册, 48(6): 740-745.

王丽丽, 迟大民. 2020. 现代分析技术在药物分析和质量控制中的应用. 云南化工, 47(4): 34-35.

王娜, 粟雯, 张谛, 等. 2022. 基于离子淌度质谱技术的离子光谱研究进展. 质谱学报, 43(5): 635-642, 525.

王世平. 2015. 现代仪器分析原理与技术. 北京: 科学出版社.

王淑美. 2021. 分析化学. 5 版. 北京: 中国中医药出版社.

王嗣岑, 朱军. 2017. 分析化学. 北京: 科学出版社.

王晓玲, 王子明, 付艺萱, 等. 2022. 现代仪器方法在中药分析检测中的应用进展. 西南民族大学学报(自然科学版), 48(2): 156-165.

王莹, 陈文, 张浩. 2020. $KMnO_4$ 氧化-单扫描示波极谱法间接测定食品中甜蜜素. 理化检验(化学分册), 56(6): 730-734.

王志强. 2014. 农产品及其产地环境中重金属快速检测关键技术研究. 北京: 中国农业大学.

吴芳玲, 张谛, 徐福兴, 等. 2022. 离子淌度迁移谱用于分析小分子异构体的新进展. 质谱学报, 43(5): 552-563.

武汉大学. 2018. 分析化学. 6 版. 北京: 高等教育出版社.

熊维巧. 2021. 分析化学. 西安: 西安交通大学出版社.

徐明明, 吴利红, 陈钢. 2009. CZE 分析抑肽酶中去丙氨酸-抑肽酶和去丙氨酸-去甘氨酸—抑肽酶. 中国药品标准, 10(6): 441-444.

徐溢, 穆小静. 2021. 仪器分析. 北京: 科学出版社.

许国旺. 2016. 分析化学手册. 5.气相色谱分析. 3 版. 北京: 化学工业出版社.

杨昌贵, 周涛, 张小波, 等. 2022. 中药材农药残留现状分析与安全保障建议. 中国中药杂志, 47(6): 1421-1426.

杨艳枫, 王绿音, 梁誉龄, 等. 2022. 时间分辨荧光免疫分析法测定人胰岛素生物学活性. 药物分析杂志, 42(1): 51-59.

姚新生. 2004. 有机化合物波谱分析. 北京: 中国医药科技出版社.

尹华, 王新宏. 2021. 仪器分析. 3 版. 北京: 人民卫生出版社: 195-217.

袁传军. 2021. 奇妙的化学发光: 鲁米诺检测血迹. 化学教育(中英文), 42(10): 7-10.

张丽霞, 吴雪伶, 陈雪清, 等. 2021. 慢病毒载体生产用质粒 DNA 构象检测毛细管凝胶电泳法的建立及验证. 药物分析杂志, 41(7): 1189-1202.

张怡雯, 韦汶言, 赵晶瑾. 2022. 荧光偏振技术在生化分析检测中的研究进展, 广西师范大学学报(自然科学版), 40(5): 216-226.

张玉奎. 2016. 分析化学手册. 3 版. 北京: 化学出版社: 26-32.

郑曦妍, 刘宇, 贾锡荣, 等. 2021. 表面等离子体共振技术在药物研究中的应用. 药学研究, 40(3): 196-198, 205.

郑晓明. 2017. 电化学分析技术. 北京: 中国石化出版社.

钟远红, 成晓玲. 2020. 融"思政"于应用电化学课程教学的思考. 广东化工, 47(17): 198-199.

周枫然, 韩桥, 张体强, 等. 2021. 傅里叶变换红外光谱技术的应用及进展. 化学试剂, 43(8): 1001-1009.

周天舒, 施国跃, 吴芳, 等. 2006. 毛细管电泳安培法测定班布特罗及其代谢物. 华东师范大学学报(自然科学版), (6): 47-52.

朱淮武. 2005. 有机分子结构波谱解析. 北京: 化学工业出版社.

朱明华, 胡坪. 2008. 仪器分析. 4 版. 北京: 高等教育出版社.

左苗苗, 李艳霞. 2018. 阻抑溴酸钾氧化茜素红褪色动力学光度法测定药物中水杨酸. 化学研究与应用, 30(2): 274-277.

Cain CN, Sudol PE, Synovec RE, et al. 2022. Tile-based variance rank initiated-unsupervised sample indexing for comprehensive two-dimensional gas chromatography-time-of-flight mass spectrometry. Anal Chim Acta, 29; 1209: 339847.

Chen SH, Lin YH, Wang LY, et al. 2002. Flow-through sampling for electrophoresis-based microchips and their applications for protein analysis. Anal Chem, 74(19): 5146-5153.

Chen YJ, Zuo ZC, Dai XH, et al. 2018. Gas-phase complexation of alpha-/beta-cyclodextrin with amino acids studied by ion mobility-mass spectrometry and molecular dynamics simulations. Talanta, 186: 1-7.

Cianciulli C, Hahne T, Wätzig H. 2012. Capillary gel electrophoresis for precise protein quantitation. Electrophoresis, 33(22): 3276-3280.

D'Atri V, Causon T, Hernandez-Alba O, et al. 2018. Adding a new separation dimension to MS and LC-MS: What is the utility of ion mobility spectrometry? J Sep Sci, 41(1): 20-67.

Dodds JN, Baker ES. 2019. Ion mobility spectrometry: fundamental concepts, instrumentation, applications, and the road ahead. J Am Soc Mass Spectrom, 30(11): 2185-2195.

Embade N, Cannet C, Diercks T, et al. 2019. NMR-based newborn urine screening for optimized detection of inherited errors of metabolism. Sci Rep, 9(1): 13067.

Feng GF, Zhang Y, Sun Y, et al. 2018. A targeted strategy for analyzing untargeted mass spectral data to identify lanostane-type triterpene acids in Poria cocos by integrating a scientific information system and liquid chromatography-tandem mass spectrometry combined with ion mobility spectrometry. Anal Chim Acta, 1033: 87-99.

Geurink L, van Tricht E, Dudink J, et al. 2021. Four-step approach to efficiently develop capillary gel electrophoresis methods for viral vaccine protein analysis. Electrophoresis, 42(1-2): 10-18.

Giorgetti J, D'Atri V, Canonge J, et al. 2018. Monoclonal antibody N-glycosylation profiling using capillary electrophoresis-mass spectrometry: assessment and method validation. Talanta, 178(Supplement C): 530-537.

Han YZ, Xun LY, Wang XJ, et al. 2020. Detection of caffeine and its main metabolites for early diagnosis of Parkinson's disease using micellar electrokinetic capillary chromatography. Electrophoresis, 41(16-17): 1392-1399.

Lee S, Bong S, Ha J, et al. 2015. Electrochemical deposition of bismuth on activated graphene-nafion composite for anodic stripping voltametric determination of trace heavy metals. Sensors & Actuators B Chemical, 215(11): 62-69.

Leineweber C, Gohl C, Lücht M, et al. 2021. Comparison of capillary zone electrophoresis in greater flamingos (Phoenicopterus roseus) and American flamingos(Phoenicopterus ruber). J Avian Med Surg, 35(2): 180-186.

Leineweber C, Stöhr AC, Öfner S, et al. 2019. Reference intervals for plasma capillary zone electrophoresis in hermann's tortoises(testudo hermanni)depending on season and sex. J Zoo Wildl Med, 50(3): 611-618.

Li L, Huang YY, Zhao WY, et al. 2016. Simultaneous separation and rapid determination of spironolactone and its metabolite canrenone in different pharmaceutical formulations and urinary matrices by capillary zone electrophoresis. J Sep Sci, 39(14): 2869-2875.

Mack S, Arnold D, Bogdan G, et al. 2019. A novel microchip-based imaged CIEF-MS system for comprehensive characterization and identification of biopharmaceutical charge variants. Electrophoresis, 40(23-24): 3084-3091.

Mairinger T, Causon TJ, Hann S. 2018. The potential of ion mobility-mass spectrometry for non-targeted metabolomics. Curr Opin Chem Biol, 42: 9-15.

Marie AL, Ray S, Lu S, et al. 2021. High-sensitivity glycan profiling of blood-derived immunoglobulin G, plasma, and extracellular vesicle isolates with capillary zone electrophoresis-mass spectrometry. Anal Chem, 93(4): 1991-2002.

Mikšík I. 2017. Capillary electrochromatography of proteins and peptides(2006-2015). J Sep Sci, 40(1): 251-271.

Munro NJ, Snow K, Kant JA, et al. 1999. Molecular diagnostics on microfabricated electrophoretic devices: from slab gel- to capillary- to microchip-based assays for T- and B-cell lymphoproliferative disorders. Clin Chem, 45(11): 1906-1917.

Nussbaumer S, Fleury-Souverain S, Schappler J, et al. 2011. Quality control of pharmaceutical formulations containing cisplatin, carboplatin, and oxaliplatin by micellar and microemulsion electrokinetic chromatography. J Pharm Biomed Anal, 55(2): 253-258.

Piestansky J, Olesova D, Galba J, et al. 2019. Profiling of amino acids in urine samples of patients suffering from inflammatory bowel disease by capillary electrophoresis-mass spectrometry. Molecules, 24(18): 3345.

Raffaele J, Loughney JW, Rustandi RR. 2022. Development of a microchip capillary electrophoresis method for determination of the purity and integrity of mRNA in lipid nanoparticle vaccines. Electrophoresis, 43(9-10): 1101-1106.

Semail NF, Noordin SS, Keyon ASA, et al. 2021. A simple and efficient sequential electrokinetic and hydrodynamic injections in micellar electrokinetic chromatography method for quantification of anticancer drug 5-fluorouracil and its metabolite in human plasma. Biomed Chromatogr, 35(5): e5050.

Theurillat R, Joneli J, Wanzenried U, et al. 2016. Therapeutic drug monitoring of cefepime with micellar electrokinetic capillary chromatography: Assay improvement, quality assurance, and impact on patient drug levels. J Sep Sci, 39(13): 2626-2632.

Wang L, Liu S, Zhang X, et al. 2016. A strategy for identification and structural characterization of compounds from Gardenia jasminoides by integrating macroporous resin column chromatography and liquid chromatography-tandem mass spectrometry combined with ion-mobility spectrometry. J Chromatogr A, 1452: 47-57.

Xia L, Li GK, Xiao XH, et al. 2020. Recent advances in sample preparation techniques in China. J Sep Sci, 43: 189-201.

Xia L, Yang JN, Li GK, et al. 2020. Recent progress in fast sample preparation techniques. Anal Chem, 92: 34-48.

Xie CY, Gu LC, Wu QD, et al. 2021. Effective chiral discrimination of amino acids through oligosaccharide incorporation by trapped ion mobility spectrometry. Anal Chem, 93(2): 859-867.

Zhu G, Sun L, Dovichi NJ. 2017. Simplified capillary isoelectric focusing with chemical mobilization for intact protein analysis. J Sep Sci, 40(4): 948-953.